"十三五"职业教育规划教材

食品微生物学

及 实验技术

第二版
The Second Edition

陈红霞　张冠卿　主编

U0385359

化学工业出版社

·北京·

《食品微生物学及实验技术》（第二版）内容分为微生物学和微生物实验技术两篇。微生物学部分内容包括原核微生物、真核微生物、非细胞微生物、微生物的营养与代谢、微生物的培养与生长、微生物与环境、微生物菌种选育与保藏、微生物发酵产品、微生物菌体、食品腐败变质与食品保藏、微生物与食源性疾病等，具体介绍了细菌、放线菌、蓝细菌、酵母菌、霉菌的细胞形态、结构、繁殖、菌落特征和病毒的结构，微生物培养的技术、生长测定技术、生长规律和与环境的关系，微生物菌种选育和保藏技术，微生物在食品中的具体应用、食品污染及食品保藏技术等内容。微生物实验技术部分由微生物实验基本技术及基本技能训练、食品微生物检验技术及岗位技能训练和食品微生物发酵技术及生产技能训练组成，内容包括微生物实验室基本建设、普通光学显微镜的构造及使用、细菌染色和革兰染色技术等二十个实训项目。

本书配有相应的数字化教学资源，可以通过扫描二维码的形式学习；电子课件可从 www.cipedu.com.cn 下载参考。

本书可供食品类专业以及食品生物技术、农产品加工与质量检测等相关专业师生使用，也可作为从事相关工作的研究和技术人员的参考用书。

图书在版编目（CIP）数据

食品微生物学及实验技术/陈红霞，张冠卿主编. —2 版.
—北京：化学工业出版社，2019.6（2024.1 重印）
"十三五"职业教育规划教材
ISBN 978-7-122-34125-9

Ⅰ.①食…　Ⅱ.①陈…②张…　Ⅲ.①食品微生物-微生物学-实验-高等职业教育-教材　Ⅳ.①TS201.3-33

中国版本图书馆 CIP 数据核字（2019）第 051215 号

责任编辑：迟　蕾　李植峰　张春娥　　　　　装帧设计：张　辉
责任校对：宋　玮

出版发行：化学工业出版社（北京市东城区青年湖南街 13 号　邮政编码 100011）
印　　刷：北京云浩印刷有限责任公司
装　　订：三河市振勇印装有限公司
787mm×1092mm　1/16　印张 19　字数 503 千字　2024 年 1 月北京第 2 版第 6 次印刷

购书咨询：010-64518888　　　　　　　　　售后服务：010-64518899
网　　址：http://www.cip.com.cn
凡购买本书，如有缺损质量问题，本社销售中心负责调换。

定　　价：49.80 元　　　　　　　　　　　　版权所有　违者必究

《食品微生物学及实验技术》（第二版）编写人员

主　　编　陈红霞　张冠卿

副主编　杜璋璋　张　铎　杨　枫　郭晓琴　石　晓

参编人员　陈红霞　济宁职业技术学院

　　　　　杜璋璋　济宁职业技术学院

　　　　　郭晓琴　郑州工程技术学院

　　　　　胡晓凤　烟台工程职业技术学院

　　　　　雷湘兰　海南职业技术学院

　　　　　李翠华　东营职业学院

　　　　　刘　芳　东营职业学院

　　　　　刘　萌　郑州工程技术学院

　　　　　刘名江　东营职业学院

　　　　　石　晓　漯河医学高等专科学校

　　　　　王　岚　郑州工程技术学院

　　　　　杨　枫　山东省嘉祥县人民医院

　　　　　张　铎　河北化工医药职业技术学院

　　　　　张冠卿　复大生物工程研究所

　　　　　张税丽　平顶山工业职业技术学院

　　　　　张　艳　河南质量工程职业学院

　　　　　周爱芳　广东轻工职业技术学院

前言

　　本教材是根据教育部有关高职高专教材建设的文件精神，以高职高专食品类专业学生的培养目标为依据编写的。为增强本教材的实用性和先进性，在教材编写过程中，对全国各高职高专院校食品类专业建设做了充分的调研，广泛征求食品企业专家和食品微生物授课老师的意见，并修正了第一版使用过程中发现的不足。本书编写团队由多个国家示范高职院校的专业带头人、骨干教师和龙头企业的一线技术员组成，丰富的课程建设经验、技术开发经验和实际操作经验为校企合作开发优质教材打下了坚实的基础。

　　本书的指导思想是突出高职高专教育特色，实现课程内容与职业标准对接、教学过程与生产过程对接；依据高职教育专业的教学标准和企业人才需求，着力体现实用性和实践性；注重理论与实践相结合，加强对学生应用能力和职业岗位操作技能的培养。理论部分本着"必需、够用为度"的原则，力求创新，引入最新国家标准和行业标准，引入与生产结合密切的新知识、新技术；实训内容更切合企业用人的需要，凸现了基本技能、岗位技能和生产技能的训练，同时加强了学生后续再学习和创新能力的训练，体现了"十三五"规划教材的先进性。

　　本书选材合适，层次分明，内容安排合理，打破了传统的编写思路和组织形式，对微生物学的内容做了更为科学的分类，增加了知识扩展和技能扩展内容。基于微生物学的特点，突出教学内容的直观性、使用性以及操作技术的准确性，教材中插入了大量的图片，图文并茂。此外，还制作了与教材相匹配的数字化教学资源，并以扫描二维码的形式供学生学习使用，电子课件可从 www.cipedu.com.cn 下载参考。

　　本书实用性强，适用于职业院校的各类微生物学相关专业：①食品工业类，食品质量与安全、食品检测技术、食品营养与检测和食品加工技术等专业；②药品制造类，药品生产技术、生物制药技术等专业；③生物与化工类，食品生物技术、药品生物技术、农业生物技术、生物产品检验检疫等专业；④农林牧渔类，农产品加工与质量检测、绿色食品生产与检验专业；⑤环境保护类，环境工程技术专业。本书也可供在工业、农业、医药卫生、化工、环保领域进行微生物方面研究和应用的人员参考。

　　全书由陈红霞、张冠卿统稿并做整理修改，数字化资源由张冠卿、杨枫、张铎审核并修改。本书在编写过程中参阅了近年微生物研究资料、教材、国家标准、行业标准、职业标准、行业规范等，在调研中得到众多食品企业的支持，在此，编者一并表示感谢！由于编者水平和时间有限，书中难免存有不妥之处，敬请有关专家、老师、读者给予批评指正。

编者

2019.2

第一版前言

本教材是根据教育部有关高职高专教材建设的文件精神，以高职高专食品类专业学生的培养目标为依据编写的。为增强本教材的实用性，在教材的编写过程中，对全国各高职高专院校食品类专业建设做了充分的调研，广泛征求了食品企业专家和食品微生物授课老师的意见，组织从事高职高专食品专业教学多年的教师编写。

本书的指导思想是突出高职高专教育特色，着力体现实用性和实践性，注重理论与实践相结合，加强对学生应用能力和操作技能的培养。理论部分本着"必需、够用"的原则，突出实验、实训的教学，力求创新，为体现教材的先进性，把与生产结合密切的新知识、新技术引入教材中，尽可能与生产应用、企业对培养人才的需求保持同步。

由于本书实用性较强，除作为高职高专食品类专业学生的教材外，也可供工业、农业、医药卫生、化工、环保领域从事微生物应用工作的人员参考。

本书选材合适，层次分明，内容安排合理，并基于微生物的特点，突出教学内容的直观性、实用性及操作技术的先进性、规范性，教材中采用了大量的图片，文图并茂。

本书共分两篇。第一篇是微生物理论与应用，由十二章组成，关于微生物基础理论知识，有9章内容，介绍了微生物的基本概念，原核微生物、真核微生物、非细胞微生物的形态结构、繁殖及应用；讲述了微生物的营养、微生物的生长规律、微生物的代谢、微生物的遗传与育种和菌种保存、微生物的生态、微生物的分类和鉴定等知识，其中在讲述培养基时增加了发酵生产中培养基处理的内容。关于微生物在食品领域的应用，有3章内容，分别是：微生物在食品生产中的应用，增加了食用菌的有关内容；食品腐败变质与食品保藏；微生物与食源性疾病。第二篇是食品微生物实验实训，包括3章内容，分别是：微生物实验室的基本建设与安全；微生物实验基本技术，其中选编了典型的10个微生物基础实验，包括微生物的形态观察、微生物的测定、微生物的培养技术、微生物菌种的保存，增加了1个食用菌制种过程的综合实验；食品微生物实训，精选了食品生产中常用的7个检验项目。此外，本书章节之间插入了一些相关的阅读资料，以扩展学生的知识视野。

本书由陈红霞和李翠华主编，王德芝和石晓为副主编。第一章、第四章由马玉玲编写，第二章第一、第三节由杜璋璋编写，第二节由陈红霞编写，第三章由周爱芳编写，第五章的第一节～第三节和阅读小资料由李翠华编写，第四节～第八节由陈洁编写，第六章由沈淑平和刘名江共同编写，第七章由石晓编写，第八章由段永兰编写，第九章由雷湘兰编写，第十章的第一节、第二节由何飞燕编写，第三节由王德芝编写，第四节由张艳编写，第五节由王德芝和张艳共同编写，第十一章由董雪丽编写，第十二章由岳晓禹编写，第十三章、第十四章的实验一～实验八由陈红霞编写，第十四章的实验九及实验十、综合实验由张艳编写，第十五章的实训一、实训二由李翠华编写，实训三～实训六由张税丽编写，实训七由张艳编写，第三章、第八章课后阅读小资料由张艳编写。附录一、附录二、附录四由逯昀编写，附录三、附录五由王德芝编写。王德芝对第六章～第十二章进行了统稿。全书由陈红霞统稿并作修改。丁立孝教授担任本书的主审，并提出了宝贵意见。

由于编者水平和时间有限，书中难免存有不妥之处，敬请有关专家、老师、读者给予批评指正。

编者

2008 年 3 月

目　录

第一篇　微生物学

第二篇　微生物实验技术

第一篇
微生物学

绪 论

学习目标

1. 掌握微生物的基本概念及特点。
2. 了解微生物学的形成与发展。
3. 了解微生物的分类与命名。
4. 明确食品微生物学的研究对象和任务。
5. 了解食品微生物的研究和应用前景。

一、微生物及其特点

1. 微生物的概念

微生物大多数为单细胞，是自然界中个体微小、结构简单，必须借助光学显微镜或者电子显微镜放大几千倍至数万倍才能使肉眼可见的一类低等生物的通称。它包括属于原核类的真细菌（各种常见的细菌、放线菌、立克次体、支原体、衣原体等）和古细菌；属于真核类的显微藻类、酵母菌、霉菌、大型真菌和原生生物；属于非细胞类的病毒、朊病毒等。

2. 微生物的生物学特点

由于微生物形体极其微小，因而有以下几个共性，分述如下。

（1）体积小、面积大 微生物的个体极其微小且面积大，有巨大的比表面积。微生物的个体大小需用微米(μm，即 10^{-6} m）或纳米（nm，即 10^{-9} m）作单位。微生物体积小、比表面积大的特征有利于它们与周围环境进行物质交换。体积小、面积大是微生物五大共性的基础。

（2）吸收多、代谢旺 微生物能够与外界环境迅速进行营养物质与废物的交换。单位重量的微生物代谢强度要比高等动植物的代谢强度大几千倍、几万倍甚至几十万倍。例如，1kg 酒精酵母菌体就可把几千千克糖发酵生成酒精。

微生物的这个特性为它们高速生长繁殖和产生大量的代谢产物提供了充分的物质基础，从而使微生物有可能更好地发挥"活的化工厂"的作用。代谢旺的另一个表现形式就是微生物的代谢类型非常多，有些是动植物所不具有的，例如生物固氮作用等。

在生产实践中，应用这个特点不仅可以获得种类繁多的发酵产物，而且可以开发比较简便的生产工艺流程。但是当食品遇到腐败微生物，或发酵被杂菌污染时，若微生物代谢越旺，则损失就越大。

(3) 食谱杂、易培养　微生物利用物质的能力很强。凡是能被动植物利用的物质，例如蛋白质、糖类、脂肪及无机盐等，微生物都能利用。有些微生物也能利用不能被动植物利用的物质，例如纤维素、石油、塑料等。还有一些对动植物有毒的物质，例如氰、酚、聚氯联苯等，也能被一些微生物分解利用。微生物这个特点有利于开展综合利用，化废为宝，为社会创造财富。

由于微生物食谱杂，原料来源广泛，容易培养，而且大多数微生物一般能在常温常压下进行生长繁殖、新陈代谢和各种生命活动，因此利用多种原料进行发酵生产各种微生物产品，并且培养微生物不受季节、气候的影响因而可以长年累月地进行工业化生产。

(4) 生长旺、繁殖快　微生物具有超常的繁殖速度。以大肠杆菌为例，在适宜的条件下，20～30min 即可繁殖 1 代，按这样的速度计算，24h 可以繁殖多达 72 代，菌体数目多达 $4.7×10^{21}$ 个。微生物这种惊人的繁殖速度为在短时间内获得大量的菌体提供了极为有利的条件。相反，如果发酵受到微生物的污染，其危害性也是十分严重的。

(5) 适应强、易变异　微生物对环境尤其是恶劣环境具有的惊人适应力，堪称生物界之最。例如：在海洋深处的某些硫细菌可在 250℃ 甚至 300℃ 的高温条件下正常生长；大多数细菌能耐−196～0℃（液氮）的任何低温，甚至在−253℃（液态氢）下仍能保持生命；一些嗜盐菌甚至能在 32% 左右的饱和盐水中正常生活；许多微生物尤其是产芽孢的细菌可在干燥条件下保藏几十年、几百年甚至上千年。微生物容易发生变异，而且可在很短时间内出现大量的变异后代。变异的表现可涉及形态构造、代谢途径、抗性、抗原性的形成与消失、代谢产物的种类和数量等。

微生物适应强、易变异的特点对于发酵工业较为有益，而对大多数的食品行业则不利。

(6) 分布广、种类多　地球上除了火山中心区域外，到处都有微生物的踪迹。在自然界，上至数万米的高空，下至万米深的海底，都有大量与其相适应的微生物在活动着。动植物体内外也有大量的微生物存在，例如在人体肠道中，经常聚居着 100～400 种不同种类的微生物，菌体总数可达 100 万亿左右。

目前比较肯定的微生物种数约有 10 万种，随着分离、培养方法的改进和研究工作的深入，微生物的新种、新属、新科甚至新目、新纲屡见不鲜。微生物的资源极其丰富，利用微生物的前景也是十分广阔的。

二、微生物的分类及命名

1. 微生物在生物分类中的地位

生物分类工作是在 200 多年前 Linnaeus(林奈，1707—1778) 的工作基础上建立的。他将生物划分为动物界和植物界，二者在概念上是十分明确的。在发现了微生物以后，学者们习惯于把它们分别归入动物或植物，列为动植物中的低等类型。1866 年，Haeckel(黑克尔)提出三界系统，把生物分为动物界、植物界和原生生物界，他将那些既非典型动物、也非典型植物的单细胞微生物归属于原生生物界中。在这一界中包括细菌、真菌、单细胞藻类和原生动物，并把细菌称为低等原生生物，其余类型则称为高等原生生物。

随着微生物研究技术的提高和改进，到 20 世纪 50 年代，人们利用电子显微镜观察微生物细胞的内部结构，发现典型细菌的核与其他原生生物的核有很大不同，因此提出了原核生物与真核生物的概念。在此基础上，1969 年 Whittaker(惠特克) 提出生物分类的五界系统，其中包括原核生物界、原生生物界、真菌界、植物界和动物界。

目前较为流行的分类体系将所有的生物分为：动物界、植物界、原生生物界、原核生物界、真菌界、古细菌界和病毒界。根据此体系，除动物界和植物界的生物外，其他均属于微生物的范畴。

表 0-1　微生物在生物六界系统中的地位

生物界名称	主要结构特征	微生物类群名称
病毒界	无细胞结构，大小为纳米（nm）级	病毒、类病毒等
原核生物界	为原核生物，细胞中无核膜与核仁的分化，大小为微米（μm）级	细菌、蓝细菌、放线菌、支原体、衣原体、立克次体、螺旋体等
原生生物界	细胞中具有核膜和核仁的分化，为小型真核细胞	单细胞藻类、原生动物等
真菌界	单细胞或多细胞，细胞中具有核膜和核仁的分化，为小型真核细胞	酵母菌、霉菌等
植物界	细胞中具有核膜和核仁的分化，为大型非运动真核细胞	
动物界	细胞中具有核膜和核仁的分化，为大型能运动真核细胞	

从表 0-1 可见，在生物的六界系统中微生物占有四界，它既包括无细胞结构的生物，也包括具细胞结构的生物，显示了微生物分布的广泛性及其在自然界中的重要地位。

2. 微生物的分类单元

分类是人类认识微生物，进而利用和改造微生物的一种手段，只有在掌握了分类学知识的基础上，才能对繁杂的微生物类群有一个清晰的认识，了解其亲缘关系与演化关系，为人类开发利用微生物资源提供依据。

微生物的主要分类单元依次分为 7 个等级，它们是：界、门、纲、目、科、属、种。种是微生物分类的基本单元；性质相似、相互有关的多个种构成属；相近的属合并为科；近似的科合并为目；近似的目合并为纲；综合各纲成为门，由此而构成一个完整的分类体系。

必要时，还可在上述分类单元之间设中间类群。例如在门与纲之间可设超纲；在纲与目之间可设亚纲、超目；在目与科之间可设亚目、超科；在科与属之间可设亚科、族、亚族等。

鉴定微生物种时，只有在所有鉴别特征都与已知的模式种相同的情况下才能定为同种。而实际上，由于变异的绝对性，被鉴定的微生物总是在某个或某些特征上与模式种有明显而稳定的差异。这样，在微生物种以下就必须再分为亚种、变种、型或菌株等级别。

（1）种　是显示高度相似性、亲缘关系极其接近、与同属内其他种有明显差异的一群菌株的总称。

（2）亚种　是种的进一步细分的单元，一般是指在某一个特征上与模式种有明显而稳定差异的菌种，如金黄色葡萄球菌的厌氧亚种。

（3）型　是同一细菌种内显示很小生物化学与生物学差异的菌株，常用于细菌（尤其是致病菌）中紧密相关菌株的区分。所以可以认为，型是细菌亚种的再细分。根据抗原性的差异，可以分为不同的血清型，如肺炎双球菌的Ⅰ型、Ⅱ型、Ⅲ型等；根据对噬菌体敏感性的不同，可以分成许多不同的噬菌体型，如带有 Vi 抗原（一种表面抗原）的伤寒沙门菌可被Vi 噬菌体分为 80 多个噬菌体型。此外，还有形态型、生理型、生态型、化学型、溶菌型与致病型等。不过，目前在这些表示型的术语中常用变型作为型的代用后缀，如生物变型、形态变型以及血清变型等。

(4) 菌株 又称品系。一个菌株是指由一个单细胞繁衍而来的克隆或无性繁殖系中的一个微生物或微生物群体。所以，一个微生物可以有许许多多菌株，它们在遗传上是相似或一致的。同一种微生物的不同菌株虽然在作为分类鉴定的一些主要性状上是相同的，但是在次要性状（如生化性状、代谢产物和产量性状）上可以有或大或小的差异。正因为同一种微生物可以有许多菌株，所以菌株常用字母和/或编号来表示。例如枯草杆菌 AS1.398 表示产蛋白酶高的枯草杆菌菌株，而 BF7658 则表示产 α-淀粉酶高的枯草杆菌。

在种以下的分类单元中除以上列出的之外，还有一些非正式的、涵义不太明确因而一般不常使用的名称，如类群、小种、相以及态等。

3. 微生物的命名

微生物的名字有俗名和学名两种。俗名是通俗的名字，如铜绿假单胞菌俗称绿脓杆菌、大肠埃希菌的俗名为大肠杆菌等。学名是微生物的科学名称，它是按照有关微生物分类的国际委员会拟定的法则命名的。学名的命名常用双名法，学名由拉丁词、希腊词或拉丁化的外来词组成。

采用双名法命名时，学名由属名和种名构成，用斜体表示，属名在前，而且第一个字母要大写，种名在后，全部小写，学名后还要附上首个命名者的名字和命名的年份，但这些都用正体表示。如金黄色葡萄球菌（俗称"金葡菌"）*Staphylococcus aureus* Rosenbach 1884。不过在一般情况下使用时，后面的正体字部分可以省略。

随着分类学的不断深入，常会发生种转属的情况。例如 Weldin 在 1927 年把原来的猪霍乱杆菌（*Bacillus choleraesuis* Smith 1894）这个种由杆菌属转入沙门菌属，定名为猪霍乱沙门菌（*Salmonella choleraesuis*），这时就要将原命名人的名字置于括号内，放在学名之后，并在括号后再附以现命名者的名字和年份，这样就成了 *Salmonella choleraesuis* (Smith) Weldin 1927。如果是新种，则要在新种学名之后加 "sp. nov."（其中 sp. 为物种 species 的缩写；nov. 为 novel 的缩写，新的意思），例如 *Methanobrevibacterium espanolae* sp. nov.（埃斯帕诺拉甲烷杆菌，新种）。有时在对某个或某些分离物进行分类鉴定时，属名已肯定，但种名由于种种原因而一时尚难确定，这时就可用在属名后暂加 "sp." 或 "spp." 的方式来解决。例如 *Methanobrevibacter* sp. 是表示一个尚未确定其种名的甲烷短杆菌物种，意为"一种甲烷短杆菌"；而 *Methanobrevibacter* spp. 表示若干未定种名的甲烷短杆菌物种，其中的 spp. 是物种复数的简写。

三、微生物学的形成和发展

微生物学的研究对象是微生物。研究微生物及其生命活动规律的科学称为微生物学。人类在长期的生产实践中利用微生物、认识微生物、研究微生物、改造微生物，使微生物学的研究工作日益得到深入和发展。

1. 感性认识的史前时期

远在 8000 年以前开始的食品生产时期，就已发生了由食品引起的疾病传染和由不适当的贮藏方法而引起的食品快速腐败问题。公元前 6000 年左右，人类已经掌握了酿酒和食物保藏的技术。公元前 3000 年埃及人就食用牛奶、白脱油和乳酪。公元前 3000～1200 年，中国人和希腊人已经食用咸鱼，这种腌制技术以后又传至罗马。公元前 1000 年罗马人创造了

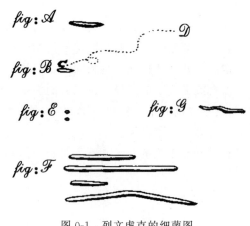

图 0-1　列文虎克的细菌图
A～D、F、G 是杆状的；E 为球状的

用雪保藏食品的方法，之后又发明了一个新的食品保藏方式——烟熏肉技术。公元 943 年，法国记载了由麦角中毒而引起的四万多人死亡的事件，但当时不清楚引起死亡的毒素是由麦角真菌所产生的。虽然人类在生产实践和日常生活中已经开始利用微生物，并且积累了丰富的经验，但还未见到微生物个体的存在。

2. 形态学时期

1675 年，荷兰人列文虎克（Leeuwenhoek，1632—1723）用自己发明的能放大 200～300 倍的显微镜第一次观察到了原生动物，1683 年又发现了细菌。他将这些微小生物称为"微动体"，把观察到的物质做了详细记载并描绘成图（图 0-1），首次向人们揭示了微生物世界。

3. 生理学时期

这个时期是从 19 世纪中期开始，对微生物学发展起到了至关重要的作用。法国科学家巴斯德（L. Pasteur，1822—1895）是这一发展阶段的杰出代表。巴斯德在进行酒精发酵实验时发现酵母菌能引起酒精发酵，此外，巴斯德还发现了乳酸发酵、乙酸发酵和丁酸发酵都是由不同的微生物所引起的。他证实了有些微生物只能在缺氧的环境中生活，并引进了"好氧"和"厌氧"这两个术语。柯赫对于微生物学特别是病原微生物学的发展做出了卓越的贡献，他建立了微生物学研究的基本技术，如细菌的分离、纯化技术，细菌的染色技术，培养基的制作技术等；他还发现了引起肺结核的病原菌为结核杆菌，引起炭疽病的病原菌为炭疽杆菌。从此，微生物的研究从形态学时期进入了生理学研究阶段。巴斯德和柯赫被公认为是微生物学的两位奠基者。

4. 近代微生物学的发展

由于巴斯德、柯赫等学者的贡献，微生物学在 19 世纪末和 20 世纪初已牢固地建立起来。人类对于微生物的研究不仅仅限于微生物的作用，也对微生物的基本生理机制进行了研究。微生物学的主要发展有两个方面：一是研究传染病和免疫学，二是研究疾病的防治和化学治疗剂的功效。在此时期微生物学是和其他学科各自独立地向前发展的。而后，微生物学在发展中和生物化学相互结合起来。由于并行地研究肌肉的酵解和酵母菌的酒精发酵，逐步地揭示了它们之间的相似之处。几年后，科学家们认识到动物所需要的维生素与细菌、酵母菌所需要的生长因素是相同的，揭示了维生素是合成许多辅酶的前体，它对细胞的代谢起着不可缺少的作用，从而显示出在代谢水平上所有生物的基本相似点，这就形成了微生物学家和生物化学家常说的"生化的统一性"的观点。1935 年电子显微镜的发明，使微生物学发展进入了新阶段。

微生物学的另一个发展是和遗传学的结合。1941 年比德耳（G. Beadle）和塔图姆（E. Tatum）提出了"一个基因一个酶"的理论，使链孢霉和果蝇一样被选择为遗传研究的材料。1944 年埃弗雷（O. Avery）等人在细菌转化工作中证明脱氧核糖核酸（DNA）是生物遗传物质，在一定条件下转化是可以在试管中进行的，由此发现了遗传物质的化学本质。

1953 年沃森（J. Watson）和克里克（F. Crick）提出了 DNA 分子的双螺旋结构模型和

半保留复制的假设。埃弗雷对 DNA 的细菌学和生物化学的研究以及华特逊和克里克对 DNA 的研究，巩固了 DNA 是遗传物质的论点。上述研究工作及以后其他学者的工作建立了分子遗传学的理论基础。1946 年，莱德伯格（J. Lederberg）和塔图姆通过对细菌是否有有性过程的研究，发现了细菌中确有结合过程，这一过程是需要细胞对细胞的直接接触完成的。1952 年，辛德（N. Zinder）和莱德伯格研究证实了细菌的转导过程不需要细胞的直接接触，转移基因的载体为噬菌体。1952 年和 1961 年莫诺（J. Monod）和雅各布（F. Jacob）提出了操纵子学说。同年尼伦伯格（M. Nirenbeeg）等通过对无细胞系统的转译作用的研究提出了遗传密码的理论，从而使遗传信息的转录、翻译和表达都得到了阐明。1963 年，莫诺等又提出调节酶的变构理论，这就使分子生物学更快地成长起来。在这一发展阶段，人类主要是以微生物为主要研究材料，研究了它们的代谢机制和遗传规律，并使研究结果得以应用。近年来，微生物为人类做出了巨大的贡献，如利用微生物生产胰岛素、生长激素等。

微生物学的发展涉及人类生活和工农业生产的许多方面，因此也逐渐形成了微生物学的其他分支，如微生物生理学、微生物分类学、微生物工程学、病毒学、细菌学等。微生物学和生物化学的发展也为分子生物学的建立奠定了基础。各分支学科的相互促进也使微生物学得到了全面的发展。

四、食品微生物学及任务

1. 食品微生物学的研究内容

微生物学的内容十分广泛，从基础理论研究的角度来讲，微生物学可以分普通微生物学、微生物生理学、微生物遗传学、微生物分类学、微生物免疫学、微生物生态学等分支学科；从研究对象种类的角度来讲，微生物学可以分为细菌学、病毒学等分支学科；从应用范围的角度来讲，微生物学可以分为工业微生物学、农业微生物学、医用微生物学、食品微生物学、石油微生物学、畜牧微生物学、海洋微生物学、环境微生物学、土壤微生物学等分支学科。

食品微生物学就是专门研究微生物与食品之间相互关系的一门科学。它的研究内容包括：①研究与食品有关的微生物的生命活动的规律；②研究如何利用有益微生物为人类制造食品；③研究如何控制有害微生物、防止食品发生腐败变质；④研究检测食品中微生物的方法、制定食品中的微生物指标，从而为判断食品的卫生质量提供科学依据。

2. 食品微生物学的研究任务

微生物在自然界中广泛存在，在食品原料和大多数食品上都含有微生物，但不同的食品或者在不同的环境下，其微生物的数量、种类和作用各不相同。微生物在食品中可以起到有益的作用，也可以起到有害的作用。食品微生物学研究的主要任务有以下几点。

（1）有益微生物在食品中的作用 随着科技的发展，人们对于微生物与食品的关系有了深入了解，对微生物种类及其作用机理的研究扩大了微生物在食品制造中的应用范围。微生物在食品中的应用方式主要有以下几个方面。

① 微生物菌体的应用。食用菌是深受人们喜爱的食品；人们在制作酸奶和酸泡菜时使用了大量的乳酸菌。

② 微生物代谢产物的应用。微生物在大量繁殖后会留下许多代谢产物，如蛋白质、氨基酸、有机酸、维生素等，这些代谢产物不仅增加了食品的营养，同时也增加了食品的风味物质。

③ 微生物酶的应用。豆腐乳、酱油、酱类就是利用微生物所产生的酶将原料中的成分

分解所制成的产品。微生物酶制剂在食品工业中的应用也日益广泛。

④ 微生物多糖的应用。自 20 世纪 70 年代起，分子生物学家发现一些多糖如肝素、真菌多糖等具有许多重要的生物活性和生理功能，如防护放射损伤、抗肿瘤、抗衰老、抗凝血、抗细菌和病毒感染等。而细胞表面的多糖则具有细胞间通信识别、信息传递、物质交换与运输、免疫等重要功能。现在，多糖已成为新的研究热点。

进入 21 世纪，生物工程的应用改造了许多微生物菌种，使其更好地发挥有益作用，为人类提供更多更好的食品，这是食品微生物学研究的首要任务。

(2) 有害微生物对食品的危害及防治　微生物引起的食品危害主要是腐败变质。食品发生变质后其营养价值会降低或者完全消失；有些微生物是人类致病的病原菌，有些可以产生毒素，能引起食物中毒，影响人的健康，甚至会危及生命。所以我们要设法消除或控制微生物对人类的有害影响，对食品中的微生物进行检测，以保证食品的安全性，这也是食品微生物学研究的重要任务。

3. 食品微生物学与其他学科的关系

食品微生物学是一门应用学科，在这一学科领域，人们要将数学、霉菌学、植物病理学、细菌学、化学和物理学的基本科学原理应用到解决食品微生物问题上来。

20 世纪微生物学、生物化学和遗传学的交叉形成了分子生物学；而 21 世纪的微生物基因组学则是数、理、化、信息、计算机等多学科交叉的结果；随着各学科的迅速发展和人类社会的实际需要，各学科之间的交叉和渗透将是必然的发展趋势。食品微生物学与能源、信息、材料、计算机的结合也将开辟新的研究和应用领域。此外，微生物学的研究技术和方法也将会在吸收其他学科的先进知识的基础上，向自动化、定量化、定向化的方向发展。

4. 食品微生物学的发展与前景

人类的生物资源包括动物资源、植物资源和微生物资源，而微生物资源则是一个远远未得到充分开发和利用的资源宝库。在自然界中微生物资源非常丰富，土壤、水、空气、腐败的动植物等都是微生物生长繁殖的场所。微生物繁殖快，具有再生性，是具有开发潜力的资源。

(1) 从极端的微生物中分离出更多的微生物新菌种　在一些极端的环境下生存着一些极端的微生物，比如高温条件下生存着嗜热菌、低温条件下生存着嗜冷菌、高酸条件下生存着嗜酸菌、高碱条件下生存着嗜碱菌、高盐条件下生存着嗜盐菌、高压条件下生存着嗜高压菌等。由于极端的微生物具有特殊的遗传性状以及特殊的结构和生理机能，所以它们具有巨大的开发潜力和应用价值。

(2) 利用微生物生产医药用品　如疯牛病、口蹄疫、非典型肺炎、禽流感等，治疗这些疾病所需要的药物在生产上都要应用微生物技术。

(3) 保护环境　随着工农业生产的发展，进入环境的有机废水、废物和人工合成的有毒化合物不断引起环境的污染。而一些微生物可以将这些有机废水、废物和有毒化合物进行分解和转化，具有清理的作用。因此，目前世界上正广泛应用微生物来处理有机废水和污物，对污染的土壤和环境进行清理和修复。

(4) 开发和利用新的食用菌资源　我国土地辽阔、气候多样，是食用菌良好的繁殖和滋生地，蕴含着极其丰富的食用菌资源。据估计，中国菌物种有 18 万种左右，其中大型真菌约有 2.7 万种，已发现的食用菌有 720 多种，其中能进行人工栽培的仅有 50 多种。开发和利用新的食用菌资源、提高野生菌人工扩大栽培技术使食用菌产业得到可持续发展。

自主复习题

1. 名词解释：微生物　食品微生物学
2. 微生物包括哪些类群？
3. 举例说明微生物的生物学特点。
4. 简述微生物学发展的几个主要时期。
5. 食品微生物学研究的主要内容和任务是什么？

第一章　原核微生物

学习目标

1. 掌握细菌、放线菌的形态结构、繁殖方式。
2. 熟悉革兰染色的原理、染色方法。
3. 掌握细菌、放线菌的菌落特征。
4. 了解细菌和放线菌在食品生产中的应用。
5. 了解蓝细菌的形态、繁殖和应用。

　　根据细胞结构的明显差异可将微生物分为原核微生物、真核微生物和非细胞型微生物三大类群。原核微生物是指一大类没有核膜，只有称作核区的裸露 DNA 的原始单细胞生物，细胞内没有线粒体等复杂的内膜系统，核糖体为 70S。原核微生物的主要类群有：细菌、放线菌、蓝细菌、支原体、衣原体和立克次体。

第一节　细　　菌

一、细菌的形态和大小

1. 细菌的形态

　　细菌的种类繁多、形态各异，最常见的为球状、杆状和螺旋状三种基本类型，分别称为球菌、杆菌和螺旋菌。

　　(1) 球菌　细胞呈球形或近球形，根据繁殖时细胞分裂面的方向不同以及分裂后菌体间相互联结的松紧程度和组合状态不同，可分为单球菌、双球菌、四联球菌、八叠球菌、链球菌和葡萄球菌 6 种不同的排列方式，见图 1-1(a)。

　　① 单球菌。分裂后的细胞分散而且单独存在的为单球菌，如尿素微球菌。

　　② 双球菌。分裂后两个球菌成对排列，如肺炎双球菌。

　　③ 链球菌。分裂沿一个平面进行，分裂后细胞排列成链状，如乳链球菌。

　　④ 四联球菌。沿两个相互垂直的平面分裂，分裂后每四个细胞在一起呈田字形，如四

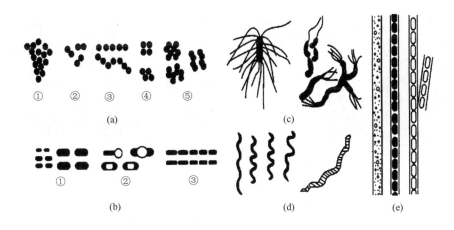

图 1-1 细菌的各种形态

（a）球菌（①葡萄球菌；②双球菌；③链球菌；④四联球菌；⑤八叠球菌）；

（b）杆菌（①单杆菌；②芽孢杆菌；③链杆菌）；

（c）弧菌；（d）螺菌；（e）丝状菌

联微球菌。

⑤ 八叠球菌。按三个互相垂直的平面进行分裂，分裂后每八个球菌在一起呈立方形，如尿素八叠球菌。

⑥ 葡萄球菌。分裂面不规则，分裂后多个球菌聚在一起呈葡萄串状，如金黄色葡萄球菌。

（2）杆菌 细胞呈杆状或圆柱形，是细菌中种类最多的类型，杆菌根据菌体长宽比例的不同，可以分为长杆菌和短杆菌；根据菌体两端形态的不同，可以分为棒状杆菌、梭状杆菌；根据菌体排列形式的不同可以分为单杆菌、双杆菌、链杆菌（图 1-2）。此外，有些杆菌具有分枝，称为分枝杆菌；有些杆菌可以产生芽孢，称为芽孢杆菌，见图 1-1（b）。

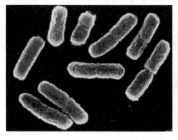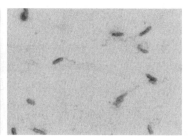

(a) 双杆菌　　　　　　　　　(b) 链杆菌　　　　　　　　　(c) 单杆菌

图 1-2 杆菌在光学显微镜下的形态

（3）螺旋菌 细胞呈弯曲的杆状，按照其弯曲的程度不同，可分为弧菌、螺菌和螺旋体，见图 1-1（c）、图 1-1（d）和图 1-3。

① 弧菌。菌体螺旋不满 1 环，呈括号状，如霍乱弧菌。

② 螺菌。螺旋满 2～6 环，菌体较小、坚硬，如鼠咬热小螺菌。

③ 螺旋体。螺旋周数在 6 环以上，菌体较大而且柔软，如梅毒密螺旋体。

除了以上三种基本形态外，还有许多特殊形态的细菌，例如柄杆菌（呈杆状或梭状，同时还具有特征性的细柄）、星形细菌和方形细菌等，见图 1-4。

细菌的形态会因培养时间、培养温度、培养基成分等环境条件的变化而发生改变。在环

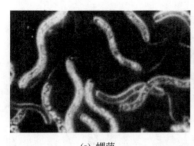
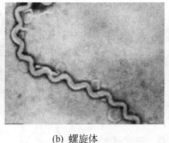
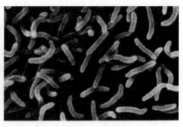

(a) 螺菌　　　　　　　　　(b) 螺旋体　　　　　　　　　(c) 弧菌

图 1-3　螺旋菌在光学显微镜下的形态

(a) 柄杆菌　　　　(b) 星形细菌　　　　(c) 方形细菌

图 1-4　特殊形态的细菌

境条件适宜、生长旺盛时，细菌的形态往往比较正常；在环境条件不利的情况下，细胞会呈现异常形态，例如杆菌的细胞可能会出现膨大、梨形、产生分枝或者伸长呈丝状等各种形态。不过，将出现异常的细菌转移至适宜的环境条件下，其形态又可恢复至正常。

2. 细菌的大小

细菌的个体通常很小，一般以 μm 作为测量单位。球菌的大小往往用其直径来表示，球菌的直径一般为 $0.5\sim2.0\mu m$。杆菌用菌体长度（长）和直径（宽）来表示，长和宽之间用符号"×"连接起来。杆菌的大小差异较大，一般为 $(1.0\sim5.0)\mu m\times(0.5\sim1.0)\mu m$。螺旋菌的大小表示方法与杆菌相同，不过螺旋菌的长度仅表示其两端的空间距离，而不是真正的长度，其真正长度应按螺旋的直径与圈数来计算，一般在进行形态鉴定时，尚需测定菌体的螺旋度、螺距等指标。

需要说明的是，在实验过程中观察到的细菌的大小会因固定染色方法的不同而有所差异。一般经过干燥固定的菌体比活菌体的长度要短 $1/4\sim1/3$；用负染色法处理后的菌体，其所观察到的长度比活菌要大。此外，细菌培养时间的长短、培养基营养的多寡、培养基渗透压的大小等因素都会导致细菌大小发生变化。

二、细菌的细胞结构

细菌的种类繁多，其细胞结构也不相同，通常把细菌都具有的构造称为一般构造，如细胞壁、细胞膜、细胞质、核区等；把部分细菌具有或特殊情况下形成的构造称为特殊构造，主要是荚膜、芽孢、鞭毛、菌毛和性菌毛等。细菌细胞的结构模式见图 1-5。

1. 细菌细胞的一般构造

（1）细胞壁　细胞壁是位于细胞最外面的一层厚实、坚韧、略有弹性的外被。可借助光学显微镜利用染色、质壁分离或制成原生质体等方法证实细胞壁的存在，也可借助电子显微镜直接观察细菌超薄切片中的细胞壁。

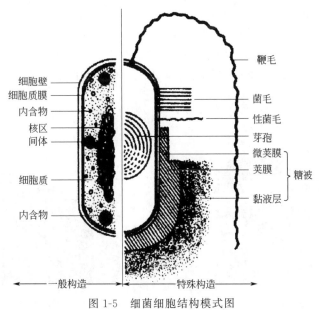

图 1-5　细菌细胞结构模式图

① 细胞壁的结构和主要成分。其因菌种的不同而有所差异，一般可以用革兰染色法加以区分，根据染色结果的不同可将细菌大体划分为革兰阳性菌（G⁺）和革兰阴性菌（G⁻）两大类型。

革兰染色法是由丹麦医生 C. Gram（革兰）于 1884 年创立，其操作主要分为初染、媒染、脱色和复染四个步骤，见图 1-6。初染是用结晶紫染液对甲、乙两种待鉴别细菌进行染色，染色结果是两者均被染成紫色。媒染是用碘液进一步处理，使结晶紫与碘分子形成一个分子量较大的染色更为牢固的复合物。脱色是用 95％乙醇处理媒染后的细菌，经过这一步的处理细菌的颜色会出现差异：凡初染的紫色易被乙醇洗脱者，会再次成为无色的菌体（如乙菌），反之，菌体仍为紫色（如甲菌）。复染是用红色染料沙黄（番红）对脱色处理后的细菌再次染色，根据细菌的最终颜色进行菌种鉴别。图中的结果是甲菌仍能维持最初所染的颜色——紫色，而乙菌呈现的是复染的颜色——红色，因此甲、乙两菌得以区分：前者为革兰阳性菌，简称 G⁺菌；后者为革兰阴性菌，简称 G⁻菌。

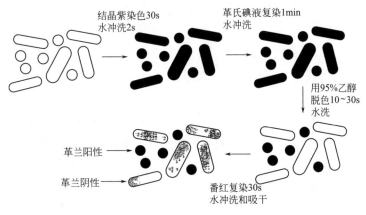

图 1-6　革兰染色步骤
○甲菌；▭乙菌

G$^+$菌的细胞壁厚（20～80nm）、结构致密，见图1-7，其化学组分简单，主要成分是肽聚糖和磷壁酸，磷壁酸是G$^+$菌特有的成分。

G$^-$菌的细胞壁比G$^+$菌的薄，分为内壁层和外壁层，见图1-8，其内壁层紧贴细胞膜，厚度为2～3nm，主要成分是肽聚糖；外壁层又称外膜，厚度为8～10nm，分为三层：最外层为脂多糖（LPS）、中间层为磷脂层、内层为脂蛋白层。脂多糖是G$^-$菌所特有的成分。

G$^+$菌和G$^-$菌的细胞壁构造及成分的主要差别可见图1-9和表1-1。

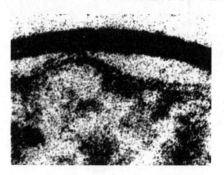

图1-7　G$^+$菌细胞壁结构

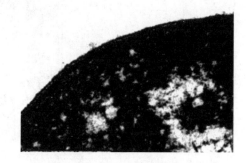

图1-8　G$^-$菌细胞壁结构

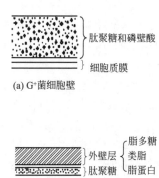

(a) G$^+$菌细胞壁

(b) G$^-$菌细胞壁

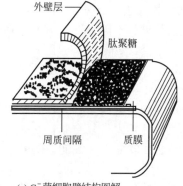

(c) G$^-$菌细胞壁结构图解

图1-9　革兰阳性菌和革兰阴性菌细胞壁构造比较

表1-1　革兰阳性菌和革兰阴性菌细胞壁的化学组成

成　　分	占细胞壁干重的比例/%	
	G$^+$	G$^-$
肽聚糖	含量很高（30～95）	含量很低（5～20）
磷壁酸	含量较高（<50）	0
类脂质	一般无（<2）	含量较高（约20）
蛋白质	一般无	含量较高

② 革兰染色的原理。G$^+$菌细胞壁的肽聚糖层厚且交联紧密，在经乙醇脱色时肽聚糖层脱水，导致孔隙变小，颗粒较大的结晶紫-碘复合物不能从细胞壁中脱除，复染的红色染料虽然也进入细胞，但被紫色遮盖，所以G$^+$菌仍保持着紫色。G$^-$菌细胞壁的肽聚糖层薄、交联疏松且富含类脂，乙醇脱色后类脂溶出导致其细胞壁的空隙变大，结晶紫-碘的复合物易从细胞壁中脱出，再用红色染液复染时，则呈现为红色。

③ 细胞壁的主要功能。作为细菌细胞最外层的结构，细胞壁在细菌的生长繁殖过程中

起着重要的作用，主要有以下几点。

a. 赋予细胞一定的外形、提高机械强度，从而使细菌免受渗透压等外力的损伤。

b. 是细胞生长、分裂和鞭毛运动必需的结构，失去细胞壁的原生质体上述功能也一并丧失。

c. 阻拦酶蛋白和某些抗生素等大分子物质（分子量大于800）进入细胞，保护细胞不受溶菌酶、消化酶和青霉素等的损伤。

d. 赋予细菌特定的抗原性、致病性以及对抗生素和噬菌体的敏感性。

（2）细胞膜 细胞膜又称细胞质膜或质膜，厚度为7～8nm，是紧贴在细胞壁内侧并包裹着细胞质的一层半透性薄膜，具有选择吸收性能，同时也是许多生化反应的重要部位。

① 细胞膜的结构和主要成分。利用电子显微镜可以观察到细胞膜呈明显的三明治结构——在上下两暗色层间夹着一浅色的中间层，这种结构称为单位膜。细胞膜中暗色层的成分主要为蛋白质，占60%～70%；浅色层为脂类（磷脂），占20%～30%，由磷酸、甘油、脂肪酸和含氮碱构成；其余主要为多糖。磷脂分为头和尾两部分，分别由疏水的非极性基团和亲水的极性基团构成，在膜中磷脂以双分子层排列，亲水的极性头部指向膜的外表面，疏水的脂肪酸尾部指向膜的内层，构成了细胞膜的基本结构。蛋白质以不同的方式结合在膜表面或埋藏在膜中。内嵌蛋白的分布有多种形式：有的不对称地分布于膜一侧，有的贯穿全膜，有的埋藏在磷脂双分子层内部。外周蛋白则结合在膜的表面。细胞膜的结构见图1-10。

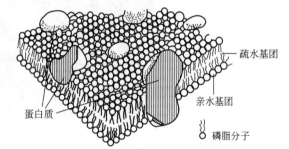

疏水基团

亲水基团

蛋白质

磷脂分子

图 1-10　细胞膜的结构

② 细胞膜的功能。主要表现在以下几个方面。

a. 细胞膜对细胞内外物质的交换起着选择性屏障的作用。

b. 细胞膜是细胞的代谢中心，膜上分布着大量的呼吸酶、合成酶、ATP合成酶等，细菌的很多代谢反应在细胞膜上进行。

c. 细胞膜起着维持细胞内正常渗透压的作用。

d. 细胞膜是鞭毛的着生部位，是合成细胞壁和荚膜的重要场所。

（3）细胞质及内含物 被细胞膜包围着的除核质体外的一切半透明、胶状、颗粒状物质总称为细胞质，亦称原生质。其主要成分为蛋白质、核酸、多糖、脂类、水分和少量无机盐类。细胞质中含有许多酶系，是细菌进行新陈代谢的主要场所。另外，细胞质中还含有许多内含物，主要有核糖体、贮藏物、中间代谢物、载色体和质粒等，少数细菌还存在羧酶体、磁小体、伴孢晶体或气泡等构造。幼龄菌的细胞质稠密、均匀，富含核糖核酸(RNA)，嗜碱性强，易被碱性和中性染料染色，且染色均匀；老龄菌因缺乏营养，RNA被细菌用作氮源、磷源而含量降低，使细胞染色不均匀，故通过染色是否均匀可判断细菌的生长阶段。

① 核糖体。核糖体是分散在细胞质中沉降系数为70S的一种由60%的RNA和40%的蛋白质组成的核蛋白，为颗粒状结构，是合成蛋白质的场所。

② 贮藏物。贮藏物是由不同化学成分累积而成，为颗粒状结构，主要功能是贮藏糖原、藻青素、多聚磷酸类等营养物质，在大肠杆菌、固氮菌、紫硫细菌、蓝细菌等细菌体内普遍存在。

③ 羧酶体。羧酶体是一些在自养细菌中含有的、对固定CO_2起关键作用的多角形或六角形内含物。在排硫硫杆菌、那不勒斯硫杆菌、贝日阿托菌属、硝化细菌和一些蓝细菌中均可找到羧酶体。

④ 气泡。气泡是一些光合营养型、无鞭毛运动的水生细菌（鱼腥蓝细菌属、嗜盐杆菌属、红假单胞菌属等）所具有的含气的泡囊结构，其数目由几个到几百个不等。气泡具有调节细胞密度以使菌体漂浮在合适位置的作用，有利于帮助细菌获取适当的光能、O_2 和营养物质。

（4）核区 核区是原核生物所特有的无核膜结构的原始细胞核，是负载细菌遗传信息的物质基础，又称核质体、拟核或核基因组。细菌核区的主要物质是一个大型环状双链 DNA 分子，长度为 0.25～3mm，此外还有少量蛋白质与其相结合。核区的数目与细胞生长速度有关，一般为 1～4 个，少数细菌有 20～25 个核区，如褐球固氮菌等。

2. 细菌细胞的特殊构造

（1）荚膜 荚膜是某些细菌在一定条件下分泌于细胞壁表面的一层松散、透明的黏液状物质。荚膜使细菌在固体培养基上形成光滑型菌落。

荚膜（图 1-11）有以下几种类型：包裹在单个细胞外且固定在细胞壁上、层次较厚的为荚膜，层次较薄的为微荚膜；没有固定在细胞壁上的称为黏液层；包裹在细菌群体外的称为菌胶团。荚膜的主要成分为多糖、多肽或蛋白质，尤以多糖居多。

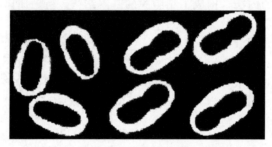

图 1-11　负染色法染色的荚膜（透明区）

荚膜的功能主要有：保护细菌免受干旱损伤；贮藏养料，以备营养缺乏时重新利用；堆积某些代谢废物；通过荚膜或其有关构造可使菌体附着于适当的物体表面。此外，细菌的荚膜与生产实践有着密切的关系：人们可以从肠膜状明串珠菌的荚膜中提取葡聚糖以制备代血浆或葡聚糖凝胶试剂；利用甘蓝黑腐病黄单胞菌的黏液层提取胞外多糖——黄原胶；还可利用产生菌胶团的细菌分解和吸附有害物质的能力来进行污水处理。然而，产荚膜细菌的污染，常会引起酒类、牛乳和面包等饮料和食品发黏变质；某些致病菌也会因具有厚实的荚膜而增强其致病能力。

（2）芽孢 在某些细菌生长发育的后期，其细胞内可形成一个圆形或椭圆形的抗逆性休眠体，称为芽孢，见图 1-12。

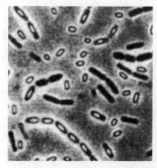
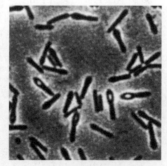

(a) 枯草芽孢杆菌　　　　　(b) 肉毒梭菌（末端）　　　　　(c) 破伤风梭菌（末端）

图 1-12　细菌芽孢在光学显微镜下的形态（×1000）

由于每一细胞只形成一个芽孢，因此芽孢无繁殖功能。能产生芽孢的细菌种类主要是革兰阳性杆菌——芽孢杆菌科的两个属，即好氧性的芽孢杆菌属和厌氧性的梭菌属；球菌中只有极个别的属——芽孢八叠球菌属才能形成芽孢；典型的螺旋菌中未发现有产芽孢的菌种。

芽孢在细胞中的位置、形状与大小因菌种不同而异，这是分类鉴定的重要依据。它们有的位于细胞的中央或近中央，直径小于细胞宽度；有的则位于细胞的一端，直径大于细胞宽度，使菌体呈鼓槌状。芽孢的形态和着生位置见图 1-13。

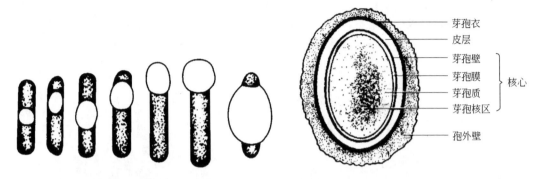

图 1-13 细菌芽孢的各种类型   图 1-14 芽孢结构

① 芽孢的结构和主要成分。芽孢的结构比较复杂，见图 1-14。孢外壁位于芽孢的最外层，是母细胞的残留物，透性差，主要成分是脂蛋白，还含有少量氨基糖。芽孢衣主要含疏水性的角蛋白以及少量磷脂蛋白，对溶菌酶、蛋白酶和表面活性剂具有很强的抗性，对多价阳离子的透性很差。皮层含大量特有的芽孢肽聚糖。芽孢的核心又称芽孢的原生质体，它是由芽孢壁、芽孢膜、芽孢质和核区四部分构成，含水量极低，与营养细胞的成分类似，但芽孢质中含有特殊的吡啶二羧酸钙盐。

② 芽孢的功能。芽孢具有极强的休眠、抗热、抗辐射、抗化学药物和抗静水压的能力。芽孢的休眠能力十分惊人，一般的芽孢在普通的条件下可保存几年甚至几十年的生活力。有些湖底沉积土中的芽孢杆菌经 500～1000 年后仍有活力，更有经 2000 年甚至更长时间仍保持芽孢生命力的记载。具有芽孢的肉毒梭菌在 100℃沸水中，要经过 5.0～9.5h 才被杀死，至 121℃时，平均也要经 10min 才能杀死。热解糖梭菌的营养细胞在 50℃下经短时间即被杀死，可是它的芽孢群体在 132℃下经 4.4min 后才被杀死其中的 90%。芽孢抗紫外线的能力一般要比其营养细胞强一倍。巨大芽孢杆菌芽孢的抗辐射能力要比大肠杆菌的营养细胞强 36 倍。

③ 芽孢的萌发。在条件适宜的情况下，休眠状态的芽孢可以变成营养状态的细菌，这一过程称为芽孢的萌发。萌发的过程主要分活化、出芽和生长三个阶段。活化作用可通过短期热处理以及强酸、强氧化剂处理来实现。由于活化的过程是可逆的，所以处理后的芽孢必须立即接种到合适的培养基中。

深入研究芽孢有着重要的理论与实践意义：芽孢的有无在细菌鉴定中是一项重要的形态学指标；芽孢的存在有利于对这类菌种的筛选和保藏；芽孢可以作为衡量各种消毒灭菌措施的主要指标；利用产伴孢晶体的细菌制成杀虫剂可减少化学农药对环境的污染。

(3) 鞭毛 某些细菌表面生长有丝状、波浪形的附属物，称为鞭毛。鞭毛具有运动功能，根据菌种的不同，其数目为一到数十根不等。

鞭毛的直径为 $0.01～0.02\mu m$，长度一般为 $15～20\mu m$。可以通过多种方式来判断某细菌是否具有鞭毛：①利用电子显微镜直接观察菌种。②染色后在光学显微镜下观察。③采用暗视野，根据水浸片或悬滴标本中细菌的运动情况来判断。④半固体培养基观察法，即在半固体直立柱中穿刺接种待鉴定细菌，如果培养一定时间后在穿刺线周围有混浊的扩散区，说明该菌具有运动能力，即可推测其存在鞭毛；反之，则无鞭毛。⑤平板培养基观察法，即将待鉴定菌种接种在平板培养基上，根据培养后所形成菌落的形状来判断该菌是否存有鞭毛。如果所形成的菌落形状大而薄且不规则，边缘极不平整，说明该菌有鞭毛；反之，若所形成的菌落形状圆整、边缘光滑、厚度较大，则说明该菌没有鞭毛。

鞭毛着生的方式主要有一端单生、一端丛生、两端单生和周生鞭毛等几种。在各类细菌中，弧菌、螺菌和假单胞菌类普遍长有鞭毛；在杆菌中，有的有鞭毛，有的没有鞭毛；在球状细菌中，仅有个别属——动性球菌属的细菌才有鞭毛，见图1-15和图1-16。

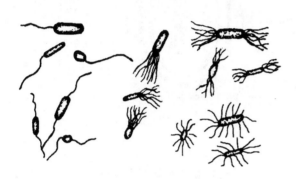

图1-15　细菌鞭毛的类型

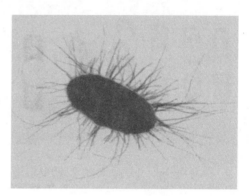

图1-16　大肠杆菌的鞭毛

鞭毛具有很高的运动速度，每秒可移动$20\sim80\mu m$，为其体长的$20\sim30$倍。鞭毛的有无和着生方式是菌种分类鉴定中的重要指标。

三、细菌的繁殖与菌落形态特征

1. 细菌的繁殖

细菌的繁殖方式分为无性繁殖和有性繁殖两种，大多数细菌进行无性繁殖，少数的细菌可以进行有性繁殖。最为常见的无性繁殖方式是裂殖，即一个母细胞分裂形成两个子细胞。裂殖过程分为以下三个阶段。

(1) 核分裂　细菌核区的DNA首先进行复制，复制后的DNA分开形成两个独立的核区。与此同时，位于两个核区间的质膜由外向内收缩凹陷，将细胞质和两个核区完全分隔开。

(2) 形成横隔　伴随质膜的收缩，细胞壁向内生长，将凹陷的质膜分为两层。每层质膜即为子细胞的细胞膜，随后细胞壁横隔也分为两层，此时的母细胞已经分裂形成了两个相连的子细胞。

(3) 子细胞分离　在形成完整的横隔后，子细胞相互分离成为两个完全独立的个体，根据菌种不同形成不同的排列形式，如单球、双球、四联、八叠或葡萄状，见图1-1。

2. 细菌的菌落形态特征

在固体培养基上或培养基内，由单个细胞在局部位置不断增殖所形成的、肉眼可见的、有一定形态构造的、稠密的细胞群体就是菌落。如果将某一菌种的多个细胞分散地接种到固体培养基上，培养一段时间后所形成的大量菌落会相互联成一片，这就是菌苔。

不同种的细菌在特定培养基上生长形成的菌落或菌苔一般都具有稳定的特征。菌落特征主要是指菌落的颜色、隆起形状（扩展、台状、低凸、凸面、乳头状等）、边缘情况（整齐、波状、裂叶状、锯齿状等）、表面状态（光滑、皱褶、颗粒状、龟裂状、同心环状等）、表面光泽（闪光、金属光泽、无光泽等）、质地（油脂状、膜状、黏、脆等）、大小、透明程度等。

菌落特征与形成菌落的细胞的形态结构和生理特征有密切关系：有荚膜的菌种，其菌落表面光滑、质地黏稠，为光滑型；无荚膜的菌种，其菌落表面干燥、皱褶，为粗糙型。蕈状芽孢杆菌的细胞呈链状排列，所形成的菌落表面粗糙、卷曲，边缘有毛状突起。具鞭毛的菌种，所形成的菌落大而平坦、边缘不规则；无鞭毛的菌种，其菌落则小而隆起、边缘圆整。具体可参见图 1-17 和图 1-18。

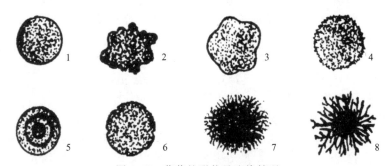

图 1-17　菌落的形状及边缘情况

1—圆形、边缘整齐、表面光滑；2—不规则状；3—边缘波浪状；4—边缘锯齿状；5—同心环状；
6—边缘缺刻状、表面颗粒状；7—丝状；8—假根状

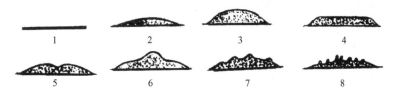

图 1-18　菌落的凸起情况

1—扁平、扩展；2—低凸面；3—高凸面；4—台状；5—脐状；6—草帽状；7—乳头状；8—褶皱凸面

细菌在各种培养基中的特征均可以作为菌种分类和鉴定的重要依据。在半固体琼脂试管培养基中，利用穿刺的方法可以观察细菌的群体特征，同时还可以判断该菌是否具运动性，见图 1-19。在液体培养基中，细菌的生长可使培养基变混浊，或在表面形成菌环、菌膜、菌醭或产生絮状沉淀，有的还产生气泡、色素等，见图 1-20。

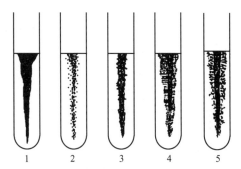

图 1-19　半固体培养基穿刺接种后的菌落特征

1—丝状；2—念珠状；3—乳头状；4—羽毛状；5—树根状

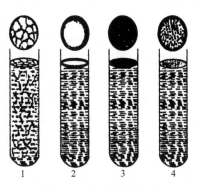

图 1-20　液体培养特征

1—絮状；2—环状；3—浮膜状；4—薄膜状

四、食品中常见细菌简介

1. 乳酸菌

"乳酸菌"一词并非生物分类学名词，而是指能够发酵糖类产生大量乳酸的一类微生物的统称，由于这类微生物以乳酸细菌为主要类群，因而将其称为乳酸菌。乳酸菌在食品工业中有着广泛的应用，经过乳酸菌发酵作用制成的食品称为乳酸发酵食品。乳酸菌主要分布在乳杆菌属、链球菌属、明串珠菌属、片球菌属和双歧杆菌属，代表的种类有保加利亚乳杆菌、嗜酸乳杆菌、嗜热链球菌、乳酸链球菌、乳脂链球菌、肠膜状明串珠菌、双歧杆菌等。

（1）保加利亚乳杆菌 细胞呈两端钝圆的长杆状，可在固体培养基上形成棉花状的菌落，能利用葡萄糖、果糖、乳糖进行同型乳酸发酵，不能利用蔗糖。该菌是乳酸菌中产酸能力最强的菌种之一；分解蛋白质的能力较弱，发酵乳中可产生香味物质乙醛；最适生长温度为37～45℃，在温度高于50℃或低于20℃的条件下不能生长。

保加利亚乳杆菌常作为发酵酸奶的生产菌。

（2）嗜酸乳杆菌 细胞呈细长杆状，形态比保加利亚乳杆菌小，能利用葡萄糖、果糖、乳糖和蔗糖进行同型乳酸发酵，生长繁殖过程中需要从外部摄取一定的维生素等生长因子。分解蛋白质的能力较弱。耐热性差，最适生长温度为37℃，20℃以下不生长。耐酸性较强，能在其他乳酸菌不能生长的酸性环境中生长繁殖，最适 pH 为 5.5～6.0。

嗜酸乳杆菌是能够在人体肠道定殖的少数有益菌群之一，其代谢形成的有机酸和抗菌物质——乳杆菌素可抑制病原菌和腐败菌的生长。

（3）嗜热链球菌 细胞呈链球状，能利用葡萄糖、果糖、乳糖和蔗糖进行同型乳酸发酵，蛋白质分解能力较弱，在发酵乳中可产生香味物质双乙酰。该菌耐热性强，能耐65～68℃的高温，能在高温条件下产酸，最适生长温度40～45℃，温度低于20℃不产酸。

嗜热链球菌常作为发酵酸奶、干酪的生产菌。

（4）乳酸链球菌 细胞呈双球、短链或长链状，能利用葡萄糖等进行同型乳酸发酵，可使牛乳凝固。最适生长温度为30℃，在10～40℃时均能产酸，但对热抵抗力较弱，60℃下处理30min 即死亡。

乳酸链球菌常作为制作干酪、酸制奶油、乳酒和泡菜的发酵菌种。

（5）乳脂链球菌 细胞呈长链状，比乳酸链球菌大。同型乳酸发酵。产酸和耐酸能力均较弱。产酸温度较低，为18～20℃，37℃以上不产酸、不生长。

此菌常作为干酪、酸制奶油的发酵菌种。

（6）肠膜状明串珠菌 细胞呈球形或豆状，成对或短链状排列。在固体培养基上形成的菌落较小，通常直径小于1.0mm；在液体培养基中能产生均匀的混浊。可利用葡萄糖进行异型乳酸发酵，在高浓度的蔗糖溶液中能合成大量的荚膜物质——葡聚糖，形成特征性黏液。最适生长温度25℃，生长的 pH 范围为 3.0～6.5。

肠膜状明串珠菌是制作泡菜的重要菌种，还可以生产代血浆的主要成分右旋糖酐。

（7）片球菌属 该属的菌种细胞呈球形，成对或四联状排列，革兰染色为阳性，不产生芽孢，不运动，无细胞色素。可利用葡萄糖进行同型乳酸发酵。一般不能酸化和凝固牛乳，不能分解蛋白质。生长温度范围在25～40℃，最适生长温度为30℃。

该属的嗜盐片球菌可用于酿造酱油；乳酸片球菌用于制作泡菜。

（8）双歧杆菌属 细胞形态多样，常见的有 Y 字形、V 字形、弯曲状、勺形，典型形态为分叉杆菌。G⁺菌，用亚甲基蓝染色时菌体着色不规则，不产生芽孢，无鞭毛，不运动。可利用葡萄糖、果糖、乳糖和半乳糖生成乳酸、乙酸及少量的甲酸和琥珀酸。分解蛋白质的能力较弱。生长温度范围在 25~45℃，最适生长温度为 37℃。不耐酸，可生长的 pH 为 4.5~8.5。

双歧杆菌可以定殖在宿主的肠黏膜上形成生物学屏障，是人体肠道有益菌群，具有拮抗致病菌、改善微生态平衡、合成多种维生素、提供营养、抗肿瘤、降低内毒素、提高免疫力、保护造血器官、降低胆固醇水平等重要生理功能。

2. 醋酸菌

醋酸菌的细胞通常呈椭圆形杆状，革兰染色为阳性，不产生芽孢，部分种类有鞭毛、可运动。醋酸菌为严格好氧的微生物，短暂中断供氧即能造成其死亡，能利用葡萄糖、果糖、蔗糖、麦芽糖、酒精作为碳源，可利用蛋白质水解物、尿素、硫酸铵作为氮源，生长繁殖需要的无机元素主要有 P、K、Mg。最适生长温度为 30~35℃，不耐高温，60℃处理 10min 即死亡。最适生长 pH 为 3.5~6.5，有些菌株具有很强的耐酒精和耐醋酸能力，但是不耐食盐。醋酸菌主要应用于酿醋工业、维生素 C 和葡萄糖酸的生产中。

(1) 纹膜醋酸杆菌 纹膜醋酸杆菌能在液体培养基的液面上形成乳白色、皱褶状的黏性菌膜，振荡培养液可使液体变混浊。产酸能力较强，最高产醋酸量为 8.75%。最适生长温度 30℃，能耐 14%~15% 的酒精。

(2) 奥尔兰醋酸杆菌 属纹膜醋酸杆菌的亚种，最高产醋酸量为 2.9%，耐酸能力强，能产生少量的酯。最适生长温度为 30℃。

(3) 许氏醋杆菌 许氏醋杆菌是酿醋工业中重要的菌种之一，最高产醋酸量达 11.5%。最高生长温度为 37℃。

(4) 醋酸杆菌 AS 1.41 醋酸杆菌 AS 1.41 是我国酿醋工业常用菌种之一，产醋酸量最高为 8%，可将醋酸进一步氧化为 CO_2 和 H_2O。最适生长温度在 28~30℃，可耐浓度为 8% 的酒精。

3. 谷氨酸菌

(1) 北京棒状杆菌 细胞呈两端钝圆的短杆状或棒状，有时略弯曲，可单个、成对排列或 V 字形排列。G^+ 菌，不产生芽孢，无鞭毛，不运动。以葡萄糖、果糖、甘露糖、麦芽糖作为碳源，不能分解淀粉和纤维素；以铵盐和尿素作为氮源，能还原硝酸盐；好氧或兼性厌氧。最适生长温度为 30~32℃，最适生长 pH 为 6.0~7.5。不受钝齿棒杆菌 AS 1.542 噬菌体侵染。

(2) 钝齿棒杆菌 细胞呈两端钝圆的短杆状或棒状，可单个、成对排列或 V 字形排列。革兰染色为阳性，无芽孢，无鞭毛，不运动。能利用葡萄糖、果糖、甘露糖、麦芽糖、蔗糖、乙酸、柠檬酸、乳酸、葡萄糖酸、延胡索酸等作碳源，不能分解淀粉、纤维素、油脂和明胶；以铵盐和尿素作为氮源，能还原硝酸盐；好氧或兼性厌氧。可在 20~37℃ 的温度下生长，最适生长温度为 30℃。

第二节　放线菌

放线菌是具有菌丝、以孢子进行繁殖、革兰染色阳性的一类原核微生物，多数为腐生菌，少数为寄生菌。它因在固体培养基上的菌落呈放射状而得名。放线菌广泛分布于自然界中，特别是在有机质丰富的微碱性土壤中含量最多。放线菌是大多数抗生素的生产菌，广泛用于纤维素降解、石油脱蜡、制革脱毛、烃类发酵、污水处理等。只有少数的放线菌能引起人类、动物和植物的病害。

一、放线菌的形态与结构

1. 放线菌的形态

放线菌属于单细胞微生物，大多数放线菌菌体由分枝发达的菌丝组成，见图 1-21。其菌丝直径与细菌相似，小于 $1\mu m$。根据菌丝形态和功能的不同，放线菌菌丝可分为营养菌丝、气生菌丝和孢子丝三种，见图 1-22。

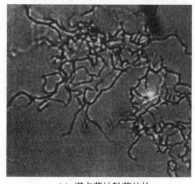

(a) 诺卡菌幼龄菌丝体

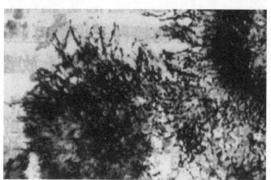

(b) 衣氏放线菌的菌丝体呈菊花型

图 1-21　放线菌在光学显微镜下的菌丝体(×100)

（1）营养菌丝　又称基内菌丝或初级菌丝体，它能潜入固体培养基中吸取营养物。营养菌丝一般无隔膜，直径为 $0.2\sim1.2\mu m$，长为 $50\sim600\mu m$。有的营养菌丝无色，有的则产生水溶性或脂溶性色素而呈黄、绿、橙、红、紫、蓝、黑等各种颜色。

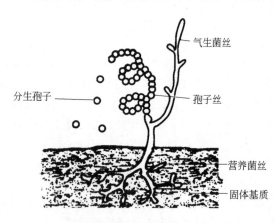

图 1-22　放线菌发达的菌丝

（2）气生菌丝　又称二级菌丝体，它是营养菌丝发育到一定时期，长出培养基外并伸向空间的菌丝。其直径比营养菌丝粗，为 $1\sim1.4\mu m$，直形或弯曲状，有分枝，在显微镜下观察时，一般气生菌丝颜色较深。

（3）孢子丝　是气生菌丝发育到一定程度，其上分化出的可形成孢子的菌丝，又称为产孢菌丝或繁殖菌丝。放线菌孢子丝的形态多样，有直形、波曲、钩状、螺旋状、一级轮生和二级轮生等多种，是放线菌定种的重要标志之一，见图 1-23。

孢子丝发育到一定阶段即分化为分生孢子，见图 1-24。在光学显微镜下，孢子呈圆形、椭圆形、杆状、圆柱状、瓜子状、梭状和半月状等。孢子的颜色十分丰富，如白、灰、黄、橙黄、红、蓝等颜色。成熟的孢子的颜色在一定培养基与培养条件下比较稳定，因此，孢子的颜色也是鉴定放线菌菌种的重要依据之一。孢子表面的纹饰因种而异，在电子显微镜下清晰可见，有的光滑，有的为褶皱状、疣状、刺状、毛发状或鳞片状，刺又有粗细、大小、长短和疏密之分，见图 1-25。

2. 放线菌的细胞结构

放线菌的菌丝明显分枝，有分生孢子，在液体培养基、固体培养基中的形态类似霉菌，但在结构上更类似于细菌。放线菌具有细胞壁、细胞膜、细胞质和核区，无核膜、核仁和细

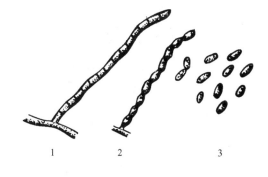

图 1-23　放线菌不同类型的孢子丝
1—孢子丝直；2—孢子丝丛生，波曲；3—孢子丝
顶端大螺旋；4—孢子丝螺旋；5—孢子丝紧螺旋；
6—孢子丝紧螺旋呈团状；7—孢子丝轮生

图 1-24　放线菌横隔分裂形成孢子
1—孢子丝形成横隔；2—沿横隔断裂
成杆状孢子；3—成熟的孢子

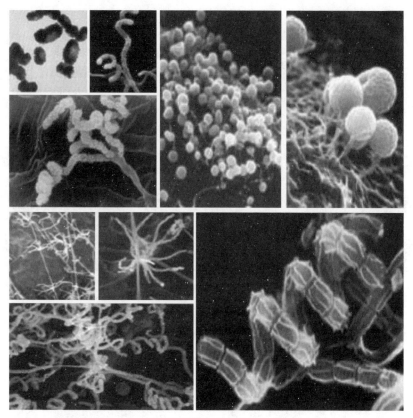

图 1-25　放线菌孢子丝的电镜图片

胞器；细胞壁含有肽聚糖、磷壁酸、多糖等高分子物质，不含几丁质和纤维素。

二、放线菌的繁殖和菌落特征

1. 放线菌的繁殖

放线菌没有有性繁殖，主要通过形成无性孢子的方式进行无性繁殖，成熟的分生孢子或孢囊孢子散落在适宜环境里发芽形成新的菌丝体，见图 1-26；另一种方式是菌丝体的无限伸长和分枝。在液体振荡培养（或工业发酵）中，放线菌每一个脱落的菌丝片段，在适宜条件下都能长成新的菌丝体，也是一种无性繁殖方式。

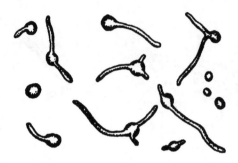

图 1-26　放线菌孢子的萌发生长

2. 放线菌的菌落特征

放线菌在固体培养基上形成与细菌不同的菌落特征。放线菌的气生菌丝较细，生长缓慢，分枝的菌丝相互交错缠绕形成质地致密的小菌落，表面呈紧密的绒状或坚实、干燥、不透明、多皱，不易挑取，或整个菌落被挑起而不破碎。当大量孢子覆盖于菌落表面时，就形成表面为粉末状或颗粒状的典型放线菌菌落，见图 1-27。由于营养菌丝和孢子常有颜色，使得菌落的正反面呈现出不同的色泽，其中水溶性色素可扩散到培养基中，脂溶性色素则不能扩散。

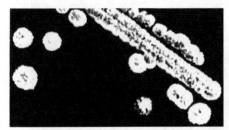

(a) 链霉菌菌落

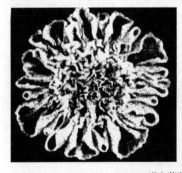
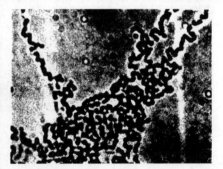

(b) 诺卡菌落与营养菌丝

图 1-27　放线菌菌落特征

常见放线菌的代表属主要有链霉菌属、诺卡菌属和小单胞菌属等。

第三节 蓝细菌

蓝细菌也被称为蓝藻或蓝绿藻，是一类无鞭毛、含叶绿素 a、能进行光合作用产生氧气的革兰阴性原核微生物。蓝细菌的分布极广，在陆地或水中均能成片生长，有些还生存在 80℃ 以上的温泉、含盐较多的湖泊或其他极端环境中。某些蓝细菌具有固氮作用。

一、蓝细菌的形态结构

1. 蓝细菌的形态和大小

蓝细菌的形态差异较大，大致可分为单细胞和丝状两大类，单细胞的菌体多呈球状、椭圆状或杆状，常聚集成团，外面包裹有菌胶团；丝状的菌体是多细胞聚集成的链状体，有的具有分枝，菌体外面常包裹有鞘。蓝细菌细胞的直径一般为 $3 \sim 10\mu m$，最小为 $0.5 \sim 1\mu m$（如细小聚球蓝细菌），最大的可达 $60\mu m$（如巨颤蓝细菌）。

2. 蓝细菌细胞的结构

蓝细菌属于原核微生物，其细胞壁的结构与革兰阴性细菌相似，许多菌种能向细胞壁外分泌多糖，可将多个细胞或丝状体结合在一起，形成菌胶团或鞘。蓝细菌无鞭毛，多数可滑行，有的还具有趋光或避光运动。细胞质内分布有膜质片层状的类囊体，含有叶绿素 a、藻胆素（藻胆蛋白）和类胡萝卜素等光合作用色素。藻胆素是蓝细菌所特有的色素，在光合作用中起辅助色素的作用，分为藻蓝素和藻红素两种，多数菌体含藻蓝素较多，与其他色素相混合赋予细胞特殊的蓝色。

许多蓝细菌还有气泡，其作用可能是控制菌体的位置使其保持在光线最多的地方，以利于光合作用。此外，细胞内也有各种贮藏物，例如糖原、聚磷酸盐等。蓝细菌细胞结构见图1-28。

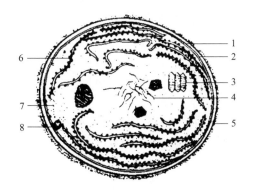

图 1-28 蓝细菌细胞结构

1—细胞壁；2—细胞膜；3—气泡；4—核区；
5—鞘；6—类囊体；7—核糖体；8—贮藏物

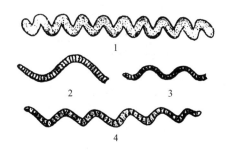

图 1-29 螺旋藻的形态

1—为首螺旋藻；2—钝顶螺旋藻；
3—方胞螺旋藻；4—极大螺旋藻

二、蓝细菌的繁殖方式

蓝细菌的繁殖方式有裂殖、芽殖、断裂、产生内生孢子等多种方式。多数蓝细菌以裂殖（二分裂或复分裂）为主。

三、常见蓝细菌及其在食品中的应用与开发

1. 螺旋蓝细菌

螺旋蓝细菌俗称螺旋藻，其形态见图 1-29。细胞一般为圆柱形，无异形胞，细胞聚集组成螺旋状丝状体，丝状体外无胶质衣鞘，能前后移动和左右摆动。最适生长温度在 35℃左右，喜欢偏碱性的环境。螺旋藻富含蛋白质、多种维生素、无机盐和微量元素。其主要营养成分见表 1-2。

表 1-2　每 100g 螺旋藻所含主要营养成分

成分	含量
蛋白质	60～70g
维生素 B$_1$	3.2～4.8mg
维生素 B$_2$	3.17～5.3mg
维生素 B$_6$	0.5～0.7mg
维生素 B$_{12}$	0.15～0.25mg
维生素 E	2.3～7.0mg
尼克酸	9.0～15.9mg
叶酸	0.004～0.05mg
肌醇	40～100mg
泛酸	0.5～0.8mg
β-胡萝卜素	50～200mg
γ-亚麻酸	800～1300mg

由于螺旋藻营养丰富，目前已被开发为保健食品。此外，螺旋藻在医药、饲料和精细化工方面的应用也日益增多。生产上养殖的螺旋藻主要是钝顶螺旋藻和极大螺旋藻两种。螺旋藻对光照、温度、培养液和通风等条件比较敏感。培养池应建在水质好、光照条件适宜、场地宽阔的地方；pH 范围为 7～11，最好是 8～9；水深在 0.2～0.3m；水温 18～38℃，最好在 26～35℃。其生产流程如下。

螺旋藻的生长环境很容易受到其他有毒蓝细菌，特别是微囊藻的污染。微囊藻在水中裂解后能产生微囊藻毒素（MC），目前这一毒素已被证明是肝癌的促癌剂。因此，在螺旋藻生产过程中应加强杂菌监测，同时还应加强对产品的质量监控。

2. 发菜

发菜属于念珠蓝细菌类群，其细胞为球形，丝状体无分枝，有异形胞，群体胶质鞘界限明显，不能运动，有固氮作用。因其丝状体酷似头发而得名发菜。发菜的适应性很强，具有耐旱、耐高温、抗寒、耐贫瘠的特点，主要分布在干旱的荒漠草原地区。由于发菜能通过光合作用和固氮作用将无机碳、氮转化为有机碳、氮，对改良荒漠土壤、繁衍其他生物有极其重要的意义，因此被誉为"拓荒先锋"。发菜还有非常高的营养价值，见表 1-3。

发菜除了作为食品外，还具有辅助治疗高血压、促进伤口愈合等医疗功效。因此，我国对发菜的需求量一直比较高。由于大量采集野生发菜会对脆弱的荒漠生态系统带来毁灭性的破坏，国家早已禁止野生发菜的采集和销售，并大力推广发菜的人工栽培技术。

表 1-3　每100g发菜主要营养成分含量

成分	含量	成分	含量
蛋白质	20～24g	铁	190～200mg
碳水化合物	55～60g	钙	2500～2600mg
脂肪	0.25～0.3g	磷	40～45mg

知识拓展　常见的其他原核微生物

除了细菌、放线菌、蓝细菌外，在自然界中还存在着与人类的生产生活有着密切联系的一些原核微生物，如：支原体、衣原体、立克次体等。

一、支原体

1898年，E. Nocard（诺卡德）等从患传染性胸膜肺炎的病牛中首次分离出支原体，当时称为为胸膜肺炎微生物（PPO）。1955年正式命名为支原体。支原体是一类无细胞壁的革兰阴性原核生物。目前已知的支原体种类已超过80种，一些寄生于牛、绵羊、山羊、猪、禽和人类等的体内，一些腐生分布在污水、土壤中。支原体是目前已知的能独立生活的最小生物。

1. 形态特征

支原体细胞呈球状或丝状，长短不一，直径为 150～300nm，长度从几微米到 $150\mu m$ 不等。支原体无细胞壁，细胞柔软、形态多变，可以通过细菌过滤器；细胞膜厚 7～10nm，分三层，内、外层均为蛋白质，中层为类脂和胆固醇；细胞质中含有大量的核糖体。革兰染色呈阴性，对渗透压、表面活性剂和醇类敏感，对四环素、红霉素敏感，对溶菌酶无反应，对干扰素不敏感。

2. 生长与繁殖

支原体能在营养丰富、含血清和酵母膏等物质的培养基上独立生长，具有氧化型或发酵型的产能代谢，可在好氧或厌氧条件下生长。支原体一般以二等分裂方式进行繁殖，在固体培养基上可形成中间厚且颜色深、边缘薄而透明且颜色浅的"油煎蛋状"菌落（图1-30），菌落直径一般为 0.1～1.0mm。

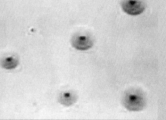

图 1-30　支原体在固体培养基上的"油煎蛋状"菌落

二、衣原体

衣原体是一种只能在真核细胞内营专性能量寄生的革兰阴性原核生物。1907年，两位捷克学者在沙眼病人结膜细胞内发现了衣原体的包涵体，不过他们误认为该包涵体是由"衣原虫"引起。直到1970年，人们才正式把这类病原微生物称作衣原体。

1. 形态特征

衣原体呈球形，直径为 $0.2～0.3\mu m$，可以通过细菌过滤器。衣原体具有细胞壁等完整的细胞结构，细胞内同时含有 DNA 和 RNA。革兰染色呈阴性，一般对磺胺类药物和四环素、红霉素、氯霉素等抗生素敏感，有的种类对干扰素敏感。

2. 生长与繁殖

衣原体可以独立进行一定的代谢活动，合成一定的大分子物质，但是酶系统不完整，尤其缺乏产能代谢的酶系统，必须从活的真核细胞内获取生长繁殖所必需的能量。因此，衣原体是一类与病毒类似的专性活细胞内寄生的原核微生物。

衣原体不需借助媒介便可直接侵染鸟类、哺乳动物和人类，在寄主细胞内完成特殊的生活史。通常把具有感染能力的衣原体个体称为原体。原体为球状，直径小于 $0.4\mu m$，不能运动，具有坚韧的细菌型细胞壁。进入宿主细胞后，原体可逐渐变形伸长，变为无感染力的薄壁球状个体，即始体。始体的直径可达 $1\sim1.5\mu m$，能通过二等分裂的方式形成微菌落，微菌落中的大量子细胞重新转化形成具有感染能力的、厚壁的原体。当宿主细胞裂解时，原体被大量释放可重新感染新的寄主细胞。

在实验室中，衣原体可培养在鸡胚卵黄囊膜、小白鼠腹腔或组织培养细胞上。衣原体具有耐低温不耐热的特点，在 $60℃$ 下处理 $10min$ 即被杀死，但是采用冷冻干燥法可保藏数年不死。

三、立克次体

立克次体是一类只能寄生在真核细胞内的革兰阴性原核微生物。1909 年美国医生 H. T. Ricketts（立克次）首次发现引发落基山斑疹伤寒的病原体，并于次年感染此病牺牲，后人便将此类病原菌命名为立克次体。

1. 形态特征

立克次体的细胞呈球形或杆形，往往在不同宿主中或不同发育阶段表现为不同的形

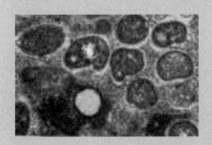

图 1-31　立克次体

状。球形细胞的直径为 $0.2\sim0.5\mu m$，杆形细胞的直径为 $0.3\sim0.5\mu m$、长度为 $0.3\sim2\mu m$，一般不能通过细菌过滤器。立克次体具有细胞壁，其中含有胞壁酸和二氨基庚二酸，细胞膜疏松、渗漏性大，物质易于进出细胞；细胞内同时含有 DNA 和 RNA，有的具有核糖体；革兰染色呈阴性；对磺胺及抗生素敏感，但对干扰素不敏感。立克次体有不完整的产能代谢途径，大多只能利用谷氨酸而不能利用葡萄糖产生 ATP，一些必需的营养物质必须从宿主细胞中获得。立克次体的形态见图 1-31。

2. 生长与繁殖

立克次体一般不能在普通培养基上培养，必须在活细胞内寄生，具有从一种宿主传至另一宿主的特殊生活方式。通常立克次体以虱、蚤、螨等节肢动物为媒介，利用它们在叮咬过程中所造成的伤口和产生的排泄物传播给人类和其他动物。在寄主细胞内以二等分裂方式大量繁殖，最终导致宿主细胞裂解，释放新的立克次体。有些立克次体可引起流行性斑疹伤寒、恙虫热等疾病。

自主复习题

1. 名词解释：原核微生物、芽孢、荚膜、鞭毛、菌落、放线菌、营养菌丝、气生菌丝。
2. 细菌有哪几种形态？试说明细菌的一般构造和特殊构造及其生理功能。
3. 什么是革兰染色？其原理和意义是什么？
4. 比较革兰阳性细菌和革兰阴性细菌的细胞壁的成分和结构。
5. 放线菌的菌丝及功能是怎样的？
6. 细菌菌落有何特点？细菌的菌落和放线菌的菌落有何区别？
7. 荚膜的化学成分是什么？其有什么生理功能？
8. 芽孢有何特性，有何实践意义？
9. 举例说明细菌在食品工业中的应用。

第二章 真核微生物

学习目标

1. 掌握酵母菌、霉菌和蕈菌的形态结构。
2. 掌握酵母菌和霉菌的菌落特征和繁殖方式。
3. 了解酵母菌、霉菌和蕈菌的生活史。
4. 掌握担子菌和子囊菌的繁殖方式。
5. 了解酵母菌和霉菌在食品中的应用及担子菌的食用和药用状况。

真核微生物是一类具有真正细胞核，具有核膜与核仁分化的较高等的微生物，其细胞质中具有线粒体和内质网等细胞器。真核微生物包括真菌、单细胞藻类和原生动物。

真菌门可分为5个亚门：鞭毛菌亚门、接合菌亚门、子囊菌亚门、担子菌亚门和半知菌亚门。真菌是一个分布广阔的庞大类群，约有十几万种。真菌细胞中没有光合色素，不能进行光合作用；细胞形态少数是单细胞，多数具有分枝的丝状体；具有完整的、典型的细胞核；能进行有丝分裂，繁殖方式主要靠无性孢子和有性孢子。一般把真菌分为三类：单细胞的酵母菌、单细胞或多细胞的霉菌和产生子实体的蕈菌。

第一节 酵母菌

酵母菌是指以出芽繁殖为主的单细胞真菌的俗称，在分类上属于子囊菌纲、担子菌纲和半知菌纲，主要分布在含糖质较高的偏酸环境中，如果品、蔬菜、花蜜、植物叶子的表面和果园的土壤中。此外，在动物粪便、油田和炼油厂附近的土壤中也能分离到利用烃类的酵母菌。酵母菌大多为腐生型，少数为寄生型。

酵母菌应用很广，它在与人类密切相关的酿造、食品、医药等行业和工业废水的处理方面都起着重要的作用。当然，也有少数酵母菌（约25种）是有害的，如鲁氏酵母、蜂蜜酵母等能使蜂蜜、果酱变质；有些酵母菌是发酵工业污染菌，使发酵产量降低或产生不良气味，影响产品质量；白假丝酵母又称白色念珠菌，可引起皮肤、黏膜、呼吸道、消化道以及泌尿系统等的多种疾病；新型隐球酵母可引起慢性脑膜炎、肺炎等。

一、酵母菌的形态与结构

1. 酵母菌的形态

大多数酵母菌为单细胞，细胞的形态多种多样，一般有卵圆形、圆形、圆柱形、柠檬形或假丝状，见图 2-1。假丝状是指有些酵母菌的细胞进行一连串的芽殖后，长大的子细胞与母细胞不分离，彼此连成藕节状或竹节状的细胞串，形似霉菌菌丝，为了区别于霉菌的菌丝，称之为假菌丝。酵母菌细胞的大小依其种类差别很大，一般长 $5\sim30\mu m$、宽 $1\sim5\mu m$，比细菌大几倍至几十倍。酵母菌的形状与大小可因培养条件及菌龄不同而改变，如一般的成熟的细胞大于幼龄细胞、液体培养的细胞大于固体培养的细胞。

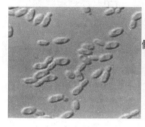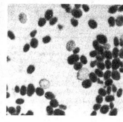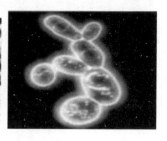

图 2-1　酵母菌在光学显微镜下的形态

2. 酵母菌的结构

酵母菌是真核微生物，因而具有典型的细胞结构（图 2-2）。酵母菌的细胞与细菌的细胞一样有细胞壁、细胞膜和细胞质等基本结构以及核糖体等细胞器。此外，酵母菌细胞还具有一些真核细胞特有的结构和细胞器，如细胞核有核仁和核膜，DNA 与蛋白质结合形成染色体，能进行有丝分裂，细胞质中有线粒体（能量代谢的中心）、中心体、内质网和高尔基体等细胞器以及多糖、脂类等贮藏物质。

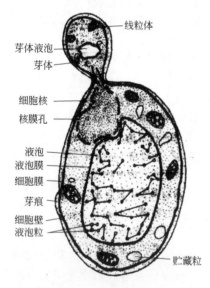

图 2-2　酵母菌的细胞结构

（1）细胞壁和细胞膜　幼龄酵母菌的细胞壁与细胞膜均较薄，老龄酵母菌的细胞壁与细胞膜较厚。酵母菌的细胞壁厚约 25nm，约占细胞干重的 25%。其化学组成主要是葡聚糖、甘露聚糖，还含有不等量的蛋白质、类脂质和几丁质。细胞膜的结构、成分与细菌基本相同，其功能不像原核生物那样具有多样性。细胞壁和细胞膜具有半渗透性和保护自身的功能。

（2）细胞质　细胞质是一种黏稠的胶体，主要成分是蛋白质。幼龄细胞的细胞质较稠密而均匀，老龄细胞的细胞质出现较大的液泡和各种贮藏物。细胞质含有核糖核酸（RNA）、脂肪滴等物质，还有核糖体、内质网膜等重要的细胞器，所以细胞质是细胞新陈代谢的场所。

① 贮藏物质。以聚合物颗粒存在，有些酵母含有大量的脂肪、蛋白质和多糖。

脂肪滴含量在酵母菌不同生长发育阶段会有所变化，当酵母形成子囊孢子时，脂肪滴含量增加，可作为子囊孢子的营养。脂肪含量在有些种类的酵母中很高，如含脂酵母，脂肪含量可超过其细胞干重的 50% 或更多，因此它可作为生产脂肪的菌种。有的酵母细胞质中还含有维生素等多种物质。

② 线粒体。线粒体是酵母菌细胞质内的重要细胞器，具有呼吸酶系，是能量代谢的场所。线粒体呈球状或杆状，由双层膜组成，内膜折叠而成嵴。它含有大量的酶系，在制备、积累和分配细胞能量上起着极其重要的作用，被称为细胞的动力站。

③ 液泡。在酵母细胞质中，常含有一个或几个液泡。液泡内含有机酸及其盐类的水溶液，可能起着贮藏营养物和水解酶的作用。液泡往往在老龄细胞中较大而且明显，其多少和大小作为衡量细胞成熟的标志。

（3）细胞核 细胞质中具有明显完整的细胞核。幼年细胞核呈圆形，位于细胞中央，成年后由于液泡的出现和扩大而被挤到一边，呈肾形。核外有包裹着核的核膜，核内有核仁和染色体。核膜是将细胞质与核质分开的双层膜，膜上有许多小孔，称为核孔。核孔是核质与胞质之间交换物质的选择性通道。核仁是比较稠密的圆球形构造，主要成分是 RNA 和蛋白质。核仁与 RNA 和蛋白质的合成有着密切的关系。

二、酵母菌的繁殖和菌落特征

1. 酵母菌的繁殖

酵母菌的繁殖方式分为无性繁殖和有性繁殖。一般以无性繁殖为主，其又可分为出芽繁殖和分裂繁殖。有性繁殖的主要方式是产生子囊孢子。经过有性繁殖而产生子囊孢子的酵母，称为真酵母；未发现有性繁殖的酵母称为假酵母。

（1）无性繁殖

① 出芽繁殖。又称芽殖，芽殖是酵母菌的主要繁殖方式。芽殖开始时，首先由成熟的母细胞核附近的液泡产生一根小管，同时在细胞表面生出一个小突起。接着小管穿过细胞壁进入突起，然后母细胞核分裂成两个，一个核留在母细胞内，另一个核随母细胞的部分原生质进入小突起，小突起逐渐增大而成为芽体。最后，当芽体长到母细胞大小一半时两者相连部分收缩，使芽体与母细胞分开，成为独立生活的新细胞，见图 2-3。

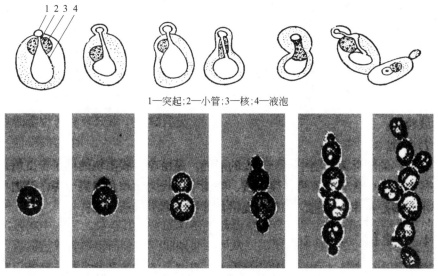

1—突起；2—小管；3—核；4—液泡

图 2-3　酵母菌芽殖过程

芽殖完成后，子细胞可脱离母细胞独立生活，也可与母细胞暂时相接。若酵母菌生长旺盛，而且环境条件适宜，子细胞在形成后不脱离母细胞，而继续进行芽殖，这样可以形成许多成串的细胞群，称为酵母菌的假菌丝，见图 2-4 和图 2-5。

图 2-4　酿酒酵母的扫描
电子显微镜照片

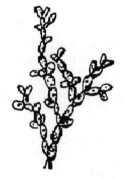

图 2-5　酵母细胞的假菌丝

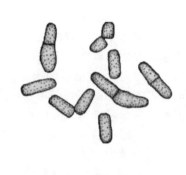

图 2-6　裂殖酵母的
细胞分裂（裂殖）

② 分裂繁殖。又称裂殖，是少数酵母菌的繁殖方式，类似细菌的二分裂法。其过程是母细胞先延长，核分裂为二，细胞中央出现隔膜，将细胞分为两个具有单核的子细胞，见图 2-6。

③ 无性孢子繁殖。有些酵母菌可形成一些无性孢子进行繁殖。这些无性孢子有掷孢子、厚垣孢子（图 2-7）和节孢子（图 2-8）等。如掷孢酵母属等少数酵母菌产生掷孢子，其外形呈肾状、镰刀形或豆形，这种孢子是在卵圆形的营养细胞生出的小梗上形成的。孢子成熟后通过一种特有的喷射机制将孢子射出。此外，有的酵母菌还能在假菌丝的顶端产生厚垣孢子，如白假丝酵母菌等。

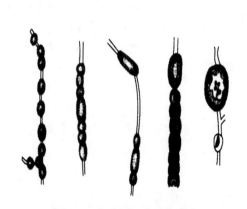

图 2-7　各种厚垣孢子的形态

节孢子

图 2-8　节孢子

（2）有性繁殖　有性繁殖是指通过两个具有性差异的细胞相互接合形成新个体的繁殖方式。有性繁殖过程一般分为三个阶段，即质配、核配和减数分裂。

质配是两个配偶细胞的原生质融合在同一细胞中，而两个细胞核并不结合，每个核的染色体数都是单倍的。核配即两个核结合成一个双倍体的核。减数分裂则使细胞核中的染色体数目又恢复到原来的单倍体。

当酵母菌细胞发育到一定阶段，邻近的两个性别不同的细胞各自伸出一根管状原生质突起，随即相互接触，接触处的细胞壁溶解，融合成管道，然后通过质配、核配形成双倍体细胞，该细胞在一定条件下进行 1～3 次分裂，其中第一次是减数分裂，形成四个或八个子核，每一子核与其附近的原生质一起，在其表面形成一层孢子壁后，就形成了一个子囊孢子，而原有的营养细胞就成了子囊。子囊孢子的数目可以是四个或八个，因种而异，见图 2-9 和图 2-10。

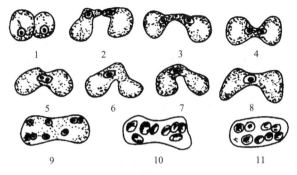

图 2-9 酵母菌子囊孢子的形成过程
1~4—两个细胞结合；5—结合子；
6~9—核分裂；10,11—核形成孢子

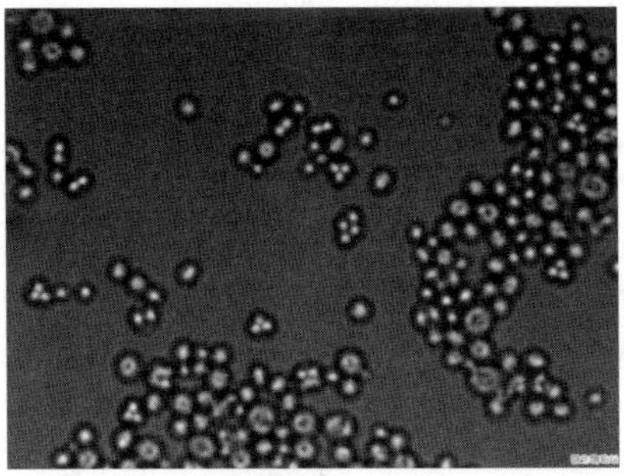

图 2-10 酵母菌子囊孢子电镜图片

酵母菌形成子囊孢子的难易程度因种类不同而异。有些酵母菌不形成子囊孢子；而有些酵母菌几乎在所有培养基上都能形成大量子囊孢子；有的种类则必须用特殊培养基才能形成；有些酵母菌在长期的培养中会失去形成子囊孢子的能力。形成子囊孢子的酵母菌也可以进行芽殖，进行芽殖的酵母菌也可能同时进行裂殖。

酵母菌在形成子囊时若两个形状、大小相同的细胞结合，称为同型配子接合；若两个形状和大小不相同的细胞结合，称为异型配子接合。酵母菌产生的子囊形状不同，孢子表面形状也因此而异，子囊和子囊孢子的形态是酵母菌分类的重要依据。几种典型酵母菌的繁殖见图 2-11。

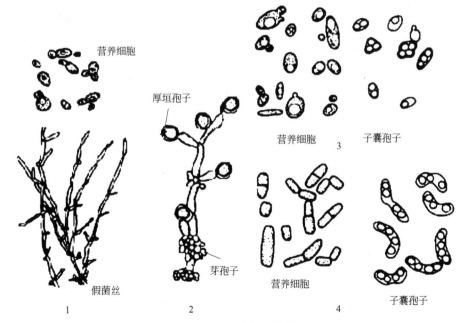

图 2-11 几种酵母菌的繁殖
1—热带假丝酵母；2—白假丝酵母；3—酿酒酵母；4—粟酒裂殖酵母

（3）酵母菌的生活史 个体经过一系列生长发育阶段后产生下一代个体的全部过程，就称为该生物的生活史或生命周期。由于酵母菌的单倍体细胞（n）和二倍体细胞（$2n$）都有可能独立存在，并各自进行生长和繁殖，因此，酵母菌的生活史包含了单倍体生长阶段和二倍体生长阶段两个部分。

根据酵母菌生活史中单倍体和二倍体阶段存在时间的长短，可以把酵母菌分成单倍体型、二倍体型和单双倍体型三种类型。

① 单倍体型。该类酵母菌的主要特点是：营养细胞为单倍体；无性繁殖以裂殖方式进行；二倍体细胞不能独立生活，故此阶段很短。以八孢裂殖酵母为例看其生活史，如图2-12所示，简要介绍如下。

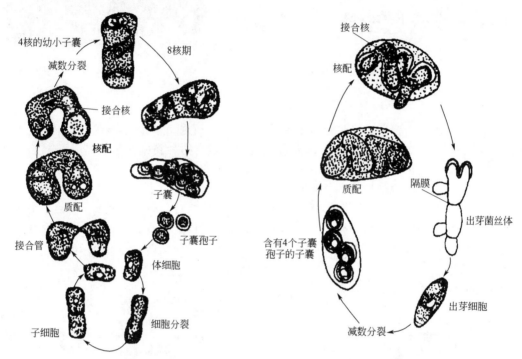

图 2-12　八孢裂殖酵母生活史　　　　　图 2-13　路德酵母生活史

a. 单倍体营养细胞通过裂殖进行无性繁殖；b. 两个营养细胞接触后形成接合管，质配后立即核配，两个细胞核合成一体；c. 二倍体核（$2n$）连续分裂 3 次，第一次为减数分裂；d. 形成 8 个单倍体的子囊孢子；e. 子囊破裂，释放子囊孢子。

② 二倍体型。该类酵母菌的主要特点是：二倍体的营养细胞不断进行芽殖，此阶段较长；单倍体的子囊孢子只在子囊内发生接合；单倍体阶段只能以子囊孢子形式存在，故不能进行独立生活。以路德酵母为例，其生活史过程如图 2-13 所示，简要介绍如下。

a. 单倍体子囊孢子在孢子囊内成对接合，发生质配和核配后形成二倍体的细胞；b. 二倍体细胞萌发，穿破子囊壁；c. 二倍体的营养细胞可独立生活，通过芽殖方式进行无性繁殖；d. 在二倍体营养细胞内的核进行减数分裂，营养细胞成为子囊，其中形成 4 个单倍体的子囊孢子。

③ 单双倍体型。该类酵母菌的主要特点是：单倍体营养细胞和二倍体营养细胞都可进行出芽繁殖；一般以出芽繁殖为主，特定条件下进行有性繁殖。

图 2-14 所示是啤酒酵母生活史的全过程：a. 子囊孢子在合适的条件下出芽产生单倍体营养细胞；b. 单倍体细胞不断进行出芽繁殖；c. 两个不同性别的营养细胞彼此接合，在质配后发生核配，形成二倍体营养细胞；d. 二倍体营养细胞并不立即进行核分裂，而是不断进行出芽繁殖，成为二倍体营养细胞；e. 在生孢培养基（例如在含 0.5% 醋酸钠和 1.0% 的

氯化钾培养基或石膏块、胡萝卜条培养基上）和好氧等特定条件下（pH6～7，缺氮源等），二倍体营养细胞转变为子囊，细胞核经减数分裂后形成 4 个子囊孢子；f. 子囊经自然破壁或人为破壁（如加蜗牛消化酶溶壁，或加硅藻土和石蜡油研磨等）后，释放出单倍体子囊孢子。

啤酒酵母的二倍体营养细胞因其体积大，生活力强，从而被广泛应用于食品发酵工业生产、科学研究或遗传工程实践中。

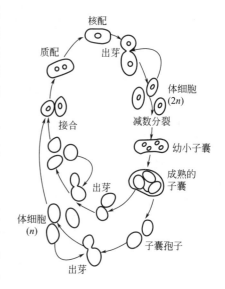

图 2-14 啤酒酵母的生活史

2. 酵母菌的菌落特征

在固体培养基上酵母菌的菌落与细菌很相似。但由于酵母菌的个体细胞较大，胞内颗粒明显，胞间含水量比细菌的少，所以菌落较大而厚，外观表现光滑、湿润、有黏性，与培养基结合不紧密。菌落颜色较单调，多数呈乳白色，只有少数呈红色、黑色等。有些菌落因培养时间较长，会逐渐生皱，变得较为干燥，颜色亦较原先暗。假丝酵母因其边缘常产生丰富的藕节状假菌丝，故细胞易向外围蔓延，使菌落较大，扁平而无光泽，边缘不整齐，见图2-15。

菌落的颜色、光泽、质地，以及表面和边缘等特征都是酵母菌菌种鉴定的依据。表 2-1 是酵母菌与细菌的菌落比较。

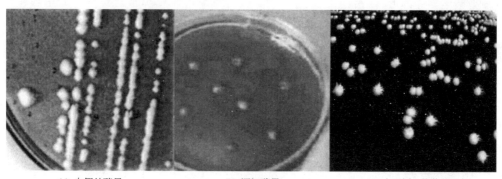

(a) 白假丝酵母　　　　　(b) 深红酵母　　　　　(c) 血平板上的菌落形态

图 2-15　酵母菌的平板菌落

表 2-1　酵母菌与细菌的菌落比较

比较项目	主要特征			参考特征					
	菌落	细胞		菌落透明度	结合程度	颜色	边缘	生长速度	气味
	外观	相互关系	形态特征						
细菌	很湿或较湿，小而短，或大而平坦	单个分散或有一定排列	小而均一，高倍镜无法分辨内部结构	透明或透明度差	不结合	多样	用低倍镜一般看不到细胞，需用高倍镜、油镜	很快	常有臭味
酵母菌	很湿，大而突起，光滑有黏性	单个分散	大而分化，高倍镜下可见内部结构	不透明	不结合	多为乳白色，少数红色	用低倍镜有时可见细胞	较快	多数有酒香味

三、食品中常见的酵母菌

1. 酵母属

细胞圆形、椭圆形、腊肠形。发酵力强，主要产物为乙醇及 CO_2。主要的种有：啤酒酵母，为酿造酒及酒精生产的主要菌种，还可用于制造面包及医药工业；葡萄汁酵母，细胞椭圆形或长形，能将棉子糖全部发酵，还可食用及用于医药工业。

2. 裂殖酵母属

细胞椭圆形、圆柱形。由营养细胞接合，形成子囊。有发酵能力，代表种为粟酒裂殖酵母，最早分离自非洲粟米酒，能使菊芋发酵产生酒精，见图 2-16。

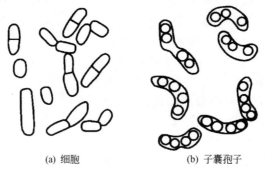

(a) 细胞　　　　　　　　　　　(b) 子囊孢子

图 2-16　粟酒裂殖酵母

3. 汉逊酵母属

细胞圆形、椭圆形、腊肠形。多边芽殖，营养细胞有单倍体或二倍体，发酵或不发酵，可产生乙酸乙酯，不合成淀粉，同化硝酸盐，并可以利用葡萄糖产生磷酸甘露聚糖，可用于纺织和食品工业。此菌能利用酒精为碳源在饮料表面形成皮膜，为酒类酿造的有害菌。代表种为异常汉逊酵母，因能产生乙酸乙酯，有时可用于食品的增香。

4. 毕赤酵母属

细胞形状多样，多边出芽，能形成假菌丝，常有油滴，表面光滑，发酵或不发酵，不同化硝酸盐，能利用正癸烷及十六烷，可发酵石油以生产单细胞蛋白，在酿酒业中为有害菌。代表种为粉状毕赤酵母。

5. 假丝酵母属

细胞圆形、卵形或长形，多边芽殖。有些种有发酵能力；有些种能氧化碳氢化合物，用以生产单细胞蛋白，供食用或作饲料。少数菌能致病。代表种有：产朊假丝酵母，能利用工农业废液生产单细胞蛋白；热带假丝酵母，能利用石油发酵制取蛋白质等。见图 2-17 和图 2-18。

6. 球拟酵母属

细胞球形、卵形或长圆形。无假菌丝，多边芽殖，有发酵力，能将葡萄糖转化为多元醇，为生产甘油的重要菌种，利用石油生产饲料酵母，代表种为白色球拟酵母。另外该属中有的种氧化烃类能力较强；有的种能生产有机酸、酯等，有的菌株蛋白质含量高，可作饲料；也有的种是致病的，可侵入人的肠道。易变球形酵母是酱油中常见的一种酵母，可使酱油具有特殊香味。

7. 红酵母属

细胞圆形、卵形或长形。多边芽殖，少数形成假菌丝。该属的所有种都不发酵糖类，无

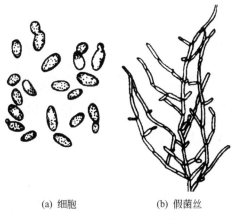

(a) 细胞　　　　　(b) 假菌丝

图 2-17　产朊假丝酵母

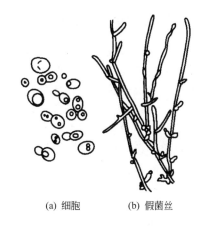

(a) 细胞　　　　　(b) 假菌丝

图 2-18　热带假丝酵母

酒精发酵能力，但能同化某些糖类。有的能产生大量脂肪，对烃类有弱氧化力。常污染食品，少数为致病菌。在肉和酸菜上形成红斑而使食品着色，在粮食中也经常能分离到。代表种为黏红酵母。

阅读小资料　酵母菌的神通

　　人们几乎天天都享受着酵母菌的好处。因为每天吃的面包或馒头就是利用酵母菌来制造的；夏天喝的啤酒，也离不开酵母菌的贡献；酒精是医院里不可缺少的消毒剂和许多工业生产上必需的原料，甘油是做化妆品的必需原料，它们也都是用酵母菌生产的。酵母菌的细胞里含有丰富的蛋白质和维生素，所以也可以做成高级营养品添加到食品中，或用作饲养动物的高级饲料。在战争年代或粮食短缺的时期，用酵母菌做成的代用食品，曾经为人们度过饥荒起过重要的作用。由此可见，酵母菌和人类的关系是十分密切的。

　　人类利用酵母菌的历史已有几千年了。值得提出来的是，早在我国宋代的酿酒著作中，中国人已经明确记载了从发酵旺盛的酿酒缸内液体表面撇取酵母菌（当然不是纯粹的酵母菌）的方法，并把它们称为"酵"，风干以后制成的"干酵"可以长期保存。这种制造干酵母的原始方法说明，早在 800 年前，中国人已经意识到酒精发酵是由"酵"，即某种能生长的物质引起的。这种推断直到 19 世纪巴斯德才证明是酵母菌。明代末年出版的词书中记载有"以酒母起面曰发酵""发酵，浮起者是也"等解释。这说明至少在那时，一些细心观察自然现象和注意比较的学者，已经认识到发面和酿酒有某种相同的因素在起作用。当时在欧洲虽然已经发现了酵母菌，但在 200 年后才知道酵母菌的作用。今天我们把这类微生物称酵母菌，正是以此为根据的。

第二节　霉　菌

　　霉菌也称丝状真菌，与酵母同属真菌，在分类学上，分属藻状菌纲、子囊菌纲和半知菌纲。通常将凡是在基质上长成绒毛状、棉絮状或蜘蛛网状菌丝体的真菌称为霉菌。

　　霉菌与酵母一样，喜偏酸性、糖质环境，生长最适合温度为 30～39℃，大多数为好氧性微生物，多为腐生菌，少数为寄生菌。

一、霉菌的形态与结构

霉菌不同于细菌及酵母菌，除鞭毛菌门的霉菌外，绝大部分霉菌都是多细胞的微生物。构成霉菌营养体的基本单位是菌丝。菌丝是一种管状的细丝，把它放在显微镜下观察，很像一根透明胶管，它的直径一般为3～10μm，比细菌和放线菌的细胞约粗几倍到几十倍。菌丝可伸长并产生分枝，许多分枝的菌丝相互交织在一起形成菌丝体。霉菌的菌丝体无色透明或呈暗褐色至黑色，或呈鲜艳的颜色，甚至分泌出某种色素使基质染色，或分泌出有机物质而成结晶，附着在菌丝表面。

根据菌丝中是否存在隔膜，可把霉菌菌丝分成两种类型（图2-19），一种是无隔膜菌丝，菌丝中无隔膜，整团菌丝体就是一个单细胞，其中含有多个细胞核，如毛霉、根霉等；另一种是有隔膜菌丝，菌丝中有隔膜，被隔膜隔开的一段菌丝就是一个细胞，菌丝体由很多个细胞组成，每个细胞内有1个或多个细胞核。在隔膜上有1至多个小孔，使细胞之间的细胞质和营养物质可以相互沟通，如木霉、青霉、曲霉等。

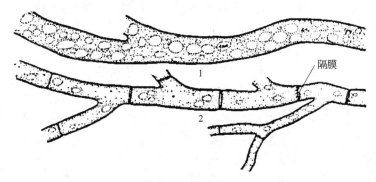

图2-19　霉菌菌丝
1—无隔膜菌丝；2—有隔膜菌丝

霉菌菌丝可以分化，在固体培养基上，以部分菌丝伸入培养基内部，吸收养料，称为营养菌丝；另一部分菌丝向空中生长，称气生菌丝。一部分气生菌丝发育到一定阶段产生孢子，又称繁殖菌丝。

霉菌菌丝细胞由细胞壁、细胞膜、细胞质、细胞核及各种内含物组成。细胞壁成分各有差异，多数细胞壁含有几丁质，占干重的2%～26%，少数低等的水生霉菌的细胞壁以纤维素为主。细胞膜厚9～10nm，细胞核有核膜、核仁和染色体。细胞质中含有线粒体、核糖体和颗粒状内含物，如糖原、脂肪颗粒等。幼龄菌丝细胞质均匀，老龄菌丝中出现液泡。霉菌的细胞结构见图2-20。

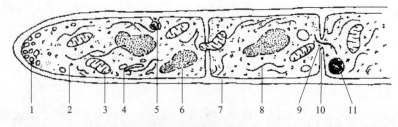

图2-20　霉菌的细胞结构
1—泡囊；2—核蛋白体；3—线粒体；4—泡囊产生系统；5—膜边体；6—细胞核；7—细胞壁；
8—内质网；9—隔膜孔；10—隔膜；11—伏鲁宁体

二、霉菌的繁殖和生活史

1. 霉菌的繁殖

霉菌主要依靠各种孢子进行繁殖，产生孢子的方式分无性和有性两种。

（1）无性繁殖 霉菌的无性繁殖主要通过产生孢囊孢子、分生孢子、节孢子和厚垣孢子进行。厚垣孢子又称厚壁孢子。厚壁孢子是真菌的一种休眠体，因其细胞壁较厚，故可以抵抗较热的或干燥的不良环境条件。

霉菌主要用无性孢子进行繁殖，它的特点是分散、数量大，而且孢子有一定抗性。这一特点用于工业发酵可在短期内得到大量菌体，所以常利用无性孢子来进行繁殖、扩大培养，或进行菌种保藏。

① 孢囊孢子。气生菌丝或孢囊梗顶端膨大，形成孢子囊，囊内充满许多细胞核，每一个核外包以细胞质，产生孢子壁，即形成孢子囊孢子。顶端形成孢子囊的菌丝——孢囊梗，孢囊梗伸入孢子囊的部分称为囊轴。孢子成熟后孢子囊破裂，孢子囊孢子即分散出来，如毛霉、根霉等，见图 2-21 和图 2-22。

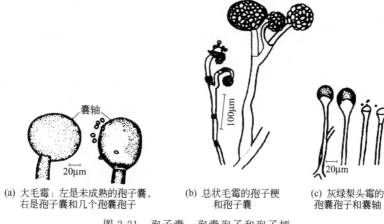

(a) 大毛霉：左是未成熟的孢子囊，
右是孢子囊和几个孢囊孢子

(b) 总状毛霉的孢子梗
和孢子囊

(c) 灰绿梨头霉的
孢囊孢子和囊轴

图 2-21 孢子囊、孢囊孢子和孢子梗

图 2-22 孢子囊、孢囊孢子的扫描电镜图

② 分生孢子。在菌丝顶端或分生孢子梗上，以类似于出芽的方式形成单个或成簇的孢子，称为分生孢子。它是霉菌中最常见的一类无性孢子，是生于细胞外的孢子，有时也称外生孢子。

分生孢子在菌丝上着生的位置和排列特点有：

a. 分生孢子着生在菌丝或其分枝的顶端，产生的孢子可以是单生的、成链的、成簇的，如红曲霉。

b. 分生孢子着生在分生孢子梗的顶端或侧面，这种菌丝（细胞壁加厚或菌丝直径增宽等）与一般菌丝有明显差别。

c. 菌丝已分化成分生孢子梗和小梗，分生孢子着生在小梗顶端，成链或成团，如青霉菌，见图 2-23。

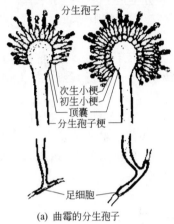

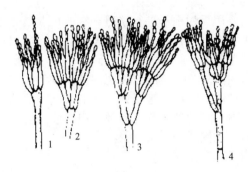

(a) 曲霉的分生孢子　　　　　　(b) 青霉的分生孢子

1—单轮生青霉群;2—对称二轮生青霉群;3—多轮生青霉群;4—不对称青霉群

图 2-23　霉菌的分生孢子

③ 节孢子（裂生孢子）。由菌丝断裂形成。菌丝生长到一定阶段，出现许多隔膜，然后从隔膜处断裂，产生许多单个的孢子，孢子形态多为圆柱形，称为节孢子，如白地霉。见图 2-24～图 2-26。

图 2-24　节孢子的形成过程　　　　　图 2-25　地霉属节孢子的扫描电镜图

④ 厚垣孢子（厚壁孢子）。菌丝的顶端或中间部分细胞的原生质浓缩、变圆，细胞壁加厚，形成球形或纺锤形的休眠体，对恶劣环境有很强的抵抗力。若菌丝遇到不适宜环境而死亡，厚壁孢子常能继续生存。见图 2-26 和图 2-27。

⑤ 芽孢子。菌丝细胞像发芽一样产生小突起，经过细胞壁紧缩而成的一种耐久体，形似球形，称为芽孢子。如毛霉、根霉在液体培养基中形成的酵母型细胞属芽孢子。

(2) 有性繁殖　霉菌的有性繁殖是通过不同性别的细胞或菌丝结合后，产生的有性孢子来繁殖的。有性孢子包括卵孢子、接合孢子和子囊孢子等。

有性繁殖的过程分为三个阶段：第一为质配，即两个细胞的细胞质融合在一起；第二为核配，即两个细胞的核融合，产生二倍体的接合子核；第三为减数分裂，又恢复了核的单倍体状态。大多数霉菌的菌体是单倍体，因为核配后，一般随即发生减数分裂，因而二倍体只限于接合子。

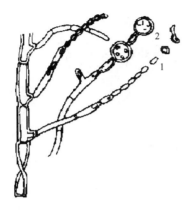 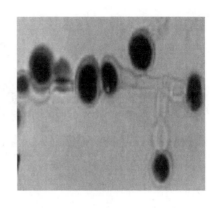

图 2-26　白地霉的节孢子和厚垣孢子　　　　　图 2-27　厚垣孢子电镜图片
1—节孢子；2—厚垣孢子

　　霉菌的有性繁殖多发生于特定条件下，而在一般培养基上不常出现。霉菌的种类不同，其有性繁殖方式亦不同，有些霉菌可通过菌丝接合，而多数霉菌的有性繁殖是通过分化了的特殊性细胞的接合来进行的。

　　① 卵孢子。菌丝分化为雄器和藏卵器，藏卵器内有一个或数个卵球，雄器与藏卵器相配，雄器中的细胞质与细胞核通过受精管进入藏卵器与卵球接合成卵孢子，见图 2-28。

　　② 接合孢子。相接近的两菌丝互相接触，接触处的细胞壁溶解，两个菌丝内的核和细胞质融合形成接合孢子（合二为一）。接合孢子的壁很厚，表面有棘状或疣状隆起，当外界条件适宜时，接合孢子即萌发出新菌丝，见图 2-29。

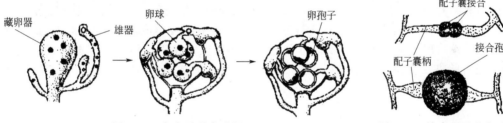

图 2-28　卵孢子形成过程　　　　　　　　　　图 2-29　接合孢子形成过程

　　③ 子囊孢子。菌丝分化成产囊器和雄器，两者结合形成子囊，在子囊中形成的有性孢子称子囊孢子，见图 2-30。形成子囊孢子是子囊菌的主要特征。子囊是一种囊状结构［三重结构：外层子囊果（图 2-31），中层孢子囊，最里层为孢子］，呈球形、棒形、圆筒形，因种而异。一般每个子囊中形成八个子囊孢子。

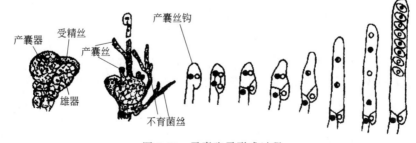

图 2-30　子囊孢子形成过程

　　所以，孢子可理解是真菌的种子，孢子萌芽后可成为菌丝体。

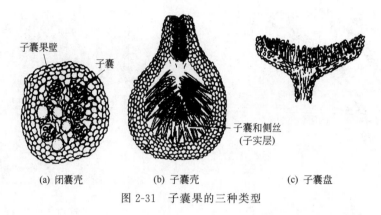

子囊果壁
子囊
子囊和侧丝
（子实层）

(a) 闭囊壳   (b) 子囊壳   (c) 子囊盘

图 2-31　子囊果的三种类型

霉菌的繁殖种类如下：

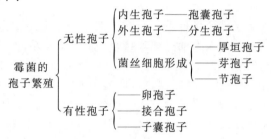

2. 霉菌的生活史

霉菌的生活史是指霉菌从一种孢子开始，经过一定的生长和发育，到最后又产生同一种孢子的过程。其整个生活史中包括无性阶段和有性阶段。较典型的生活史为：霉菌的菌丝体（即营养体）在适宜的条件下，产生无性孢子，无性孢子萌发形成新的菌丝体，如此多次重复，即是无性阶段；霉菌生长后期，可能进入有性阶段，在菌丝体上形成配子囊，经过质配、核配而形成二倍体的细胞核，又经过减数分裂，形成单倍体的有性孢子。如图 2-32 所示。

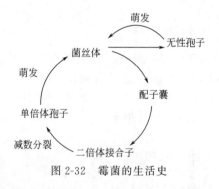

图 2-32　霉菌的生活史

霉菌的无性孢子通常较能抗干燥和辐射，但不耐高温，不是休眠体，只要条件适宜就能萌发。霉菌的有性孢子一般是休眠体，较能耐热，经活化后才能萌发。

三、霉菌的菌落特征

霉菌的菌落由分枝状的菌丝组成。由于霉菌的菌丝较粗而长，故形成的菌落较疏松，一般呈现绒毛状、絮状或蛛网状，有的菌落因有子实体或菌核产生，会出现颗粒状。霉菌的菌落比细菌的菌落大几倍到几十倍。一般霉菌的菌落直径为 1～2cm 或更小，见图 2-33。

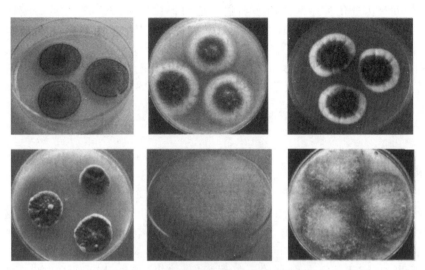

图 2-33　霉菌在 PDA 琼脂平板上的菌落

　　由于霉菌形成的孢子有不同的形状、构造与颜色，所以菌落表面往往呈现肉眼可见的不同结构与色泽特征。有些菌丝的水溶性色素可分泌至培养基中，使得菌落背面呈现与正面不同的颜色。有些霉菌生长较快，处于菌落中心的菌丝菌龄较大，而生长在菌落边缘的菌丝则较为幼小，也可显示不同的特征。不同的霉菌其菌落的大小、颜色、形状、结构等特征有很大差别，可作为鉴别的依据。

　　表 2-2 是霉菌与放线菌的菌落比较，以备参考。

表 2-2　霉菌与放线菌的菌落比较

比较项目	主要特征			参考特征					
	菌落	细胞		菌落透明度	结合程度	颜色	边缘	生长速度	气味
	外观	相互关系	形态特征						
放线菌	干燥或较干燥，小而紧密，短丝状，坚实，多皱	丝状交织	细而均一，高倍镜下无法分辨	不透明	牢固结合，不易挑取	多样	用低倍镜有时可见细丝状细胞	慢	常有泥腥味
霉菌	干燥，大而疏松，或大而紧密，绒毛状、絮状、蜘蛛网状	丝状交织	粗而分化，高倍镜下可见内部结构	不透明	较牢固	多样	用低倍镜有时可见粗丝状细胞	一般较快	往往有霉味

四、食品中常见的霉菌

1. 曲霉属

　　曲霉广泛分布于土壤、空气、谷物和各类有机物品中，在湿热相宜条件下，引起皮革、布匹和工业品发霉及食品霉变。同时，曲霉亦是发酵工业和食品加工方面应用的重要菌种，如黑曲霉是化工生产中应用最广的菌种之一，用于柠檬酸、抗坏血酸、葡萄糖酸、淀粉酶和酒类的生产；米曲霉具强分解蛋白质能力，用于制酱；黄曲霉使食品和粮食污染产生黄曲霉毒素，有致癌、致畸作用；有些菌株具有很强的糖化淀粉和分解蛋白质的能力，因而被广泛用于白酒、酱油和酱类的生产；白曲霉可产生甘露醇；灰绿曲霉和杂色曲霉是使粮食和食品霉变的主要菌种。

本属菌丝有隔，多细胞。菌丝体较紧密。菌落呈圆形。以分生孢子方式进行无性繁殖，通常分生孢子梗是由分化为厚壁的菌丝细胞（足细胞）长出，见图2-23（a）和图2-34。分生孢子梗大多无隔膜，不分枝，顶端膨大成球状或棍棒状的顶囊，再在顶囊上长满一至二层呈辐射状的小梗，上层小梗瓶状，顶端着生成串的球形分生孢子。分生孢子呈绿、黄、橙、褐、黑等各种颜色，故菌落颜色多种多样，而且比较稳定，是分类的主要特征之一。曲霉菌的有性世代产生闭囊壳，其中着生圆球状子囊，囊内含有8个子囊孢子。子囊孢子大都无色，有的菌种呈红、褐、紫等颜色。

常见的曲霉有米曲霉、黄曲霉、黑曲霉、棒曲霉群、白曲霉、灰绿曲霉、杂色曲霉和构巢曲霉群。

2. 根霉属

根霉属广泛分布在自然界，常引起谷物、瓜果、蔬菜及食品腐败。根霉与毛霉类似，能产生大量的淀粉酶，故可用作酿酒、制醋业的糖化菌。有些根霉还用于甾体激素、延胡索酸和酶制剂的生产。米根霉有淀粉糖化性能、蔗糖转化性能，能产生乳酸、反丁烯二酸及微量的酒精。黑根霉能产生果胶酶，常引起果实的腐烂和甘薯的软腐。华根霉淀粉液化力强，有溶胶性，能产生酒精、芳香脂类、左旋乳酸及反丁烯二酸，能转化甾族化合物。

根霉菌丝无隔膜，生长迅速，有发达的菌丝体，气生菌丝白色、蓬松，如棉絮状。根霉气生性强，故大部分菌丝匍匐生长在营养基质的表面。这种气生菌丝称为匍匐菌丝或蔓丝。蔓丝生节，从节向下分枝，形成假根状的基内菌丝，称为假根。假根起着固定和吸收养料的作用，这是根霉的重要特征。由假根着生处向上长出直立的2～4根孢囊梗，孢囊梗不分枝，梗的顶端膨大形成孢子囊，同时产生横隔，囊内形成大量孢囊孢子。成熟后，囊壁破裂，孢子释放。孢囊孢子呈球形或卵形。同时随着孢子囊的破裂，自然露出囊轴。根霉的形态见图2-35。根霉的有性繁殖产生接合孢子。

图 2-34　曲霉的分生孢子扫描电镜图

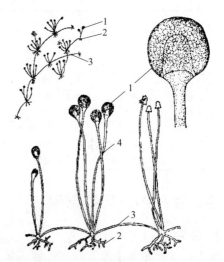

图 2-35　根霉的形态

1—孢子囊；2—假根；3—匍匐枝；4—孢囊梗

常见的根霉有米根霉、黑根霉和华根霉。

3. 毛霉属

毛霉属属于接合菌亚门，接合菌纲，毛霉目，毛霉科。毛霉属在自然界分布很广，空气、土壤和各种物体上都有，该菌为中温性，生长的适宜温度为 25～30℃。其种类不同，对温度适应的差异较大，如总状毛霉最低生长温度为 −4℃左右，最高为 32～33℃。毛霉喜高湿，孢子萌发的最低水活度为 0.88～0.94，故在水活度较高的食品和原料上易分离到。该菌有很强的分解蛋白质和糖化淀粉的能力，因此，常被用于酿造、发酵食品等工业。高大毛霉孢子囊壁有草酸钙结晶，此菌能产生 3-羟基丁酮、脂肪酶，还能产生大量的琥珀酸，对甾族化合物有转化作用。总状毛霉能产生 3-羟基丁酮，并对甾族化合物有转化作用。鲁氏毛霉能产生蛋白酶，有分解大豆的能力，我国多用它来做豆腐乳。

菌落形态：菌落絮状，初为白色或灰白色，后变为灰褐色，菌丛高度可由几毫米至十几厘米，有的具有光泽。

菌丝形态：菌丝无隔，分气生菌丝、基内菌丝，后者在基质中较均匀分布，吸收营养。

气生菌丝发育到一定阶段，即产生垂直向上的孢囊梗，梗顶端膨大形成孢子囊，囊成熟后，囊壁破裂释放出孢囊孢子，囊轴呈椭圆形或圆柱形，孢囊孢子为球形、椭圆形或其他形状，单细胞、无色，壁薄而光滑，无色或黄色，有性孢子（接合孢子）为球形，黄褐色，有的有突起。

常见的毛霉有高大毛霉、总状毛霉和鲁氏毛霉。

4. 青霉属

青霉属十分接近曲霉，在自然界分布很广，常生长在腐烂的柑橘皮上，呈青绿色，不少种类引起食品变质，但也用来生产青霉素和有机酸等。黄绿青霉和橘青霉侵染大米后，可形成有毒的"黄变米"。产黄青霉工业上用于生产葡萄糖氧化酶或葡萄糖酸，该菌也是青霉素的生产菌。

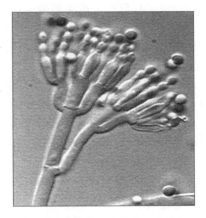

图 2-36 青霉的形态结构（电镜图）

青霉菌丝与曲霉相似，是由有隔菌丝形成的菌丝体，白色。青霉有无性和有性繁殖两种方式。无性繁殖时，从菌丝体上产生很多扫帚状的分生孢子梗，最末级的瓶状小枝上生出成串的青绿色的分生孢子。由于分生孢子的数量很大，所以此时青霉的颜色则由白色变成青绿色，见图 2-36。分生孢子散落后，在适宜的条件下萌发成新的菌丝体。青霉的有性繁殖极少见，有性过程产生球形的子囊果，叫闭囊壳，其内有多个子囊散生，每个子囊内产生子囊孢子。子囊孢子散出后，在适宜的条件下萌发成新的青霉菌丝体。

常见的青霉有黄绿青霉、橘青霉和产黄青霉。

阅读小资料　馒头为什么会长毛

把吃剩的馒头或蛋糕放在潮湿而不通风的地方，几天后便会长出白的、黑的或五颜六色的短毛，我们说这馒头发霉了，其原因是在馒头上长了霉菌。

霉菌分布在地球的每个角落。在海洋中、陆地上，甚至高至数千米的空中，都有它们的踪迹。为什么它们分布得这么广呢？主要是它们的孢子能够成群地漂浮在大气中，也能借助风、水、人类和动物的活动到处散布。有人测量过巴黎市中心空气中真菌（主要是霉菌）孢子的数目，每升空气中竟有 2000 多个真菌孢子！在 1g 不太肥沃的土壤中，也可以找到成千上万甚至数十万个真菌孢子或断裂的真菌菌丝体。

正因为真菌在地球上无处不在，所以和人类的关系特别密切。霉菌产生的各种酶被人类用来制作酱油、腐乳和柠檬酸等，青霉菌产生的青霉素和头孢菌产生的头孢菌素是重要的抗炎症药物，有些霉菌还可以用做饲料。不过，霉菌对人类的危害也相当严重，每年由于霉菌的侵袭，使许多有用的物品腐败变质，损失的财富要以几百亿元计算；霉菌的孢子落在庄稼上生长发育，便会使庄稼害病减产，甚至颗粒无收，例如玉米黑粉病、稻瘟病等；相当多的人长有灰指甲或香港脚，其罪魁祸首也是霉菌；有些霉菌还会产生毒素，如果粮食上长了这类霉菌，人吃了容易中毒，轻则发烧呕吐，重则使人患癌症；长霉的粮食用来做饲料，所饲喂的动物也长不好。

第三节 蕈 菌

　　蕈菌又称伞菌，是大型真菌，是指能形成肉质或胶质的子实体或菌核的真菌，大多数属于担子菌亚门，少数属于子囊菌亚门。

　　蕈菌是真菌中最高级的菌类，广泛分布于地球各处，在森林落叶地带更为丰富，它们与人类的关系密切，是一类重要的菌类蔬菜，又是食品和制药工业的重要资源。其中可供食用的种类有 2000 多种，目前已利用的食用菌约 400 种，其中约 50 种已能进行人工栽培，如常见的大型真菌有香菇、草菇、金针菇、双孢蘑菇、平菇、木耳、银耳、竹荪、羊肚菌等（图2-37）。新品种有杏鲍菇、珍香红菇、柳松菇、茶树菇等，还有可供药用的，如灵芝、云芝和猴头等。许多可食用的担子菌含有多糖，能提高人体抑制肿瘤的能力和排异作用，目前担子菌已成为筛选抗肿瘤药物的重要资源。有些担子菌能引起森林和园林植物的病害，许多大型的腐生真菌能导致木材腐烂，造成较大的经济损失。

　　担子菌是真菌中最高等的一个门，具有以下特征：①子实体较大，组织分化程度较高；②担孢子着生于外面，便于传播；③双核菌丝时期，结构上能看清楚，双核菌丝与产囊丝相似；④多数没有无性阶段。担子菌和所有其他真菌的区别在于它们能产生一种孢子，称为担孢子。此外它们有特殊的产孢体，即担子，亦即双核菌丝体和特殊

图 2-37　常见的担子菌和担孢子

1—蘑菇；2—牛肝菌；3—灵芝；4—香菇；5—竹荪；6—草菇

的锁状联合。

一、担子菌的形态结构及生活史

担子菌菌体一般较大，在（3～18）cm×（4～20）cm。由于它比其他真菌都大，所以又称大型真菌。担子菌形态多种多样，但以伞状为多。伞菌一般由菌盖、菌褶、菌柄、菌环及菌托等部分组成，如图2-38所示。菌丝体呈须状，是营养器官，它的主要功能是分解基质，吸收营养。菌柄是菌盖的支持部分。菌盖又名菌帽，是食用的主要部分。菌盖的形态多种多样，是由其遗传特性所决定的，同时与发育条件有关，如图2-39所示。

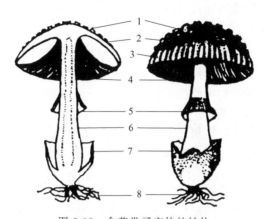

图2-38　伞菌类子实体的结构
1—菌盖；2—鳞片；3—条纹；4—菌褶；5—菌环；6—菌柄；7—菌托；8—菌索

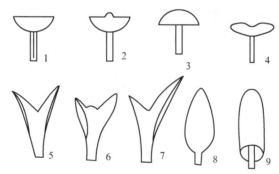

图2-39　菌盖的形态
1—平展形；2—平展脐凸形；3—凸出形；4—中凹形；5—漏斗形；
6—漏斗脐凸形；7—角形；8—圆锥形；9—钟形

绝大多数担子菌菌丝发达有隔膜。在其生活史中菌丝可以区分为以下三种类型。

1. 初生菌丝（单倍体 n）

由单核的担孢子萌发产生的，初期是无隔多核，不久产生横隔将细胞核分开而成为单核有隔菌丝。

2. 次生菌丝（双核体 n+n）

经过初生菌丝的两个单核细胞结合，但只进行质配而不进行核配，因此这种菌丝是双核的，又称双核菌丝。具有双核细胞的次生菌丝常以锁状联合的方式来增加细胞的个体。锁状联合的过程分如下几步，如图2-40所示。

①菌丝的双核细胞各自分离产生钩状体。②细胞中的一个核进入钩状体中。③两个核同

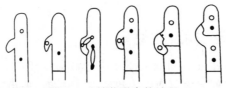

图 2-40　锁状联合的过程

时分裂成四个核。④新分裂的两个核移动到细胞的一端，一个核仍留在钩状体中。⑤钩向下弯曲与原来的细胞壁接触，接触的地方壁溶化而沟通，同时在钩的基部产生一个隔膜。⑥最后钩状体中的核向下移，在钩的垂直方向产生一个隔膜，一个细胞分成两个细胞。每一个细胞具有双核，锁状联合完成。

次生菌丝可以独立营养并占据生活史的大部分时期。它常可形成菌索、菌核等结构。

3. 三生菌丝（双核体 n+n）

三生菌丝是组织化的特殊的一些组织菌丝，双核，它常集结成特殊形状的子实体。子实体内包括生殖、骨干和联络三类菌丝。

（1）生殖菌丝　专门起生殖作用。双核、薄壁，多具锁状联合，有分枝和隔膜，内部原生质稠密，它是形成子实体内一切结构的菌丝，它可以分化形成骨干菌丝、联络菌丝、囊状体、担子、刚毛等。

（2）骨干菌丝　专门起支架作用。壁厚，无分枝和隔膜，无锁状联合，垂直或稍弯曲，长形。除顶端有较薄的壁和稠密的原生质外，内部常空虚。它是构成子实体的骨架。

（3）联络菌丝　专门起联络骨架间的作用。壁厚，具锁状联合，分枝多，常互相交错地将骨干菌丝联络起来。

担子菌菌丝由担孢子萌发形成，初期为多核菌丝，持续时间很短或不明显，迅速产生横隔形成单核初生菌丝。两性别不同的初生菌丝各自生出突起，接触融合后形成双核次生菌丝，双核菌丝靠锁状联合伸长，条件适宜时，双核菌丝顶端细胞的两核结合形成二倍体核，经两次分裂形成 4 个担孢子，担孢子成熟后弹射出来，遇合适环境再萌发，开始新的生活史循环。总之，担子菌营养体典型的特征是双核菌丝体和锁状联合。

二、担子菌的繁殖方式

多数担子菌的无性生殖不发达或不发生。其无性孢子因种而异，有的经菌丝体断裂形成粉孢子，有的形成分生孢子或夏孢子（如锈菌目），有的进行芽殖（如黑粉菌目）。有性生殖经双核菌丝进一步发育为担子，双核在担子内经核配和减数分裂形成担孢子。担孢子通常为 4 个，着生在孢子梗上，为单倍体。担子有棒状、管状、球形，担子菌的担孢子形成过程分隔或不分隔，散生或聚集在担子果（子实体）上，见图 2-41。

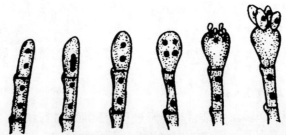

图 2-41　担孢子形成过程

担子果由双核菌丝组成，也有多种类型。担子及担子果的特征均为分类的依据。根据担子果的有无及类型，将担子菌亚门分为冬孢菌纲、层菌纲及腹菌纲。冬孢菌纲不产生担子果，包括锈菌目和黑粉菌目，均为侵染高等植物引起病害的寄生菌。层菌纲形成裸露的担子果，根据其担子是否分隔，又分为：有隔担子菌亚纲，主要有银耳目、木耳目；无隔担子菌亚纲，主要有多孔菌目、伞菌目。腹菌纲形成封闭的担子果，称为被担子果，为较高级的担子菌，如鬼笔目、马勃目等。

三、常见的担子菌

银耳属于银耳目。担子果胶质，无柄，分瓣，卷曲成花朵状，纯白或微黄，半透明。担子有隔，深埋于担子果表层的子实层内。大多腐生，分布普遍。银耳为滋补食品，已普遍人工培养。

木耳属于木耳目。担子果胶质或仅表面胶质，耳状、盘状或杯状，常呈红褐色，担子有隔，埋在子实体上表层内，干后皱缩，黑褐色，如食用木耳。

多孔菌目即非褶菌目。担子果木质、革质或肉质，盘状、马蹄状或贝壳状等，无柄或有柄，柄侧生或中央生长。担子无隔。大多腐生在土壤、木材或枯枝落叶层中。少数寄生，包括某些滋补、药用种类或木材腐生菌。如猴头菌属，担子果块状或分枝，肉质，产生朝下生长的刺，此属的猴头菌是珍贵的食用菌。灵芝属，担子果木质，有柄，侧生或近中央，菌盖半圆或壳状，表面有皮壳，紫色、红色、红褐色，着生阔叶树上，常为多年生，供药用，已普遍人工栽培。多孔菌目的药用和食用菌还有猪苓、雷丸和茯苓等，另外还有多种木材腐朽菌，如层孔菌诱发许多阔叶树和果树的白色腐心病。

伞菌目即蘑菇，包括许多食用、药用菌和毒菌，以及使木材腐朽的大型担子菌。担子果伞状，大多肉质或近肉质，有各种颜色，菌柄生于中央或侧生。担子无隔，生于菌伞下面的菌褶或菌管中。担孢子着生在小梗上，2~4枚，见图2-42。成熟的担孢子被小梗强有力地弹出，因此在成熟的蘑菇周围常形成环形的蘑菇圈，见图2-43。伞菌属，又称蘑菇属，多生于草地或林区腐败落叶层下的土壤中，包括多种食用菌，少数有毒。栽培种双孢菇为优质食用菌。牛肝菌属，菌盖厚、肉质，菌柄粗实，外观常有细网纹，菌盖下面形成菌管，有小孔开口向下，管内着生担子及担孢子。美味牛肝菌可食用或药用。香菇属，菌盖半球形，后渐平展，肉质到革质，菌柄偏生到中生。本属的香菇、口蘑、鸡腿菇均为营养丰富的美味菜肴。小包菇属（或称包脚菇属）的草菇，幼嫩担子果由膜质的菌托与菌盖相连，呈蛋壳形，成熟后菌盖开展，菌柄基部残留膜质的菌托。其野生于腐烂草堆中，我国南方普遍栽培，味鲜。

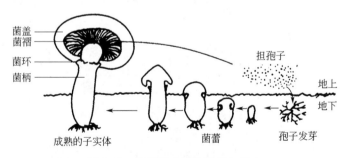

图2-42　伞菌的典型构造及生活史

图2-43　蘑菇圈（孢子印）

知识拓展　食品中常见的其他真核微生物简介

一、冬虫夏草

冬虫夏草又叫虫草，是虫和草结合在一起长的一种奇特的东西，冬天是虫子，夏天从虫子里长出草来。虫是虫草蝙蝠蛾的幼虫，草是一种虫草真菌。夏季，虫子将卵产于草丛的花叶上，随叶片落到地面。经过一个月左右孵化变成幼虫，便钻入潮湿松软的土层。土层里有一种虫草真菌的子囊孢子，它只侵袭那些肥壮、发育良好的幼虫。幼虫受到孢子侵袭后钻向地面浅层，孢子在幼虫体内生长，幼虫的内脏就慢慢消失了，体内变成充满菌丝的一个躯壳，埋藏在土层里。经过一个冬天，到第二年春天来临，菌丝开始生长，到夏天时长出地面，长成一根小草，这样，幼虫的躯壳与小草共同组成了一个完整的"冬虫夏草"，见图2-44。冬虫夏草具有养肺阴、补肾阳、止咳化痰、抗癌防老的功效，为平补阴阳之品，是名贵的保健品。

图 2-44　冬虫夏草

二、猴头菌

猴头菌是担子菌纲、多孔菌目、齿菌科中的一种大型食用真菌。它营养丰富，肉嫩味鲜，是一种名贵的山珍。猴头菌生长在栎树、胡桃树等立木和腐木上。野生猴头菌分布在黑龙江、吉林、内蒙古、河北、山西、河南、甘肃、四川、浙江等省区的山林中。猴头菌的菌丝从树木中吸收水分和养料，生长发育到一定阶段，才在树皮上长出子实体来。子实体新鲜时呈白色，大的如碗，小的似拇指，基部狭窄，上部膨大，肉质，柔软，团块状，全身布满针状的肉刺，毛茸茸的，很像猴子的脑袋，故此得名。

子实体干后成为淡黄色的块状物，肉刺上着生有子实层，子实层上着生有孢子。成熟的孢子飞散传播到邻近的树洞里或枯枝上，就开始萌发生长。在自然条件下，猴头菌的生长发育很慢，数量也不多，所以十分名贵。

猴头菌既是著名的佳肴，又是珍贵的良药。猴头菌性平、味甘，有滋补、助消化、利五脏的功能，可以治疗十二指肠溃疡、神经衰弱等疾病。利用猴头菌加工制成的"猴头菌片"，可用于治疗胃癌、食道癌等消化系统的恶性肿瘤。现在，野生的猴头菌已经远远不能满足人们的需要，人工培养的方法正在逐步地发展起来。

三、牛肝菌

牛肝菌属伞菌目、牛肝菌科、黏盖牛肝菌属，子实体中等。其菌盖直径3～10cm，扁半球形或凸形至扁平、淡褐色、黄褐色、红褐色或深肉桂色，光滑，很黏。菌肉淡白色或稍黄，厚或较薄，损伤后不变色。菌管米黄色或芥黄色，直生或稍下延，或在柄周围有凹陷。管口复式，角形或常常放射状排列，常呈齿状，每毫米2～3个，有腺点。柄长3～8cm、粗1～2.5cm，近柱形或在基部稍膨大，黄色或淡褐色，有散生小腺点，顶端有网纹，菌环在柄之上部，薄，膜质，初黄白色，后呈褐色，见图2-45。孢子近纺锤形，

图 2-45　牛肝菌

平滑带黄色，管缘囊体无色到淡褐色，棒状，丛生，夏秋季于松林或混交林中地上单生或群生，可食用，产量大。此菌含有胆碱及腐胺等生物碱，有抗癌作用，可与落叶松、乔松、云南松、高山松等形成外生菌根。

自主复习题

1. 名词解释：真核微生物 真菌 酵母菌 霉菌 芽殖 分生孢子 子实体 初生菌丝 次生菌丝

2. 真菌的特点有哪些？

3. 试述酵母细胞的主要结构和菌落特征。

4. 举例说明几种酵母菌生活史的不同。

5. 试述酵母菌与细菌菌落的异同。

6. 试述霉菌的细胞结构和菌落特征。

7. 如何从众多的菌落中分辨出霉菌的菌落？

8. 霉菌可形成哪几种无性孢子，它们的主要特征是什么？

9. 霉菌有哪几种有性孢子，它们有何分类意义？

10. 试列表说明真核微生物与原核微生物的主要区别。

11. 试述酵母菌及霉菌在食品工业上的应用。

12. 什么是蕈菌？蕈菌包括哪两个亚门？简述它们的形态特征。

第三章　非细胞型微生物

学习目标

1. 了解病毒的概念、主要特征、形态、结构和分类。
2. 了解噬菌体的概念、形态结构。
3. 掌握噬菌体的繁殖方法。
4. 掌握噬菌体的检测方法。
5. 了解噬菌体的危害及防治措施。

第一节　病毒和亚病毒

病毒是一类超显微的非细胞型微生物，没有细胞壁、细胞膜和核糖体等完整细胞结构，每一种病毒只含有一种核酸（DNA 或 RNA）。它们只能在活细胞内营专性寄生，依靠其宿主的代谢系统进行增殖，在离体条件下，能以无生命的化学大分子状态长期存在并保持其侵染活性。

病毒广泛寄生在各类微生物、植物、昆虫、鱼类、禽类、哺乳动物和人类的细胞中。它比一般微生物小，能通过细菌滤器，必须借助电子显微镜才能观察到，所以又称超显微生物或分子生物。

据统计，人类传染病的 80% 是由病毒引起，恶性肿瘤中约有 15% 是由于病毒的感染而诱发的。许多动物、植物的疾病与病毒有关。

一、病毒的主要特征

病毒的主要特征有如下几点。

① 形体微小，直径多数为 100nm(20～200nm) 上下，病毒、细菌与真菌个体直径比为 1∶10∶100。必须在电子显微镜下才能看到。

② 无细胞构造，化学组成简单，大多数病毒由蛋白质和核酸组成，只有少数几种较大的病毒含有脂类、多糖等，并且只含有一种核酸（DNA 或 RNA）。

③ 专性寄生。病毒一般不含有酶系或酶系极不完全，所以不能独立生活，只能存活在

特定的宿主细胞内，利用宿主细胞内的酶系进行复制和繁殖。无性二分裂法繁殖，只能在特定的寄主细胞内以核酸复制，再利用核酸和蛋白质实现大量增殖。

④ 在离体的条件下，能以无生命的大分子状态存在，并保持其侵染活性。

⑤ 对一般抗生素不敏感，但对干扰素敏感。

⑥ 有些病毒的核酸还能整合到宿主的基因组上，并诱发潜伏性感染。

二、病毒的形态结构

1. 病毒的形态

成熟的具有侵袭力的病毒颗粒称为病毒粒子。病毒粒子在电子显微镜下一般呈多种形态（图 3-1）。病毒粒子的形态可分为 5 类。

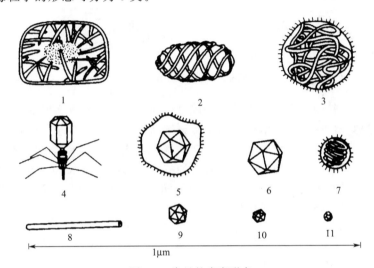

图 3-1　常见的病毒形态

1—痘病毒；2—口疮病毒；3—腮腺炎病毒；4—T 偶数噬菌体；5—疱疹病毒；6—大蚊虹色病毒；
7—流感病毒；8—烟草花叶病毒；9—腺病毒；10—多瘤病毒；11—脊髓灰质炎病毒

（1）球形　人、动物、真菌的病毒多为球形，其直径为 20～30nm 不等，如腺病毒、疱疹病毒、脊髓灰质炎病毒、花椰菜花叶病毒、噬菌体 MS_2 等。

（2）杆状或丝状　是某些植物病毒的固有特征，如烟草花叶病毒、苜蓿花叶病毒、甜菜黄化病毒等。人和动物的某些病毒也有呈丝状的，如流感病毒、麻疹病毒、家蚕核型多角体病毒等。

（3）蝌蚪状　是大部分噬菌体的典型特征，有一个六角形多面体的"头部"和一条细长的"尾部"，但是也有一些噬菌体无尾。

（4）砖形　是各类痘病毒的特征。病毒粒子呈长方形，很像砖块。其体积约 300nm× 200nm×100nm，是病毒中较大的一类。

（5）弹状　常见于狂犬病毒、动物水泡性口腔炎病毒和植物弹状病毒等。这类病毒粒子呈圆筒状，一端钝圆，另一端平齐，直径约 70nm，长约 180nm，略似棍棒。

2. 病毒的结构

病毒的最小形态单位为衣壳粒。衣壳粒以对称形式有规律地排列，构成病毒的蛋白质外壳，称为衣壳。衣壳的中心包含着病毒的核酸，即核髓。衣壳和病毒核髓合称核衣壳。有些病毒核衣壳是裸露的，有些病毒在核衣壳外还有被膜包围着，被膜来自寄主细胞的细胞膜或核膜。这样完整的结构并具有感染性的病毒颗粒称为病毒粒子，如图 3-2 所示。

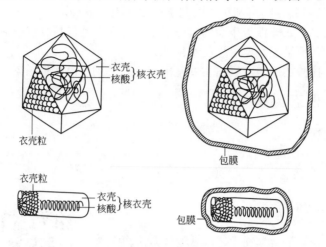

图 3-2　病毒粒子的结构

病毒根据其衣壳粒的排列方式不同而表现出不同构型，一般分为以下三类。

（1）螺旋对称　蛋白质亚基沿中心轴呈螺旋排列，形成高度有序、对称的稳定结构。研究得最透彻的螺旋对称的病毒粒子是烟草花叶病毒，如图 3-3 所示。单股 RNA 分子位于由螺旋状排列的衣壳所组成的沟槽中，完整的病毒粒子呈杆状，全长 300nm，直径 15nm，由 2130 个完全相同的衣壳粒组成 130 个螺旋。每一圈螺旋有 16.33 个衣壳粒，螺距为 2.3nm。烟草花叶病毒是许多植物病毒的典型代表。

（2）多面体对称　多面体对称又称等轴对称。最常见的多面体是二十面体，它由 12 个角（顶）、20 个面（三角形）和 30 条棱组成。核酸集装在一个空心的多面体头部内。以腺病毒粒子为例，它由 252 个衣壳粒组成，12 个衣壳粒位于顶点上，每个面上有 12 个衣壳粒，如图 3-4 所示。由于多面体的角很多，看起来像个圆球形，所以有时也称球状病毒。

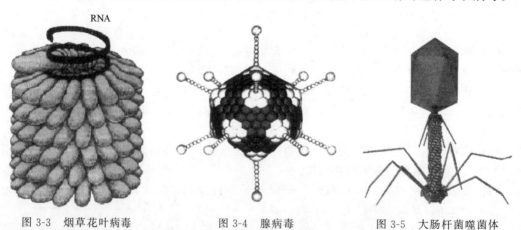

图 3-3　烟草花叶病毒　　　图 3-4　腺病毒　　　图 3-5　大肠杆菌噬菌体

（3）复合对称　此类病毒的衣壳是由两种结构组成的，既有螺旋对称部分，又有多面体对称部分，故称复合对称。例如蝌蚪状噬菌体，头部是多面体对称（二十面体），尾部是螺旋对称，如图 3-5 所示。它的头部外壳是蛋白质，核酸在外壳内。尾部是由不同于头部的蛋白质组成，外围是尾鞘，中为一空髓，称为尾髓。有的尾部还有颈环、尾丝、基板、刺突等附属物。尾部的作用是附着到宿主细胞，利用尾部具有的特异性的酶，穿破细胞壁，注入噬菌体核酸。

三、病毒的分类

自从 1892 年俄罗斯的伊万诺夫斯基发现病毒以来，迄今已发现了 5000 余种病毒。按病毒感染的宿主种类，将病毒分为植物病毒、动物病毒、微生物病毒。

1. 植物病毒

植物病毒大多数是单链的 RNA 病毒，是严格寄生物，但它们的专化性不强，一种病毒往往能寄生在不同的科、属、种的栽培植物和野生植物上，烟草花叶病毒能侵染十几个科、百余种草本和木本植物。

植物感染病毒后表现出三类症状：①叶绿体受到破坏，或不能形成叶绿素，从而引起花叶、黄化、红化等症状；②植株矮化、丛簇、畸形等；③形成枯斑、坏死等。

植物病毒种类繁多，绝大多数种子植物都能发生病毒病，禾本科、葫芦科、豆科、十字花科和蔷薇科的植物受害较重，感染病毒的种类也多。

昆虫传播是自然条件下植物病毒最主要的传播途径，主要虫媒是半翅目刺吸式口器的昆虫，如蚜虫、叶蝉和飞虱；病株的汁液接触无病植株伤口，可以使无病植株感染病毒，病毒一般很少从植物的自然孔口侵入；嫁接传染也是植物病毒的传播途径之一，几乎所有全株性的病毒都通过嫁接传染。

2. 动物病毒

病毒寄生于人体与动物细胞内广泛侵袭，引起人和动物多种疾病，常见的如引起流感、麻疹、腮腺炎、肝炎、艾滋病、狂犬病以及非典型性肺炎（SARS）等病症的病毒。禽流感病毒和口蹄疫病毒是其中影响范围很广、造成经济损失较为严重的两种病毒。另有一些，如鸡新城疫病毒、猪瘟病毒、兔出血热病毒、鹦鹉热病毒和狂犬病毒也是不可轻视的。

动物病毒病具有传播迅速、流行广泛、危害严重、高发生、高死亡、难诊、难治、难预防等特征。如流感、口蹄疫、甲肝等病毒病的传播极为迅速，短时期内可对大范围、大区域甚至全世界造成巨大影响。

3. 微生物病毒

病毒还广泛寄生于细菌、真菌、单细胞藻类等细胞内。寄生于细菌的病毒又称细菌噬菌体，寄生于真菌的病毒又称真菌病毒。

（1）细菌噬菌体 简称噬菌体，是微生物病毒中最早发现，也是研究得最为透彻的一类病毒。噬菌体多数见于肠细菌、芽孢杆菌、棒状杆菌、假单胞菌、链球菌等各类细菌中。噬菌体在自然界中的分布很广，从一般土壤、污水、粪便和发酵工厂的下水道均可分离到。但噬菌体对宿主的寄生专一性较强，一种噬菌体往往只能侵染一种或一株细菌，因此在发酵工业中，当生产菌发生噬菌体危害时，可通过换用菌种的方法加以防止。

（2）真菌病毒 寄生于真菌的病毒首先发现在双孢蘑菇中，随后在玉米黑粉病菌、牛肝菌、香菇、啤酒酵母和麦类白粉病菌中也有发现，产黄青霉、黑曲霉等菌现在也发现有病毒颗粒。目前已知的真菌病毒有 62 种，分布在 50 余属中。

四、亚病毒

亚病毒是一类不具有完整病毒结构的侵染性因子，主要包括卫星病毒、类病毒和朊病毒三类。其中卫星病毒和类病毒只感染植物，朊病毒只存在于脊椎动物中，可导致人和动物的海绵状脑病。

1. 类病毒

类病毒是目前所知的最小病原体，呈棒形结构，没有蛋白质衣壳，只有一个裸露的单链环状 RNA 分子，其分子量小，仅为最小 RNA 病毒分子量的 1/10，严格专性寄生，只有在宿主细胞内才表现出生命特征，可使许多植物致病或死亡。

2. 卫星病毒

卫星病毒又称拟病毒，是一类包裹在病毒体中的有缺陷的类病毒，1981 年在植物绒毛烟的斑驳病毒中发现，其成分是环状或线状的 RNA 分子。卫星病毒所感染的对象不是细胞而是病毒，被卫星病毒感染的病毒称为辅助病毒，卫星病毒的复制必须依赖辅助病毒的协助，而卫星病毒又对辅助病毒的感染和复制起着不可缺少的作用。

卫星病毒大多存在于植物病毒中，近年在动物病毒如丁型肝炎病毒、乙型肝炎病毒中也发现有卫星病毒的存在。

3. 朊病毒

朊病毒又称蛋白质侵染因子，它是一类能侵染动物并在宿主细胞内自主复制的无免疫性的蛋白质。它在电镜下呈杆状颗粒，成丛排列。

朊病毒最初由美国科学家于 1982 年发现。这一发现在生物学界引起震惊，因为它与公认的"中心法则"即生物遗传信息流的方向——"DNA→RNA→蛋白质"的传统观念发生抵触，因而有可能为分子生物学的发展带来革命性的影响，同时还有可能为弄清一系列疑难传染性疾病的病原带来新的希望。现已证明朊病毒是包括人的克雅病、库鲁病、致死性家族失眠症以及山羊或绵羊的羊瘙痒病、牛类中的疯牛病的致病原。由于变异后的朊病毒能抗 100℃ 高温，能抗蛋白酶水解，而且不会引起生物体内的免疫反应，因此患疯牛病的牛的肉被人食用后，病原体很可能会完整进入人体，并进入脑组织，导致人患克雅病——传染性海绵状脑病。

第二节　噬 菌 体

噬菌体是感染细菌、真菌、放线菌或螺旋体等微生物的病毒的总称。20 世纪初在葡萄球菌和志贺菌中首先发现。噬菌体个体微小，能利用细菌的核糖体、蛋白质合成时所需的各种因子、各种氨基酸和能量产生系统来实现其自身的生长和增殖。一旦离开了宿主细胞，噬菌体既不能生长，也不能复制。

噬菌体分布极广，凡是有细菌的场所，就可能有相应噬菌体的存在。在人和动物的排泄物或污染的井水、河水中，常含有肠道菌的噬菌体。在土壤中，可找到土壤细菌的噬菌体。噬菌体有严格的宿主特异性，只寄居在易感宿主菌体内，故可利用噬菌体进行细菌的流行病学鉴定与分型，以追查传染源。由于噬菌体结构简单、基因数少，因此它也是分子生物学与基因工程的良好实验系统。

一、噬菌体的形态结构

噬菌体在光学显微镜下看不见，需用电子显微镜观察。不同的噬菌体在电子显微镜下有三种形态：蝌蚪形、微球形和丝形，从结构上看可分 A、B、C、D、E 和 F 6 种类型，其形态结构见表 3-1。

大多数噬菌体呈蝌蚪形，由头部和尾部两部分组成（图 3-6）。例如大肠杆菌 T4 噬菌体头部呈六边形，立体对称，大小约 95nm×65nm，内含遗传物质——核酸；尾部是一管状结构，长 95～125nm、直径 13～20nm，由一个内径约 2.5nm 中空的尾髓和外面包着的尾鞘

表 3-1　六类噬菌体的形态结构

类群	形 态 特 征	核酸结构	噬菌体举例	寄主种类
A	具有六角形头部及伸缩性的长尾	dsDNA	T_2、T_4、T_6	大肠杆菌、假单胞菌、枯草杆菌、沙门菌等
B	具有六角形头部及非伸缩性的长尾	dsDNA	λ、T_1、T_5	大肠杆菌、棒杆菌、链霉菌、放线菌等
C	具有六角形头部及非伸缩性的长尾	dsDNA	P_{22}、T_3、T_7	大肠杆菌、假单胞菌、枯草杆菌、沙门菌、土壤杆菌等
D	无尾，六角形头部的顶点衣壳粒大	ssDNA	ΦX174	大肠杆菌、沙门菌等
E	无尾，六角形头部的顶点衣壳粒小	ssDNA	R_{17}、F_2、MS_2、$Q\beta$	大肠杆菌、假单胞菌等
F	无尾，衣壳纤维状	ssDNA	Fd、M_{13}、Pf_1、Vb	大肠杆菌、假单胞菌等

组成。尾髓具有收缩功能，可使头部核酸注入宿主菌。在头、尾连接处有一结构简单的颈部，由颈环和颈须构成。尾部末端有尾板、尾刺和尾丝，尾板内有裂解宿主菌细胞壁的溶菌酶；尾丝为噬菌体的吸附器官，能识别宿主菌体表面的特殊受体（图 3-7），有的噬菌体尾部很短或缺失。

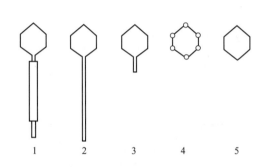

图 3-6　噬菌体的形态分类
1—长尾、收缩型；2—长尾、非收缩型；3—短尾；
4—外壳较大、微球形；5—外壳较小、微球形

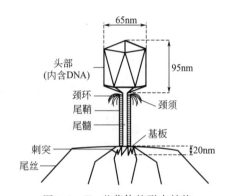

图 3-7　T_4 噬菌体的形态结构

二、噬菌体的繁殖

1. 噬菌体的繁殖过程

噬菌体感染寄主细胞后，即以自身的核酸物质，操纵寄主细胞的生物合成，然后聚集成新的噬菌体，具体过程可分为：吸附、侵入、增殖、成熟（装配）和释放五个阶段（图 3-8和图 3-9）。

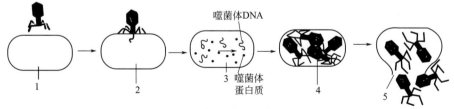

图 3-8　大肠杆菌 T 系噬菌体的繁殖过程
1—吸附；2—侵入；3—增殖；4—成熟；5—释放

（1）吸附　噬菌体与寄主细胞接触时，由于布朗运动发生碰撞接触，寄主细胞壁上有一些具有特定化学组成的区域，作为噬菌体吸附的特异性受点，噬菌体的末端尾部由此吸附侵入，这是高度特异性的反应。吸附时，尾部末端尾丝散开，固着于特异性的受点上，有的也

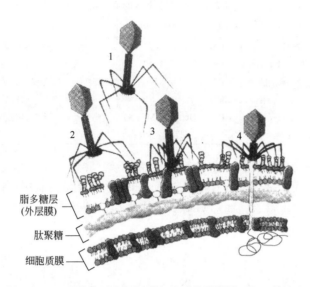

图 3-9　T₄噬菌体对大肠杆菌细胞壁的附着的 DNA 的注入

1—未吸附的颗粒；2—尾丝与核心多糖相互作用吸附在细胞壁上；

3—刺突接触细胞壁；4—尾鞘收缩和 DNA 注入

能吸附在鞭毛上，随之刺突与基板也固定在受点上。

（2）侵入　噬菌体侵入细胞的方式取决于寄生细胞的特性（主要是细胞表面的结构）。当噬菌体的尾部插入受点，尾部的溶菌酶把寄主细胞壁的坚固内层水解产生一个小孔，然后尾鞘收缩，露出尾髓，将尾髓伸入细胞，通过空管的尾髓将噬菌体头部的脱氧核糖核酸（DNA）注入细胞内。而蛋白质的外壳仍留在细胞外。

（3）增殖　噬菌体的脱氧核糖核酸进入寄主细胞后，借助寄主细胞的代谢机构大量复制子代噬菌体的脱氧核糖核酸和蛋白质，合成噬菌体蛋白质。

（4）装配　子代噬菌体核酸与蛋白质聚集成为新的噬菌体粒子，就完成了装配过程。如大肠杆菌 T₄噬菌体装配时，先将 DNA 大分子聚合成多角体，头部蛋白质通过排列和结晶过程，将 DNA 聚缩体包围，然后装上尾鞘、尾丝，就形成了新的子代噬菌体（图 3-10）。

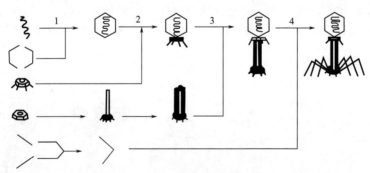

图 3-10　T₄噬菌体的组装过程

1—头部衣壳体包裹 DNA 成为头部；2—颈部与头部结合；3—由基板尾管和尾鞘装配成尾部，

头部与尾部结合；4—单独装配的尾丝与病毒颗粒尾部结合成为完整的噬菌体

从噬菌体侵入细胞，直至出现新的噬菌体前的一段时间内，因为在外观上看不到成形的噬菌体，故被称为潜伏期。

（5）释放　子代噬菌体成熟时，由于水解细胞壁的溶菌酶逐渐增加促使细胞裂解，从而释放出大量的子代噬菌体。

2. 烈性噬菌体和温和噬菌体

根据与宿主菌的相互关系，噬菌体可分成两种类型：一种是能在宿主菌细胞内复制增殖，产生许多子代噬菌体，并最终裂解细菌，称为烈性噬菌体；另一种是噬菌体基因与宿主菌染色体整合，不产生子代噬菌体，但噬菌体 DNA 能随细菌 DNA 复制，并随细菌的分裂而传代，称为温和噬菌体或溶源性噬菌体。烈性噬菌体在敏感菌内以复制方式进行增殖，增殖过程包括吸附、穿入、生物合成、装配和释放五个阶段。从噬菌体吸附至细菌溶解释放出子代噬菌体，称为噬菌体的复制周期或溶菌周期。

噬菌体颗粒感染一个细菌细胞后可迅速生成几百个子代噬菌体颗粒，每个子代颗粒又可感染细菌细胞，再生成几百个子代噬菌体颗粒。如此重复只需 4 次，一个噬菌体颗粒便可使几十亿个细菌感染而死亡。当把细菌涂布在培养基上，长成一层菌苔时，一个噬菌体感染其中一个细菌时，便会同上面所说的那样，把该细菌周围的成千上万个细菌感染致死，在培养基的菌苔上出现一个由于细菌被噬菌体裂解后造成的空斑，这便称为噬菌斑，见图 3-11 和图 3-12。

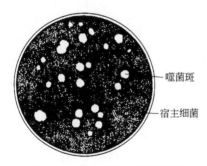

图 3-11　琼脂平板上的噬菌斑

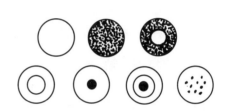

图 3-12　噬菌斑的形态

图中白色部分表示因溶菌而透明，黑色部分表示菌体生长

温和噬菌体的基因组能与宿主菌基因组整合，并随细菌分裂传至子代细菌的基因组中，不引起细菌裂解。整合在细菌基因组中的噬菌体基因组称为前噬菌体，带有前噬菌体基因组的细菌称为溶源性细菌。前噬菌体偶尔可自发地或在某些理化和生物因素的诱导下脱离宿主菌基因组而进入溶菌周期，产生成熟噬菌体，导致细菌裂解。温和噬菌体的这种产生成熟噬菌体颗粒和溶解宿主菌的潜在能力，称为溶源性。由此可知，温和噬菌体可以有三种存在状态：①游离的具有感染性的噬菌体颗粒；②宿主菌胞质内类似质粒形式的噬菌体核酸；③前噬菌体。另外，温和噬菌体可有溶源性周期和溶菌性周期，而烈性噬菌体只有一个溶菌性周期。

噬菌体感染细菌的两种反应见图 3-13。

3. 噬菌体在食品中的危害

在发酵工业和食品工业上，噬菌体给人类带来的危害是污染生产菌种，造成菌体裂解，无法累积发酵产物，发生倒罐事件，损失极其严重。

发酵剂被噬菌体污染是乳品工业面临的一个非常严重的问题，特别是嗜温型发酵剂更易遭到噬菌体的污染。感染发酵剂的噬菌体既有烈性噬菌体，也有温和噬菌体。发酵剂被感染后，可导致菌体生长迟缓、产酸速率下降或其他生物学特征的改变，从而造成产品品质低下。

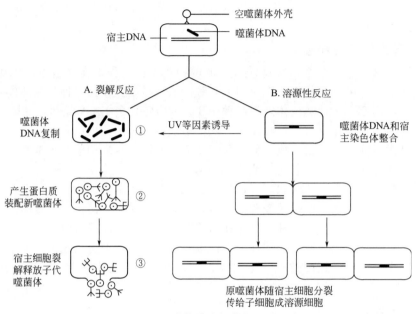

图 3-13　噬菌体感染细菌的两种反应

三、食品中噬菌体的检查方法与预防

1. 噬菌体的检查方法

检查的原理是根据噬菌体反复侵染、裂解宿主细胞后在固体平板上可形成噬菌斑，在液体培养基中可使菌液由混浊变澄清的特性，对噬菌体进行定性或定量分析。

（1）双层平板培养法　双层平板法是一种能对噬菌体进行精确定量或定性检测的常用方法。双层平板底层为肉汁琼脂培养基、上层减少琼脂用量，培养基 pH 为 7，配方见表 3-2。先在无菌平皿内倒入约 10mL 适合宿主细胞生长的底层培养基，待凝固成平板后，将上层培养基约 4mL 融化并冷却至 45～48℃，再加入 0.2mL 指数生长期的宿主细菌液（每毫升约含 10^8 个细菌）和待测噬菌体的稀释悬液 0.1mL，充分混匀后，立即倒入底层平板上使之铺匀，待凝固后，在 37℃下倒置培养 18～24h 后便能在平板上看见噬菌斑。见图 3-14 和图 3-15。

表 3-2　双层平板培养法的培养基配方

分层	葡萄糖含量/%	牛肉膏含量/%	蛋白胨含量/%	氯化钠含量/%	琼脂含量/%
上层	0.5	1.0	1.0	0.5	1.0
下层	0.5	1.0	1.0	0.5	2.0

在长满细菌菌苔的平板上有许多不长细菌的透明小圆即噬菌斑。一个噬菌斑是由一个噬菌体反复侵染、增殖并裂解菌体细胞后，由无数子噬菌体所构成的。因此，我们可以根据噬菌斑的数目计算出原液中噬菌体的数量。另外，噬菌斑的形状、大小、边缘和透明度等特征会因噬菌体的种类不同而异。根据此特点还可用此法对噬菌体进行定性分析，此法还是其他病毒（动物病毒）的检出和定量分析的基础。由于细菌的菌龄会影响噬菌体的吸附和侵入，所以菌苔中菌体的年龄不能太老，指数生长期的细菌菌体对相应噬菌体最为敏感。

（2）单层平板法　在双层平板中省略底层，但所用培养基的浓度和所加的量均比双层平板法的上层要高很多。此法虽简便，但其实验效果较差。

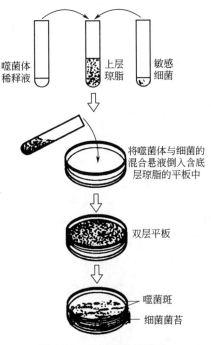

图 3-14　双层平板培养法

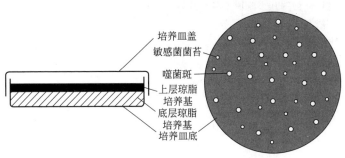

图 3-15　上下层琼脂与平板噬菌斑分布

2. 噬菌体的预防措施

噬菌体的危害主要体现在发酵工业上。当发酵液受噬菌体严重污染时，会出现：①发酵周期明显延长；②碳源消耗缓慢；③发酵液变清，有大量异常菌体出现；④发酵产物的形成缓慢或根本不形成；⑤用敏感菌作平板检查时，出现大量噬菌斑；⑥用电子显微镜观察时，可见到有无数噬菌体粒子存在。当出现以上现象时，轻则延长发酵周期、影响产品的产量和质量，重则引起倒罐甚至使工厂被迫停产。这种情况在谷氨酸发酵、细菌淀粉酶或蛋白酶发酵、丙酮丁醇发酵以及各种抗生素发酵中是司空见惯的，应严加防范。

要防治噬菌体的危害，首先是提高有关工作人员的思想认识，建立"防重于治"的观念。预防噬菌体污染的措施主要有以下几点。

① 绝不可使用可疑菌种，认真检查摇瓶、斜面及种子罐所使用的菌种，坚决废弃可疑菌种。

② 严格保持环境卫生。由于噬菌体分布广泛，凡有细菌的地方几乎都有噬菌体。因此，要保持发酵工厂内外环境的卫生。

③ 绝不排放或随便丢弃活菌液。环境中存在活菌，就意味着存在噬菌体赖以增殖的大

量宿主，所以摇瓶菌液、种子液、检验液和发酵后的菌液绝对不能随便丢弃或排放；正常发酵液或污染噬菌体后的发酵液均应严格灭菌后才能排放；发酵后的废气或废液均须经消毒、灭菌后才能排放。

④ 保证通气质量。选用高质量的空气过滤器并经常进行严格灭菌，空气过滤器的取风口应设在 30～40m 高空。

⑤ 加强管道及发酵罐的灭菌。

⑥ 不断筛选抗性菌种，并经常轮换生产菌种。

⑦ 严格执行会客制度。

如果预防不成，一旦发现噬菌体污染时，要及时采取以下合理措施：①尽快提取产品，如果发现污染时发酵液中的代谢产物含量已较高，应及时提取或补加营养并接种抗噬菌体菌种后再继续发酵，以挽回损失。②使用药物抑制，目前防治噬菌体污染的药物还很有限，在谷氨酸发酵中，加入某些金属螯合剂，如加 0.3%～0.5% 草酸盐、柠檬酸铵等可抑制噬菌体的吸附和侵入；加入 1～2μg/mL 金霉素、四环素或氯霉素等抗生素或聚氧乙烯烷基醚等表面活性剂均可抑制噬菌体的增殖或吸附。③及时改用抗噬菌体生产菌株。

自主复习题

1. 名词解释：病毒　核衣壳　噬菌体　烈性噬菌体　温和噬菌体　噬菌斑　亚病毒
2. 病毒的形态特征和主要结构是什么？
3. 病毒的分类有哪些，并举出主要代表病毒？
4. 噬菌体的繁殖过程分为哪几个阶段？各自的特点是什么？
5. 噬菌体的检测方法有哪些？
6. 简述食品发酵工业中防治噬菌体的办法。

第四章　微生物的营养与代谢

学习目标

1. 了解微生物细胞的化学组成。
2. 熟悉微生物生长的营养物质及生理功能。
3. 掌握营养物质进入细胞的方式。
4. 掌握培养基的概念、类型及配制方法。
5. 了解微生物营养需求与食品生产原料选择的关系。
6. 理解微生物的代谢类型和途径。
7. 结合食品工业中的微生物发酵，了解微生物分解代谢与合成代谢的途径。
8. 了解微生物初级代谢产物和次级代谢产物。

第一节　微生物的营养

　　微生物和其他生物一样，在其生命活动中必须从外界环境吸收各种营养物质以满足合成细胞、提供能量和调节代谢的需要。我们把能被微生物吸收利用，为其提供能量及建造新细胞成分的物质称为营养物质。微生物从周围环境中获取和利用营养物质的过程称为营养。营养物质是微生物维持生命活动的物质基础，营养是微生物利用营养物质的生理过程。微生物吸收哪种营养物质取决于微生物细胞的化学组成。

一、微生物细胞的化学组成

　　微生物细胞的化学组成与其他生物细胞的化学组成成分基本相同，都含有碳、氢、氧、氮和各种矿物质元素来组成微生物细胞的有机和无机成分。各种元素主要以水、蛋白质、碳水化合物、脂肪、核酸和无机盐等形式存在于微生物细胞中。

　　微生物细胞含水量为 $70\%\sim95\%$。不同的微生物细胞含水量不同；同种微生物处于不同的生长发育时期，含水量也不同。一般来说，衰老型微生物的含水量较幼龄微生物含水量少，休眠体较营养体含水量更少，如细菌的芽孢体和霉菌孢子含水量仅为 40% 左右。干物

表 4-1 几种微生物细胞的主要成分含量

微生物	水分/%	干物质/%					
		总量	蛋白质	核酸	碳水化合物	脂肪	无机盐类
细菌	75～85	15～25	50～80	10～20	12～28	5～20	1.4～14
酵母菌	70～80	20～30	32～75	6～8	27～63	2～5	7～10
霉菌	85～95	5～15	14～52	1	7～40	4～40	6～12

质主要由有机物和无机物组成（见表 4-1）。有机物主要包括蛋白质、核酸、碳水化合物、脂肪、维生素及其降解物和代谢产物等。有机物占细胞干重的 90%～97%，主要由碳、氢、氧、氮等元素构成。无机物或称无机盐类，一般占全部干物质的 3%～10%，以磷的含量最高，约占矿物质总量的 50%，其次为硫、钾、钙、镁、铁等，一般将它们称为大量元素。除此之外，微生物细胞中还含有微量的铜、锌、锰、钠、硼、钴、钼、硒等微量元素，它们在微生物生长繁殖中也发挥着重要作用。

微生物细胞中的各种化学元素含量因其种类不同而有明显差异，其化学元素组成也常随菌龄及培养条件的不同而在一定范围内发生变化。如细菌和酵母菌的含氮量比霉菌高；幼龄菌的含氮量比老龄菌高。

微生物细胞中，除上述几种主要物质外，有些微生物细胞内还含有维生素、色素、毒素等物质。微生物细胞中的各种化学元素都是微生物吸收营养物质转变而来的，这就决定了不同微生物对营养物质的需求也不同。

二、微生物生长的营养物质及其生理功能

根据在机体中的生理作用，可将微生物的营养物质分为水分、碳源、氮源、无机盐、生长因子五大类。

1. 水分

水分是微生物细胞的主要组成成分，是微生物生命活动所必需的物质。微生物细胞中的水分由结合水和自由水组成，自由水与结合水的比例大约为 4∶1。水分在细胞中的生理功能主要有：是细胞物质的组成部分；是细胞中物质的溶剂与运输媒介，细胞中各种生化反应必须有水为介质才能完成；能维持蛋白质、核酸等生物大分子稳定的天然构象和酶的活性；比热容高，是热的良好导体，能有效地吸收代谢过程中产生的热量并及时将热散发出体外，从而有效地调节细胞内温度的变化，维持细胞正常生命活动；一定的水分是细胞维持渗透压，维持细胞正常形态的重要因素；能提供氢、氧两种元素。

2. 碳源

碳源是能为微生物提供碳素来源的物质。碳源物质的生理功能：是构成细胞物质的主要成分，在细胞内经一系列化学变化，20% 的碳素转化成为微生物自身细胞物质，如糖、脂、蛋白质、各种代谢产物和细胞贮藏物质，其余均被氧化分解并放出能量用于维持生命活动的需要。

自然界中的碳源种类很多，可将碳源分为无机碳源和有机碳源。无机碳源如 CO_2 和碳酸盐类，有机碳源如糖类、有机酸、脂肪、淀粉等。从简单的无机碳源（CO_2）到复杂的天然有机碳源（单糖、纤维素、淀粉、醇类、有机酸、脂肪和烃类等）均可不同程度地被相应微生物所利用。大多数微生物利用有机碳源。在实验和生产实践中，糖类是一般微生物较易利用的良好碳源和能源物质，其中葡萄糖是最常用的，其次是有机酸、醇和脂类。目前，微生物工业发酵中所利用的碳源物质通常不是纯物质，常用农副产品和工业废弃物，如玉米

粉、马铃薯、饴糖、淀粉类、麸皮、酱渣、酒糟、棉籽壳、木屑及农作物秸秆等。这些碳源作为发酵的前体物质，经微生物发酵产生许多有重要价值的代谢产物，它们除提供碳源、能源外，还可供应其他营养成分。少数微生物只能以 CO_2（或无机碳酸盐）为唯一或主要碳源，它们从日光或无机物氧化中摄取能源。

3. 氮源

氮源是能为微生物提供氮素营养的物质。微生物细胞中含氮 5%～13%，其生理作用有：氮素是合成细胞的重要成分，如氮素化合物是构成蛋白质与核酸的重要成分；氮素对微生物的生长发育有着重要调节作用，如酶可催化微生物代谢的各种生化反应。氮素一般不提供能量，只有少数自养型微生物如硝化细菌等可利用铵盐、硝酸盐氧化过程中放出的能量为微生物提供能源。在氮源物质缺乏的情况下，某些厌氧微生物能利用某些氨基酸作能源。

氮素在自然界以游离氮气、无机氮源和有机氮源三种形式存在，如分子态氮、铵盐、硝酸盐、蛋白质及不同程度的含氮降解产物（胨、肽、氨基酸等）、碱基等。微生物对氮源的利用范围大大超过动植物。不同种类微生物利用不同形式的氮源，同种微生物对氮源的利用也有选择性。绝大多数微生物吸收无机氮源的能力较强。微生物可利用无机氮（铵盐、硝酸盐等）和简单有机氮源（尿素）自行合成所需要的氨基酸，进而转化为蛋白质及其他含氮有机物。大多数寄生微生物和部分腐生微生物不能合成生长发育的某些必需氨基酸，必须从蛋白质、氨基酸等有机氮源中摄取必需氨基酸才能正常生长发育。

在实验室中，常以铵盐、硝酸盐、尿素、氨基酸、蛋白胨、酵母浸膏、牛肉膏等简单氮化物为氮源。在发酵工业生产中，常以花生饼粉、蚕蛹粉、豆饼粉、鱼粉、玉米浆、麸皮、米糠等为氮源。简单氮化物可被微生物直接快速吸收利用，称为速效氮源；复杂有机氮化物需经胞外酶将其分解成简单氮化物才能成为有效氮源而被微生物吸收利用，称为迟效氮源。微生物对氮源的选择性利用遵循以下原则：铵离子优于硝酸盐、氨基酸优于蛋白质。

4. 无机盐

无机盐是矿质元素的化合物，是微生物代谢过程中必不可少的营养物质。无机盐在微生物体中的主要生理功能有：参与细胞组成；可作为酶的组成部分或激活剂；具有调节酸碱度、细胞透性、渗透压（Na、Ca、K）、氧化还原电位及能量的转移（P、S）等作用。有些化能自养微生物还利用无机矿质元素提供能源（S、Fe）。

微生物生长过程中，对无机盐的需求量很小，凡生长所需浓度在 10^{-4}～10^{-3} mol/L 范围内的元素称为大量元素，凡生长所需浓度在 10^{-8}～10^{-6} mol/L 范围内的元素称为微量元素。培养微生物时，矿质元素大多可以从培养基的有机物中获得，一般只需加入一定量的硫酸盐、磷酸盐类和氯化物。其他包括微量元素一般不再另行添加，自来水和其他营养物质中以杂质形式存在的数量就能满足微生物生长的需要。应当注意，微量元素如果是重金属，其含量超标反而会有抑制或毒害微生物的作用。

5. 生长因子

微生物生长必不可少而需求量极微，其本身不能合成或合成量不足以满足机体生长需要的，必须从外界供给的有机物质称为生长因子。广义的生长因子有氨基酸、维生素和碱基及其衍生物等物质；狭义的生长因子仅指维生素（主要是 B 族维生素），目前发现的许多维生素都能起到生长因子的作用。生长因子被微生物吸收后，一般不被分解，大部分是作为酶的组成部分或活性基团，直接参与或调节代谢反应和促进生长，如许多维生素是酶的辅基或作为辅酶。碱基具有生长因子的功能主要也是作为酶的辅基或辅酶用来合成核苷、核苷酸和核酸。生长因子必须在培养基中加入，缺少这些生长因子就会影响微生物体内各种酶的活性，新陈代谢就不能正常进行。

自然界中，并非所有的微生物都需要生长因子，各种微生物需要的生长因子的种类和数量也是不同的。有些微生物可以自身合成各种生长因子，不需外界供给。多数真菌、放线菌和部分细菌属于这种类型。有些微生物自身缺乏合成生长因子的能力，必须由外源提供才能生长。如某些微生物自身缺乏合成某氨基酸的能力，培养时培养基中必须补充这些氨基酸类生长因子微生物才能正常生长。有些微生物，它们在代谢活动中向细胞外分泌大量的维生素等生长因子，可用于维生素的生产。虽然有些微生物能合成维生素，但多数微生物生长时，还需提供外源维生素才能正常生长。

在科研及实际生产中，通常用牛肉膏、酵母膏、马铃薯汁、玉米浆、麦芽汁或其他动植物浸出液等天然物质作为生长因子的来源以满足微生物的生长需要。许多作为碳源和氮源的天然原料本身就含有丰富的生长因子，因此在此类培养基中一般无需再添加生长因子。

除上述五种营养物质外，在微生物的生命活动过程中能源也是必不可少的，凡能提供最初能量来源的营养物质或辐射能称为能源。微生物对能源的利用也较广泛，微生物培养中，一般不需特别提供能源。

三、微生物的营养类型

微生物种类繁多，其营养类型按不同依据划分成不同类型，通常依据微生物所需要的碳源及能源的不同将其分为光能自养、化能自养、光能异养及化能异养四种营养类型（表 4-2）。

表 4-2　微生物的营养类型

营养类型	氢或电子供体	碳源	能源	举例
光能自养型	H_2O 或还原态无机物	CO_2	光能	蓝细菌、藻类等
光能异养型	有机物	CO_2 或简单有机物	光能	红螺细菌（紫色无硫细菌）
化能自养型	还原态无机物	CO_2 或 CO_3^{2-}	化学能（无机物）	硝化细菌、硫化细菌、氢细菌等
化能异养型	有机物	有机物	化学能（有机物）	绝大多数细菌、全部放线菌及真核微生物

1. 光能自养型

光能自养型也称光能无机营养型，这是一类能以 CO_2 为唯一碳源或主要碳源并利用光能进行生长的微生物。此类型的微生物细胞内有光合色素，能利用光能进行光合作用。它们能以无机物如水、硫化氢、硫代硫酸钠或其他无机化合物为电子供体（供氢体），使 CO_2 还原成细胞物质，并且伴随元素氧（硫）的释放。光能自养型微生物主要有：蓝细菌、紫硫细菌、绿硫细菌等。光能自养型微生物的光合作用分为产氧光合作用和不产氧光合作用两种。

（1）**产氧光合作用**　单细胞藻类、蓝细菌细胞内含有叶绿素，具有与高等植物相同的光合作用。微生物借助光合色素，可利用光能，以 H_2O 为供氢体，还原 CO_2 为储存能量的有机碳化物，并放出氧气。

$$CO_2 + H_2O \xrightarrow[\text{叶绿素}]{\text{光能}} [CH_2O] + O_2 \uparrow$$

（2）**不产氧光合作用**　污泥中的绿硫细菌、紫硫细菌细胞含有与叶绿素结构相似的菌绿素，在厌氧条件下进行光合作用，以 H_2S、S 等为供氢体将 CO_2 还原为有机物，不放出氧气。它们主要生活在富含 CO_2、H_2 和硫化物的淤泥及次表层水域中。

$$CO_2 + 2H_2S \xrightarrow[\text{菌绿素}]{\text{光能}} [CH_2O] + H_2O + 2S$$

2. 化能自养型

化能自养型也称化能无机营养型，这是以无机物氧化过程中放出的化学能为能源，以

CO_2 或碳酸盐为唯一或主要碳源合成细胞物质的微生物。此类型微生物以还原性无机物如 H_2、H_2S、Fe^{2+} 或亚硝酸盐等作为电子供体并利用这些无机物的氧化放出的能量，使 CO_2 还原成细胞物质。如亚硝酸菌、硝酸菌、硫化细菌、铁细菌、氢细菌等微生物就分别利用 NH_3、NO_2^-、H_2S、Fe^{2+}、H_2 产生的化学能还原 CO_2，形成储存能量的碳水化合物。

以硝化细菌为例，硝化细菌是能氧化铵盐或亚硝酸获得能量来还原 CO_2 生活的严格化能自养菌。其在分类上属于硝化细菌科，包括以下两个不同的生理群。

(1) 亚硝化细菌群　能将氨氧化为亚硝酸并从中获得能量，用以还原 CO_2 为碳水化合物。

$$2NH_3 + 3O_2 + 2H_2O \xrightarrow{\text{亚硝化菌}} 2HNO_2 + 4OH^- + 4H^+ + 能量$$

$$CO_2 + 4H^+ \longrightarrow [CH_2O] + H_2O$$

(2) 硝化细菌群　能进一步将亚硝酸氧化为硝酸并获得能量，还原 CO_2 为碳水化合物。一般情况下硝化细菌这两个类群是互生的，不会造成环境中亚硝酸盐的积累。

化能自养型微生物对无机物的氧化有很强的专一性，如铁细菌只氧化亚铁盐等。此外，这类微生物在氧化无机物并获取能量的过程中必须有大量的氧气存在；这类微生物多分布在土壤及水域环境中，在自然界物质转化过程中起着重要的作用。

光能自养型微生物与化能自养型微生物都是以 CO_2 或无机碳酸盐为唯一或主要碳源，二者总称为自养型微生物。这类微生物可以在完全无机物的环境中生活；若环境中有机物过多，将对其有抑制作用。

3. 光能异养型

光能异养型也称光能有机营养型，这是一类利用光作为能源，以简单有机物作为供氢体（有机酸、醇等），将 CO_2 还原为细胞有机物质的微生物。例如红螺菌属中的一些细菌，能利用异丙醇作为供氢体进行光合作用，使 CO_2 还原成细胞物质，并积累丙酮。其反应式如下：

$$2(CH_3)_2CHOH + CO_2 \xrightarrow[\text{光合色素}]{\text{光能}} 2CH_3COCH_3 + [CH_2O] + H_2O$$

光能异养微生物数量较少，生长时大多数需要外源的生长因子。此菌在光和厌氧条件下进行上述反应，但在黑暗和好氧条件下又可用有机物氧化的化学能推动代谢作用。

4. 化能异养型

化能异养型也称化能有机营养型。这类微生物是以有机物（淀粉、纤维素、有机酸等）为碳源、能源和供氢体的微生物。该类型包括的微生物种类最多，它包括自然界的绝大多数细菌、全部放线菌、真菌及原生动物。

化能异养型微生物根据利用有机物的情况可分为腐生微生物和寄生微生物两大类。腐生微生物是指利用无生命的有机物质为养料进行生长繁殖，靠分解生物残体而生活的微生物。大多数腐生菌是有益的，在自然界物质转化中起重要作用，但也易导致食品的腐败。寄生性微生物是指生活于活的有机体内，从活的寄主细胞中吸取营养而生长繁殖的微生物。寄生又可分为专性寄生和兼性寄生两种。专性寄生性微生物只能在活的寄主生物体内营寄生生活，如噬菌体、立克次体等；兼性寄生性微生物既能营腐生生活，也能营寄生生活。例如一些肠道杆菌既能寄生在人和动物体内，也能腐生于土壤、水中。

光能异养型和化能异养型微生物总称为异养型微生物。异养型微生物必须以有机物为碳源，在完全的无机物环境中不能存活。

需要指出的是，微生物的四种营养类型的划分不是绝对的，各营养类型中有许多中间过渡类型。例如红螺菌在有光和厌氧条件下利用的是光能，在无光和好氧条件下利用的是有机物氧化放出的化学能。微生物的自养与异养也是相对的。例如绝大多数异养微生物具有吸收 CO_2 的能力，只是它们不能以 CO_2 作为唯一碳源或主要碳源。

四、微生物对营养物质的吸收

微生物生长和繁殖的营养物质必须进入细胞才能被利用。营养物质进入微生物细胞是一个复杂的生理过程。微生物没有专门的摄取营养物质的器官，其营养物质的吸收和代谢产物的排出，全部依靠整个细胞表面进行。

微生物营养物质中复杂的高分子营养物质如蛋白质、脂肪、纤维素、果胶等需经过微生物的胞外酶水解成小分子的可溶性物质后，才能被吸收。微生物能够吸收哪些营养物质以及吸收速度，主要取决于细胞质膜结构的特性和细胞的代谢活动。根据微生物周围营养物质的种类和浓度，按细胞膜上有无载体参与、运输过程是否消耗能量及营养物质是否发生变化等，一般营养物质通过细胞质膜进入微生物细胞的方式有四种：单纯扩散、促进扩散、主动运输和基团移位（表 4-3）。

表 4-3　微生物吸收营养物质的四种方式

项　　目	单纯扩散	促进扩散	主动运输	基团移位
特异载体蛋白	无	有	有	有
运输速度	慢	快	快	快
溶质运送方向	由浓到稀	由浓到稀	由稀到浓	由稀到浓
平衡时质膜内外浓度	内外相等	内外相等	内部浓度高	内部浓度高
运送分子	无特异性	特异性	特异性	特异性
能量消耗	不需要	不需要	需要	需要
运送前后溶质分子	不变	不变	不变	改变

1. 单纯扩散

单纯扩散也称被动运输，是微生物顺着营养物质浓度梯度进行的被动的物质跨膜运输方式，是微生物通过细胞膜进行细胞内外物质交换的最简单的一种方式。其扩散动力来自于细胞内外溶液的浓度差，溶质分子由高浓度区域向低浓度区域扩散，扩散速度随细胞内外该溶质浓度差的降低而减小，直至细胞膜内外营养物质浓度相同时才达到动态平衡。单纯扩散的扩散速度还取决于营养物质的分子大小、溶解性、极性、pH、离子强度、温度等因素。单纯扩散方式是营养物质通过分子随机运动，透过微生物细胞膜上的小孔进出细胞，是纯粹的物理过程。它不需膜载体蛋白参与，也不消耗能量，因此单纯扩散不能逆浓度梯度运输养料，运输速度、运输的养料种类也十分有限。

能以单纯扩散方式进入微生物细胞的物质主要有水、溶于水的气体（O_2 和 CO_2），某些极性小的物质如脂肪酸、氨基酸、甘油、乙醇等在一定程度上也可通过单纯扩散进出细胞。

2. 促进扩散

促进扩散也是一种被动的物质跨膜运输方式。营养物质通过与细胞质膜上的特异性载体蛋白结合，从高浓度进入低浓度环境的传递过程称为促进扩散。在这个过程中不消耗能量，是以胞内外溶液浓度差为动力，但需要载体蛋白的参与。参与运输物质本身的分子结构不发生变化，不能逆浓度梯度运输，运输速度随胞内外该溶质浓度差的降低而减小，直至达到动态平衡为止。载体蛋白是位于细胞膜上的特殊蛋白质，在细胞膜外侧能与一定的溶质分子可逆性结合，在细胞内侧可释放该溶质，而自身在这个过程中不发生化学变化。载体蛋白也称渗透酶或透过酶，渗透酶大多是诱导酶，可与营养物质专一性结合。

促进扩散只对生长在高养料浓度下的微生物产生作用。微生物环境如培养基中的营养物质很多，其中单糖、氨基酸、维生素和无机盐等都可通过促进扩散进入细胞。

3. 主动运输

主动运输是广泛地存在于微生物中的一种主要物质运输方式。微生物在代谢能的推动下，通过细胞质膜上的特殊载体蛋白，逆浓度梯度吸收营养物质的过程称为主动运输。与促

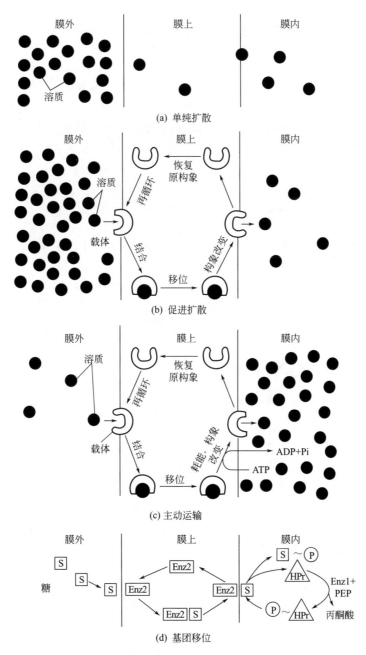

图 4-1　四种营养物质进出微生物细胞的方式

进扩散类似之处在于物质运输过程中同样需要载体蛋白。其主要特点是：在运输过程需要消耗能量，并可以逆浓度梯度运输。主动运输使细胞积累某些营养，能改变养料运输反应的平衡点。主动运输可使微生物在稀薄的营养环境中吸收营养。例如无机离子、有机离子、一些糖类（乳糖、葡萄糖）等营养物质可通过主动运输送入细胞。

4. 基团移位

在微生物对营养物质的吸收过程中，还有一种特殊的运输方式，叫基团移位（也称基团转位）。即营养物质在运输过程中，需要特异性载体蛋白和消耗能量，并使营养物质在运输前后发生化学结构变化的一种运输方式。基团移位可使溶质分子在细胞内增加，养料可不受阻碍地向细胞源源运送，实质上也是一种逆浓度梯度的运输过程。

基团移位主要存在于厌氧型和兼性厌氧细菌中，其运输的物质主要是糖及其衍生物，脂肪酸、核苷酸、腺嘌呤等物质也可通过这种方式运输。

上述四种运输方式的模式见图4-1。

总之，微生物对营养物质的吸收不是简单的物理、化学过程，而是复杂的生理过程；是微生物对营养物质的选择性吸收作用，受微生物细胞膜特性及微生物本身代谢强度所支配。营养物质进入微生物细胞是营养过程的开始，是微生物细胞利用营养物质的关键。培养微生物时培养基中的营养物质可通过上述不同的方式进入细胞，为微生物的进一步利用奠定了基础。

第二节　微生物培养基

培养基是经人工配制而成的、适合微生物生长繁殖或产生代谢产物的营养基质。适宜的培养基是从事微生物学研究和发酵生产的重要基础。

不同微生物对营养基质的需求不同，特定的培养基可有效促进特定的微生物生长繁殖，促使微生物发酵，积累某种代谢产物，控制、抑制其他代谢产物的积累，以达到最佳实验、科研和生产目的。设计和配制培养基必须以微生物生长所需要的营养物质和环境条件为依据，结合微生物的特殊营养要求、代谢特点，保持无菌状态等。

一、选用和设计培养基的原则和方法

选用和设计微生物的培养基，主要考虑以下几个因素。

1. 目的明确

明确配制目的是培养基配制的首要问题。选用和设计培养基首先应明确培养基的用途，不同的目的需要提供不同的培养基，如是培养哪种微生物；是用于实验室还是利用微生物生产发酵食品或是积累目的代谢产物；是用于菌落观察、分离、纯化、增殖培养还是用于生理生化特性试验等。例如若是为了得到微生物菌体则应考虑增加培养基中的含氮量，这样有利于菌体蛋白的合成；若是为了得到发酵代谢产物则应考虑所培养微生物的生理特性、遗传特性及其代谢产物的化学成分等。

2. 选择适宜的营养物质

应根据所培养微生物的特性，选择所需要的一切营养物质。微生物种类繁多，其营养要求及生理特性不同，培养它们所需的培养基就各不相同。但所有微生物生长繁殖的培养基都应含有碳源、氮源、无机盐、生长因子、水及提供满足其生长的能源，其中微生物对营养的要求主要是针对碳素和氮素的性质。由于微生物营养类型复杂，因此，具体到某种微生物，就要根据此种微生物的营养需求，配制针对性强的培养基。例如，自养型微生物能将简单无机物合成有机物，其培养基可完全由简单的无机物组成，碳源主要是无机碳源，对光能自养型微生物而言，除需要各类营养物质外，还需光照提供能源；食品发酵中常用的微生物绝大多数属于异养微生物，生产用碳源主要是有机碳源，所以异养型微生物其培养基应至少含有一种有机物质；自生固氮微生物的培养基不需添加氮源，否则会丧失固氮能力；对于某些需要添加生长因子才能生长的微生物，还需要在培养基内添加它们所需要的生长因子，如很多乳酸菌在培养时，要求在培养基中加入一定量的氨基酸和维生素等才能很好地生长。根据不同微生物的营养特点设计和配制有针对性的培养基，是进行微生物培养的物质基础。

3. 控制营养物质比例及浓度

微生物培养基中营养物质的浓度及营养物质间的浓度比例适宜时，微生物才能良好生长。营养物质浓度过低，不能满足微生物正常生长的需要；营养物质浓度过高不但造成浪费，而且由于渗透压过大，还会对微生物生长有抑制或杀伤作用。同样，培养基中各种营养物质的比例关系是影响微生物生长繁殖以及代谢产物形成和积累的重要因素。在各营养成分比例中，最重要的是碳源及氮源的比例，即碳氮比（C/N）。碳源不足，菌体易衰老和自溶；氮源不足，菌体会生长过慢，但碳氮比太小，微生物会因氮源过多易徒长，不利于代谢产物的积累。例如在利用微生物发酵生产谷氨酸的过程中，培养基碳氮比为 4:1 时，菌体大量繁殖，谷氨酸积累少；当培养基碳氮比为 3:1 时，菌体繁殖受到抑制，谷氨酸产量则大量增加。不同微生物对碳氮比要求不同，如细菌和酵母菌细胞的碳氮比约为 5:1，而霉菌细胞的碳氮比为 10:1。

营养物质的碳氮比为 (20~25):1 时，有利于大多数微生物的生长。此外，培养基中的无机盐、生长因子等也对微生物的生长发育有着重要影响。如磷、钾的含量一般为 0.05% 左右，镁、硫的含量一般在 0.02% 左右。除对生长因子有特殊要求的微生物外，微生物培养基中一般不需特殊添加生长因子。

4. 调节适宜的酸碱度

微生物生长繁殖或产生代谢产物的最适 pH 各不相同，培养基的 pH 必须控制在一定的范围内，以满足不同类型微生物的生长繁殖或产生代谢产物的需要。培养基的 pH 不仅影响微生物的生长，还会改变微生物的代谢途径及影响代谢产物种类的形成。一般来讲，细菌和放线菌适宜中性或偏碱性，酵母菌、霉菌等真菌适宜微酸性条件。配制培养基时，常用氢氧化钠、熟石灰、盐酸、过磷酸钙等对酸碱度进行调节。

培养基的 pH 常因灭菌而变小，因此灭菌前培养基的 pH 应略高于所需要的 pH。此外，微生物在生长代谢过程中，由于营养物质的利用和代谢产物的形成往往会引致 pH 的改变，为了维持 pH 的相对恒定，通常在培养基中加入一些缓冲物质，如磷酸盐、碳酸盐、蛋白胨、氨基酸等，这些物质除可以提供营养作用外，还可使培养基具有一定的缓冲性。常用的缓冲剂是磷酸氢二钾（K_2HPO_4）和磷酸二氢钾（KH_2PO_4）组成的混合物。培养基中 K_2HPO_4/KH_2PO_4 缓冲系统只能在一定的 pH 范围（pH 6.4~7.2）内起调节作用。当配制产酸能力强的微生物培养基时，就难以起到缓冲作用，如在培养乳酸菌时，由于乳酸菌能大量产酸，上述缓冲系统就难以起到缓冲作用，这时可在培养基中添加难溶的碳酸盐来进行调节，如可加入一定量的碳酸钙（$CaCO_3$），以不断中和微生物产生的酸。

5. 控制氧化还原电位

氧化还原电位可以作为微生物供氧水平的指标，不同类型的微生物对氧气的要求不同，因而不同类型的微生物对氧化还原电位（φ）的要求也不同。通常好氧性微生物在氧化还原电位值为 +0.1V 以上时可正常生长，一般以 +0.3~+0.4V 为宜。厌氧微生物只能在氧化还原电位为 +0.1V 以下的培养基中生长。在实际科研与生产中，一般通过通氧的方法提高氧化还原电位。氧是好氧微生物必需的，一般可在空气中得到满足，只有在大规模生产时需要采用专门的通气法（振荡、搅拌等）增氧。氧对厌氧微生物是有害的，配制厌氧微生物培养基时，常加入一定量还原剂（半胱氨酸、抗坏血酸、硫化钠、巯基乙酸钠等还原剂）或采取其他除氧方法，以造成厌氧条件，降低 φ 值。兼性厌氧微生物在 φ 值为 $+0.1V$ 以上时进行有氧呼吸，在 $+0.1V$ 以下时进行发酵。

6. 控制营养物质的来源

在选用和设计培养基时应尽量利用廉价且易得的原料作为培养基营养成分来源。首先应当考虑培养基的用途，如配制实验室用培养基，可选用操作方便、易加工且使用方便的原料和试剂，碳源可选择葡萄糖、蔗糖、淀粉等，氮源可选择蛋白胨、牛肉膏、酵母膏等。在保证培养基成分能满足微生物营养要求的前提下，也可选用价格低廉、资源丰富、配制方便的材料，如麸皮、豆饼、米糠、野草等农产品下脚料及酿造业等工业的废弃物都可作为培养基的主要原料。用于发酵生产的培养基，由于其用量很大，更需要考虑经济成本。例如，在微生物单细胞蛋白的工业生产过程中，常常利用制糖工业中含有蔗糖的废液、乳制品工业中含有乳糖的废液、豆制品工业废液及纸浆等作为培养基的原料。再如，酱油生产中可采用麸皮和豆粕为碳源和氮源；食用菌生产中可直接用农作物秸秆等作为培养原料。

7. 选择适宜的灭菌方法

培养基的消毒灭菌方法多种多样，但无论采取哪种方法，都应做到既要杀死微生物，又不破坏基质的基本性质。

为了获得微生物纯培养，必须对配制培养基所用器材及工作场所进行消毒与灭菌，对培养基更是要进行严格的灭菌。培养基一般采取高压蒸汽灭菌，即在高压锅内，利用温度高于 $100℃$ 的水蒸气杀灭微生物的方法。高压蒸汽灭菌所需的蒸汽压力和灭菌时间因不同培养基而定，一般培养基用 $103kPa(1.05kgf/cm^2)$、$121.3℃$、$20\sim30min$ 可达到灭菌目的。在配制培养基过程中，泡沫的存在易形成隔热层，使泡沫中的微生物难以被杀死，因此有时需要在培养基中加入消泡剂以减少泡沫的产生，或适当提高灭菌温度、延长灭菌时间。高压蒸汽灭菌后，培养基 pH 会发生改变，根据所培养微生物的要求，可在培养基灭菌前后加以调整。

上述是微生物选用和设计培养基时应遵循的基本原则。实际上，由于各种微生物的营养要求和生理特性千差万别，在实验室或发酵生产实际中选择设计培养基，必须因地制宜，因菌取材，经大量实践和反复试验比较，才能设计配制出科学、适用、经济的培养基。

二、培养基的类型

微生物种类不同，所需要的培养基就不同；同一微生物菌种用于不同使用目的时，对培养基的要求也不一样。根据微生物营养物质的来源、培养基的物理状态及使用目的等，将培养基分为下列几种类型。

1. 根据培养基成分来源分类

（1）天然培养基　指营养物质来源于天然的有机物质，其化学成分含量不完全清楚或化学成分不恒定，又称为非化学限定培养基。天然培养基常用各种动物、植物和微生物材料配制。天然培养基具有取材广泛、营养全面、制备方便及价格低廉、微生物生长迅速、适合各种异养微生物生长等优点；缺点是其成分不能定量、不完全清楚，也不稳定，不适宜用作精确的科学试验。天然培养基适用于实验室的一般粗放性实验和工业大规模的生产。天然培养基的原料主要有牛肉膏、酵母膏、麦芽汁、蛋白胨、麸皮、马铃薯、玉米粉、胡萝卜汁等（表4-4）。食品发酵生产中常用的培养基就是天然培养基，如啤酒生产中培养啤酒酵母的麦芽汁培养基；乳酸生产中培养乳酸菌的牛乳培养基等。

表 4-4 几种常用天然原料的来源及主要成分

营养物质	来 源	主 要 成 分
牛肉浸膏	瘦牛肉组织浸出汁浓缩而成的膏状物质	富含水溶性糖类、有机氮化合物、维生素、盐等
蛋白胨	将肉、酪素或明胶用酸或蛋白酶水解后干燥而成的粉末状物质	富含有机氮化合物,也含有一些维生素和糖类
酵母浸膏	酵母细胞的水溶性提取物经浓缩而成的膏状物质或粉末状物质	富含 B 族维生素,也含有有机氮化合物和糖类

（2）合成培养基 指利用定量化学物质配成的培养基，也称化学限定培养基。其优点是成分精确、固定、容易控制，适于定性定量分析，用于精确试验重复性强。与天然培养基相比，其缺点是价格较贵、配制复杂，使得一般的微生物生长缓慢或某些要求严格的异养型微生物不能生长，不宜大规模生产。该培养基用于实验室进行营养、代谢、生理生化、遗传育种、菌种鉴定等要求较高的研究工作。实验室常用的合成培养基如高氏一号培养基和察氏培养基等。

（3）半合成培养基 指用天然有机物和化学药品配成的培养基。通常是以天然有机物提供碳源、氮源和生长因子，用化学药品补充无机盐类或在合成培养基中添加少量天然有机物。该培养基能充分满足微生物的营养要求，能使多数微生物生长良好。常用的半合成培养基如马铃薯葡萄糖培养基。

2. 根据培养基的物理状态分类

（1）液体培养基 将各营养物质溶解于定量水中，配制成的营养液为液体培养基。微生物在液体培养基中可充分接触养料，有利于生长繁殖及代谢产物的积累，适用于微生物的纯培养。液体培养基还便于运输和检测，因此在观察菌种的培养特性、研究菌体的理化特征和进行杂菌检查等方面应用极其广泛。液体培养基常用于大规模工业化生产如酒精生产、啤酒生产、乳制品生产等中。

（2）固体培养基 在液体培养基中加入一定的凝固剂配制而成的、呈固体状态的微生物营养基质叫固体培养基，也称凝固培养基。琼脂是常用的凝固剂，加入 1.5%～2.0% 就可使培养基凝固。此外还有明胶、硅胶等凝固剂。将液体状态的培养基倒入试管或培养皿中，凝固制成斜面培养基或平板培养基，可用于菌种培养、活菌计数以及微生物分离、保藏及鉴定等工作。

另外，由天然固体营养物质直接配制成的培养基，称为天然固体培养基。例如用麸皮、米糠、豆饼、玉米粒、麦粒、马铃薯片、胡萝卜条、棉籽壳、木屑等原料经除杂、粉碎和蒸料等处理后获得的培养基均属天然固体培养基。该培养基常直接用于发酵生产，如在白酒生产和固体食醋生产中，选用玉米和高粱等固体天然原料配制成的固体培养基。

（3）半固体培养基 液体培养基中加入的凝固剂量比固体培养基的少，如琼脂含量为 0.3%～0.6%，或直接将营养物质配制成半流体状态的培养基为半固体培养基。该培养基营养基质静止时呈固态，剧烈振荡后呈流体态。半固体培养基常用于观察细菌运动性、保存菌种、分类鉴定菌种；以及对细菌的糖类发酵能力测定、噬菌体效价测定、厌氧菌的培养等中。在食品发酵生产中，常用水稀释固体基质获得半固体培养基，如酱油的高盐稀醪发酵等。

3. 根据培养基的用途分类

（1）基础培养基 含有一般微生物生长繁殖所需的基本营养物质的培养基，称为基础培养基。如培养细菌的牛肉膏蛋白胨培养基、培养放线菌的高氏一号培养基、培养真菌的马铃薯葡萄糖培养基等都是基础培养基。基础培养基可作为专用培养基的基础成分，再根据某种微生物的特殊营养要求，使用前通过添加某一具体微生物生长需要的少量特殊物质，即成为该种微生物的培养基。

（2）加富培养基　是依据微生物的生理特性在基础培养基中特别加入该微生物生长繁殖所需要的某特殊营养物质，使其快速生长的培养基，也称营养培养基或增殖培养基。加富培养基不利于其他微生物的生长繁殖，随着培养时间的延长，将使被分离微生物数量富集，逐步占据优势，从而达到与杂菌分离的目的。所以，常用于菌种筛选前的增殖、分离培养。加富培养基加入的特殊营养物质主要是一些特殊的碳源和氮源，如培养基中加入纤维素粉，有利于纤维素分解细菌的增殖与分离；用较浓的糖溶液有利于分离酵母菌；培养基中加入血液、动植物组织提取液、血清等可以培养营养要求比较苛刻的异养微生物等。

（3）选择培养基　在基础培养基中加入某种抑制杂菌生长的化学物质，以促进目标微生物生长而从混杂的微生物群体中分离出来的培养基，称为选择培养基。选择培养基是根据某一种类微生物对一些化学物质和一些物理因子的敏感性而设计的，这种化学物质没有营养，对培养微生物无害，有利于所选微生物的生长与增殖，抑制不需要的微生物生长。常用的选择培养基加入的化学物质多为染色剂、抗生素、脱氧胆酸钠等抑制剂。如在酒精发酵生产过程中，培养料中加入适量青霉素可以抑制细菌和放线菌生长，而对酵母菌无害。

（4）鉴别培养基　指在培养基中加入与某种微生物代谢产物产生明显特征性变化的物质，从而能用肉眼快速鉴别微生物的培养基。鉴别培养基主要用于分类鉴定以及分离筛选产生某种代谢产物的菌种（表4-5）。

表4-5　几种鉴别培养基

培养基名称	加入的化学物质	微生物代谢产物	培养基特征性变化	主要用途
明胶培养基	明胶	胞外蛋白酶	明胶液化	鉴别产蛋白酶菌株
淀粉培养基	可溶性淀粉	胞外淀粉酶	淀粉水解圈	鉴别产淀粉酶菌株
酪素培养基	酪素	胞外蛋白酶	蛋白水解圈	鉴别产蛋白酶菌株
糖发酵培养基	溴甲酚紫	乳酸、醋酸、丙酸等	由紫色变成黄色	鉴别肠道细菌
远藤培养基	碱性复红亚硫酸钠	酸、乙醛	带金属光泽深红色菌落	鉴别水中大肠菌群
伊红美蓝培养基	伊红、美蓝	酸	带金属光泽深紫色菌落	鉴别水中大肠菌群

（5）生产用培养基　在生产实践中经常用孢子培养基、种子培养基和发酵培养基。

①孢子培养基。孢子培养基是指供菌种繁殖孢子的固体培养基，该培养基能使菌体迅速生长，并能产生较多优质孢子，不易引起变异。孢子培养基要求营养不能太丰富，尤其是氮源，否则不易产生孢子；无机盐浓度要适当，否则影响孢子的颜色和数量；同时培养基的湿度和酸碱度等也会对孢子的产生有或多或少的影响。生产上常用的麸皮培养基、小米培养基、玉米碎屑培养基等都是孢子培养基。

②种子培养基。专门用于微生物孢子萌发、大量生长繁殖，产生足够菌体的培养基，称为种子培养基。种子培养基是为了获得数量充足和质量优良的健壮菌体，有营养成分丰富而完全、氮源和维生素偏高、易被利用等特点。种子培养基一般要求培养基中有丰富的天然的有机氮源，因为有些氨基酸能刺激孢子萌发。种子培养基如果是固体培养基，则要求基质疏松易于换气和散热。如酱油生产中用麸皮、豆粕、水等配制的种子培养基。

③发酵培养基。专门用于微生物积累大量代谢产物的培养基，称为发酵培养基。发酵培养基不是微生物最适生长培养基，它适于菌种生长、繁殖和合成产物之用，是为了使微生物迅速地、最大限度地产生代谢产物。发酵培养基营养成分总量较高、碳源比例较大，还有产物所需的特定元素、前体物质、促进剂和抑制剂等。在发酵生产中，发酵培养基必须适合于发酵性能控制和微生物发酵条件控制。

培养基是微生物菌体生长繁殖、发酵生产和微生物学科学研究的重要物质基础。在实际的应用中，要根据不同类型培养基的特点，灵活掌握，具体应用。

三、培养基的制备方法

选择适当的培养基是完成培养基配制的前期准备工作，培养基配制过程要遵循选用和设计培养基的原则和方法，尽管不同微生物的生长要求和培养基种类不尽相同，但在实际制备过程中，除少数几种特殊培养基外，一般培养基配制过程大致相同。

1. 配制前的准备

（1）查阅相关资料，核对设计选择的培养基种类、配方是否适合 从微生物的营养要求、培养目的和生产工艺考虑，按照微生物的营养生理特点和培养基的特点，遵循培养基的配制原则，查阅资料，研究、设计和选择适宜的培养基在微生物学的研究和生产中十分重要。例如，设计选择培养基应考虑是培养自养型微生物还是异养型微生物；考虑是否培养有特殊生理特性的微生物；设计选择培养基时，还应考虑培养微生物的目的是什么，如所配制的培养基是液体还是固体，是用于试验还是用于发酵生产等。

（2）检查检验所需原料、药品和设备、装置是否符合要求 培养基配制前，应按国家有关文件要求，检查、检验原料及药品是否符合国家标准及实验生产要求。检查所需设备和装置，安装是否科学规范、易操作，是否符合培养基的配制操作工艺要求等。

2. 配制方法的选择

实验室用培养基配制方法主要包括营养物质的溶解方法、pH 的调节方法和灭菌方法等。生产用培养基配制通常采用天然原料配制培养基，配制方法就是原料的预处理方法，包括原料除杂、原料粉碎方法和热处理、pH 的调节和其他营养素的添加方法等。

3. 配制操作

不同目的、不同种类的培养基，其配制程序不尽相同。配制操作必须严格按操作规范进行，尽可能消除人为因素对培养基配制过程的影响，提高培养基质量。实验室常用培养基的一般制作程序为：选择原料、称取原料、溶解原料（天然原料应煮沸一定时间，用其滤液）、加药品、熔化琼脂、调酸碱度、分装、灭菌、趁热制斜面或平板等，最后进行配制结果的验证。

4. 配制结果的验证

培养基配制后，需要对培养基进行无菌培养、理化检验和感官检验等操作，以验证是否被杂菌污染或培养基组分是否适合配制目的，进而了解实际配制结果的可用性。如制作的培养基经无菌培养出现菌落或培养基变混浊，说明培养基已被杂菌污染，此培养基不能用于微生物培养。微生物发酵生产实践中，如酒精原料蒸煮后，要进行蒸煮醪的糊化率检验；啤酒麦汁制备完毕后进行的麦汁组成检验都是对培养基配制结果的验证操作。

5. 注意事项

① 建立完善的配制记录。制备培养基时，将培养基制备日期、种类、名称、配方、原料、灭菌的压力和时间、最终 pH 和制备者等进行详细记录，以防发生混乱。

② 合理存放培养基。培养基最好现用现配，制作好的培养基若当时不用，应存放于冷暗处，最好放于普通冰箱内。放置时间不应超过 1 周，以免降低其营养价值或发生化学变化。

③ 培养基分装时必须严格无菌操作。灭好菌备用的培养基在分装以及制平板、斜面等时，必须严格无菌操作。

④ 高压灭菌时，灭菌锅升压前必须排尽锅内冷空气，才能达到最终灭菌效果。灭菌完成后不宜一次将气排除，应缓慢多次放气或自然冷却降温后再打开灭菌锅。

⑤ 生产用培养基需要考虑所用原料的经济性、操作的简便性以及产品的安全性等因素。

四、微生物的营养需求与生产原料的处理

利用微生物生产食品的过程就是通过许多具体的方法有效解决发挥微生物菌种作用和提高食品质量等问题的具体操作。食品微生物生产原料的处理是将微生物不能直接利用的原料经过恰当的加工处理过程，变成能够被微生物菌种直接利用的培养基的过程。自然界中，微生物所需的营养物质以多种形式存在（表 4-6）。

表 4-6 微生物的营养物质与实际生产中营养物质的存在形式

项目名称	微生物的营养物质	实际生产中营养物质的存在形式	备 注
水	游离状态纯水	非纯水，井水或自来水，其中含一定量的无机盐等	微生物所需的营养物质大多是多种化学物质以复杂状态共存的天然植物性原料
碳源	单糖、双糖、多糖	谷物原料、薯类原料、农副产品原料等，其主要成分是粗蛋白、粗淀粉、粗脂肪、无机盐等；水果类，主要成分是糖、水、无机盐、果酸等	
氮源	无机氮、有机氮	豆类原料、农副产品等，其主要成分是粗蛋白、粗脂肪、粗淀粉、无机盐等	
无机盐及生长因子	无机盐及生长因子	无机盐及生长因子的工业产品及上述原料中均含有	

1. 微生物营养需求与食品生产原料的选择

微生物食品生产过程中，生产原料的选择很大程度上取决于生产用微生物菌种对营养的需求。微生物生长繁殖需要大量水、碳源、氮源、适当的无机盐和生长因子。食品生产原料多采用天然植物性原料，其中大都含有微生物所需的营养物质。

（1）水 不同的微生物对水的需求不同，同种微生物不同的发育时期对水的需求也不同。在利用微生物生产食品实际中，不同的生产阶段微生物培养基含水量也会不同。如酱油生产制曲过程，前期培养阶段曲料水分含量要求较高，比例应大于45%，空气通风也要求相对湿度大于95%，而培养后期孢子着生阶段水分比例在10%左右，并通入干燥的循环风。生产实际中应当控制液体培养基营养物质浓度小于12%，水占88%左右；控制固体培养基水分大于45%。

（2）碳源和氮源 不同种类微生物利用碳源和氮源的种类和能力不同，这是食品生产原料选择的重要依据。由于酵母菌不能向细胞外分泌淀粉酶和蛋白酶，生产中酵母菌不能直接接入以淀粉和蛋白质为唯一碳源和氮源的培养基中，例如在啤酒生产和酒精生产中，酵母菌必须直接接入经糖化处理（淀粉水解和蛋白质水解）的培养基（麦汁或糖化醪）中。又如酱油生产用霉菌就可直接接入以淀粉为碳源和以蛋白质为氮源的基质中，生产原料主要包括豆粕和麸皮、饴糖、水等，麸皮可提供碳源、适量的粗蛋白、微量元素和维生素等营养物质，豆粕提供大量的有机氮源等。再如大型真菌（食用菌）菌种经驯化后则完全可利用农副产品下脚料粗放栽培。

微生物对可利用碳源和氮源具有选择性，因此对处于生长初期的微生物，应适当选择适量的速效碳源或氮源，如食用菌的母种培养基和原种培养基。当微生物快速生长繁殖后，产生了相应的酶系，则可选择适当的迟效碳源或氮源进行培养，如食用菌的栽培种和生产用培

养料。

(3) 无机盐和生长因子 实际发酵生产中，为使菌种顺利生长通常需要个别添加无机盐和生长因子，例如在酱油生产过程中，向孢子培养基加入一定量的硫酸镁；谷氨酸发酵中添加生物素；食用菌菌种制备和栽培过程中加入石膏、碳酸钙等。

微生物食品生产原料的选择除必须考虑微生物的营养要求外，还应当考虑发酵食品的质量要求、风格要求、生产技术要求、经济性要求等因素。

2. 生产用培养基的配制与食品原料处理

微生物生产用培养基的配制过程与实验室用培养基的配制过程有很大的不同。在生产实践中通常采用天然原料配制培养基，其配制过程就是生产原料的处理操作过程。

(1) 原料除杂 大规模的食品生产所需原料通常含有许多杂质，如尘土、砂石、稻草及铁屑等，它们是有害微生物和发酵抑制剂的载体。因此原料投入生产前必须去除原料带来的杂质。一般用人工挑选、过筛、漂洗、磁力除铁等方法除去原料中的各种杂质。

(2) 原料粉碎 食品生产中很多原料需要粉碎，通过粉碎破坏原料组织结构、增加原料表面积、提高原料利用率等。如植物性原料的营养物质通常受细胞壁和植物组织的保护，只有经过粉碎游离于细胞外才有利于酶的水解或微生物的利用。原料粉碎包括组织破碎和细胞破碎。生产实践中，组织破碎通常采用粉碎机和均质机等完成，细胞破碎通常采用膨化、超声波或溶菌酶等来完成。

(3) 营养物质浓度及配比 食品生产过程中，微生物所需的生产培养基营养物质浓度及配比适宜时，微生物才能良好生长，主要是通过热处理、酸水解、酶水解、微生物发酵等方法使大分子营养物质转变为小分子营养物质，并且有效控制碳氮比。

(4) pH 调节与无机盐和生长因子 食品生产用培养基的 pH 调节是在整个生产过程中进行的，通常采用 H_2SO_4、Na_2CO_3、$CaCO_3$、尿素或氨水等进行调节，并且往往与添加无机盐或补加氮源等操作同时进行。无机盐的添加还可直接进行，维生素类生长因子的添加应选择在较低温度条件下进行。

(5) 灭菌 灭菌的过程即生产原料热处理的过程，与实验室内进行培养基的灭菌一样，食品生产中通常也采用湿热灭菌的方法，区别是灭菌容器由原来的灭菌锅发展到大型的蒸料锅，或采用直接或间接在发酵罐中通入饱和蒸汽的方法进行。发酵生产中常采用连续灭菌法灭菌，见图 4-2。有些特殊的液体培养基若含有热不稳定因素，则采用超滤灭菌等方法。在此过程中还可以同时进行 pH 调节及无机盐和其他营养素的添加。

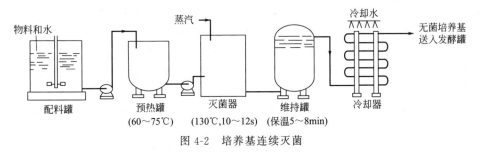

图 4-2 培养基连续灭菌

第三节 微生物的代谢

微生物细胞内进行的化学反应统称为代谢。微生物代谢是微生物最基本的特征之一。微生物的代谢作用包括合成代谢和分解代谢，合成代谢又称同化作用，是指生物体从体内或体外环境中取得原料，合成生物体细胞的结构成分的过程，此过程需要提供能量；分解代谢又称异化作用，是指生物体内所有的分解作用，包括各种营养物质或细胞结构物质降解成简单分子，并将自身不需要的代谢产物排出体外，此过程往往伴随能量的释放（图4-3）。

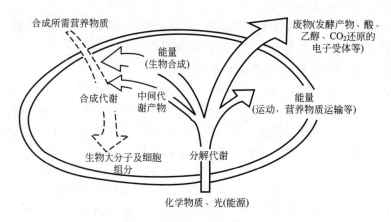

图 4-3   微生物新陈代谢

　　无论是合成代谢还是分解代谢，代谢途径都是由一系列连续的酶促反应构成的，前一步反应的产物是后续反应的底物。而且，合成代谢与分解代谢在生物体中偶联进行，分解代谢为合成代谢提供所需要的能量、中间产物和还原力，而合成代谢则是分解代谢的基础。微生物可通过氧化还原反应或光合作用产生能量，同时又通过生物合成作用利用这些能量来制造生物体的必需物质，在代谢活动中存在着明显的多样性。微生物细胞通过各种方式有效地调节相关的酶促反应，来保证整个代谢途径的协调性与完整性，从而使微生物细胞的生命活动得以正常进行。

一、微生物的能量代谢

1. 异养微生物的生物氧化

　　生物氧化是发生在活细胞内的一系列产能性氧化反应的总称。生物氧化的形式包括某物质与氧结合、脱氢或失去电子；生物氧化的过程可分为脱氢（或电子）、递氢（或电子）和受氢（或电子）三个阶段；生物氧化的功能则有产能、产还原力和产小分子中间代谢物三种。异养微生物氧化有机物的方式，根据氧化还原反应中电子受体的不同可分成发酵和呼吸两种类型，而呼吸可以分为有氧呼吸和无氧呼吸两种方式。

　　(1) 发酵　　发酵是指微生物细胞将有机物氧化释放的电子直接交给底物本身未完成氧化的某种中间产物，同时释放能量并产生各种不同的代谢产物的过程。在发酵条件下有机化合物只是部分地被氧化，因此只释放出一小部分的能量。发酵过程的氧化是与有机物的还原偶联在一起的。被还原的有机物来自于初始发酵的分解代谢，即不需要外界提供电子受体。

　　发酵的种类有很多，可发酵的底物有糖类、有机酸、氨基酸等，其中以微生物发酵葡萄糖最为重要。生物体内葡萄糖被降解成丙酮酸的过程称为糖酵解，主要分为四种途径：EMP、HMP、ED、磷酸解酮酶途径。EMP途径是连接其他几个代谢途径的桥梁，同时也为生物合成提供多种中间代谢物。下面以EMP途径（又称糖酵解途径）为例说明微生物发酵葡萄糖的作用。

　　以葡萄糖为起始底物、丙酮酸为终产物，整个EMP途径大致可分为两个阶段。第一阶段可认为是不涉及氧化还原反应及能量释放的准备阶段，只是生成 2 分子的主要中间代谢产物：3-磷酸甘油醛。第二个阶段发生氧化还原反应，合成 ATP 并形成 2 分子的丙酮酸。在糖酵解过程中，有 2 分子 ATP 用于糖的磷酸化，但合成出 4 分子的 ATP，因此每氧化 1 分子的葡萄糖净得 2 分子 ATP。

在两分子的 1,3-二磷酸甘油酸的合成过程中，两分子 NAD⁺ 被还原成为 NADH。然而，细胞中的 NAD⁺ 供应是有限的，假如所有的 NAD⁺ 都转化为 NADH，葡萄糖的氧化就得停止。因为 3-磷酸甘油醛的氧化反应只有在 NAD⁺ 存在时才能进行。这一路径可以通过将丙酮酸还原，使 NADH 氧化重新成为 NAD⁺ 而得以克服。例如在酵母细胞中丙酮酸被还原成为乙醇，并伴有 CO_2 的释放；而在乳酸菌细胞中，丙酮酸被还原成乳酸。对于原核生物细胞，丙酮酸的还原途径是多样的，但有一点是一致的：NADH 必须重新被还原成 NAD⁺，使得酵解过程中的产能反应得以进行。

EMP 途径可为微生物的生理活动提供 ATP 和 NADH，其中间产物又可为微生物的合成代谢提供碳骨架，并在一定的条件下可逆转合成多糖，见图 4-4。其反应式为：

$$C_6H_{12}O_6 + 2NAD^+ + 2ADP + 2Pi \longrightarrow 2CH_3COCOOH + 2NADH + 2H^+ + 2ATP$$

葡萄糖发酵为乙醇的第三阶段是丙酮酸再由脱羧酶催化形成乙醛和二氧化碳，乙醛在乙醇脱氢酶的作用下，被 NADH 还原为乙醇。这种氧化作用不彻底，只释放出部分能量，而大部分能量还储存在乙醇中。发酵作用总的反应式如下：

$$C_6H_{12}O_6 + 2ADP + 2Pi \longrightarrow 2CH_3CH_2OH + 2CO_2 + 2ATP$$

各种微生物都能进行发酵作用。好氧微生物在进行有氧呼吸过程中，也要先经过糖酵解阶段产生丙酮酸，然后进入三羧酸循环，将底物彻底氧化成二氧化碳和水。许多厌氧菌主要靠发酵作用取得能量。

(2) 呼吸作用 微生物在降解底物的过程中，将释放出的电子交给 NAD(P)、FAD 或 FMN 等电子载体，再经电子传递系统传给外源电子受体，从而生成水或其他还原型产物并释放出能量的过程，称为呼吸作用。其中以分子氧作为最终电子受体的称为有氧呼吸，以氧化型化合物作为最终电子受体的称为无氧呼吸。呼吸作用与发酵作用的根本区别在于：电子载体不是将电子直接传递给底物降解的中间产物，而是交给电子传递系统，逐步释放出能量后再交给最终电子受体。

① 有氧呼吸。在发酵过程中，葡萄糖经过糖酵解作用形成的丙酮酸在无氧条件下转变成不同的发酵产物，而在有氧呼吸过程中，丙酮酸进入三羧酸循环（TCA）被彻底氧化成 H_2O 和 CO_2，同时释放出大量能量。

TCA 循环是所有生物体获得能量的有效途径。TCA 循环的起始物为乙酰辅酶 A，乙酰辅酶 A 不仅是糖代谢的中间产物，也是脂肪酸和某些氨基酸的代谢产物。因此，TCA 循环是糖、脂肪、蛋白质三大类物质彻底氧化分解的共同氧化途径，又可通过代谢中间产物与其他代谢途径发生联系和相互转变。所以 TCA 循环在微生物代谢中占有重要的地位（图 4-5 和图 4-6）。

在 TCA 循环过程中，丙酮酸完全氧化为 3 分子的 CO_2，同时生成 4 分子的 NADH 和 1 分子的 $FADH_2$。NADH 和 $FADH_2$ 可以电子传递系统重新被氧化，由此每氧化 1 分子 NADH 可生成 3 分子 ATP，每氧化 1 分子 $FADH_2$ 可生成 2 分子 ATP。另外，琥珀酰辅酶 A 在氧化成延胡索酸时，包含着底物水平磷酸化作用，由此产生 1 分子 GTP，随后 GTP 转化为 ATP。因此每一次 TCA 循环可生成 15 分子 ATP。此外在糖酵解过程中产生的 2 分子 NADH 可经电子传递链系统重新被氧化，产生 6 分子 ATP。在葡萄糖转变为 2 分子丙酮酸时还可借底物水平磷酸化生成 2 分子 ATP。因此需氧微生物在完全氧化葡萄糖的过程中总共可得到 38 分子的 ATP。总反应式如下：

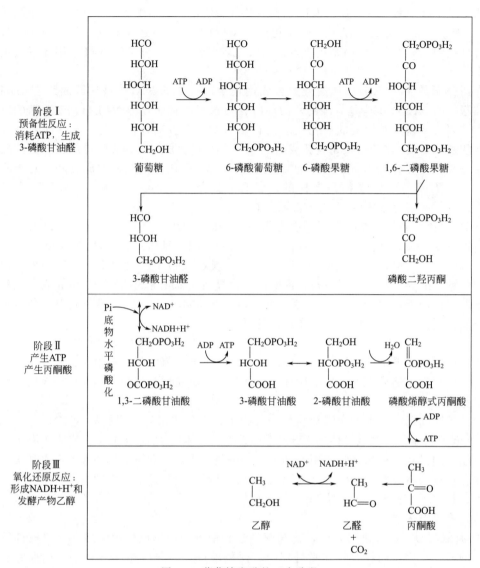

图 4-4　葡萄糖发酵的三个阶段

$$C_6H_{12}O_6 + 6O_2 + 38ADP + 38Pi \longrightarrow 6CO_2 + 6H_2O + 38ATP$$

在糖酵解和三羧酸循环过程中形成的 NADH 和 FADH$_2$ 通过电子传递系统被氧化，最终形成 ATP 为微生物的生命活动提供能量。电子传递系统是由一系列氢和电子传递体组成的多酶氧化还原体系。NADH、FADH$_2$ 以及其他还原型载体上的氢原子以质子和电子的形式在其上进行定向传递；其组成酶系是定向有序的，又是不对称地排列在原核微生物的细胞质膜上或是在真核微生物的线粒体内膜上。这些系统具有两种功能：一是从电子供体接受电子并将电子传递给电子受体；二是通过合成 ATP 把在电子传递过程中释放的一部分能量保存起来。

② 无氧呼吸。某些厌氧和兼性厌氧微生物在无氧条件下进行无氧呼吸。无氧呼吸的最终电子受体不是氧，而是像 NO_3^-、NO_2^-、SO_4^{2-}、$S_2O_3^{2-}$、CO_2 等这类外源受体。无氧呼吸也需要细胞色素等电子传递体，并在能量分级释放过程中伴随有磷酸化作用，也能产生较多的能量用于生命活动。但由于部分能量随电子转移给最终电子受体，所以生成的能量不如有氧呼吸产生的多。在无氧条件下，某些微生物在没有氧、氮或硫作为呼吸作用的最终电子

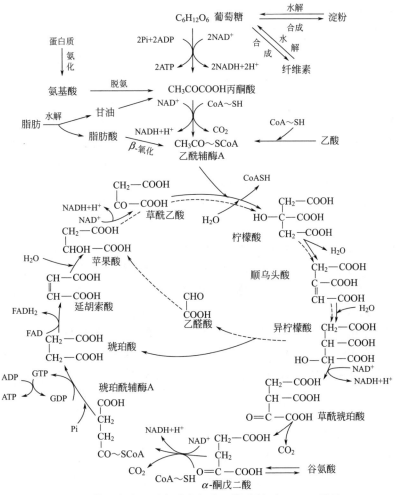

图 4-5 糖、脂肪、蛋白质水解及三羧酸循环（TCA 循环）

图中虚线所指是乙醛酸循环

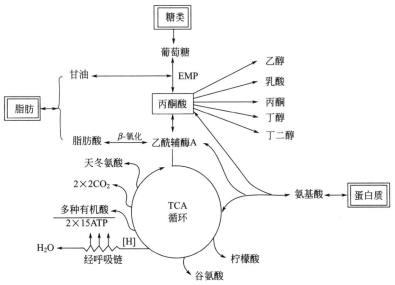

图 4-6 TCA 循环在微生物代谢中的枢纽地位

受体时，可以磷酸盐代替，其结果生成磷化氢（一种易燃气体）。

2. ATP 产生——磷酸化作用

在产能代谢过程中，微生物通过底物水平磷酸化和氧化磷酸化将某种物质氧化而释放的能量储存于 ATP 等高能分子中，对光合微生物而言，则可通过光合磷酸化将光能转变为化学能储存于 ATP 中。

(1) 底物水平磷酸化　物质在生物氧化过程中，常生成一些含有高能键的化合物，而这些化合物可直接偶联 ATP 或 GTP 的合成，这种产生 ATP 等高能分子的方式称为底物水平磷酸化。底物水平磷酸化既存在于发酵过程，也存在于呼吸作用过程中。例如，在 EMP 途径中，1,3-二磷酸甘油酸转变为 3-磷酸甘油酸以及磷酸烯醇式丙酮酸转变为丙酮酸的过程中都分别偶联着 1 分子 ATP 的形成；在三羧酸循环过程中，琥珀酰辅酶 A 转变为琥珀酸时偶联着 1 分子 GTP 的形成。

(2) 氧化磷酸化　物质在生物氧化过程中形成的 NADH 和 $FADH_2$ 可通过位于线粒体内膜和细菌质膜上的电子传递系统将电子传递给氧或其他氧化型物质，在这个过程中偶联着 ATP 的合成，这种产生 ATP 的方式称为氧化磷酸化。1 分子 NADH 和 $FADH_2$ 可分别产生 3 分子和 2 分子 ATP。

(3) 光合磷酸化　光合作用是自然界一个极其重要的生物学过程，其实质是通过光合磷酸化将光能转变成化学能，以用于从 CO_2 合成细胞物质。进行光合作用的生物体除了绿色植物外，还包括光合微生物，如显微藻类、蓝细菌和光合细菌。它们利用光能维持生命活动，同时也为其他生物（动物和异养微生物）提供了赖以生存的有机物。

光合细菌主要通过环式光合磷酸化作用产生 ATP，这类细菌主要包括紫色硫细菌、绿色硫细菌、紫色非硫细菌和绿色非硫细菌。在光合细菌中，吸收光量子而被激活的细菌叶绿素释放出高能电子，于是这个细菌叶绿素分子即带有正电荷。所释放出来的高能电子顺序通过铁氧还蛋白、辅酶 Q、细胞色素 b 和细胞色素 c，再返回到带正电荷的细菌叶绿素分子。在辅酶 Q 将电子传递给细胞色素 c 的过程中，造成了质子的跨膜移动，为 ATP 的合成提供了能量。在这个电子循环传递过程中，光能转变为化学能，故称环式光合磷酸化。环式光合磷酸化可在厌氧条件下进行，产物只有 ATP，无 NADPH，也不产生分子氧。

有的光合细菌虽然只有一个光合系统，但也以非环式光合磷酸化的方式合成 ATP，如绿色硫细菌。光反应中心释放出的高能电子经铁硫蛋白、黄素蛋白，最后用于还原 NAD^+ 生成 NADH。反应中心的还原依靠外源电子供体，如 S^{2-}、$S_2O_3^{2-}$ 等。外源电子供体在氧化过程中放出电子，经电子传递系统传给失去了电子的光合色素，使其还原，同时偶联 ATP 的生成。由于这个电子传递途径也没有形成环式回路，故也称为非环式光合磷酸化。

能量代谢的中心任务，是生物体如何把外界环境中多种形式的最初能源转换成对一切生命活动都能使用的通用能源——ATP。对微生物来说，它们可利用的最初能源是有机物、日光和还原态无机物三大类，因此，研究其能量代谢的机制实质上就是追踪这三类最初能源如何一步步地转化并释放出 ATP 的过程，即：

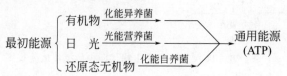

二、微生物的物质代谢

1. 微生物的分解代谢

自然界中维持微生物生命活动的有机物是纤维素、半纤维素、淀粉等糖类物质，它们也是地球上最丰富的有机物之一，人们培养微生物，进行食品加工和工业发酵等也是以糖类物质为主要的碳源和能源物质。因此，微生物的糖代谢是微生物代谢的一个重要方面。以下介绍微生物对碳水化合物、蛋白质和脂肪的分解代谢。

(1) 碳水化合物的分解　碳水化合物的种类很多，大分子的碳水化合物（又称多糖）的分解是由微生物分泌的酶类催化进行的，如淀粉、纤维素、果胶的分解。

① 淀粉的分解。淀粉是多种微生物用作碳源的原料。它是葡萄糖的多聚物，有直链淀粉和支链淀粉之分。微生物对淀粉的分解是由微生物分泌的淀粉酶催化进行的。淀粉酶是水解淀粉糖苷键一类酶的总称，可分为以下几种。

a. 液化型淀粉酶。又称 α-淀粉酶。这种酶可以任意分解淀粉的 α-1,4-糖苷键，而不能分解 α-1,6-糖苷键。淀粉经该酶作用以后，黏度很快下降，液化后变为糊精，最终产物为糊精、麦芽糖和少量葡萄糖。产生 α-淀粉酶的微生物很多，细菌、霉菌、放线菌中的许多种类都能产生。

b. 糖化型淀粉酶。又可细分为几种，这类酶将淀粉水解为麦芽糖或葡萄糖，故称为糖化型淀粉酶。

微生物产生的淀粉酶广泛用于粮食加工、食品工业、发酵、纺织、医药、轻工、化工等行业。

② 纤维素的分解。纤维素是葡萄糖由 β-1,4-糖苷键组成的大分子化合物。它广泛存在于自然界，是植物细胞壁的主要组成成分。很多微生物，例如木霉、青霉、某些放线菌和细菌均能分解利用纤维素，原因是它们能产生纤维素酶。

纤维素酶是一类纤维素水解酶的总称。它包括 C_1 酶、C_x 酶和纤维二糖酶。纤维素经这些酶作用后，再经过 β-葡萄糖苷酶作用，最终变为葡萄糖，其水解过程如下：

$$天然纤维素 \xrightarrow{C_1酶} 水合纤维素分子 \xrightarrow{C_{x1}酶、C_{x2}酶} 纤维二糖 \xrightarrow{纤维二糖酶} 葡萄糖$$

生产纤维素酶的菌种常有绿色木霉、某些放线菌和细菌。纤维素酶在开辟食品及发酵工业原料新来源、提高饲料的营养价值、综合利用农村的农副产品等方面将会起着积极的作用。

③ 果胶的分解。果胶在浆果中含量丰富，它是植物细胞的间隙物质，可使邻近的细胞壁相连，它是半乳糖醛酸以 α-1,4-糖苷键结合成的直链状分子化合物。其羧基大部分形成甲基酯，不含甲基酯的称为果胶酸。

果胶酶含有不同的酶系，在果胶分解中起着不同的作用，主要有果胶酯酶和半乳糖醛酸酶两种。果胶酶广泛存在于植物、霉菌、细菌和酵母中。其中以霉菌产的果胶酶产量较高，澄清果汁能力强，因此工业上常用的菌种几乎都是霉菌，例如文氏曲霉、黑曲霉等。

(2) 蛋白质和氨基酸的分解

① 蛋白质的分解。蛋白质是由氨基酸组成的结构复杂的化合物。它们不能直接进入细胞。微生物利用蛋白质，首先是分泌蛋白酶至体外，将其分解为大小不等的多肽或氨基酸等小分子化合物后再进入细胞。

产生蛋白酶的菌种很多，不同的菌种可以产生不同的蛋白酶，例如黑曲霉主要产生酸性蛋白酶、短小芽孢杆菌用于生产碱性蛋白酶。不同的菌种也可生产功能相同的蛋白酶，同一个菌种也可产生多种性质不同的蛋白酶。

② 氨基酸的分解。蛋白质被分解成氨基酸并被微生物吸收后，可直接作为蛋白质合成的原料；也可被微生物进一步分解后，通过各种代谢途径加以利用。微生物对氨基酸的分解，主要是在氨基酸氧化酶、氨基酸脱氢酶或水解酶等酶的催化下进行脱氨作用；在氨基酸脱羧酶的催化下进行脱羧基作用。

（3）脂肪和脂肪酸的分解

① 脂肪的分解。脂肪在脂肪酶的作用下，可水解生成甘油和脂肪酸。

脂肪酶成分较为复杂，作用对象也不完全一样。不同的微生物产生的脂肪酶作用也不一样。能产生脂肪酶的微生物很多，有根霉、圆柱形假丝酵母、白地霉等。

脂肪酶目前主要用于油脂工业、食品工业和纺织工业，常用作消化剂、制造脂肪酸等。

② 脂肪酸的分解。微生物分解脂肪酸主要是通过 β-氧化途径。β-氧化是由于脂肪酸氧化断裂发生在 β-碳原子上而得名。在 β-氧化过程中，能产生大量的能量，最终产物是乙酰辅酶 A。而乙酰辅酶 A 可进入三羧酸循环，进行彻底氧化分解。

2. 微生物的合成代谢

（1）合成代谢的特点　合成代谢是指微生物利用能量将简单的无机或有机的小分子前体物质同化成高分子或细胞结构物质。微生物进行合成代谢，必须具备三个条件，那就是代谢能量、小分子前体物质和还原基。只有具备了这三个基本条件，合成代谢才能进行。自养型微生物的合成代谢能力很强，它们利用无机物能够合成完全的自身物质。在食品工业，涉及最多的是化能异养型微生物，这些微生物所需要的代谢能量、小分子前体物质和还原基都是从复杂的有机物中获得，获得代谢能量、小分子前体物质和还原基的过程是微生物对吸收的营养物质的降解过程，所以，分解代谢和合成代谢是不能分开的，两者在生物体内是有条不紊的平衡过程。

（2）分解代谢与合成代谢的关系　分解代谢与合成代谢既有明显的差别，又紧密相关。分解代谢为合成代谢提供能量及原料，合成代谢又是分解代谢的基础，它们在生物体内是相互对立而又统一的，同时决定着生命的存在与发展，见图 4-7。

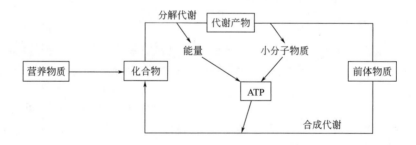

图 4-7　分解代谢与合成代谢的关系

3. 微生物的初级代谢和次级代谢

（1）微生物初级代谢　初级代谢是指微生物从外界吸收各种营养物质，通过分解代谢和合成代谢生成维持生命活动所需的物质和能量的过程。这一过程的产物，如糖、氨基酸、脂肪酸、核苷酸以及由这些化合物聚合而成的高分子化合物（多糖、蛋白质、脂肪和核酸等），即为初级代谢产物。

由于初级代谢产物都是微生物营养性生长所必需的，因此，除了遗传上有缺陷的菌株外，活细胞中初级代谢途径是普遍存在的，也就是说它们的合成代谢流普遍存在。初级代谢的酶的特异性比次级代谢的酶要高。因为初级代谢产物合成的差错会导致细胞死亡。微生物细胞的代谢调节方式很多，例如通过酶的定位以限制它与相应底物的接近，以及调节代谢流等可调节营养物透过细胞膜而进入细胞的能力。其中调节代谢流的方式最为重要，它包括两个方面：一是调节酶的活性，调节的是已有酶分子的活性，是在酶化学水平上发生的；二是调节酶的合成，调节的是酶分子的合成量，这是在遗传学水平上发生的。在细胞内这两者往往密切配合、协调进行，以达到最佳调节效果。

（2）微生物次级代谢产物的种类　次级代谢是指微生物在一定的生长时期，以初级代谢产物为前体物质，合成一些对微生物的生命活动无明确功能的物质的过程，这一过程的产物即为次级代谢产物。也有人把超出生理需求的过量初级代谢产物看做是次级代谢产物。次级代谢产物大多是一类分子结构比较复杂的化合物，大多数分子中都含有苯环。

许多次级代谢产物具有重要的生物学效应，因此，次级代谢产物的生成和应用也日益受到重视，其中重要的次级代谢产物包括抗生素、毒素、激素、色素等。

① 抗生素。抗生素是由某些微生物合成或半合成的一类次级代谢产物或其衍生物，是能抑制其他微生物生长或杀死它们的化合物。抗生素主要是通过抑制细菌细胞壁合成、破坏细胞质膜、作用于呼吸链以干扰氧化磷酸化、抑制蛋白质和核酸合成等方式来抑制微生物的生长或杀死它们。因此，抗生素是临床上广泛使用的化学治疗剂。

② 毒素。有些微生物在代谢过程中，能产生某些对人或动物有毒害的物质，称为毒素。微生物产生的毒素有细菌毒素和真菌毒素。

细菌毒素主要分外毒素和内毒素两大类。外毒素是细菌在生长过程中不断分泌到菌体外的毒性蛋白质，主要由革兰阳性菌产生，其毒力较强，如破伤风痉挛毒素、白喉毒素等。大多数外毒素均不耐热，加热至 70℃ 毒力即被破坏。内毒素是革兰阴性菌的外壁物质，主要成分是脂多糖（LPS），因在活细菌中不分泌到体外，仅在细菌自溶或人工裂解后才释放，其毒力较外毒素弱，如沙门菌属、大肠杆菌属某些种所产生的内毒素。大多数内毒素较耐热，许多内毒素加热至 80～100℃ 1h 才能被破坏。

真菌毒素是指存在于粮食、食品或饲料中由真菌产生的能引起人或动物病理变化或生理变态的代谢产物。目前已知的真菌毒素有数百种，有 14 种能致癌，其中的 2 种是剧毒致癌剂，它们是由部分黄曲霉菌产生的黄曲霉毒素 B_2 和由某些镰孢霉产生的单端孢霉烯族毒素 T_2。

③ 激素。某些微生物能产生刺激动物生长或性器官发育的物质，称其为激素。目前已发现微生物能产生 15 种激素，如细胞分裂素、生长素等。

④ 色素。许多微生物在生长过程中能合成不同颜色的色素。有的在细胞内，有的则分泌到细胞外。色素是微生物分类的一个依据。微生物所产生的色素，根据它们的性状区分为水溶性色素和脂溶性色素两种。水溶性色素，如绿脓菌色素、蓝乳菌色素、荧光菌的荧光色素等。脂溶性色素，如八叠球菌属的黄色素、灵杆菌的红色素等。有的色素可用于食品，如红曲霉属的红曲色素。

三、食品工业中微生物的发酵作用

微生物种类繁多，不同的微生物对不同物质进行发酵时可以得到不同的产物；不同的微生物对同一种物质进行发酵，或同一种微生物在不同的条件下进行发酵都可得到不同的产物，这些都取决于微生物本身的代谢特点和发酵条件。现将食品工业中常见的微生物及其发酵途径介绍如下。

1. 细菌的醋酸发酵

参与醋酸发酵的微生物主要是细菌，统称为醋酸细菌。它们中既有好氧性的醋酸细菌，例如纹膜醋酸杆菌、氧化醋酸杆菌、巴氏醋酸杆菌等；也有厌氧性的醋酸细菌，例如热醋酸梭菌等。

好氧性的醋酸细菌进行的是好氧性的醋酸发酵，在有氧条件下，能将乙醇直接氧化为乙酸（醋酸），此为醋酸细菌的好氧性呼吸，其氧化过程是一个脱氢加水的过程，脱下的氢最后经呼吸链和氧结合形成水，并放出能量。

厌氧性的醋酸细菌进行的是厌氧性的醋酸发酵，其中热醋酸梭菌能通过 EMP 途径发酵葡萄糖，产生醋酸。

好氧性的醋酸发酵是制醋工业的基础。制醋原料或酒精接种醋酸菌后，即可发酵生成醋酸发酵液供食用，醋酸发酵液还可以经提纯制成重要的化工原料——冰醋酸。厌氧性的醋酸发酵是我国用于酿造糖醋的主要途径。

2. 曲霉的柠檬酸发酵

关于柠檬酸发酵途径曾有多种论点，但目前大多数学者认为柠檬酸并非单纯由 TCA 循环所积累，而是由葡萄糖经 EMP 途径形成丙酮酸，再由 2 分子丙酮酸之间发生羧基转移，形成草酰乙酸和乙酰辅酶 A，草酰乙酸和乙酰辅酶 A 再缩合成柠檬酸，其反应途径如下。

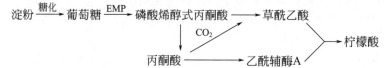

能够累积柠檬酸的霉菌以曲霉属、青霉属为主，其中以黑曲霉、米曲霉、灰绿青霉等产酸量最高。

柠檬酸发酵广泛用于制造柠檬酸盐、香精、饮料、糖果等，在食品工业中起重要的作用。

3. 酵母菌的酒精发酵

酒精发酵是酿酒工业的基础，它与酿造白酒、果酒、啤酒以及酒精的生产等有密切关系。进行酒精发酵的微生物主要是酵母菌，如啤酒酵母等，此外还有少数细菌如发酵单胞菌、嗜糖假单胞菌等也能进行酒精发酵。

酵母菌在无氧条件下，将葡萄糖经 EMP 途径分解为 2 分子丙酮酸，然后在酒精发酵的关键酶——丙酮酸脱羧酶的作用下脱羧生成乙醛和 CO_2，最后乙醛被还原为乙醇。

酒精发酵是酵母菌正常的发酵形式，又称第一型发酵，如果改变正常的发酵条件，可使酵母进行第二型和第三型发酵而产生甘油。第二型发酵是在有亚硫酸氢钠存在的情况下发生的。亚硫酸氢钠和乙醛发生加成作用，生成难溶的结晶状亚硫酸氢钠加成物——磺化羟乙醛。并且，由于乙醛和亚硫酸氢钠发生了加成作用，致使乙醛不能作为受氢体，而迫使磷酸二羟丙酮代替乙醛作为受氢体生成 α-磷酸甘油。α-磷酸甘油在 α-磷酸甘油磷酸酯酶催化下被水解而生成甘油。第三型发酵是在碱性条件下进行的，碱性条件可促使乙醛不能作为正常的受氢体，而是 2 分子乙醛之间发生歧化反应，即相互进行氧化还原反应，1 分子乙醛被氧化成乙酸，另 1 分子乙醛被还原为乙醇，这样又迫使磷酸二羟丙酮作为受氢体而最终形成甘油。

酵母菌的第二型和第三型发酵过程中，都不产生能量，因此只能在非生长情况下进行。如用此途径生产甘油，必须在第三型发酵液中不断地加入碳酸钠以维持其碱性，否则由于酵母菌产生酸而使发酵液 pH 降低，这样就会又恢复到正常的第一型发酵而不累积甘油。这说明酵母菌在不同条件下发酵结果是不同的，因而我们可以通过控制环境条件来利用微生物的代谢活动，有目的地生产有用的产品。

4. 细菌的乳酸发酵

乳酸是细菌发酵最常见的最终产物，一些能够产生大量乳酸的细菌称为乳酸细菌。在乳酸发酵过程中，发酵产物中只有乳酸的称为同型乳酸发酵；发酵产物中除乳酸外，还有乙醇、乙酸及 CO_2 等其他产物的，称为异型乳酸发酵。

（1）同型乳酸发酵　引起同型乳酸发酵的乳酸细菌称为同型乳酸发酵菌，例如双球菌属、链球菌属及乳酸杆菌属等。其中工业发酵中最常用的菌种是乳酸杆菌属中的一些种类，如德氏乳酸杆菌、保加利亚乳酸杆菌、干酪乳酸杆菌等。同型乳酸发酵的基质主要是己糖，同型乳酸发酵菌发酵己糖是通过 EMP 途径产生乳酸的。其发酵过程是葡萄糖经 EMP 途径降解为丙酮酸后，不经脱羧，而是在乳酸脱氢酶的作用下，直接被还原为乳酸。

（2）异型乳酸发酵　异型乳酸发酵即葡萄糖发酵后产生乳酸、乙醇（或乙酸）和 CO_2 等多种产物的发酵。其中肠膜明串珠菌、短乳杆菌、番茄乳酸杆菌等是通过该途径将 1 分子葡萄糖发酵产生 1 分子乳酸、1 分子乙醇和 1 分子 CO_2，并且只产生 1 分子 ATP。

双叉乳酸杆菌、两歧双歧乳酸杆菌等是通过该途径将 2 分子葡萄糖发酵为 2 分子乳酸和 3 分子乙酸，并产生 5 分子 ATP。

乳酸发酵被广泛地应用于泡菜、酸菜、酸牛奶、乳酪以及青贮饲料中，由于乳酸细菌活动的结果，积累了乳酸，抑制其他微生物的发展，使蔬菜、牛乳及饲料得以保存。近代发酵工业多采用淀粉为原料，先经糖化，再接种乳酸细菌进行乳酸发酵生产纯乳酸。

自主复习题

1. 名词解释：营养　营养物质　培养基　选择培养基　鉴别培养基　生物氧化　磷酸化　次级代谢产物　发酵　有氧呼吸　无氧呼吸
2. 简述微生物的营养物质及生理功能。
3. 自养型与异养型微生物的根本区别是什么？
4. 为什么说微生物对碳源的利用具有选择性？
5. 举例说明四种微生物的营养类型。
6. 微生物吸收营养物质的方式有哪些异同？举例说明主动运输。
7. 选择设计培养基的原则与方法是什么？
8. 举例说明培养基的各种类型及其用途。
9. 简述培养基的一般配制程序。
10. 举例说明微生物生产原料的选择依据，并结合当地实际发酵生产讨论菌种对营养物质的需求及生产原料的处理方案。
11. 微生物的生物氧化有哪几种方式？各有什么特点？
12. 微生物在产能代谢中通过哪些方式进行能量转换？
13. 简述微生物对淀粉、纤维素、果胶质、蛋白质的分解过程，说明参与分解的微生物酶的种类。
14. 比较好氧性醋酸发酵和厌氧性醋酸发酵的区别，并说明二者的实际应用。
15. 比较同型乳酸发酵和异型乳酸发酵的异同。
16. 微生物的初级代谢产物和次级代谢产物分别有哪些？

第五章　微生物的培养与生长

第一节　微生物的培养

　　微生物培养是微生物研究和应用中的一项重要内容。凡是从事与微生物有关的工作，都必须掌握微生物培养的基本理论与方法，以便更好地掌控微生物。

一、无菌技术

　　微生物是肉眼看不见的微小生物，而且无处不在，因此，在对微生物进行研究和应用时，必须防止被其他微生物所污染。将微生物分离、转接及培养时防止被其他微生物污染的技术称为无菌技术。

1. 对器具和培养基进行灭菌

　　在微生物研究和应用中所使用的器具、设备仪器（试管、吸管、三角瓶、培养皿、发酵罐等）以及培养微生物的各种培养基必须进行严格的灭菌，使其不含任何微生物。常用的方法是高压蒸汽灭菌及高温干热灭菌。灭菌后要做无菌检查。

2. 无菌操作技术

　　操作及培养微生物，必须在无菌条件下进行。操作要点如下。

　　① 在火焰中上部的无菌区进行接种和分离；将接种针（环、刀、铲）或耐热器具进行灼烧，都可以达到无菌效果（图5-1和图5-2）。

　　② 利用无菌箱、超净工作台或无菌室进行操作，在使用前可用甲醛熏蒸空间及紫外线灭菌，使空气及物品表面的微生物被杀死。操作人员必须穿工作服，戴口罩、帽子等，用

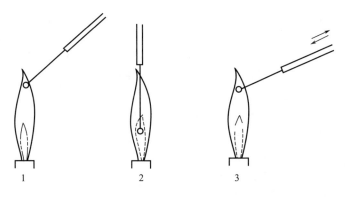

图 5-1　接种环灭菌方法

1—灼烧金属环；2—灼烧金属丝；3—灼烧金属环柄

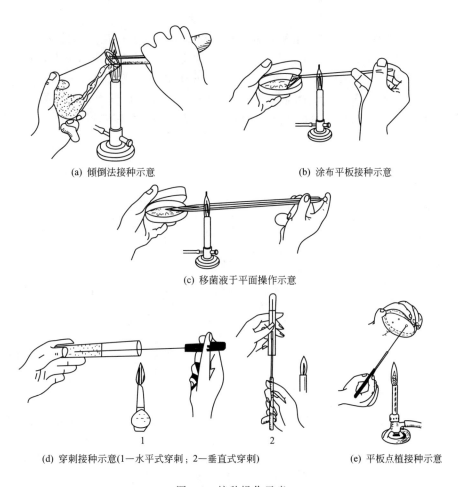

(a) 倾倒法接种示意　　　　　　　　　　(b) 涂布平板接种示意

(c) 移菌液于平面操作示意

(d) 穿刺接种示意(1—水平式穿刺；2—垂直式穿刺)　　(e) 平板点植接种示意

图 5-2　接种操作示意

75％乙醇棉球擦拭双手消毒。

　　③ 好氧培养中，所用试管和三角烧瓶的口端加上棉塞、硅胶塞或多层纱布，既可把外界的微生物及灰尘隔除在外，又可使空气进入。

二、微生物的纯培养

自然界中各种微生物混杂地生活在一起，要研究某种微生物的特性，其先决条件必须把混杂的微生物类群分离开来，以得到只含有一种微生物的纯培养。微生物学中将在实验室条件下由一个细胞或一种细胞群繁殖得到的后代称为微生物的纯培养。

纯培养技术包括两个基本步骤：①从自然环境中分离培养对象；②在以培养对象为唯一生物种类的隔离环境中进行培养、增殖，获得这一生物种类的细胞群体。针对不同微生物的特点，有许多获得纯培养的方法。

1. 平板分离法获得纯培养

大多数微生物能在固体培养基上形成孤立的菌落，采用适宜的平板分离法很容易得到纯培养。将微生物分离和固定在无菌的固体培养基中，使每个孤立的活微生物生长、繁殖形成菌落便于移植。由于平板分离法不需要特殊的仪器设备，一般情况下都可顺利地进行，效果也好，因此是各种菌种分离的最常用手段，其具体分离方法也有多种。

（1）稀释倒平板法 先将待分离的材料用无菌水做 1：10、1：100、1：1000、1：10000……的系列稀释，然后取一定稀释度的稀释液少量，与已熔化并冷却至 50℃左右的琼脂培养基混合，摇匀后倾入灭过菌的培养皿中，待琼脂凝固后，制成可能含菌的琼脂平板，保温培养一定时间即可出现菌落。如果稀释得当，在平板表面或琼脂培养基中就可出现分散的单个菌落，这个菌落就是由一个细菌细胞繁殖形成的。随后挑取该单个菌落，或重复以上操作数次，便可得到纯培养。如从土壤中获得微生物的纯培养物就可采用这种方法，见图5-3。

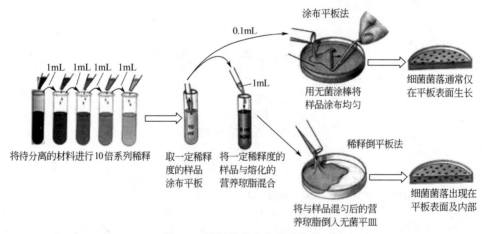

图 5-3 平板分离法获得纯培养

（2）涂布平板法 由于将含菌材料先加到还较烫的培养基中再倒平板容易造成某些对热敏感菌体的死亡，而且采用稀释倒平板法也会使一些严格好氧菌因被固定在琼脂中间缺乏氧气而影响其生长，因此实践中涂布平板的纯种分离方法更常采用。其操作方法（图5-3）是：将已熔化的培养基倒入无菌平皿，制成无菌平板，冷却凝固后，将一定量的某一稀释度的样品悬液滴加在平板表面，再用无菌玻璃涂棒将菌液先沿一条直线轻轻地来回推动，使之分布均匀，然后改变方向沿另一垂直线来回推动，变换方向反复操作直至菌液均匀分散至整个平板表面，见图5-2(b)。经培养后挑取单个菌落接种斜面培养基培养，待长出菌苔后检查其特征，如发现有杂菌，再进行一次分离纯化，直至获得纯培养。

（3）平板划线分离法 用接种环以无菌操作蘸取少量待分离培养物，在无菌平板表面进行平行划线、扇形划线或其他形式的连续划线（图 5-4 和图 5-5），微生物细胞浓度将随着划线次数的增加而降低，并逐步分散开来，如果划线适宜，微生物能一一分散，经培养后，可在平板表面得到单菌落。

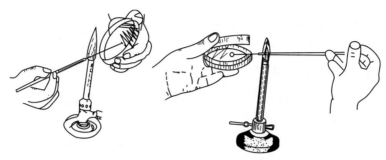

图 5-4 两种平板划线操作

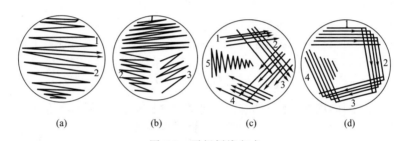

图 5-5 平板划线方式

（a）和（b）用于稀释液，可连续划线；（c）和（d）用于较浓的菌群，
分次划线，每次划线后要烧接种环，然后再划下一区

2. 单细胞（单孢子）分离法获得纯培养

这种方法是从待分离的材料中挑取一个细胞来培养，从而获得纯培养。其方法是将显微镜挑取器装置在显微镜上，把一滴细菌悬液置于载玻片上，用安装在显微镜挑取器上的极细的毛细吸管，在显微镜下对准某一个细胞后挑取，再接种于培养基上培养。而简单的单细胞挑取法则不需要显微镜挑取器，可直接用毛细管吸取较稀的孢子悬浮液滴在培养皿内壁上，在普通光学显微镜的低倍镜下逐个检查（图 5-6）。将只含有一个萌发孢子的微滴放在小块营养琼脂片上，使其发育成微菌落。再将微菌落在无菌培养基转移几次，以除去较小微生物的影响。

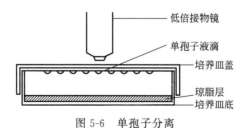

图 5-6 单孢子分离

3. 选择培养法获得纯培养

众所周知，没有一种培养基或培养条件能够满足所有微生物的生长要求，在一种培养基上接种混杂微生物，有些微生物能生长良好，有些微生物的生长则可能被抑制，这种通过选择培养条件进行微生物纯培养分离的技术称为选择培养法。

选择培养法有两种形式：①利用被分离对象对某种营养物的特殊需要，专门在培养基中加入该营养物，制成一种加富性选择培养基，使原先极少量的筛选对象很快在群落中的数量大大增加，达到富集或增殖的目的。例如较浓的糖液可使酵母菌增殖，纤维素可用来富集纤维素分解菌。②利用分离对象对某种制菌物质所特有的抗性，在培养基中加入这种制菌物质，使群落中对此制菌物质敏感的微生物的生长受到抑制，而被分离对象大量增殖，最终在数量上占优势。例如分离某种抗生素抗性菌株，可在加有该抗生素的平板上进行分离。

三、微生物的培养方法

微生物培养方法有很多，根据微生物对氧气需求情况不同，可分为好氧培养和厌氧培养。好氧培养中必须提供微生物所需要的足够氧气；而厌氧培养中必须根据微生物对氧的敏感性，来调节氧分压，如果是严格厌氧菌，因氧气对其有毒害，故培养时必须除尽氧，才能确保其菌体正常生长。以下介绍几种常用的微生物培养方法。

1. 试管斜面培养

将固体培养基装入试管，装量高度一般为 5cm 左右，塞上硅胶塞或棉塞，经灭菌后，趁热倾斜一定角度，使成斜面，将定量微生物接种于此斜面上，一定条件下培养，即为试管斜面培养。此法广泛用于微生物分离、纯化、鉴定、保藏等。

2. 琼脂平板培养

将灭菌并熔化的固体培养基倾入培养皿，装量一般为 15～20mL，用倾注或涂抹或划线等方法接种微生物，一定条件下培养，即为琼脂平板培养。此法广泛用于微生物分离、纯化、鉴定、保藏、计数等。

3. 试管液体培养

将液体培养基装入试管，经灭菌后，接种定量微生物，一定条件下进行培养。装液量可根据微生物对氧气的需要而定。一般此法在培养兼性厌氧菌时效果较好。

4. 三角瓶浅层液体培养

将液体培养基装入三角瓶，经灭菌后，接种定量微生物，一定条件下静置培养。其通气量与装液量和通气塞关系密切。此法一般适用于培养兼性厌氧菌。

5. 摇瓶培养

摇瓶培养又称振荡培养。将定量液体培养基装入三角瓶，瓶口用 8 层纱布包扎，以利于通气和防止杂菌污染。经灭菌后接种定量微生物，一定条件下在往复式摇床上做有节奏地振荡培养。此法主要用于好氧菌的培养。振荡是为了提高溶解氧量，同时要减少装液量。此法已被广泛用于菌种扩培、菌种筛选、生理生化检测、食品发酵工业等众多领域。大多数丝状真菌在液体培养基中进行摇瓶培养时，菌丝体相互紧密缠绕形成颗粒状菌丝球，均匀地悬浮于培养液中，有利于氧的传递以及营养物和代谢物的输送，对菌丝的生长和代谢产物的形成有利。

6. 发酵罐培养

发酵罐是发酵工业中最常用的一种生物反应器，其一般为钢制圆筒形直立容器，底部和盖为扁球形，高与直径之比一般为 12：(2～2.5)，容积可大可小，大型发酵罐一般为 50～500m^3。其主要作用是为微生物生长和代谢提供丰富、均匀的营养以及良好的通气和搅拌、适宜的温度和酸碱度，并能消除泡沫和确保防止杂菌的污染等。罐体除了有相应的各种结构外，还有一些必要的附属装置，如培养基配制系统、蒸汽灭菌系统、空气压缩和过滤系统、营养物添加系统、传感器和自动记录系统、调控系统以及发酵产物的后处理系统等。

第二节　微生物生长的测定

微生物学研究中常常要进行微生物生长量的测定，不同的微生物种类和不同的生长状态，有着不同的测定方法，概括起来常用的有以下几种。

一、直接计数法

1. 显微计数法

取定量稀释的单细胞培养物悬液放置在血细胞计数板（适用于细胞个体形态较大的单细胞微生物，如酵母菌等）或细菌计数板（适用于细胞个体形态较小的细菌）上，在显微镜下计数一定体积中的平均细胞数，再换算出供测样品的细胞数。此方法简便、快捷，是一种常用方法，但无法区别死菌和活菌，故又称全菌计数法。具体计数方法见实训七。

2. 比浊法

这是测定菌悬液中细胞数量的快速方法。其原理是当光线通过微生物菌悬液时，由于菌体的散射和吸收使透光量减少。因此细胞浓度与混浊度成正比，与透光度成反比，细胞越多，浊度越大，透光量越少。测定菌悬液的光密度（或透光度）或浊度可以反映细胞的浓度。将未知细胞数的菌悬液与已知细胞数的菌悬液相比，求出未知菌悬液所含的细胞数，其原理如图 5-7 所示。浊度计、分光光度计是测定菌悬液细胞浓度的常用仪器。此法简便快捷，但不适宜颜色太深、混杂有其他物质的菌悬液。一般在用此法测定细胞浓度时，应先用计数法做对应计数，取得经验数据，并制作菌数对 OD（optical density，光密度）值的标准曲线，以方便查获菌数值。

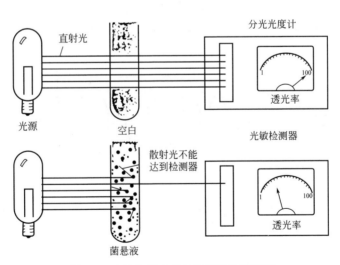

图 5-7　比浊法测定菌悬液细胞浓度原理

二、间接计数法

间接计数法又叫活菌计数法，依据的原理是活菌在液体培养基中使培养基混浊或在固体培养基上形成菌落。直接计数法测定的是死、活细胞的总数，而间接计数法测得的仅是活菌数。采用这类方法所得的数值往往比直接计数法测得的数值小。

1. 平板菌落计数法

此法是基于待测样品经适当稀释后，其中的微生物充分分散成单个细胞。每一个分散的活细胞能在适宜的培养基中生长繁殖并形成一个菌落，因此一个单菌落数就代表着样品中的一个单细胞。

先将单细胞微生物待测液经 10 倍系列稀释后，再将一定浓度的稀释液定量地接种到琼脂平板培养基上培养（图 5-8），长出的菌落数就是稀释液中含有的活细胞数，用下列公式可计算得出供测样品中的活细胞数。

菌数（个/mL）＝[平板菌落平均数/平板菌液注入量（mL）]×稀释倍数

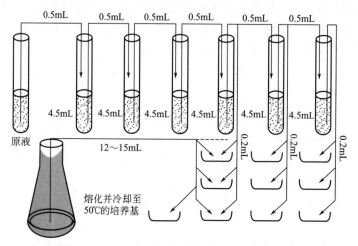

图 5-8　平板菌落计数法操作过程示意

计数时，选出菌落数在 30～300 个/皿范围内的各皿，计算每皿的菌落数；在高度分布的菌落平板中，选出有代表性的 1/8～1/4 区域后粗略统计菌落数，以判断稀释中的误差情况供参考（图 5-9）。

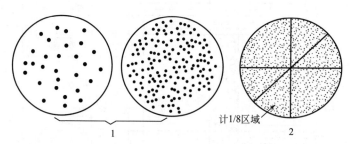

图 5-9　平板菌落的全皿与分区计数法

1—30～300 个/皿；2—大于 1000 个/皿，分区计数

但应注意，由于各种原因，平板上的单个菌落可能并不是由一个菌体细胞形成的，长成的一个单菌落可能是由样品中的 2～3 个或更多个细胞所形成，因此在表达单位样品含菌数时，可用单位样品中菌落形成单位（colony forming unit）来表示，即 cfu/mL 或 cfu/g。

2. 液体稀释最大概率数法

将单细胞菌悬液作 10 倍系列稀释，一直稀释到取少量该稀释液（1mL）接种到新鲜培养基上以后不出现生长繁殖为止（可先根据样品凭借经验估计最高稀释度）。将不同稀释度的系列稀释管于适宜温度下培养，在稀释度合适的前提下，在一些稀释度较低、含菌浓度相对较高的试管内均出现菌生长，而在一些稀释度较高的试管中均不出现菌生长。按稀释度从低到高的顺序，把最后三个稀释度相对较高、试管中出现菌生长的稀释度称为临界级数。根据临界级数 3～5 个重复试管中出现生长的管数，查最大概率数（MPN）表求得最大概率数，再乘以出现生长的临界级数的最低稀释度，即可测得样品活菌浓度（图 5-10）。

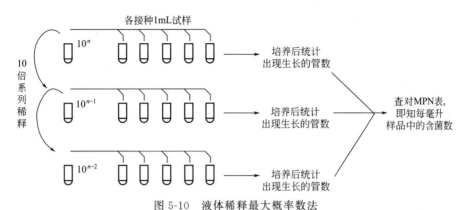

图 5-10　液体稀释最大概率数法

例如，某一细菌在稀释计数法中的生长情况如下。

稀释度	10^{-3}	10^{-4}	10^{-5}	10^{-6}	10^{-7}	10^{-8}
重复数	5	5	5	5	5	5
出现生长的管数	5	5	5	4	1	0

根据上述结果，其临界级数为 10^{-5}、10^{-6}、10^{-7}，数量指标为"541"，查 5 次重复测数统计表（表 5-1）得近似值为 17.0，然后乘以出现生长的临界级数的最低稀释度（10^{-5}），那么原液中的活菌数＝17.0×100000＝1.7×10^{6}。

表 5-1　5 次重复测数统计表

数量指标			近似值	数量指标			近似值
10^{n}	10^{n-1}	10^{n-2}		10^{n}	10^{n-1}	10^{n-2}	
0	1	0	0.18	5	0	0	2.3
1	0	0	0.20	5	0	1	3.1
1	1	0	0.40	5	1	0	3.3
0	0	0	0.45	5	1	1	4.6
0	0	1	0.68	5	2	0	4.9
0	1	0	0.68	5	2	1	7.0
0	2	0	0.93	5	2	2	9.5
3	0	0	0.78	5	3	0	7.9
3	0	1	1.1	5	3	1	11.0
3	1	0	1.1	5	3	2	14.0
3	2	0	1.4	5	4	0	13.0
4	0	0	1.3	5	4	1	17.0
4	0	1	1.7	5	4	2	22.0
4	1	0	1.7	5	4	3	28.0
4	1	1	2.1	5	5	0	24.0
4	2	0	2.2	5	5	1	35.0
4	2	1	2.6	5	5	2	54.0
4	3	0	2.7	5	5	3	92.0
4	3	1	3.3	5	5	4	160.0

在实践中，通常以 5 管重复为一个组，故这里仅列出 5 次重复测数统计表。只要知道了数量指标，就可查得近似值。本方法特别适合于测定土壤微生物中特定生理群的数量和检测污水、牛乳及其他食品中特殊微生物类群的数量。

3. 薄膜过滤计数法

测定水与空气中的活菌数量时，由于含菌浓度低，则可先将待测样品（一定体积的水或空气）通过微孔薄膜如硝酸纤维薄膜，过滤浓缩，然后把滤膜放在适当的固体培养基上培养，长出菌落后即可计数。

三、重量法

此法依据的原理是每个细胞具有一定的重量，可以用于单细胞、多细胞、丝状微生物的测定。

1. 干重法

将一定量培养物用离心或过滤的方法分离出来，洗净，离心，称重得到湿重。如果是丝状微生物，过滤后还需用滤纸吸去菌丝之间的自由水再称重。也可再将它们于 105℃ 或红外线下烘干至恒重，或于低温下真空干燥，从而求得培养物中的细胞干重。一般细菌干重为湿重的 $20\%\sim25\%$，1mg 细菌等于 $4\times10^9\sim5\times10^9$ 个细胞。此法直接而又可靠，但要求测定时菌体浓度较高，样品中不含非菌体的干扰物质。

2. 含氮量测定法

蛋白质是细胞的主要成分，并且含量比较稳定，细菌固形物的 $50\%\sim80\%$ 为蛋白质，其中重要元素氮的含量可以通过凯氏定氮法、双缩脲法等测出，进而求出细胞物质量，即：

$$细胞总量＝蛋白质总量/(50\%\sim80\%)＝含氮量\times6.25/(50\%\sim80\%)$$

一般细菌的含氮量约为其干重的 14%，酵母菌约为 7.5%，霉菌约为 6.5%。本法适用于固体或液体条件下微生物总生物量的测定，但需充分洗涤菌体细胞以除去含氮杂质。

3. DNA 测定法

这种方法是基于 DNA 与 DABA-2HCl（20% 浓度的 3,5-二氨基苯甲酸-盐酸溶液）结合能显示特殊荧光反应的原理，定量测定培养物的菌悬液的荧光反应强度，求得 DNA 的含量。由于每个细菌的 DNA 含量相当恒定，平均为 8.4×10^{-5}mg，因此可以直接反映所含细胞物质的量，同时还可根据 DNA 含量计算出细菌的数量。

四、生理指标测定法

微生物新陈代谢的结果必然要消耗或产生一定量的物质，因此可以用某物质的消耗量或某产物的形成量来表示微生物的生长量，例如微生物对氧的吸收、发酵糖产酸量或 CO_2 的释放量等。根据微生物在生长过程中伴随出现的这些指标，样品中的微生物数量多或生长旺盛，指标值就愈明显。但这类测定方法影响因素较多，误差较大，仅在特定条件下如分析微生物生理活性等做比较分析时使用。

第三节　微生物的生长繁殖方式和规律

一、微生物的生长

在适宜的环境中，微生物吸收利用营养物质，进行新陈代谢活动，如果同化或合成作用的速率高于异化或分解作用的速率，其原生质总量增加，表现为细胞重量增加、体积变大，此现象称之为生长。随着生长的延续，微生物细胞内各种细胞结构及其组成按比例成倍增加，最终通过细胞分裂，导致微生物细胞数目的增加，单细胞微生物则表现为个体数目的增加，在生物学上一般把这种个体数目的增加定义为繁殖。

微生物的繁殖方式因微生物种类的不同而异。单细胞微生物（如细菌）的生长往往伴随着细胞数目的增加，当细胞增长到一定程度时，就以二分裂方式，形成两个基本相似的子细胞，引起个体数目的增加，子细胞又重复以上过程。这种由细胞分裂而引起的个体数目的增加，就是单细胞微生物的繁殖方式。对于多细胞微生物，只有细胞数目增加的同时伴随着个体数目的增加，才能称为繁殖，例如通过形成无性孢子或有性孢子等使个体数目增加是多数霉菌的繁殖方式。

二、微生物的个体生长和同步生长

1. 微生物的个体生长和群体生长

微生物的个体生长是指微生物的细胞物质有规律、不可逆增加，而导致的细胞体积扩大、质量增加的生物学过程。当各细胞组分按恰当的比例增加时，达到一定程度后就会发生繁殖，从而引起个体数目的增加，这时原有的个体已经发展成一个群体。随着群体中各个个体的进一步生长，就引起了这一群体的生长。个体生长是一个逐步发生的量变过程，群体生长实质是新的生命个体增加的质变过程。微生物学研究中，群体的生长才有意义，一般提到"生长"也多指群体生长。当某一群体中所有个体细胞都处于同样生长和分裂周期中，群体的生长特性可间接反映出个体生长规律。

2. 微生物的同步生长及获得方法

在分批培养中，细菌群体能以一定速率生长，但并非所有细胞同时进行分裂。也就是说，培养中的细胞不处于同一生长阶段，它们的生理状态和代谢活动也不完全一样。如果想以群体测定结果的平均值代表单个细胞就必须设法使群体处于同一生长阶段，使群体和个体行为变得一致，因而发展了单细胞的同步培养技术。

能使培养的微生物群体中不同步的细胞转变成生长发育在同一阶段上的培养方法叫同步培养法。利用一定的技术手段控制细胞的生长，使细胞群体中各个个体处于分裂步调一致的生长状态，这种生长状态称为同步生长；用同步培养法所得到的培养物叫同步培养物。采用同步培养技术就可以用研究群体的方法来研究个体水平上的问题。获得同步培养的方法很多，最常用的有以下三种。

（1）机械法　又称选择法。处于不同生长阶段的细胞，其个体大小不同，通过离心就可使大小不同的细胞群体在一定程度上分开。有些微生物的子细胞与成熟细胞大小差别较大，易于分开。然后用同样大小的细胞进行培养便可获得同步培养物。机械法中常用的有以下几种。

① 过滤分离法。选用各种孔径大小不同的微孔滤膜，将刚分裂的幼龄菌体通过滤孔，其余菌体都留在滤膜上面，将滤液中的幼龄细胞进行培养，就可获得同步培养物。

② 离心法。将不同步的细胞培养物悬浮在不被这种细菌利用的糖或葡聚糖的不同浓度梯度溶液里，通过密度梯度离心将不同大小的细胞分布成不同的细胞带，每一细胞带的细胞大致处于同一生长时期，分别将它们取出进行培养，就可以获得同步培养物，如图 5-11（a）所示。

③ 硝酸纤维素薄膜法。该方法的原理为：由于细菌与硝酸纤维素滤膜带有不同电荷，所以不同生长阶段的细菌均能附着于膜上。其操作过程如图 5-11（b）所示，可分为四步：

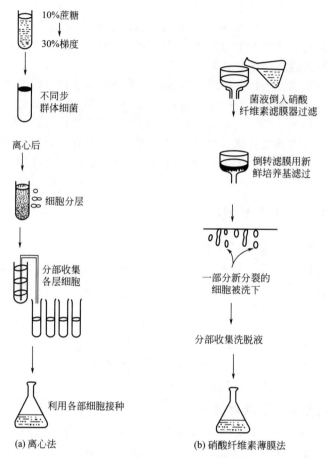

图 5-11　同步生长的获得方法

（引自：沈萍．微生物学．高等教育出版社，2000）

a. 将菌液通过硝酸纤维素薄膜；b. 翻转薄膜，再用新鲜培养液滤过培养；c. 附着于膜上的细菌进行分裂，分裂后的子细胞不与薄膜直接接触，由于菌体本身的重量，加之它所附着的培养液的重量，便下落到收集器内；d. 收集器在短时间内收集的细菌处于同一分裂阶段，用这种细菌接种培养，便能得到同步培养物。

机械法同步培养物是在不影响细菌代谢的条件下获得的，因而菌体的生命活动较为正常。但此法有其局限性，有些微生物即使在相同的发育阶段，个体大小也不一致，甚至差别很大，这样的微生物不宜采用这类方法进行培养。

（2）环境条件控制法　又称诱导法。这类方法主要是通过控制环境条件，如温度、营养物质等来诱导同步生长。

① 温度调整法。将微生物的培养温度控制在接近最适温度条件下一段时间，它们将缓慢地进行新陈代谢，但又不进行分裂。如果使细胞的生长在分裂前不久的阶段稍微受到抑制，然后将培养温度提高或降低到最适生长温度，大多数细胞就会进行同步分裂。人们利用这种现象已设计出多种细菌和原生动物的同步培养法。

② 营养条件调整法。该方法是通过控制营养物质的浓度或培养基的组成以达到菌体同步生长。例如限制碳源或其他营养物质，使细胞只能进行一次分裂而不能继续生长，从而获得了刚分裂的细胞群体，然后再转入适宜的培养基中，它们便进入了同步生长。对营养缺陷型菌株，同样可以通过控制它所缺乏的某种营养物质而达到同步生长。

③ 稳定期的培养物接种法。从细菌生长曲线可知，处于稳定期的细胞，由于环境条件的不利，细胞均处于衰老状态，如果移入新鲜培养基中，同样可达到同步生长。

(3) 抑制 DNA 合成法 DNA 的合成是一切生物细胞进行分裂的前提。利用代谢抑制剂阻碍 DNA 合成一段时间，然后再解除抑制，也可达到同步化的目的。试验证明：氨甲蝶呤、5-氟脱氧尿苷和脱氧鸟苷等，对细胞 DNA 合成的同步化均有作用。

总之，机械法对细胞正常生理代谢影响很小，但对那些即使是相同的成熟细胞，其个体大小差异悬殊者不宜采用；而诱导法虽然方法较多，应用较广，但有时会对正常代谢产生影响。因此，必须根据微生物的形态、生理性状来选择适当的方法进行同步培养。

三、微生物的生长繁殖规律

如将少量细菌纯培养物接种到新鲜的液体培养基，在适宜的条件下培养，定期取样测定单位体积培养基中的菌体细胞数，可发现群体生长规律。以培养时间为横坐标、计数获得的细胞数的对数为纵坐标作图，可得到一条定量描述液体培养基中微生物生长规律的实验曲线，该曲线则称为典型生长曲线（图5-12）。

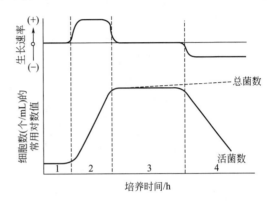

图 5-12 典型生长曲线
1—延滞期；2—对数期；3—稳定期；4—衰亡期

由图 5-12 可见，微生物生长曲线可划分为延滞期、对数期、稳定期和衰亡期四个时期。生长曲线表现了微生物细胞及其群体在新的适宜的培养环境中生长繁殖直至衰老死亡的动力学变化过程。生长曲线各个时期的特点，反映了所培养的微生物细胞与其所处环境间进行物质与能量交换，以及细胞与环境间相互作用与制约的动态变化。深入研究各种单细胞微生物生长曲线各个时期的特点与内在机制，在微生物学理论与应用实践上都有着十分重要的意义。

1. 延滞期

延滞期又称迟缓期、适应期、调整期。当少量菌体被接入新鲜液体培养基后，在起初的培养阶段，菌体不立即繁殖，细胞数目不增加甚至稍有减少。延滞期具有下列特点：生长速率常数等于零；菌体体积增长较快；胞内贮藏物质逐渐消耗，DNA 与 RNA 含量也相应提高；各类诱导酶的合成量增加，细胞内的原生质比较均匀一致；对外界理化因素，如热、辐射、抗生素等较为敏感；分裂迟缓，代谢活跃。同时在这一时期，细胞也正在为下一阶段的快速生长与繁殖做生理与物质上的准备。

延滞期的长短，因微生物菌种、菌龄和培养条件的不同而异，可从几分钟到几小时、几天，甚至几个月不等。其主要影响因素有以下几种：①菌种。微生物经接种后就进入延滞期，酵母菌和细菌繁殖较快，一般只需几小时，霉菌繁殖较慢，需要十几小时，放线菌的延滞期则更长些。②接种龄。接种龄指接种物的生长年龄，即它当前的生长状况处于生长曲线的哪一阶段。菌种处于对数期时，子代培养物的延滞期短；处于延滞期或衰亡期，子代培养物的延滞期长；处于稳定生长期时，子代培养物的延滞期在以上两者之间。③接种量。接种量是指接入发酵液内的种子的百分含量，发酵行业中一般以种子与发酵培养基的体积比来表示接种量。接种量的大小可明显影响延滞期的长短，接种量越大，延滞期越短。④培养基成分。延滞期的长短还会因培养基里营养物质的丰富程度，以及发酵培养基和种子培养基的成分差异状况而有所不同。

2. 指数生长期（对数期）

单细胞微生物的纯培养物被接种到新鲜培养基后，经过一段时间的适应，即进入生长速度相对恒定的快速生长与繁殖期，处于这一时期的单细胞微生物，其细胞按 $1\rightarrow2\rightarrow4\rightarrow8\cdots\cdots$ 的方式增长。由于这一时期细胞增长以 $2^0\rightarrow2^1\rightarrow2^2\rightarrow2^3\rightarrow2^4\cdots2^n$ 的指数形式进行，所以称为指数生长期，又称对数期。

指数生长期的特点为：生长速率常数最大，细菌每分裂一次所需的代时或原生质增加一倍所需的倍增时间较短；菌体的大小、形态、生理特征比较一致；酶系活跃，代谢旺盛；活菌数和总菌数接近。

指数生长期中，细胞每分裂一次所需要的时间称为代时（G）。在一定时间内菌体细胞分裂次数越多，代时越短，则分裂速度越快。不同菌种代时不同，同一种菌处在不同的培养条件下，代时也不同。培养基营养丰富，培养温度、pH、渗透压等条件合适，代时则短；反之，代时则长。但在一定条件下，各种细菌的代时是相对稳定的，有的为 $20\sim30$min，有的为几小时甚至几十小时（表 5-2）。

表 5-2　某些细菌的生长代时

菌名	培养基	温度/℃	时间/min
大肠杆菌	肉汤	37	17
大肠杆菌	牛乳	37	12.5
产气肠杆菌	肉汤	37	$16\sim18$
枯草芽孢杆菌	肉汤	25	$26\sim32$
巨大芽孢杆菌	肉汤	30	31
蕈状芽孢杆菌	肉汤	37	28
蜡状芽孢杆菌	肉汤	30	18.8
嗜热芽孢杆菌	肉汤	55	18.3
保加利亚乳杆菌	牛乳	37	$39\sim74$
乳酸链球菌	牛乳	37	$23.5\sim26$
乳酸链球菌	乳糖肉汤	37	48
丁酸梭菌	玉米醪	30	51
肉毒梭菌	葡萄糖肉汤	37	35

指数生长期中的微生物个体形态和生理特征典型，代谢活跃，生长速度恒定，繁殖力也较强，是在特定条件下微生物菌株遗传特性的反映。在微生物发酵生产中，常用指数生长期的菌种作种子，可以缩短延滞期，从而缩短发酵周期。

3. 稳定期

随着细胞不断地生长繁殖，培养基中营养物质逐渐消耗，代谢产物也逐渐形成，使得细胞的生长速度逐渐下降，此时细胞的繁殖速度与死亡速度相等，即生长速率常数为零，细胞的总数达到最高点，此时称为稳定期或恒定期。

出现稳定期的主要原因有：①培养基中必要营养成分尤其是生长限制因子的耗尽或其浓度不能满足维持指数生长期的需要；②细胞排出的代谢物在培养基中大量积累，以致抑制菌体生长；③由上述两方面主要因素所造成的细胞内外理化环境的改变引起营养物的比例失调，如 C/N 失调。

稳定生长期的特点为：活菌数相对稳定，总菌数达到最高水平；以代谢产物合成与积累为主，细胞代谢物积累达到最高值；多数芽孢杆菌在这时开始形成芽孢；细胞开始贮存糖原、异染颗粒和脂肪等贮藏物；有的微生物开始合成抗生素等次级代谢产物；菌体对不良环境的抵抗力较强。

4. 衰亡期

达到稳定生长期的微生物群体，由于生长环境的继续恶化和营养物质的短缺，群体中细胞死亡率逐渐上升，以致死亡菌数逐渐超过新生菌数，群体中活菌数下降，出现了"负生长"，曲线下滑。

衰亡期的特点为：菌体细胞形状和大小出现异常甚至畸形；有的细胞内多液；有的革兰染色结果发生改变；许多胞内的代谢产物和胞内酶向外释放等。

四、生长曲线对生产实践的指导意义

微生物的生长曲线，反映了一种微生物在一定的生活环境（试管、摇瓶、发酵罐）中生长繁殖和死亡的规律。它既可作为营养物和环境因素对生长繁殖影响的理论研究指标，也可作为调控微生物生长代谢的依据，以及根据发酵目的的不同，确定微生物发酵的收获时期。生长曲线还可以用于指导微生物发酵工程中的工艺条件优化以获得最大的经济效益。

1. 缩短延滞期

在微生物发酵工业中，如果有较长的延滞期，则会导致发酵设备的利用率降低、能源消耗增加、产品生产成本上升，最终造成劳动生产率低下与经济效益下降。只有缩短延滞期才有可能缩短发酵周期，提高经济效益。因此，在微生物应用实践中，通常可采取措施有效地缩短延滞期。

(1) 以指数生长期接种龄的种子接种 通过对微生物生长曲线的分析，微生物在指数生长期生长速率最快。实验证明，如果以指数生长期接种龄的种子接种，其子代培养物的延滞期就短；如果以延滞期、衰亡期的种子接种，其子代培养物的延滞期就长；而以稳定期的种子接种，其延滞期居中。用生命力旺盛的指数生长期细胞接种，可以缩短延滞期，加速进入指数生长期。

(2) 适当增加接种量 接种量越大，延滞期就越短。发酵行业通常接种量为 10%（种子与发酵培养基的体积比为 1∶10），看具体情况可加大至 15%～20%。实验室研究中通过摇瓶培养，扩大种子量使其达到指数生长期再进行接种，可缩短延滞期。

(3) 采用营养丰富的培养基 一般营养丰富的培养基中的微生物要比营养贫乏的培养基中的微生物的延滞期短。营养物的消耗、代谢产物的积累以及因此而引起的培养条件的变化是限制培养液中微生物继续快速增殖的主要原因，因此可采用营养丰富的培养基或适时更换培养基。但需注意的是培养种子与下一步培养用的两种培养基的营养成分以及培养的其他理化条件应尽可能保持一致，以使微生物细胞更快适应新环境，例如用糖蜜作发酵原料时，可在末级摇瓶培养基中加入一半或少量的糖蜜作培养料。

2. 利用指数生长期

处于指数生长期的细胞，代谢旺盛，生长迅速，代时稳定，个体形态、化学组成和生理特性等均较一致，因此，处于指数生长期的微生物是发酵工业生产上的良好种子，它可以缩短延滞期，从而缩短发酵周期，提高设备利用率。由于旺盛生长的细胞对周围环境理化因子的作用比较敏感，指数生长期的细胞也是研究微生物生长代谢与遗传调控等生物学基本特性的极好材料。适时补充营养物，调节培养过程中改变了的环境 pH、氧化还原电位，排除培养环境中的有害代谢产物，可延长指数生长期，提高培养液菌体浓度与有用代谢产物的产量。

3. 延长稳定期

处于稳定期的细胞，其胞内开始积累贮藏物质，如异染颗粒、脂肪粒等，大多数芽孢细菌也在此阶段形成芽孢。稳定生长期时活菌数达到最高水平，如果为了获得大量活菌体，就应在此阶段收获。在稳定期，代谢产物的积累开始增多，逐渐趋向高峰。某些产抗生素的微生物，在稳定期后期时大量形成抗生素。稳定期的长短与菌种和外界环境条件有关。生产上常常通过补料、调节 pH、调整温度等措施来延长稳定生长期，以积累更多的代谢产物。

微生物发酵形成产物的过程与细胞生长过程不总是一致的。对于需获取如氨基酸、核苷酸、乙醇等初级代谢产物的发酵，这些产物的形成往往与微生物细胞的形成过程同步，则在稳定期的末期为最佳收获期。培养时必须连续流加碳源和氮源，并以相应速度移走积累起来的代谢产物，从而可以提高产量，见图 5-13(a)。

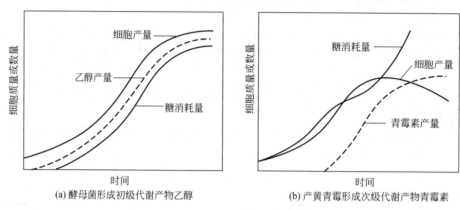

图 5-13　代谢产物和微生物细胞形成过程的关系

对于另一些需获得如抗生素、维生素、色素、生长激素等次级代谢产物的发酵来说，这些产物的形成与微生物细胞生长过程不同步，见图 5-13(b)，它们形成产物的高峰往往在稳定期的后期或在衰亡期。不过这种类型的发酵同样需流加营养物并把握好收获时间。

4. 掌握衰亡期

微生物在衰亡期，细胞活力明显下降，同时由于逐渐积累的代谢毒物可能会与代谢产物起某种反应、使其分解或影响提纯，因而必须掌握时间，适时结束发酵。

知识拓展　工业上常用的食品发酵技术

一、分批培养

在一个相对独立密闭的系统中，将菌体接入一定量的培养基中进行培养，一次性收获菌体或其代谢产物的培养方式称为分批培养。如在微生物研究中用烧瓶作为培养容器进行的微生物培养就是分批培养。采用这种分批培养方式，随培养时间的延长，由于系统相对密闭，被微生物消耗的营养物得不到及时地补充，代谢产物未能及时排出培养系统，其他对微生物生长有抑制作用的环境条件得不到及时改善，使微生物细胞生长繁殖所需的营养条件与外部环境逐步恶化，从而使微生物群体生长表现出从细胞对新环境的适应到逐步进入快速生长，而后较快转入稳定期，最后走向衰亡的阶段分明的群体生长过程。分批培养由于它的相对简单与操作方便，在微生物学研究与发酵工业生产实践中仍被广泛采用。

在分批培养过程中，为使培养基中营养物质的浓度保持在适合菌体生长和利于菌体积累代谢产物，可采用中间补料法，即补料分批培养。补料分批培养是将种子接入发酵反应器中进行培养，经过一段时间后，间歇或连续地补加新鲜培养基，使菌体进一步生长的培养方法。补料的方式可以是一次性的，也可以是间歇多次的，还可以流加补料。

二、连续培养

微生物的连续培养是相对于分批培养而言的。连续培养是指在深入研究分批培养中生长曲线形成的内在机制的基础上，开放培养系统，不断补充营养液使被消耗的营养物得到及时补充、解除抑制因子、优化生长代谢环境的培养方式。培养容器内营养物质的浓度基本保持恒定，从而使菌体保持恒速生长，由于培养系统的相对开放性，连续培养也称为开放培养。连续培养的显著特点与优势是可以根据研究者的目的，人为控制典型生长曲线中的某个时期，使之缩短或延长时间，使某个时期的细胞加速或降低代谢速率，从而大大提高培养过程的人为可控性和效率。连续培养模式应用于发酵工业则称之为连续发酵（图5-14）。

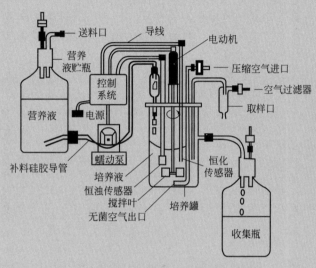

图 5-14 连续培养装置

在连续培养过程中，可以根据研究者的目的与研究对象不同，分别采用不同的连续培养方法。常用的连续培养方法有恒浊法与恒化法两类，见图5-15。

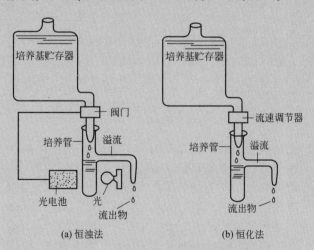

图 5-15 恒浊法和恒化法的比较

1. 恒化法

恒化法是恒定地流入培养物的一种连续培养方式，它通过控制培养基中营养物，主要是生长限制因子的浓度，来调控微生物生长繁殖与代谢速度。用于恒化培养的装置称为恒化器。恒化连续培养往往控制微生物在低于最高生长速率的条件下生长繁殖。恒化连续培养在研究微生物利用某种底物进行代谢的规律方面被广泛采用。因此，它是研究微生物营养、生长、繁殖、代谢和基因表达与调控等的重要技术手段。

2. 恒浊法

所谓恒浊法是以培养器中微生物细胞的密度为监控对象，用光电控制系统来控制流入培养器的新鲜培养液的流速，同时使培养器中的含有细胞与代谢产物的培养液也以基本恒定的流速流出，从而使培养器中的微生物在保持细胞密度基本恒定的条件下进行培养的一种连续培养方式。用于恒浊培养的培养装置称为恒浊器。用恒浊法连续培养微生物，可控制微生物在最高生长速率与最高细胞密度的水平上生长繁殖，达到高效率培养的目的。目前在发酵工业上有多种微生物菌体的生产就是根据这一原理，用大型恒浊发酵器进行恒浊连续发酵生产的。与菌体相平衡的微生物代谢产物的生产也可采用恒浊法连续发酵生产。

实际上，分批培养与连续培养的分类是相对的。无论是基础研究还是在发酵工业生产实践中，为了达到某种特殊目的或提高培养效率，常常采取两种方法加以综合的培养方式。

三、固定化细胞培养

固定化细胞的基本含义是将微生物细胞包埋在特定的载体内，把微生物细胞固定起来［图5-16(a)］，然后把它置于发酵液中，微生物细胞在载体内的孔隙中生长繁殖［图5-16(b)］，并对基质进行发酵，形成发酵产物。固定化细胞培养是20世纪60～70年代发展起来的一种用于发酵工业的新技术，目前在食品与发酵中已经得到了一定的应用。

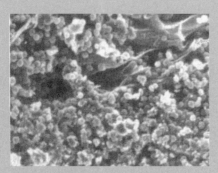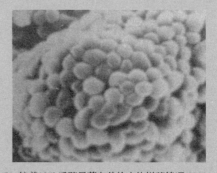

(a) 固定后酵母菌在载体内的分布(600×)　　(b) 培养124h后酵母菌在载体内的增殖情况(2000×)

图5-16　葡萄酒酵母固定在海藻酸钠载体内扫描电镜图片

以往的发酵方法是把曲种或菌种接种到醪液中，使微生物细胞在其中呈自然分散状态。发酵终结后，必须采用一定的方法除去发酵液中的微生物细胞。每次发酵均需重新接种。固定化细胞恰好能克服上述缺点。经固定化以后的微生物细胞基本上不能自由分散到发酵液中，始终被包埋在载体内，固定一次，可发酵多批，适于自动化连续发酵。发酵工业如酒精发酵、啤酒发酵、果酒发酵等均可应用固定化细胞培养技术。

固定化细胞最常用的载体有琼脂、明胶、卡拉胶、海藻酸钠、海藻酸钙、戊二醛、醋酸纤维素等。

利用固定化酵母笼架生物反应器连续发酵生产啤酒，已取得了较满意的成果。其酵母的固定化方法是用2％海藻酸钠和泥状啤酒酵母细胞搅拌混合，将混合物用酵母造粒器注入2％氯化钙溶液中成形为直径2mm球形颗粒。再将成形颗粒移入10％氯化钙溶液中，于4℃硬化1h。然后将固定化酵母放入铝合金板笼架生物反应器中进行发酵。酵母菌在载体内经过两批发酵后，一直能保持恒定的快速发酵状态。反应器可稳定地发酵25批，持续55天。该方法能把传统啤酒前发酵工艺7天缩短为1.5天。后发酵不加固定化酵母，而是利用载体中由于酵母增殖扩展到发酵液中的游离酵母菌体。

另外，固定化酵母还可用于提高酱油风味，即用聚乙烯醇作载体，固定耐高盐的鲁氏酵母，制成凝胶颗粒，浸泡于米曲汁培养基中于30℃活化2天，再用于普通酱油后发酵，可使普通酱油增香。

四、食品发酵控制技术简介

微生物发酵的过程控制应该从两方面来实现，即微生物菌体本身的性能控制和微生物发酵环境的条件控制。发酵过程控制的一般性规律有以下几点。

1. 发酵用培养基

发酵用培养基必须能够使菌种快速生长，达到发酵所规定的浓度，同时又必须使生长良好的菌种能够迅速合成所需代谢产物。发酵培养基的组成除了含有发酵菌种所必需的营养元素外，还要有产物所需的特定元素、前体物质、促进剂和抑制剂等。从本质上讲，无论是控制代谢方向，还是加快代谢速度，促进剂或抑制剂都是调节微生物代谢的重要物质。

2. 种子扩大培养

发酵用菌种扩大培养的目的是为发酵提供数量充足和质量上乘的发酵用菌种，发酵时菌种应当处于生长旺盛的指数生长期的末期，这样最有利于菌种迅速进行发酵代谢过程，大量积累代谢产物。

3. 发酵工艺控制

微生物菌种本身的发酵性能控制，主要是通过菌种的筛选和发酵前的扩大培养来实现。如筛选耐高酒精度的酒精酵母，并进行适宜的种子扩大培养。但在通常情况下的发酵控制，是指通过对发酵条件的控制，如进行发酵温度、发酵醪基质浓度、含氧量、pH及发酵时间等控制，实现发酵代谢途径控制和发酵速度控制。应当指出，发酵菌种生产性能越好，对发酵条件要求越高，发酵条件越难控制。

发酵温度的控制主要是通过通风或供热、供冷的方式实现；基质的浓度控制主要是通过对发酵培养基浓度的控制来实现，也可通过补料发酵的方式进行控制；含氧量的控制主要是通过是否通风、通风多少或搅拌等方式实现控制；pH控制主要通过调节培养基的配比、控制发酵产酸和添加酸碱等方式实现；在连续发酵过程中，还通过控制发酵醪中菌体浓度，实现控制发酵速度的目的。

总之，无论采用何种方式进行发酵工艺控制，关键是解决两大问题，一是解决发酵代谢途径问题，即解决发酵生产何种产物的问题；二是解决发酵代谢速度问题，即解决发酵生产多少产物的问题。

自主复习题

1. 名词解释：纯培养　接种　划线接种　微生物纯培养生长曲线　同步生长
2. 测定微生物生长有何意义？常用的微生物生长测定方法有哪些？
3. 如何获得微生物的同步生长？
4. 微生物纯培养物的典型生长曲线分为哪几个时期？对生产实践有何实际指导作用？
5. 比较分批培养、连续培养的主要特点。
6. 说明固定化细胞培养的优点。

第六章　微生物与环境

学习目标

1. 理解环境条件对微生物生长的影响。
2. 掌握微生物在各种食品中和正常人体以及动植物体上的分布规律。
3. 了解微生物在自然界中和极端环境中的分布规律。
4. 了解微生物之间以及微生物与生物环境间的关系。

第一节　环境条件对微生物生长的影响

一、基本概念

微生物的生活环境条件是各种因素的综合，各种因素及其综合效应处于合适的程度时，微生物才能旺盛地生长、发育和繁殖。人们常凭借控制和调节各类环境因素，促使某些微生物生长，发挥它们的有益作用。同时微生物中有大量是人类和动植物的病原菌，因而必须对有害微生物进行控制。这里先介绍环境因素对微生物影响的几个相关概念。

① 防腐。防腐是指在某些化学物质或物理因子的作用下，使物体内外的微生物暂时处于不生长、不繁殖但又未死亡的状态，它是一种抑菌作用。如生活中以低温、干燥、盐渍、糖渍等保藏食品的方法就是防腐。具有防腐作用的化学物质称为防腐剂。

② 消毒。消毒是指杀死或灭活物体中所有病原微生物的措施，可达到防止传染病传播的目的。例如将物体煮沸 10min 或 60～70℃加热处理 30min，就可杀死病原菌的营养体，但对芽孢无杀灭作用。

③ 灭菌。灭菌是指用物理或化学因子杀灭物体中所有活的微生物，包括耐热性的芽孢。灭菌后的物体无可存活的微生物。

必须指出，不同的微生物对各种理化因子的敏感性不同，同一因素不同剂量对微生物的效应也不一样，或者起灭菌作用，或者可能只起消毒或防腐作用。有些化学因子在低浓度下还可能是微生物的营养物质或具有刺激生长的作用。

二、微生物生长的环境影响与控制

1. 温度

（1）生长温度三基点 在一定温度范围内，机体的代谢活动与生长繁殖随着温度的上升而增强。当温度上升到一定程度后，开始对机体产生不利的影响，如再继续升高，则细胞功能急剧下降直至死亡。就微生物总体而言，其生长温度范围很宽，－10～100℃均可生长，但各种微生物都有其生长繁殖的最低温度、最适温度和最高温度，称为生长温度三基点。在生长温度三基点内，微生物都能生长，但生长速率不同。温度低于最低温度或高于最高温度限度时，微生物即停止生长甚至死亡。

① 最低生长温度。它是指微生物能进行生长繁殖的最低温度界限。处于这种温度条件下的微生物生长速率很低，如果低于此温度则生长完全停止。

② 最适生长温度。这是使微生物分裂代时最短或生长速率最高时的培养温度。需要指出的是，微生物的最适生长温度不一定是一切代谢活动的最适温度，例如黑曲霉，其最适生长温度为 37℃，而产糖化酶的最适温度为 32～34℃。

③ 最高生长温度。它是指微生物生长繁殖的最高温度界限。在此温度下，微生物细胞容易衰老和死亡。

（2）微生物的生长温度类型 根据微生物最适生长温度范围的不同，通常把微生物分为高温微生物（嗜热型）、中温微生物（嗜温型）和低温微生物（嗜冷型）三大类，它们的最低、最适、最高生长温度及其范围见表 6-1。

表 6-1　三大类微生物最低、最适、最高生长温度及其范围

微生物类型		生长温度范围/℃			分布的主要处所
		最低	最适	最高	
低温微生物	专性嗜冷	－12	5～15	15～20	两极地区
	兼性嗜冷	－5～0	10～20	25～30	海水及冷藏食品
中温微生物	室温	10～20	20～35	40～45	腐生菌、寄生菌的生活处所
	体温		35～40		
高温微生物		25～45	50～60	70～95	温泉、堆肥堆、土壤表层、热水加热器等

① 高温微生物。这类微生物最适生长温度在 50～60℃。温泉、堆肥、厩肥、秸秆堆和土壤中都有嗜热型微生物存在，它们参与堆肥、厩肥和秸秆堆高温阶段的有机质分解过程。芽孢杆菌和放线菌中多高温性种类，霉菌通常不能在高温中生长发育。嗜热型微生物之所以能在如此高的温度下生存和生长，可能是由于菌体内的酶和蛋白质较为抗热，而且细胞膜中饱和脂肪酸含量较高，从而使膜在高温下能保持较好的稳定性。多数嗜热型微生物在较高温度下，能迅速合成生物大分子，以弥补高温造成的损伤。

② 中温微生物。自然界中绝大多数微生物属于嗜温型微生物，其最适生长温度在 20～40℃。嗜温型微生物又可分为室温型和体温型两种：室温型微生物如土壤微生物、植物病原菌等，适于在 20～25℃下生长；体温型微生物如人或温血动物寄生菌，最适生长温度与其宿主体温接近，如人体寄生菌的最适生长温度为 37℃。

③ 低温微生物。嗜冷型微生物最适生长温度在 5～20℃，包括水体中的发光细菌、铁细菌及一些常见于寒带冻土、海洋、冷泉、冷水河流、湖泊以及冷藏仓库中的微生物。它们对上述水域中有机质的分解起着重要作用，冷藏食物的腐败往往是这类微生物作用的结果。嗜冷型微生物能在低温条件下生长，是因为嗜冷型微生物细胞内的酶在低温下仍能缓慢而有效地发挥作用，同时细胞膜中不饱和脂肪酸含量较高，可推测它们在低温下仍保持膜的通透

性，从而能进行活跃的物质代谢。

微生物在适宜温度范围内，随温度逐渐提高，代谢活动加强，生长、繁殖加快；超过最适温度后，生长速率逐渐降低，生长周期也延长。微生物生长速率在适宜温度范围内随温度而变化的规律见图 6-1。

(3) 高温灭菌　在适宜温度界限以外，过高和过低的温度对微生物的影响不同。高于最高温度界限时，引起微生物原生质胶体的变性，蛋白质和酶损伤、变性，失去生命机能的协调，停止生长或出现异常形态，最终导致死亡。因此，高温对微生

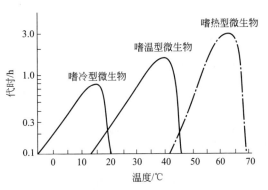

图 6-1　温度对嗜冷、嗜温和嗜热
微生物生长速率的影响

物具有致死作用。各种微生物对高温的抵抗力不同，同一种微生物又因发育形态和群体数量、环境条件不同而有不同的抗热性。细菌芽孢和真菌的一些孢子和休眠体，比它们的营养细胞的抗热性强得多。

若环境温度超过最高温度，便可杀死微生物。这种在一定条件下和一定时间内杀死微生物的最低温度称为致死温度。在致死温度时杀死该种微生物所需的时间称为致死时间。在致死温度以上，温度越高，致死时间越短。表 6-2 列举了一些细菌芽孢的致死温度和致死时间，可见用高压蒸汽灭菌法使温度达到 121℃ 以上，进行培养基灭菌，足以杀死全部微生物，包括耐热性最强的芽孢。

表 6-2　各种细菌的芽孢在湿热中的致死温度和致死时间（min）

菌　　种	温　度/℃				
	100	105	110	115	121
炭疽芽孢杆菌	5～10	—	—	—	—
枯草芽孢杆菌	6～17	—	—	—	—
嗜热脂肪芽孢杆菌	—	—	—	—	12
肉毒梭状芽孢杆菌	330	100	32	10	4
破伤风梭状芽孢杆菌	5～15	5～10	—	—	—

高温对微生物有致死作用，现已广泛用于消毒灭菌中。高温灭菌的方法分为干热与湿热两大类。在同一温度下，湿热灭菌法比干热灭菌法的效果好，这是因为蛋白质的含水量与其凝固温度成反比（表 6-3）。

表 6-3　蛋白质含水量与其凝固温度的关系

蛋白质含水量/%	蛋白质凝固温度/℃	灭菌时间/min
50	56	30
25	74～80	30
18	80～90	30
6	145	30
0	160～170	30

① 干热灭菌法

a. 灼烧。将待灭菌物品放在火焰上灼烧，是一种较为彻底的干热灭菌法，常用于金属性接种工具、污染物品及实验材料等废弃物的处理。

b. 热空气灭菌法。主要是在干燥箱中利用热空气进行灭菌，通常在 150～170℃ 下处理

1~2h，可彻底灭菌（包括细菌的芽孢）。如果被处理物品传热性差、体积较大或堆积过挤时，需适当延长时间。此法只适用于玻璃器皿、金属用具等耐热物品的灭菌。其优点是可保持物品干燥。

② 湿热灭菌

a. 巴斯德消毒法。这是一种专用于牛乳、啤酒、果酒或酱油等不宜进行高温灭菌的液态风味食品或调料的低温消毒方法，即采用较低的温度（62~63℃、30min）处理牛乳、酒类等，以杀死其中的病原菌如结核杆菌、伤寒杆菌等，但又不损害其营养与风味。处理后的物品迅速冷却至10℃左右即可饮用。

b. 煮沸消毒法。物品在水中煮沸（100℃）15min以上，可杀死细菌的所有营养细胞和部分芽孢。如延长煮沸时间，并在水中加入1%碳酸钠或2%~5%苯酚（石炭酸），则效果更好。这种方法适用于饮用水的消毒。

c. 间歇灭菌法。间歇灭菌法又称分段灭菌法，是一种将待灭菌的物件放置在盛有适量水的专用灭菌器内用流通蒸汽进行反复多次处理的灭菌方法。待灭菌物品置于灭菌器或蒸锅中，常压下100℃处理15~30min，以杀死其中所有微生物的营养体。冷却后，置于一定温度（28~37℃）保温过夜，诱使其中可能残存的芽孢萌发成营养体，再以同样方法加热处理。如此反复三次，可杀灭所有芽孢和营养体，从而达到灭菌的目的。此法的缺点是灭菌比较费时，一般只用于不耐热的药品、营养物、特殊培养基等的灭菌。

d. 高压蒸汽灭菌法。此法为实验室及生产中常用的灭菌方法，又称加压蒸汽灭菌法。在常压下水的沸点为100℃，加压则可提供高于100℃的蒸汽。由于热蒸汽穿透力强，可迅速引起蛋白质凝固变性，所以高压蒸汽灭菌在湿热灭菌法中效果最佳，应用较广。它适用于各种耐热物品的灭菌，如一般培养基、生理盐水、各种缓冲液、玻璃器皿、金属用具、工作服等。常采用103kPa(1.05kgf/cm²)的蒸汽压，121℃的温度下处理15~30min，即可达到灭菌的目的。灭菌所需的时间和温度取决于被灭菌物品的性质、体积与容器类型等。对体积大、热传导性差的物品，加热时间应适当延长。

(4) 低温抑菌 微生物对低温的抵抗力一般较高温为强，虽然低温能使部分微生物死亡，但不少微生物当环境温度低于微生物生长最低温度时，只是代谢速率降低，进入休眠状态，但原生质结构通常并不破坏，不会很快死亡，且能在一个较长时间内保存其生命力，当提高温度后，仍可恢复正常的生命活动。在微生物学研究工作中，常用低温保藏菌种。但有的微生物在冰点以下就会死亡，即使是能在低温下生长的微生物，低温处理时，开始也有一部分死亡。其主要原因可能是细胞内水分变成冰晶，造成细胞明显脱水，冰晶往往还可造成细胞尤其是细胞膜的物理性损伤。因此，低温具有抑制微生物生长或杀死微生物的作用，故低温保藏食品是最常用的方法之一。

2. 干燥与渗透压

(1) 干燥 水分是微生物进行生长的必要条件，孢子萌发、芽孢出芽首先需要大量水分，微生物是不能脱离水而生存的。一般人工培养时，要求培养基的含水量在60%~65%，空气相对湿度为80%~90%。干燥状态下，微生物细胞脱水，蛋白质变性使代谢活动停止而死亡。

(2) 微生物的生长和渗透压 水或其他溶剂经过半透性膜而进行扩散称为渗透。大多数微生物适于在等渗环境中生长，当胞内溶质浓度与胞外溶液溶质浓度相等时，微生物保持原形，生命活动最好。突然改变渗透压会使微生物失去活性，在高渗溶液中，水将通过细胞膜进入到细胞周围的溶液中，造成细胞脱水而引起质壁分离，细胞不能生长甚至死亡。一般微生物不能耐受高渗透压，所以食品工业中利用高浓度的盐或糖保存食品，如腌制蔬菜、肉类及果脯蜜饯等，糖的浓度通常在50%~70%，盐的浓度通常在5%~10%。在低渗溶液中，外界环境中的水从溶液进入细胞内引起细胞吸水膨胀，甚至破裂致死。低渗法可应用于破碎细胞，将洗净经离心的菌体置于 80 倍预冷的 $MgCl_2$ 溶液中，剧烈搅拌可使细胞内含物释放出来。

3. pH

（1）pH 对微生物生长的影响　微生物生命活动的各项生化反应绝大多数需由酶所催化进行，而酶促反应只有在一定的 pH 范围内才能达到最大的反应速率，所以每种微生物都有其最适宜的 pH 值和一定的 pH 适应范围。大多数细菌、藻类和原生动物的最适 pH 为 6.5～7.5，在 pH4.0～10.0 之间也能生长。放线菌一般在微碱性环境中最适宜。酵母菌和霉菌在 pH5.0～6.0 的酸性环境中较适宜，但可生长的范围在 pH1.5～11.0（表6-4）。有些细菌也可在很强的碱性或酸性环境中生活，例如大豆根瘤菌能在 pH11.0 的环境中生活、氧化硫硫杆菌在 pH1.0～2.0 的环境中也能生活，表 6-5 列举了一些典型微生物生长的 pH 范围。

表 6-4　一般微生物的最低、最适与最高 pH 范围

微　生　物	最低 pH	最适 pH	最高 pH
细菌	3.0～5.0	6.5～7.5	8.0～10.0
放线菌	5.0	7.0～8.0	10.0
酵母菌	2.5	4.0～5.8	7.0～8.0
霉菌	1.5	3.8～6.0	7.0～11.0

表 6-5　几种细菌的最低、最适与最高 pH 范围

微　生　物	最低 pH	最适 pH	最高 pH
亚硝酸细菌	7.0	7.8～8.6	9.4
褐球固氮菌	4.5	7.4～7.6	9.0
金黄色葡萄球菌	4.2	7.0～7.5	9.3
大豆根瘤菌	4.2	6.8～7.0	11.0
枯草芽孢杆菌	4.5	6.0～7.5	8.5
大肠杆菌	4.3	6.0～8.0	9.5
氧化硫硫杆菌	0.5	2.0～3.5	6.0

各种微生物处于最适 pH 范围时酶活性最高，如果其他条件适合，微生物的生长速率也最高，而当低于最低 pH 或超过最高 pH 时，将抑制微生物生长甚至导致其死亡。pH 主要通过影响菌体对营养物质的吸收、酶的活性及代谢物的形成而影响微生物的生长。

（2）pH 的调节　微生物在基质中生长，代谢作用引起物质转化，也能改变基质的 pH。例如乳酸菌分解葡萄糖产生乳酸，因而降低了基质的 pH，酸化了基质；尿素小球菌水解尿素产生氨，碱化了基质。为了维持微生物生长过程中 pH 的稳定，在配制培养基时，要注意调节培养基的 pH，以适合微生物生长的需要。

常用的 pH 调节措施分为"治标"和"治本"两大类，"治标"是根据表面现象而进行直接、快速但不持久的表面化调节，"治本"是根据内在机制而采用的间接、较缓但可以发挥持久作用的调节。pH 调节的具体方法如下。

$$
\text{pH 调节措施}\begin{cases}
\text{"治本"}\begin{cases}
\text{过酸时}\begin{cases}\text{加适当氮源，如尿素、硝酸钠、} NH_4OH \text{ 或蛋白质}\\ \text{提高通气量}\end{cases}\\
\text{过碱时}\begin{cases}\text{加适当碳源，如糖、乳酸、油脂等}\\ \text{降低通气量}\end{cases}
\end{cases}\\
\text{"治标"}\begin{cases}\text{过酸时：加氢氧化钠、碳酸钠等碱中和}\\ \text{过碱时：加硫酸、盐酸等酸中和}\end{cases}
\end{cases}
$$

某些微生物在不同 pH 的培养液中培养，可以启动不同的代谢途径、积累不同的代谢产物，因此，环境 pH 还可调控微生物的代谢。例如酿酒酵母生长的最适 pH 为 4.5～5.0，在

此 pH 范围进行乙醇发酵，不产生甘油和醋酸；当 pH 高于 8.0 时，发酵产物除乙醇外，还有甘油和醋酸。因此，在发酵过程中，根据不同的目的，采用改变其环境 pH 的方法，可以提高目的产物的生产效率。

4. 氧与氧化还原电位

(1) 微生物与氧的关系 氧和氧化还原电位与微生物的关系十分密切，对微生物生长的影响极为明显。不同类群的微生物对氧的要求不同，可根据微生物对氧的不同需求与影响，把微生物分成如下几种类型。

① 专性好氧菌。这类微生物具有完整的呼吸链，以分子氧作为最终电子受体，只能在较高浓度分子氧的条件下才能生长。大多数细菌、放线菌和真菌是专性好氧菌。如醋杆菌属、固氮菌属、铜绿假单胞菌等为专性好氧菌。

② 兼性厌氧菌。兼性厌氧菌也称兼性好氧菌。这类微生物的适应范围广，在有氧或无氧的环境中均能生长，一般以有氧生长为主。该类菌有氧时靠呼吸产能，兼具厌氧生长能力；无氧时则通过发酵或无氧呼吸产能。如大肠杆菌、产气肠杆菌等肠杆菌科的各种常见细菌以及地衣芽孢杆菌、酿酒酵母等属于兼性厌氧菌。

③ 微好氧菌。这类微生物含有在强氧化条件下易失活的酶，因而只能在非常低的氧分压，即 $0.01 \sim 0.03 Pa$ 下才能生长（正常大气的氧分压为 $0.2 Pa$）。它们通过呼吸链，以氧为最终电子受体产能，如发酵单胞菌属、氢单胞菌属、弯曲菌属等。

④ 耐氧菌。它们的生长不需要氧，但可在分子氧存在的条件下进行发酵性厌氧生活，分子氧对它们无用，但也无害，故可称为耐氧性厌氧菌。它们不具有呼吸链，只通过发酵经底物水平磷酸化获得能量，故氧对其无用。一般的乳酸菌大多是耐氧菌，如乳酸乳杆菌、乳链球菌、肠膜明串珠菌和粪肠球菌等。

⑤ 厌氧菌。分子氧对这类微生物有毒，氧可抑制一般厌氧菌生长甚至导致严格厌氧菌的死亡。它们在固体培养基上不能生长，只能在深层无氧或氧化还原电位很低的环境中生长，通过发酵、无氧呼吸、循环光合磷酸化或甲烷发酵获得能量。常见的厌氧菌有梭菌属的丙酮丁醇梭菌、双歧杆菌属和拟杆菌属的成员以及着色菌属、硫螺旋菌属等属的光合细菌，而产甲烷菌属于严格厌氧菌。

(2) 微生物与氧化还原电位的关系 不同的微生物对生长环境的氧化还原电位有不同的要求。环境的氧化还原电位（ψ）与氧分压有关，也受 pH 的影响，pH 低时，氧化还原电位高；pH 高时，氧化还原电位低，所以通常以 pH 中性时的值表示。微生物生活的自然环境或培养环境（培养基及其接触的气态环境）的 ψ 值是整个环境中各种氧化还原因素的综合表现。一般来说，ψ 值在 $+0.1 V$ 以上好氧性微生物均可生长，以 $+0.3 \sim +0.4 V$ 为宜，ψ 值在 $+0.1 V$ 以下适宜厌氧性微生物生长。不同微生物种类的临界 ψ 值不等。产甲烷细菌生长所要求的 ψ 值一般在 $-330 mV$ 以下，它是目前所知的对 ψ 值要求最低的一类微生物。

培养基的氧化还原电位受诸多因素的影响，首先是分子态氧的影响，其次是培养基中氧化还原物质的影响。例如在接触空气的条件下进行平板培养，厌氧性微生物不能生长，但如果培养基中加入足量的强还原性物质（如半胱氨酸、硫代乙醇等），同样接触空气，有些厌氧性微生物还是能生长。这是因为在所加的强还原性物质的影响下，即使环境中有少量氧气，培养基的 ψ 值也能下降到这些厌氧性微生物生长的临界 ψ 值以下。另一方面，微生物本身的代谢作用也是影响 ψ 值的重要因素，在培养环境中，微生物代谢消耗氧气并积累一些还原性物质，如抗坏血酸、硫化氢或半胱氨酸、谷胱甘肽、二硫苏糖醇等，导致环境中 ψ 值降低。

5. 辐射与紫外杀菌

与微生物生长有关的辐射有电离辐射（波长小于 100nm）、紫外辐射（波长 100～400nm）和可见光辐射（波长 420～780nm），大多数微生物不能利用辐射能源，辐射往往对微生物有害。只有光能营养型微生物需要光照，部分可见光能被蓝细菌和藻类用作光合作用的主要能源，红外辐射也可被光合细菌利用作为能源。

（1）可见光辐射 虽然有些微生物不是光合生物，但表现一定的趋光性。一些真菌在形成子实体、担子果、孢子囊和分生孢子时，也需要一定散射光的刺激，例如灵芝在散射光照下才生长具有长柄的盾状或耳状子实体。

在强烈的可见光线照射下，微生物也能受到损害。这是因为微生物体内有一类称为光敏化剂的化学物质，它能被光能活化而上升到能量较高状态，当其因失能而恢复正常状态时，它所放出的能量能被微生物体内的有机分子或氧气吸收。如果它被有机分子所吸收，菌体受到损害的程度则比较小；如果被氧气所吸收，损害程度就比较大。这是因为空气中的氧气活性较低，但吸收能量后，它会变成含有高能的强烈氧化剂。

（2）紫外辐射 微生物直接在阳光中曝晒，由于红外线产生热量，提高了环境的温度和引起水分蒸发而导致干燥，间接地影响微生物的生长。短光波的紫外线则具有直接杀菌作用。

紫外线是非电离辐射，波长短，能使被照射物的分子或原子中的内层电子提高能级，但不引起电离。不同波长的紫外线具有不同程度的杀菌力，一般以 250～280nm 波长的紫外线杀菌力最强，可作为强烈杀菌剂，如在医疗卫生和无菌操作中广泛应用的紫外灭菌灯。紫外线对细胞的杀伤作用主要是由于细胞中 DNA 能吸收紫外线，形成嘧啶二聚体，导致 DNA 复制异常而产生致死作用。微生物细胞经照射后，在有氧情况下，能产生光化学氧化反应，生成的过氧化氢能发生氧化作用，从而影响细胞的正常代谢。紫外线的杀菌效果因菌种和生理状态的不同以及照射时间的长短和剂量的大小而有差异。干细胞比湿细胞对紫外线辐射的抗性强，孢子比营养细胞更具抗性，带色的细胞能更好地抵抗紫外线辐射。经紫外线辐射处理后，受损伤的微生物细胞若再暴露于可见光中，一部分可恢复正常，称为光复活现象。

（3）电离辐射 高能电磁波如 X 射线、α 射线、β 射线和 γ 射线的波长更短，有足够的能量使受照射分子逐出电子而使之电离，故称为电离辐射。电离辐射的杀菌作用除作用于细胞内大分子，如 X 射线、γ 射线能导致染色体畸变等外，还间接地通过射线引起环境中水分子和细胞中水分子在吸收能量后产生自由基而起作用，这些游离基团能与细胞中的敏感大分子反应并使之失活。

高能量的 γ 射线具有很强的穿透力和杀菌效果，在食品与制药等工业中，常将高剂量 γ 射线应用于罐头食品以及不能进行高温处理的药品的放射灭菌。

6. 化学药物与化学治疗剂及常用控菌方法

化疗是指利用具有选择毒性的化学药物如磺胺、抗生素等对生物体内部被感染的组织或病变细胞进行治疗，以杀死组织内的病原微生物或病变细胞，但对机体本身不产生毒害作用的治疗措施。用于治疗的化学药物称为化学治疗剂。化学治疗剂的种类较多，与微生物关系最为密切的有抗生素、磺胺类抗代谢药物、消毒剂和防腐剂等。

（1）抗生素 抗生素是一类在低浓度时能选择性地抑制或杀灭其他微生物的低分子量微生物次级代谢产物。以天然来源的抗生素为基础，再对其化学结构进行修饰或改造的新抗生素称为半合成抗生素。

每种抗生素均有抑制特定种类微生物的特性，这一抑制菌范围称为该抗生素的抗菌谱。

抗微生物抗生素可分为抗真菌抗生素与抗细菌抗生素，而抗细菌抗生素又可分为抗 G^+ 菌（如青霉素、红霉素）、抗 G^- 菌（如链霉素、新霉素）或抗分枝杆菌等抗生素。有的抗生素仅抗某一类微生物，如早先的青霉素主要对 G^+ 菌有作用，这些抗生素被称为窄谱抗生素。有的抗生素（如氯霉素、四环素、土霉素等）对 G^+ 菌、G^- 菌、立克次体以及衣原体等均有效，则被称为广谱抗生素。

抗生素抑制微生物生长的机制因抗生素的品种与其所作用的微生物的种类的不同而异，抗生素的抗菌作用主要表现在：①抑制或阻断细胞生长中重要大分子的生物合成或功能，如青霉素能影响肽聚糖的合成，造成细胞壁缺损的细菌细胞，在不利的渗透压环境中极易破裂而死亡；②影响细胞膜功能，如制霉菌素能与真菌细胞膜的甾醇作用，引起膜的损伤；③破坏蛋白质合成，如链霉素通过结合到核糖体的一种蛋白质上，干扰蛋白质合成，抑制微生物的生长；④干扰核酸的合成。

现在在抗生素的基础上发展起来的具有多种生理活性的微生物次级代谢物，如酶抑制剂、免疫调节剂、抗氧化剂等也具有控菌和抑菌的作用，称为生物药物素。

（2）抗代谢药物 又称代谢类似物或代谢拮抗物，它们往往在化学结构上与细胞内必要代谢物的结构很相似，从而干扰正常的代谢活动。例如磺胺类药物的磺胺，其结构与细菌的一种生长因子——对氨基苯甲酸（PABA）高度相似（图 6-2）。

图 6-2 对氨基苯甲酸与磺胺分子结构比较

许多致病菌具有二氢蝶酸合成酶，该酶就以对氨基苯甲酸（PABA）为底物之一，经一系列反应，自行合成四氢叶酸（THFA）。因而当环境中存在磺胺时，某些致病菌的二氢蝶酸合成酶在以二氢蝶啶和 PABA 为底物缩合生成二氢蝶酸的反应中，可错把磺胺当作 PABA 为底物之一，合成不具功能的"假"二氢蝶酸，即二氢蝶酸的类似物。二氢蝶酸是合成四氢叶酸的中间代谢物，而"假"二氢蝶酸导致最终不能合成四氢叶酸，从而抑制细菌生长。也就是说，磺胺药物作为竞争性代谢拮抗物或代谢类似物使微生物生长受到抑制。

抗代谢物一般具有良好的选择毒力，故是一类重要的化学治疗剂，其种类也很多，一般都是有机合成药物，如磺胺类、氨基叶酸等。

（3）消毒剂和防腐剂 消毒剂通常用来迅速杀死非生物材料上的致病微生物。防腐剂具有抑制或阻止微生物生长繁殖的能力。消毒剂在低浓度时有抑菌作用，如 0.5% 的苯酚（石炭酸）；防腐剂在高浓度时也能起到杀菌作用，如 1：1000 的硫柳汞。由于消毒剂和防腐剂没有选择性，对一切活细胞都有毒性，所以一般只做外用，用于体表、器械或周围环境等消毒之用。常用的消毒剂和防腐剂见表 6-6 和表 6-7。

表 6-6 常用消毒剂

消 毒 剂	作 用 范 围	作 用 机 理
有机汞	皮肤	与蛋白质的巯基结合
碘液	皮肤	与酪氨酸结合，氧化剂
70%乙醇	皮肤	脂溶剂和使蛋白质变性
3%过氧化氢	皮肤	氧化剂
0.1%～1.0%硝酸银	眼睛发炎	蛋白质沉淀
肥皂、洗液、除臭剂等	玻璃器皿等	破坏细胞膜
季铵化合物	玻璃器皿等	与膜上磷脂作用

表 6-7　常用防腐剂

防　腐　剂	作　用　范　围	作　用　机　理
氯化汞	桌面、地板	与蛋白质的巯基结合
碘液	医用器械用具	与蛋白质酪氨酸结合
硫酸铜	游泳池、水池	使蛋白质沉淀
氯气	供水池	氧化剂
含氯化合物	食品设备、供水池	氧化剂
阳离子去垢剂	医用仪器、食品与奶制品	与膜上磷脂作用
甲醛	温度敏感的实验材料（塑料制品）	烷化剂、交联剂
臭氧	食用水	强氧化剂

一般化学药剂不能杀死所有的微生物，而只能杀死其中的病原微生物，所以只起消毒剂的作用。

7. 微波杀菌和超声波破碎菌

（1）微波杀菌　微波是指频率在 300～300000MHz 的电磁波。微波的杀菌作用主要是微波的热效应造成。微生物在微波电磁场的作用下，吸收微波的能量产生热效应，微波造成分子加速运动使细胞内部受到损害，从而导致微生物死亡，可利用微波进行培养基灭菌和酒精消毒等。

（2）超声波破碎菌　超声波是超过人能听到的最高频（20000Hz）的声波。以适度的超声波处理微生物细胞，可促进微生物细胞代谢。强烈的超声波处理可引起细胞破碎，内含物溢出而死。利用超声波破碎细胞，这种作用的机理是超声波的高频振动与细胞振动不协调而造成细胞周围环境的局部真空，引起细胞周围压力的极大变化，这种压力变化使细胞破裂，从而导致机体死亡。另外，超声波处理会导致热的产生，热作用也是造成机体死亡的原因之一。

几乎所有的微生物细胞都能被超声波破坏，只是敏感程度有所不同。超声波的杀菌效果及对细胞的其他影响与频率、处理时间、微生物种类以及细胞大小、形状及数量等均有关系。杆菌比球菌、丝状菌比非丝状菌、体积大的菌比体积小的菌更易受超声波破坏，而病毒和噬菌体较难被破坏，细菌芽孢具更强的抗性，大多数情况下不受超声波影响。一般来说，高频率比低频率杀菌效果好。

8. 过滤除菌

过滤除菌适用于不耐热物质的灭菌。采用机械方法，让液体培养基从过滤器通过，微生物被截留在过滤筛上面，从而不会破坏培养基的化学成分。过滤除菌是利用各种滤器实现的。滤器大致有三种类型。最早使用的是在一个容器两层滤板中间填充棉花、玻璃纤维或石棉，对其灭菌后让空气通过它就可以达到除菌的目的。后来加以改进，在两层滤板之间放入多层滤纸以缩小滤器的体积，这种除菌方式主要用于发酵工业。第二种是膜过滤器（图 6-3），它是由醋酸纤维素或硝酸纤维素制成的比较坚韧的具有微孔（$0.22～0.45\mu m$）的膜以代替棉花、玻璃纤维等，灭菌后使用，液体培养基通过它就可以将细菌除去。由于这种滤器处理量比较小，主要用于科研。第三种是核孔过滤

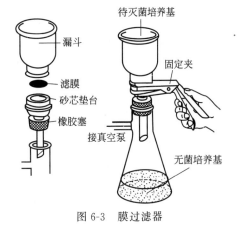

图 6-3　膜过滤器

器，它是由辐射处理过的很薄的胶片（厚 $10\mu m$）再经化学蚀刻而制成。溶液通过这种滤器就可以将微生物除去，这种滤器也主要用于科学研究中。

第二节　微生物的生态

生态学是研究微生物群体之间的相互作用以及微生物与环境的相互关系的科学。研究微生物的生态规律有着重要的理论意义和实践价值。它将有助于我们进一步认识微生物在自然界的分布和在生态系统的作用，有助于促进菌种资源的开发，防止有害微生物的活动，推动微生物在工业、农业、医药卫生和环境保护方面的应用。

一、微生物在自然界中的分布

微生物是自然界中分布最广的生物之一，陆地、水域、空气、动植物以及人体的外表和某些内部器官，甚至在许多极端环境中都有微生物存在。

1. 土壤、水体、空气中的微生物

（1）土壤中的微生物　由于土壤具有绝大多数微生物的生活条件，土壤的矿物质提供了矿质养料；土壤中的有机物提供了良好的碳源、氮源和能源；土壤的酸碱度接近中性，是一般微生物最适合的范围，所以土壤成了微生物生活最适宜的环境之一。可以说，土壤是微生物的"天然培养基"。因此土壤中的微生物的数量和种类最多。对微生物来说，土壤是微生物的"大本营"；对人类来说，土壤是人类最丰富的"菌种资源库"。

土壤微生物的分布和种类主要受到营养状况、含水量、氧气、温度和 pH 等因素的影响，它们集中分布于土壤表层和土壤颗粒表面。土壤微生物是其他自然环境（空气和水）中微生物的主要来源，土壤中所含的微生物数量很大，主要种类有细菌、放线菌、真菌、藻类和原生动物等类群。其中细菌最多，占土壤微生物总量的 $70\%\sim90\%$，放线菌、真菌次之，藻类和原生动物等较少。土壤微生物通过其代谢活动可改变土壤的理化性质，促进物质转化，因此，土壤微生物是构成土壤肥力的重要因素。

不同类型土壤中的各种微生物含量也不相同，一般情况下，在有机物含量丰富的黑土、草甸土、磷质石灰土和植被茂盛的暗棕壤中，微生物含量较高；而在西北干旱地区的棕钙土，华中、华南地区的红壤和砖红壤，以及沿海地区的滨海盐土中，微生物的含量最少。

另外，水田和旱地土壤微生物区系及其在不同深度分布也不相同，不论是水田还是旱地，总是表层耕作层的微生物含量最高；旱地土壤中的放线菌和真菌比水田土壤中多，这是与它们的好氧生活特性直接相关的。

（2）水体中的微生物　水是一种良好的溶剂，水中溶解或悬浮着多种无机和有机物质，能供给微生物营养而使其生长繁殖，水体是微生物栖息的第二天然场所。在江、河、湖、海、地下水中都有微生物的存在。习惯上把水体中的微生物分为淡水微生物和海洋微生物两大类型。

① 淡水微生物。淡水中的微生物多来自于土壤、空气、污水、腐败的动植物尸体及人类的粪便等，尤其是土壤中的微生物，主要有细菌、放线菌、真菌、病毒、藻类和原生动物等，其种类和数量一般要比土壤中的少得多。

微生物在淡水中的分布常受许多环境因素影响，最重要的一个因素是营养物质，其次是温度、溶解氧等。微生物在深水中还具有垂直分布的特点。水体内有机物含量高，则微生物数量大；中温水体内微生物数量比低温水体内多；深层水中的厌氧菌较多，而表层水内好氧菌较多。

水生微生物的区系可分以下几类。

a. 清水型水生微生物。在洁净的湖泊和水库蓄水中，因有机物含量低，故微生物数量很少（10～10^3 个/mL）。典型的清水型微生物以化能自养微生物和光能自养微生物为主，如硫细菌、铁细菌和衣细菌等，以及含有光合色素的蓝细菌、绿硫细菌和紫细菌等。部分腐生性细菌，如色杆菌属、无色杆菌属和微球菌属的一些种也能在低含量营养物的清水中生长。霉菌中一些水生性种类，例如水霉属和绵霉属的一些种可生长于腐烂的有机残体上。单细胞和丝状的藻类以及一些原生动物常在水面生长，但数量一般不大。

根据细菌对周围水生环境中营养物质浓度的要求，可分成三类：ⓐ贫营养细菌，即一些能在 1～15mg/L 低有机物碳含量的培养基中生长的细菌。ⓑ兼性贫营养细菌，即一些在富营养培养基中经反复培养后也能适应并生长的贫营养细菌。ⓒ富营养细菌，即一些能生长在营养物质浓度（有机物碳含量）很高（10g/L）的培养基中的细菌，它们在贫营养培养基中反复培养后即死亡。由于淡水中溶解态和悬浮态有机物碳的含量一般在 1～26mg/L 间，故清水型的水生微生物，很多都是一些贫营养细菌。某水样中贫营养细菌与总菌数（包括贫营养和富营养菌）的百分比，称为贫营养指数。

b. 腐败型水生微生物。上述清水型的微生物可认为是水体环境中"土生土长"的土居微生物或土著种。流经城市的河水、港口附近的海水、滞留的池水以及下水道的沟水中，由于流入了大量的人畜排泄物、生活污物和工业废水等，因此有机物的含量大增，同时也夹入了大量外来的腐生细菌，使腐败型水生微生物尤其是细菌和原生动物大量繁殖，每毫升污水的微生物含量达到 10^7～10^8 个。其中数量最多的是无芽孢革兰阴性菌，如变形杆菌属、产气肠杆菌和产碱杆菌属等，还有各种芽孢杆菌属、弧菌属和螺菌属等的一些种。原生动物有纤毛虫类、鞭毛虫类和根足虫类。这些微生物在污水环境中大量繁殖，逐渐把水中的有机物分解成简单的无机物，同时它们的数量随之减少，污水也就逐步净化变清。还有一类是随着人畜排泄物或病体污物而进入水体的动植物致病菌，通常因水体环境中的营养等条件不能满足其生长繁殖的要求，加上周围其他微生物的竞争和拮抗关系，一般难以长期生存，但由于水体的流动，也会造成病原菌的传播甚至疾病的流行。

② 海洋微生物。海洋是地球上最大的水体。海水与淡水最大的差别在于其中的含盐量。含盐量越高，则渗透压越大，反之则越小。因此海洋微生物与淡水中的微生物在耐渗透压能力方面有很大的差别。此外，在深海中的微生物还能耐很高的静水压。例如，少数微生物可以在 600atm(1atm=$1.01×10^5$Pa) 下生长，如水活微球菌和浮游植物弧菌等。

微生物在海水中的分布规律如下：接近海岸和海底淤泥表层的海水中和淤泥上，菌数较多；离海岸越远，菌数越少。一般在河口、海湾的海水中，细菌数约为 10^5 个/mL，而远洋的海水中，只有 10～250 个/mL。许多海洋细菌能发光，称为发光细菌。这些细菌在有氧存在时发光，对一些化学药剂与毒物较敏感，故可用于监测环境污染物。

(3) 空气中的微生物　空气中没有微生物生长繁殖所必需的营养物质、充足的水分和其他条件，相反，日光中的紫外线还有强烈的杀菌作用，因此空气不是微生物生活的良好场所，但空气中却飘浮着许多微生物。土壤、水体、各种腐烂的有机物以及人和动植物体上的微生物，都可随着气流的运动被携带到空气中去。微生物身小体轻，能随空气流动到处传播，因而微生物的分布是世界性的。

微生物在空气中的分布很不均匀，尘埃多的空气中，微生物也多。一般在畜舍、公共场所、医院、宿舍、城市街道等的空气中，微生物数量较多，而在海洋、高山、森林地带、终年积雪的山脉或高纬度地带的空气中，微生物数量则甚少。空气的温度和湿度也影响微生物的种类和数量，夏季气候湿热，微生物繁殖旺盛，空气中的微生物比冬季多。雨雪季节的空气中微生物的数量大为减少。

空气中的微生物主要有各种球菌、芽孢杆菌、产色素细菌以及对干燥和射线有抵抗力的真菌孢子等，也可能有病原菌，如结核分枝杆菌、白喉棒杆菌、溶血性链球菌及病毒（流感病毒、麻疹病毒）等。在医院或患者的居室附近，空气中常有较多的病原菌。空气中的微生物与动植物病害的传播、发酵工业的污染以及工农业产品的霉腐变质都有很大的关系。

测定空气中微生物的数量可采用培养皿沉降法或液体阻留法等方法进行。凡需进行空气消毒的场所，例如医院的手术室、病房、微生物接种室或培养室等处可以用紫外线消毒、福尔马林等药物的熏蒸或喷雾消毒等方法进行。为防止空气中的杂菌对微生物培养物或发酵罐内的纯种培养物的污染，可用棉花、纱布（8层以上）、石棉滤板、活性炭或超细玻璃纤维过滤纸进行空气过滤。

2. 植物体表和体内的微生物

植物体表上存在的微生物叫附生微生物。这些微生物可引起自然发酵，如黄瓜、萝卜等多种蔬菜上附着的乳酸菌可引起乳酸发酵，附着的酵母菌可引起酒精发酵。还有引起果蔬腐败变质的微生物病原菌等。正常果蔬组织内部一般为无菌状态或菌数很少。常分离到的微生物是一些酵母菌和假单胞菌属的菌。

3. 正常人体及动物体上的微生物

正常人体及动物体上都存在着许多微生物。生活在健康人体和动物体各部位、数量大、种类较稳定且一般是有益无害的微生物种群，称为正常菌群。例如，动物的皮毛上经常有葡萄球菌、链球菌和双球菌等，在肠道中存在着大量的拟杆菌、大肠杆菌、双歧杆菌、乳杆菌、粪链球菌、产气荚膜梭菌、腐败梭菌和纤维素分解菌等，它们都属于动物体上的正常菌群。

人体在健康的情况下与外界隔绝的组织和血液是不含菌的，而身体的皮肤、黏膜以及一切与外界相通的腔道，如口腔、鼻咽腔、消化道和泌尿生殖道中存在有许多正常的菌群。胃中含有盐酸，pH较低不适于微生物生活，除少数耐酸菌外，进入胃中的微生物很快被杀死。人体肠道呈中性或弱碱性，且含有被消化的食物，适于微生物的生长繁殖，所以肠道特别是大肠中含有很多微生物。

一般情况下，正常菌群与人体保持平衡状态，且菌群之间互相制约，维持相对平衡。它们与人体的关系一般表现为互生关系。但是，所谓正常菌群，也是相对的、可变的和有条件的。当机体防御机能减弱时，如皮肤大面积烧伤、黏膜受损、机体受凉或过度疲劳时，一部分正常菌群会成为病原微生物。另外，正常菌群由于其生长部位发生改变也可导致疾病的发生，如因外伤或手术等原因，大肠杆菌进入腹腔或泌尿生殖系统，可引起腹膜炎、肾炎或膀胱炎等炎症。还有一些正常菌群，由于某种原因破坏了其内各种微生物之间的相互制约关系时，也能引起疾病，如长期服用广谱抗生素后，肠道内对药物敏感的细菌被抑制，而不敏感的白色假丝酵母或耐药性葡萄球菌则大量繁殖，从而引起病变。这就是通常所说的菌群失调症。因此在进行治疗时，除使用药物来抑制或杀灭致病菌外，还应考虑调整菌群、恢复肠道正常菌群生态平衡的问题。

4. 食品中的微生物

食品从原料到加工成产品，随时都有被微生物污染的可能。这些微生物在适宜条件下生长繁殖，分解食品中的成分，使食品失去原有的营养价值，成为不符合卫生要求的食品。变质的食品是不能食用的。

5. 极端环境中的微生物

在自然界中，存在着一些可在绝大多数微生物所不能生长的高温、低温、高酸、高碱、高盐、高压或高辐射强度等极端环境下生活的微生物，它们被称为极端环境微生物或极端微生物。

微生物对极端环境的适应，是自然选择的结果，是生物进化的动因之一。了解极端环境下微生物的种类、遗传特性及适应机制，不仅可为生物进化、微生物分类积累资料，提供新的线索，还可利用它的特殊基因、特殊机能，培育更有用的新种。因此，研究极端环境中的微生物，在理论上和实践上都具有重要的意义。

(1) 嗜热菌 嗜热菌广泛分布在草堆、厩肥、温泉、煤堆、火山地、地热区土壤及海底火山附近等处。它们的最适生长温度一般在 $50\sim60℃$，有的可以在更高的温度下生长。专性嗜热菌的最适生长温度在 $65\sim70℃$，超嗜热菌的最适生长温度在 $80\sim110℃$。大部分超嗜热菌都是古生菌。

嗜热菌代谢快、酶促反应温度高、代时短等特点是嗜温菌所不及的，它们在发酵工业、城市和农业废物处理等方面均具有特殊的作用。嗜热细菌耐高温 DNA 聚合酶为 PCR 技术的广泛应用提供了基础，但嗜热菌的良好抗热性也造成了食品保存上的困难。

(2) 嗜冷菌 嗜冷菌分布在南北极地区、冰窖、高山、深海等的低温环境中。嗜冷菌可分为专性和兼性两种。嗜冷菌是导致低温保藏食品腐败的根源，但其产生的酶在日常生活和工业生产上具有应用价值。

(3) 嗜酸菌 嗜酸菌分布在工矿酸性水、酸性热泉和酸性土壤等处，极端嗜酸菌能生长在 pH3 以下。如氧化硫硫杆菌的生长 pH 范围为 $0.9\sim4.5$，最适 pH 为 2.5，在 pH0.5 以下仍能存活，能氧化硫产生硫酸（浓度可高达 $5\%\sim10\%$）。氧化亚铁硫杆菌为专性自养嗜酸杆菌，能将还原态的硫化物和金属硫化物氧化产生硫酸，还能把亚铁氧化成高铁，并从中获得能量。这种菌已被广泛用于铜等金属的细菌沥滤中。

(4) 嗜碱菌 在碱性和中性环境中均可分离到嗜碱菌，专性嗜碱菌可在 pH11~12 的条件下生长，而在中性条件下却不能生长，如巴氏芽孢杆菌在 pH11 时生长良好，最适 pH 为 9.2，而低于 pH9 时生长困难；嗜碱芽孢杆菌在 pH10 时生长活跃，pH7 时不生长。嗜碱菌产生的碱性酶可被用于洗涤剂或其他用途。

(5) 嗜盐菌 嗜盐菌通常分布在晒盐场、腌制海产品、盐湖和著名的死海等处，如盐生盐杆菌和红皮盐杆菌等。其生长的最适盐浓度高达 $15\%\sim20\%$，甚至还能生长在 32% 的饱和盐水中。嗜盐菌是一种古生菌，它的紫膜具有质子泵和排盐的作用，目前正设法利用这种机制来制造生物能电池和海水淡化装置。

(6) 嗜压菌 嗜压菌仅分布在深海底部和深油井等少数地方。嗜压菌与耐压菌不同，它们必须生活在高静水压环境中，而不能在常压下生长。例如，从深海底部压力为 101.325MPa 处，分离到一种嗜压的假单胞菌；从深 3500m、压力 40.53MPa、温度 $60\sim105℃$ 的油井中分离到嗜热性耐压的硫酸盐还原菌。有关嗜压菌和耐压菌的耐压机制目前还不太清楚。

(7) 抗辐射微生物 抗辐射微生物对辐射仅有抗性或耐受性，而不是"嗜好"。与微生物有关的辐射有可见光、紫外线、X 射线和 γ 射线，其中生物接触最多、最频繁的是太阳光中的紫外线。生物具有多种防御机制，或能使它免受放射线的损伤，或能在损伤后加以修复。抗辐射的微生物就是这类防御机制很发达的生物，因此可作为生物抗辐射机制研究的极好材料。1956 年，Anderson(安德森)从射线照射的牛肉上分离到了耐放射异常球菌，此菌在一定的照射剂量范围内，虽已发生相当数量 DNA 链的切断损伤，但都可准确无误地被修复，使细胞几乎不发生突变，其存活率可达 100%。

二、微生物与生物环境间的关系

自然界中微生物极少单独存在，总是较多种群聚集在一起，当微生物的不同种类或微生物与其他生物出现在一个限定的空间内，它们之间互为环境，相互影响，既有相互依赖又有相互排斥，表现出相互间复杂的关系。以下介绍几种常见的相互关系。

1. 互生

互生是指两种可以单独生活的生物，当它们生活在一起时，通过各自的代谢活动而有利于对方，或偏利于一方的生活方式。这是一种"可分可合，合比分好"的松散的相互关系。

土壤中好氧性自生固氮菌与纤维素分解菌生活在一起时，后者分解纤维素的产物有机酸可为前者提供固氮时的营养，而前者可将固定的有机氮化物提供给后者。两者相互为对方创造有利于各自增殖和扩展的条件。

根际微生物与高等植物之间也存在着互生关系。根系向周围土壤中分泌有机酸、糖类、氨基酸、维生素等物质，这些物质是根际微生物的重要营养来源和能量来源。另外根系的穿插，使根际的通气条件和水分状况比根际外的良好，温度也比根际外的略高一些。因此根际是一个对微生物生长有利的特殊生态环境。根际微生物的活动，不但加速了根际有机物质的分解，而且旺盛的固氮作用、菌体的自溶和产生的一些生长刺激物等，既为植物提供了养料，又能刺激植物的生长。有些根际微生物还能产生杀菌素，可以抑制植物病原菌的生长。

人体肠道正常菌群与宿主间的关系，主要是互生关系。人体为肠道微生物提供了良好的生态环境，使微生物能在肠道得以生长繁殖。而肠道内的正常菌群可以完成多种代谢反应，如固醇的氧化、酯化、还原、转化、合成蛋白质和维生素等作用，均对人体生长发育有重要意义。肠道微生物所完成的某些生化过程是人体本身无法完成的，如维生素 K 和维生素 B_1、维生素 B_2、维生素 B_6、维生素 B_{12} 的合成等。此外，人体肠道中的正常菌群还可抑制或排斥外来肠道致病菌的侵入。

2. 共生

共生是指两种生物共居在一起，相互分工合作、相依为命，甚至达到难分难解、合二为一的极其紧密的一种相互关系。

最典型的例子是由菌藻共生或菌菌共生的地衣。前者是真菌（一般为子囊菌）与绿藻共生，后者是真菌与蓝细菌共生。其中的绿藻或蓝细菌进行光合作用，为真菌提供有机养料，而真菌则以其产生的有机酸去分解岩石中的某些成分，为藻类或蓝细菌提供必需的矿质元素。

另外，根瘤菌（图 6-4）与豆科植物之间的关系，牛、羊、鹿、骆驼和长颈鹿等反刍动物与瘤胃微生物之间的关系，都属于共生关系。

3. 拮抗

拮抗又称抗生，指由某种生物所产生的特定代谢产物，可抑制他种生物的生长发育甚至杀死它们的一种相互关系。根据拮抗作用的选择性，可将拮抗分为非特异性拮抗和特异性拮抗两类。

在制造泡菜、青贮饲料过程中，由于乳酸菌迅速繁殖产生大量乳酸导致环境的 pH 下降，从而抑制其他微生物的生长，这是一种非特异拮抗，因为这种抑制作用没有特定专一性，对不耐酸细菌均有抑制作用。

许多微生物在生命活动过程中，能产生某种抗生素，具有选择性地抑制或杀死别种微生物的作用，这是一种特异性拮抗。如青霉菌产生的青霉素抑制 G^+ 菌，链霉菌产生的制霉菌素抑制酵母菌和霉菌等。

微生物间的拮抗关系已被广泛应用于抗生素的筛选、食品保藏、医疗保健和动植物病害的防治等领域。

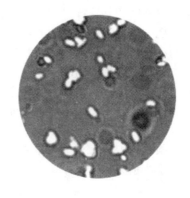

根瘤   根瘤菌

图 6-4 根瘤菌的形态

4. 寄生

寄生一般指一种小型生物生活在另一种较大型生物的体内（包括细胞内）或体表，从中夺取营养并进行生长繁殖，同时使后者蒙受损害甚至被杀死的一种相互关系。前者称为寄生物，后者称为寄主或宿主。

有些寄生物一旦离开寄主就不能生长繁殖，这类寄生物称为专性寄生物。有些寄生物在脱离寄主以后营腐生生活，这些寄生物称为兼性寄生物。

在微生物中，噬菌体寄生于宿主菌是常见的寄生现象。此外，细菌与真菌、真菌与真菌之间也存在着寄生关系。土壤中存在着一些溶真菌细菌，它们侵入真菌体内，生长繁殖，最终杀死寄主真菌，造成真菌菌丝溶解。真菌间的寄生现象比较普遍，如某些木霉寄生于丝核菌的菌丝内。蛭弧菌与寄主细菌属于细菌间的寄生关系。

寄生于动植物及人体的微生物也极其普遍，常引起各种病害。凡能引起动植物和人类发生病变的微生物都称为致病微生物。致病微生物在细菌、真菌、放线菌、病毒中都有。能引起植物病害的致病微生物主要是真菌。能引起人和动物致病的微生物很多，主要是细菌、真菌和病毒。微生物也能使害虫致病，利用昆虫病原微生物防治农林害虫已成为生物防治的重要方面。

5. 捕食

捕食又称猎食，一般是指一种较大型的生物直接捕捉、吞食另一种小型生物以满足其营养需要的相互关系。微生物间的捕食关系主要是原生动物捕食细菌和藻类，它是水体生态系统中食物链的基本环节，在污水净化中也有重要作用。另有一类是捕食性真菌，例如少孢节丛孢菌等巧妙地捕食土壤线虫的例子，对生物防治具有一定的意义。

6. 竞争

竞争关系是指生活在同一环境中的微生物在生长中为争夺共同需要的营养而相互影响。由于在竞争中可能争夺同一营养物，结果其生长都要受到限制，以适应最强的微生物占优势或完全排除其他种微生物。如果将两种微生物分别用液体培养基在恒化器内进行纯培养和混合培养，最后进行计数，结果，较强竞争者在两种培养情况中的最后菌数相差很大，混合培养比纯培养的菌数少得多，最后终因得不到养料而死亡。这种为生存进行竞争的关系在自然界普遍存在，是推动微生物发展和进化的动力。

7. 协同

协同是指生物之间相互选择、相互协调的现象或过程，是一种生物的生命活动需要另一种生物的协助才能完成或两种生物相互协同生存的一种生物关系。根系微生物与凤眼莲等植物有明显的协同净化作用。一些水生植物还可以通过通气组织把氧气自叶输送到根部，然后扩散到周围水中，供水中微生物尤其是根际微生物呼吸和分解污染物之用。在凤眼莲等植物根部，吸附有大量的微生物和浮游生物，大大增加了生物的多样性，使不同种类污染物逐次得以净化。利用固定化氮循环细菌技术可使氮循环细菌从载体中不断向水体释放，并在水域中扩散，影响水生高等植物根部的菌数，从而通过硝化-反硝化作用，进一步加强自然水体除氮能力和强化整个水生生态系统自净能力。这对进一步研究健康水生生态系统退化的机理及其修复均具有重要意义。

阅读小资料　互惠共生的微生物

20 世纪 60 年代末到 70 年代初，我国科学工作者在研究利用微生物生产维生素 C 时，发现培养液中原来单一的细菌却变成了两种。经过深入研究发现，当一种较大的细菌——氧化葡萄糖酸杆菌独立存在时，只能产生很少的维生素 C 的前体——酮基古老酸，而当有另一种小菌——条纹假单胞杆菌同时存在时，却能产生出大量的酮基古老酸。科学家们称这种作用为伴生作用。

比伴生更重要的是生物的共生关系。豆科植物的根部生长着根瘤，里面栖居着大量的根瘤菌。植物根系的分泌物和外源凝集素吸引来根瘤菌，根瘤菌利用植物根部提供的碳源和能源生长繁殖，同时把大气中的氮气转化成植物可以利用的氮元素。这种典型的生物共生关系可使地球大气中 80% 的氮气得以转化为植物能够吸收的"食物"。

除了豆科植物的共生伙伴——根瘤菌外，人类还找到许多固氮细菌和半共生固氮细菌，它们不但可以自己固定大气中的氮气，还可以与某些禾本科植物共生。它们生活在禾本科植物根表和根际，植物根系为它们提供碳源和能源，它们为植物提供氮源，两者都在共生中获益，使固氮作用提高几倍。

科学家已经从这些细菌中找到了固氮基因和结瘤基因。有朝一日人类终将会把这种固氮基因和结瘤基因直接转入植物中。到那时，植物就可以直接利用大气中取之不尽的氮气，每株植物都将变成一个为自己制造氮肥的化工厂，人们将停止生产氮肥。在这方面，我国科学工作者的研究受到了世人的关注。

自主复习题

1. 名词解释：微生物生态学　互生、共生、拮抗、寄生、捕食、竞争、协同
2. 根据微生物生长温度的范围可把微生物分为哪几种类型？
3. 从对分子氧的要求来分，微生物可分为哪几种类型？它们各有何特点？
4. pH 对微生物生长的影响有哪些？调节培养基质 pH 的措施有哪些？
5. 试比较防腐、消毒、灭菌、化疗的异同点。
6. 微生物在土壤、水体、空气中有何分布规律？它们又为微生物生长繁殖提供了哪些条件？
7. 何为微生物与生物环境间的互生、共生、拮抗、寄生、捕食、竞争、协同关系？举例说明。

第七章 微生物菌种选育与保藏

学习目标

1. 了解微生物遗传、变异的物质基础及其结构、特点和存在方式。
2. 掌握基因突变的实质、类型、特点和突变机制。
3. 熟悉原核微生物、真核微生物和噬菌体的基因重组的方式和特点。
4. 掌握菌种的筛选及诱变育种的方法和步骤。
5. 理解微生物菌种退化的现象和原因。
6. 掌握微生物菌种复壮的方法。
7. 掌握微生物菌种保藏的方法。

第一节 微生物遗传、变异的物质基础

遗传和变异是生物最基本的属性之一。遗传，是指各种生物通过繁殖，能产生与自己相似的后代，使亲代的性状能够在子代中得到表现。虽然遗传具有相对的稳定性，但也不是一成不变的，任何一种生物，无论是亲代与子代之间，还是子代之间，总是表现出不同程度的差异，这种现象称为变异。遗传是相对的，变异是绝对的，遗传中有变异，变异中有遗传，遗传和变异的辨证关系使生物不断进化。

微生物在食品生产的应用中，由于遗传的稳定性，使生产中选育出来菌种的优良性状一代一代地传下去。又因为存在变异，保证了子代适应环境的能力，并可以诱发其突变，选育出更加优良的品种。因此，认识和掌握微生物的遗传与变异规律是搞好菌种选育的关键。

一、证明核酸是遗传、变异物质基础的经典实验

什么是生物的遗传物质？这个问题曾是生物界激烈争论的话题，直到 1944 年，人们以微生物作为研究材料，通过以下三个经典的实验，充分证明了遗传、变异的物质基础是核酸。

1. 肺炎双球菌的转化实验

受体细胞直接摄取供体细胞的遗传物质（DNA 片段），将其同源部分进行碱基配对，组

合到自己的基因中，从而获得供体细胞的某些遗传性状，这种变异现象称为转化。

肺炎双球菌的转化现象最早是由英国的细菌学家格里菲斯（Griffith）于 1928 年发现的。肺炎双球菌是一种病原菌，存在着两种类型：光滑型（S 型）和粗糙型（R 型）。其中光滑型的菌株产生荚膜，有毒，其菌落是光滑的，它在人体内导致肺炎，在小鼠体内导致败血症，并使小鼠患病死亡；粗糙型的菌株不产生荚膜，无毒，其菌落是粗糙的，在人或动物体内不会导致病害。格里菲斯以 R 型和 S 型菌株作为实验材料进行遗传物质的实验，他将活的、无毒的 R 型（无荚膜）肺炎双球菌或加热杀死的有毒的 S 型肺炎双球菌注入小白鼠体内，结果小白鼠安然无恙；将活的、有毒的 S 型（有荚膜）肺炎双球菌或将大量经加热杀死的有毒的 S 型肺炎双球菌和少量无毒、活的 R 型肺炎双球菌混合后分别注射到小白鼠体内，结果小白鼠患病死亡，并从小白鼠体内分离出活的 S 型菌。肺炎双球菌的转化实验如图 7-1 所示。

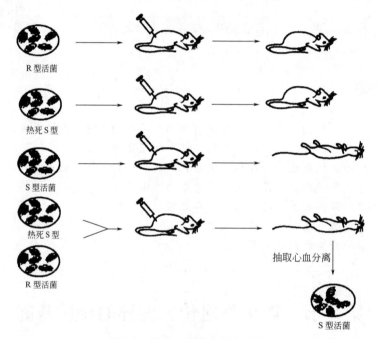

图 7-1　肺炎双球菌的转化实验

（1）动物实验

R 型活菌→感染小鼠→小鼠存活

热致死 S 型菌→感染小鼠→小鼠存活

S 型活菌→感染小鼠→小鼠死亡

热致死 S 型菌＋R 型活菌→感染小鼠→小鼠死亡

（2）细菌培养实验

热致死 S 型菌→培养皿培养→无菌落生长

R 型活菌→培养皿培养→培养出 R 型菌落

热致死 S 型菌＋R 型活菌→培养皿培养→培养出大量 R 型和 S 型菌落

R 型活菌＋S 型菌抽提物→培养皿培养→培养出大量 R 型和 S 型菌落

实验表明，S 型死菌体内有一种物质能引起 R 型活菌转化产生 S 型菌，这种转化的物质（转化因子）是什么？格里菲斯对此并不知道。

1944 年美国的埃弗雷（O. Avery）等在格里菲斯工作的基础上，对转化的本质进行了深入研究。他们对组成 S 型活菌的各类化学物质进行分离纯化，提取出纯度很高的 DNA、RNA、蛋白质和荚膜多糖，将它们分别和 R 型活菌混合均匀后注射入小白鼠体内，结果只有注射 S 型菌 DNA 和 R 型活菌的混合液的小白鼠才死亡，并且从死亡的小白鼠体内分离出 S 型菌。这说明 RNA、蛋白质和荚膜多糖均不引起转化，而 DNA 却能引起转化。如果用 DNA 酶处理 DNA 后，则转化作用丧失。这就说明转化因子是 DNA，即 DNA 是遗传物质。

2. 噬菌体的感染实验

1952 年赫西（A. Hershey）和蔡斯（M. Chase）利用示踪元素做噬菌体的感染实验。他们用 ^{32}P 和 ^{35}S 标记 T_2 噬菌体。由于 DNA 分子中只含磷不含硫，而蛋白质分子中只含硫不含磷，故将 T_2 噬菌体的头部 DNA 标上 ^{32}P，其蛋白质衣壳标上 ^{35}S。用标上 ^{32}P 和 ^{35}S 的 T_2 噬菌体感染大肠杆菌，经短时间的保温后，即让 T_2 噬菌体完成了吸附和侵入的过程，然后，放入组织捣碎器内强烈搅拌，以使吸附在菌体外表的 T_2 蛋白质外壳脱离细胞并均匀分布，接着进行离心沉淀。分别测定沉淀物和上清液中的同位素标记，结果全部 ^{35}S 和噬菌体在上清液中，全部 ^{32}P 和细菌聚集在沉淀物中。这说明在感染过程中，噬菌体的 DNA 进入大肠杆菌细胞中，它的蛋白质外壳留在菌体外，进入大肠杆菌体内的是 T_2 噬菌体 DNA。同时，由于最终能释放出一群具有与亲代相同蛋白质外壳的完整的子代噬菌体，又一次证明了 DNA 是遗传物质(图 7-2)。

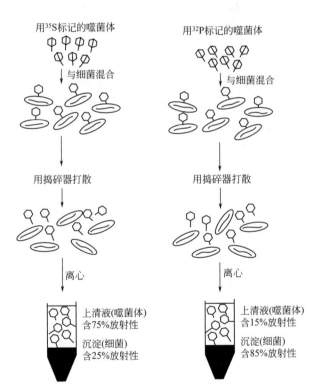

图 7-2 噬菌体感染实验

3. 烟草花叶病毒的拆开与重建实验

1956 年，美国的弗伦克尔-康拉特（H. L. Fraenkel-Conrat）利用烟草花叶病毒的拆开与重建实验，同样证明了 RNA 是遗传物质。

烟草花叶病毒（TMV）由蛋白质外壳和核糖核酸（RNA）核心所构成。把 TMV 放在一定浓度的苯酚溶液中振荡，将它的蛋白质外壳和 RNA 核心相分离，即把烟草花叶病毒拆成蛋白质和 RNA（该病毒不含 DNA），分别对烟草进行感染实验，结果发现只有

RNA 能感染烟草，并在感染后的寄主中分离到完整的具有蛋白质外壳和 RNA 核心的烟草花叶病毒。

后来弗伦克尔-康拉特又将甲、乙两种变种的烟草花叶病毒拆开，在体外分别将甲病毒的蛋白质和乙病毒的 RNA 结合、将甲病毒的 RNA 和乙病毒的蛋白质结合进行重建，并用这些经过重建的杂种病毒分别感染烟草，结果从寄主分离所得的病毒蛋白质均取决于相应病毒的 RNA（图 7-3）。这一实验结果说明病毒蛋白质的特性由它的核酸（RNA）所决定，而不是由蛋白质所决定，同样证明了核酸（RNA）是遗传物质的基础。

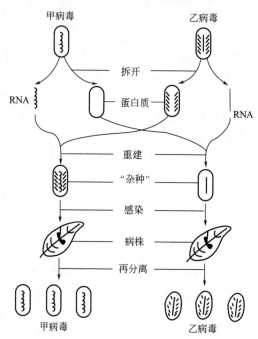

图 7-3　烟草花叶病毒的拆开与重建实验

通过以上三个实验，得到一个共同的结论，即只有核酸才是遗传的物质基础。到目前为止，发现只有一部分病毒（包括动物病毒、植物病毒和噬菌体）的遗传物质是 RNA，其他生物的遗传物质都是 DNA。

二、遗传物质在细胞内的存在方式

核酸作为生物体的遗传物质基础，它们在生物体中有多种存在方式，下面从不同层次分析遗传物质在细胞中的存在方式。

1. 细胞水平

从细胞水平看，不论是真核微生物还是原核微生物，它们的大部分或几乎全部 DNA 都集中在细胞核或核质体中。真核微生物核外有核膜，叫真核。原核微生物核外无核膜，叫拟核或原核，也称核区。在不同的微生物细胞中或同种微生物的不同类型细胞中，细胞核的数目是不同的。例如在酵母菌和球菌中，尽管在高速生长阶段会出现多核现象，但最终一个细胞只有一个细胞核；细菌中的大多数杆菌和真菌中的担子菌有两个细胞核，叫双核；在部分霉菌和放线菌中，菌丝细胞往往是多核的，但孢子只有一个核。

2. 细胞核水平

从细胞核水平看，真核生物与原核生物之间存在着明显的差别。真核生物的 DNA 与组蛋白结合，形成染色体，由核膜包裹，成为有固定形态的真核。原核生物的 DNA 不与任何蛋白质结合，无核膜包裹，呈松散的核质体状态。

不论是真核生物还是原核生物，除了具有集中着大部分 DNA 的细胞核或核质体外，在细胞质中还存在着一些能自主复制的另一类遗传物质，它们可称为质粒。例如：真核微生物中的中心体、线粒体、叶绿体等细胞质基因；原核微生物中的致育因子（F 因子）、耐药性因子（R 因子）以及大肠杆菌素因子等。

3. 染色体水平

不同生物细胞核内的染色体数目往往不同。真核微生物常有较多的染色体，而在原核微生物中，每个核质体只是由一个裸露的环状的染色体所组成。除染色体的数目外，染色体的套数也有不同。如果在一个细胞中只有一套功能相同的染色体，称为单倍体；反之，包含有两套相同功能染色体的细胞，就称为双倍体。在自然界发现的微生物，多数是单倍体，少数微生物（如酿酒酵母）的营养细胞以及由两个单倍体的性细胞通过接合或体细胞融合而成的合子是双倍体。

4. 核酸水平

从核酸的种类来看，大多数生物的遗传物质是 DNA，只有部分病毒（其中多数是植物病毒，还有少数是噬菌体）的遗传物质是 RNA。在真核生物中，DNA 总是与组蛋白构成染色体；原核生物的 DNA 都是单独存在的。在核酸的结构上，绝大多数微生物的 DNA 是双链的，只有少数病毒是单链结构；RNA 也有双链（大多数真菌病毒 RNA）与单链（大多数噬菌体 RNA）之分。

从 DNA 的长度来看，不同生物间的差别很大，真核生物比原核生物长得多。此外，同是双链 DNA，其存在状态也有不同，多数呈环状，病毒粒子呈线状，如果是细菌质粒，还可呈螺旋状。RNA 都是呈线状。

5. 基因水平

基因是 DNA 分子上的具有特定碱基顺序的核苷酸片段，特定的碱基对排列顺序表示某种遗传信息。它是一切生物体内储存遗传信息的、有自我复制能力的遗传功能单位。一个基因的分子量大约为 $6×10^5$，约有 1000 个碱基对（bp），每个细菌具有 5000～10000 个基因。

基因按功能可分三种：第一种是结构基因，编码蛋白质或酶的结构，控制某种蛋白质或酶的合成；第二种是操纵基因，它的功能像"开关"，控制结构基因转录的开放或关闭；第三种是调节基因，它是能够调节操纵子中结构基因活动的基因。

基因控制遗传性状，但不等于遗传性状。任何一个遗传性状的表现都是在基因控制下的个体发育的结果。从基因型到表现型必须通过酶催化的代谢活动来实现。基因直接控制酶的合成，即控制一个生化步骤，控制新陈代谢，从而决定了遗传性状的表现。

6. 密码子水平

遗传密码是指 DNA 链上特定的核苷酸排列顺序。每个密码子由三个核苷酸顺序所决定，它是负载遗传信息的基本单位。生物体内的蛋白质是按 DNA 分子结构上遗传信息的指令而合成的，其过程是：先把 DNA 上的遗传信息转移到 mRNA 上去，形成一条与 DNA 碱基顺序互补的 mRNA 链（即转录），然后再由 mRNA 上的核苷酸顺序去决定合成蛋白质时的氨基酸排列顺序（即翻译）。

由四种核苷酸（A、C、G、U）3 个一组可排列 64 种密码子，它们用于决定 20 种氨基酸。有些密码子的功能是重复的，如决定亮氨酸就有 6 个密码子。AUG 是起始密码，代表甲硫氨酸（真核生物）或甲酰甲硫氨酸（原核生物）；UAA、UGA、UAG 是终止密码，是蛋白质合成的终止信号。

7. 核苷酸水平

核苷酸是核酸的组成单位，它是最小的突变单位和交换单位。在绝大多数微生物的 DNA 中，都只含有 dAMP、dTMP、dGMP、dCMP 四种脱氧核糖核苷酸；在绝大多数 RNA 中，只含有 AMP、UMP、GMP、CMP 四种核糖核苷酸。但也有少数例外，它们含有一些稀有碱基，如 T 偶数噬菌体的 DNA 上含有少量 5-羟甲基胞嘧啶。当其中某一个核苷酸的碱基发生改变，则往往导致一个密码子意义改变，进而引起整个遗传信息改变。

第二节　微生物育种

微生物的菌种对发酵工业来说是非常重要的，没有优良菌种，就不能进行发酵工业的顺利生产。在食品酿造过程中，要想有效地大幅度提高产品的产量、质量和花色品种，首先必须选育优良的生产菌种才能达到目的。

菌种选育包括选种和育种两方面内容，选种是根据微生物的特性，采用各种分离筛选方法，从自然界或从生产实践中选出所需菌种；育种是根据微生物遗传变异的原理，在已有的菌种基础上，采用诱变、杂交和基因重组的方法处理菌种后，获取在某些性能上比原有菌种有所提高的菌种。

一、基因突变与诱变育种

突变是指遗传物质 DNA（或 RNA）中的核苷酸顺序突然发生稳定的可遗传的变化。

1. 基因突变的类型

突变的类型很多，从突变涉及的范围，可以把突变分为基因突变和染色体畸变。突变的研究主要是在基因突变方面。下面就分类的依据不同，探讨一下突变的类型。

(1) 按突变涉及范围划分　可以把突变分为基因突变和染色体畸变。

① 基因突变。基因突变又称点突变，是指一个基因内部遗传结构或 DNA 序列的任何改变，包括一对或少数几对碱基的缺失、插入或置换而导致的遗传变化。点突变可以是碱基对的替代，也可以是碱基对的增减。碱基置换可分为转换和颠换（图 7-4）。转换是指 DNA 链上的一个嘌呤变为另一个嘌呤，或一个嘧啶变为另一个嘧啶；颠换是指一个嘧啶变为另一个嘌呤，或反过来一个嘌呤变为另一个嘧啶。这两种碱基的替代突变改变了遗传密码的结构和该密码所编码的氨基酸。移码突变是指由一种诱变剂引起 DNA 分子中的一个或少数几个核苷酸的增添缺失，从而使该部位后面的全部遗传密码发生转录和转译错误的一类突变。

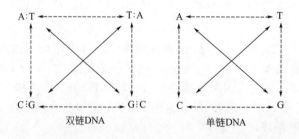

图 7-4　碱基的置换（实线代表转换，虚线代表颠换）

② 染色体畸变。染色体畸变是指某些理化因子，如 X 射线等的辐射和烷化剂、亚硝酸

等，除了能引起点突变外，还会引起 DNA 的大损伤——染色体畸变，它既包括染色体结构上的缺失、重复、倒位和易位，又包括染色体数目的变化。

一是缺失，指在一条染色体上失去一个或多个基因的片段，这是造成畸变的缺失；二是重复，指在一条染色体上增加了一段染色体片段，使同一染色体上某些基因重复出现的突变；三是倒位，指一个染色体的某一部分旋转 180°后以颠倒的顺序出现在原来位置的现象；四是易位，指两条非同源染色体之间部分相连的现象。

（2）按突变所带来的表型的改变划分 突变的类型可以分为以下几类。

① 形态突变型。形态突变型指由于突变而产生的个体或菌落形态所发生的变异。例如细菌的鞭毛、芽孢或荚膜的有无，菌落的大小，外形的光滑或粗糙及颜色的变异；放线菌或真菌产孢子的多少，外形及颜色的变异；噬菌斑的大小和清晰程度的变异等。

② 致死突变型。致死突变型指由于基因突变而造成个体死亡的突变类型。造成个体生活力下降的突变型称为半致死突变型。

③ 条件致死突变型。某菌株或病毒经基因突变后，在某种条件下可正常地生长、繁殖并实现其表型，而在另一条件下却无法生长、繁殖的突变类型，称为条件致死突变型。广泛应用的一类是温度敏感突变型，这些突变型在某一温度下并不致死，所以可以在这种温度下保存下来；而它们在另一温度下是致死的，通过它们的致死作用，可以研究基因的作用等问题。

④ 营养缺陷突变型。某一野生型菌株因发生基因突变而丧失合成一种或几种生长因子、碱基或氨基酸的能力，因而无法在基本培养基上正常生长繁殖的变异类型，称为营养缺陷型。这种突变型在微生物遗传学研究中应用非常广泛，它们在科研和生产中也有着重要的应用价值。

⑤ 抗性突变型。由于基因突变而使原始菌株产生了对某种化学药物或致死物理因子抗性的变异。根据其抵抗的对象分为抗药性、抗紫外线、抗噬菌体等突变类型。这些突变类型在遗传学基本理论的研究中非常有用，特别是在融合试验、协同转染实验中用得较多。

⑥ 抗原突变型。抗原突变型是指细胞成分，特别是细胞表面成分如细胞壁、荚膜、鞭毛的细致变异而引起抗原性变化的突变型。

⑦ 其他突变型。如毒力、糖发酵能力、代谢产物的种类和数量以及对某种药物的依赖性等的突变型。

（3）按突变的条件和原因划分 突变可以分为自发突变和诱发突变。

① 自发突变。自发突变是指某种微生物在自然条件下，没有人工参与而发生的基因突变。绝大多数的自发突变起源于细胞内部的一些生命活动过程，如遗传重组的差错和 DNA 复制的差错，这些差错的产生与酶的活动相关联。

DNA 复制中的碱基错配、跳格，DNA 聚合酶结构变异等均是提高自发突变的原因。在序列相似的 DNA 片段间的重组过程中，特别容易发生重组差错，从而造成一个或几个碱基的重复和缺失；基因重组是由重组酶来催化的，重组酶结构的变异也会影响基因的自发突变率。总之，各种与 DNA 复制和基因重组过程有关的酶和蛋白质，对维持生物基因自发突变率起着重要的、决定性的作用。

② 诱发突变。诱发突变是指利用物理的或化学的因素处理微生物群体，促使少数个体细胞的 DNA 分子结构发生改变，基因内部碱基配对发生错误，引起微生物的遗传性状发生突变。它包括化学诱变、物理诱变等。凡能显著提高突变率的因素都称诱发因素或诱变剂。

a. 化学诱变。化学诱变是指利用化学物质对微生物进行诱变，引起的基因突变或真核生物染色体的畸变。化学诱变的物质包括烷化剂、吖啶类化合物等。

b. 物理诱变。物理诱变是指利用物理因素引起的基因突变。物理诱变因素有：紫外线、

X 射线、γ 射线、快中子、β 射线、激光和等离子等。

c. 复合处理及其协同效应。诱变剂的复合处理常有一定的协同效应，增强诱变效果，其突变率普遍比单独处理的高，这对育种很有意义。复合处理有几类：同一种诱变剂的重复使用、两种或多种诱变剂先后使用、两种或多种诱变剂同时使用。

d. 定向培育和驯化。定向培育是人为用某一特定环境条件长期处理某一微生物群体，同时不断将它们进行移种传代，以达到累积和选择合适的自发突变体的一种古老的育种方法。由于自发突变的变异频率较低、变异程度较轻，故变异过程均比诱变育种和杂交育种慢得多。

2. 突变率和基因突变的特点

（1）突变率 突变率是指每一细胞在每一世代中发生某一性状突变的概率。例如，突变率为 10^{-8}，即指该细胞在一亿次细胞分裂中，会发生一次突变。突变率也可以用每一单位群体在每一世代中产生突变株的数目来表示。例如，一个含 10^8 个细胞的群体，当其分裂为 2×10^8 个细胞时，即可平均发生一次突变的突变率也是 10^{-8}。

某一基因的突变一般是独立发生的，它发生突变不会影响其他基因的突变率，这表明要在同一细胞中同时发生两个或两个以上基因突变的概率是极低的，因为双重或多重突变型的概率是各个突变概率的乘积。例如，假如一个基因的突变率是 10^{-8}，另一个基因的突变率是 10^{-6}，则同一细胞发生这两个基因双重突变的概率为 10^{-14}。

若干细菌某一性状的突变率如表 7-1 所示。

表 7-1 若干细菌某一性状的突变率

菌 名	突 变 性 状	突 变 率
Escherichia coli（大肠杆菌）	抗 T_1 噬菌体	3×10^{-8}
	抗 T_3 噬菌体	1×10^{-7}
	不发酵乳糖	1×10^{-10}
	抗紫外线	1×10^{-5}
Staphylococcus aureus（金黄色葡萄球菌）	抗青霉素	1×10^{-7}
	抗链霉素	1×10^{-9}
Salmonella typhi（伤寒沙门菌）	抗 $25\mu g/L$ 链霉素	5×10^{-6}
Bacillus megaterium（巨大芽孢杆菌）	抗异烟肼	5×10^{-5}

（2）基因突变的特点 在生物界中由于遗传变异的本质是相同的，因此显示在遗传变异的特点上也具有相同的规律，这在基因突变的水平上尤其突出。

① 自发性。由于自然界环境因素的影响和微生物内在的生理生化特点，各种遗传性状的突变可以在没有人为诱发因素的情况下自发地产生。

② 诱变性。提高突变率可以通过各种物理、化学诱发因素的作用，一般可提高 $10 \sim 10^6$ 倍。诱变剂仅起着提高突变率的作用，所以不论是自发突变或诱发突变得到的突变型，它们之间并无本质上的差别。

③ 不对应性。即突变后表现的性状与引起突变的原因之间无直接对应关系。这类性状都可通过自发的或其他任何诱变因子诱变而得。例如抗紫外线突变体不是只由紫外线引起，抗青霉素突变体也不是由于接触青霉素所引起的。

④ 稀有性。自发突变虽然不可避免，并可能随时发生，但是突变的频率极低，一般为 $10^{-9} \sim 10^{-6}$。

⑤ 独立性。在一个群体中，各种性状都可能发生突变，但彼此之间独立进行。

⑥ 稳定性。突变基因和野生型基因一样，是一个相对稳定的结构，由此而产生的新的

遗传性状也是相对稳定的、可遗传的。

⑦ 可逆性。原始的野生型基因可以通过变异成为突变型基因，此过程称为正向突变；相反，突变型基因也可以恢复到原来的野生型基因，称回复突变。实验证明，任何突变既有可能发生正向突变，也可发生回复突变，二者发生的频率基本相同。

3. 微生物基因突变育种

(1) 自然界突变菌种的分离筛选　所有的微生物育种工作都离不开菌种筛选，其筛选要做以下工作。

① 采样。根据我们的目的到最合适的地方去采集样品。一般样品以土壤为主，也可以是植物、腐败物品、某些水域等。从土壤中采集样品，又称采土。采土的时候要注意以下几点。

a. 土壤肥瘦。一般在有机质较多的肥沃土壤中，微生物的数量较多，过度肥沃的土壤细菌含量最多，园林土壤和农田土壤中放线菌较多。如要分离真菌，由于它们对碳水化合物需要较多，所以采集富有植物残体的土样较为合适。

b. 采样时间。采样应充分考虑采样的季节性和时间因素，以温度适中的春秋两季为宜。因为真正的原地菌群的出现可能是短暂的，如在夏季或冬季土壤中微生物存活数量较少；暴雨后土壤中微生物会显著减少。

c. 采样方法。在选好采点后，用无菌刮铲、土样采集器等，采集有代表性的样品，如特定的土样类型和土层，具体采集土样时，就森林、旱地、草地而言，可先掘洞，由土壤下层向上层顺序采集；就水田等浸水土壤而言，一般是在不损坏土层结构的情况下插入圆筒采集。将采集到的土样盛入灭菌过的容器中。同时记录采样种类、日期、地点、植被等情况以备查考。

d. 采样后及时处理。因为采样结束，试样中的微生物群体就脱离了原来的生态环境，其内部生态环境就会发生变化，微生物群体之间就会出现消长，如不能及时处理应先把样品放在 4℃下贮存，但贮藏时间不应过长。

② 增殖培养。为了分离到所需的菌种，就得对采集到的样品做增殖培养，即设法让无关的微生物至少是在数量上不要增加，而增加所要菌种的数量。可以通过选择性配制培养基，选择一定的培养条件来控制。如把土样加入到含糖浓度高的培养基中，并把 pH 调到 4 以下，就可使酵母菌增殖。在分离细菌时，培养基中添加浓度一般为 $50\mu g/mL$ 的抗真菌剂（放线菌酮和制霉菌素），可以抑制真菌的生长。在分离放线菌时，通常于培养基中加入 $1\sim5mL$ 天然浸出汁（植物、有机混合腐殖质等的浸出汁）作为最初分离的促进因子，由此可以分离出更多不同类型的放线菌类型。在分离真菌时，利用低碳氮比的培养基可使真菌生长菌落分散，利于计数、分离和鉴定。在分离培养基中加入一定的抗生素如氯霉素、四环素、卡那霉素、青霉素、链霉素等即可有效地抑制细菌生长及其菌落形成。

③ 培养分离。通过增殖培养，样品中的微生物还是处于混杂生长状态，且所需的微生物数量也较少，因此还必须分离、纯化，以将样品中真正所需的微生物挑选出来。分离纯化的方法有很多种，简要介绍如下。

a. 稀释倒平板法。详见第五章相关部分。

b. 划线分离法。详见第五章相关部分。

c. 组织分离法。主要用于食用菌菌种或某些植物病原菌的分离。分离时，首先用 10% 漂白粉或 0.1% 升汞溶液对植物或器官组织进行表面消毒，用无菌水洗涤数次后，移植到培养皿中的培养基上，于适宜温度培养数天后，可见微生物向组织块周围扩展生长。经菌落特征和细胞特征观察确认后，即可由菌落边缘挑取部分菌种进行移接斜面培养。

d. 稀释摇管法。对于那些对氧气更为敏感的厌氧性微生物，纯培养的分离则可采用稀释摇管培养法进行。先将一系列盛无菌琼脂培养基的试管加热使琼脂熔化后冷却并保持在50℃左右，将待分离的材料用这些试管进行梯度稀释，将试管迅速摇动均匀，冷凝后，在琼脂柱表面倾倒一层灭菌液体石蜡和固体石蜡的混合物，将培养基和空气隔开。培养后，菌落形成在琼脂柱的中间（图7-5）。进行单菌落的挑取和移植，需先用一支灭菌针将液体石蜡——石蜡盖取出，再用一只毛细管插入琼脂和管壁之间，吹入无菌无氧气体，将琼脂柱吸出，置放在培养皿中，用无菌刀将琼脂柱切成薄片进行观察和菌落的移植。

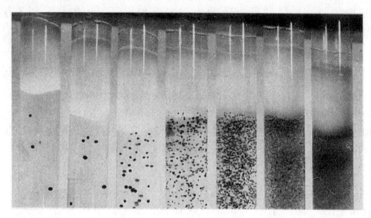

图 7-5　用稀释摇管法在琼脂柱中形成的菌落照片（从右至左稀释度不断提高）

e. 菌丝尖端切割法。如不产孢子而迅速生长的霉菌，则可用无菌解剖刀，将菌丝尖端割下，再移植培养基上培养，即得纯种。另外还有单孢子直接挑取法等。

④ 纯种培养。经分离培养在平板上出现很多单个菌落，通过菌落形态观察，选出所需菌落，然后取菌落的一半进行菌种鉴定，对于符合目的菌特性的菌落，可将之转移到试管斜面进行纯培养。

⑤ 生产性能测定。这种从自然界中分离得到的纯种称为野生型菌株，它只是筛选的第一步，所得菌种是否具有生产上的实用价值，能否作为生产菌株，还必须采用与生产相近的培养基和培养条件，进行小型发酵试验，以求得适合于工业生产用菌种。如果此野生型菌株产量偏低，达不到工业生产的要求，可以留之作为菌种选育的出发菌株。

⑥ 毒性试验。自然界的一些微生物在一定条件下可产生毒素，为保证食品的安全性，凡是与食品工业有关的菌种，除啤酒酵母、脆壁酵母、黑曲霉、米曲霉和枯草杆菌无需做毒性试验外，其他微生物均需通过两年以上的毒性试验。

(2) 微生物的诱变育种　为了加大其变异率，可采用物理和化学因素促进其诱发突变，这种以诱发突变为基础的育种就是诱变育种，它是国内外提高菌种产量、性能的主要手段。当前发酵工业和其他生产单位所使用的高产菌株，几乎都是通过诱变育种而大大提高了生产性能的菌株。诱变育种除能提高产量外，还可达到改善产品质量、扩大品种和简化生产工艺等目的。诱变育种具有方法简单、快速和收效显著等特点，故仍是目前被广泛使用的主要育种方法之一。

诱变育种的基本步骤和方法见图7-6。

① 出发菌株的选择。用来进行诱变或基因重组育种处理的起始菌株称为出发菌株。在诱变育种中，出发菌株的选择会直接影响到最后的诱变效果，因此必须对出发菌株的产量、形态、生理等方面有相

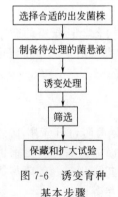

图 7-6　诱变育种
基本步骤

当的了解，挑选出对诱变剂敏感性大、变异幅度广、产量高的出发菌株。可参考以下实际经验选用出发菌株：a. 以单倍体纯种为出发菌株，可排除异核体和异质体的影响。b. 采用具有优良性状的菌株，如生长速度快、营养要求低以及产孢子早而多的菌株。c. 选择对诱变剂敏感的菌株。由于有些菌株在发生某一变异后，会提高对其他诱变因素的敏感性，故可考虑选择已发生其他变异的菌株为出发菌株。例如，在金霉素生产菌株中，曾发现以分泌黄色色素的菌株为出发菌株时，产量下降，而以失去色素的变异菌株作出发菌株时，则产量会不断提高。生产实践证明，经长期选用的菌株，继续用诱变剂处理，有时很难使其产量再提高，特别是生产水平已很高的菌株。在此情况下，应设法改变菌株的遗传型，以提高菌株对诱变剂的敏感性。d. 许多高产突变往往要经过逐步累积的过程才变得明显，所以有必要多挑选一些已经过诱变的菌株为出发菌株，进行多步育种，以确保高产菌株的获得。

② 单细胞（或单孢子）悬液的制备。在诱变育种中，所处理的细胞必须是均匀状态的单细胞悬液。分散状态的细胞可以均匀地接触诱变剂，又可避免长出不纯菌落。由于在许多微生物的细胞内同时含有几个核，所以即使用单细胞悬浮液处理，还是容易出现不纯的菌落。不纯菌落的存在，也是诱变育种工作中初分离的菌株经传代后很快出现生产性状"衰退"的主要原因。由于上述原因，在诱变育种中，一般采用生理状态一致的单倍体、单核细胞。故在诱变霉菌或放线菌时，应处理它们的孢子；对芽孢杆菌则应处理它们的芽孢（因芽孢只有一个核质体，而其营养体一般有两个核质体）。细胞的生理状态对诱变处理也会产生很大的影响。细菌在指数生长期诱变处理效果较好；霉菌或放线菌的分生孢子一般都处于休眠状态，所以培养时间的长短对孢子影响不大，但稍加萌发后的孢子则可提高诱变效率。

在实际工作中，要得到均匀分散的细胞悬液，通常可用无菌的玻璃珠来打散成团的细胞，然后再用脱脂棉过滤。菌悬液的细胞浓度一般控制在：真菌孢子（或酵母细胞）$10^6 \sim 10^7$ 个/mL，放线菌或细菌 10^8 个/mL。菌悬液一般用生理盐水（0.85% NaCl）配制，也需用 0.1mol/L 磷酸缓冲液稀释，以缓冲某些化学诱变剂进行处理时引起反应液 pH 变化。

③ 选择简便有效、最适剂量的诱变剂。首先选择合适的诱变剂，然后确定其使用剂量。常用诱变剂主要有两大类，即物理诱变剂和化学诱变剂。

a. 物理诱变剂。如紫外线、X 射线、γ 射线和快中子等，其中最常用的是紫外线。由于紫外线不需要特殊贵重设备，只要普通的灭菌紫外灯管即能做到，而且诱变效果也很显著，因此被广泛应用于工业育种工作中。

b. 化学诱变剂。化学诱变剂种类极多，主要有烷化剂、碱基类似物和吖啶类化合物，其中最常用的烷化剂有 N-甲基-N'-硝基-N-亚硝基胍（NTG）、甲基磺酸乙酯（EMS）、甲基亚硝基脲（NMU）、硫酸二乙酯（DES）、氮芥、乙烯亚胺和环氧乙烷等。选择化学诱变剂时应注意：亚硝胺和烷化剂应用的范围较广，造成的遗传损伤较多，其中亚硝基胍和甲基磺酸乙酯被称为"超诱变剂"，甲基磺酸乙酯是毒性最小的诱变剂之一。碱基类似物和羟胺虽然具有很高的特异性，但很少使用，因其回复突变率高，效果不佳。

目前常用的诱变剂主要有紫外线（UV）、硫酸二乙酯、NTG 和 NMU 等。

诱变剂的作用有：提高突变的频率；扩大产量变异的幅度；使产量变异向正变（即提高产量的变异）或负变（即降低产量的变异）的方向移动。凡在高诱变率的基础上既能扩大变异幅度，又能促使变异移向正变范围的剂量，就是合适的剂量。适宜诱变剂量是指能够最有效地诱发作物产生有益突变的剂量，一般用半致死剂量（LD_{50}）表示。

要确定一个合适的剂量，通常要经过多次试验，就一般微生物而言，诱变频率往往随剂量的增高而增高，但达到一定剂量后，再提高剂量会使诱变频率下降。因此，在诱变育种工作中，目前较倾向于采用较低剂量。例如，过去在用紫外线作诱变剂时，常采用杀菌率为

99％或99.9％的剂量，而近年来则倾向于采用杀菌率为70％～75％甚至更低（30％～70％）的剂量，特别是对于经多次诱变后的高产菌株更是如此。

在诱变育种时，有时可根据实际情况，采用多种诱变剂复合处理的办法。复合处理方法主要有三类：第一类是先后使用两种或多种诱变剂；第二类是重复使用同一种诱变剂；第三类是同时使用两种或多种诱变剂。如果能使用不同作用机制的诱变剂来做复合处理，可能会取得更好的诱变效果。诱变剂的复合处理常呈现一定的协同效应，这对诱变育种的工作是很有价值的。

④ 中间培养。对于诱变剂处理过的新菌株，有一个生理延迟的过程，若不经液体培养基的中间培养，直接在平皿上分离就会出现变异和不变异细胞同时存在于一个菌落内的可能，形成混杂菌落，以致造成筛选结果的不稳定和将来的菌株退化。

⑤ 分离和筛选。经过中间培养，分离出大量的较纯的单个菌落，然后要从几千万个菌落中筛选出几个好的，即筛选出所谓性能良好的正突变菌株，一般采用一些方法加以简化，如利用形态突变直接淘汰低产变异菌株，或利用平皿反应直接挑取高产变异菌株等。平皿反应是指每个变异菌落产生的代谢产物与培养基内的指示物在培养基平板上作用后表现出一定的生理效应，如变色圈、透明圈、生长圈、抑菌圈等，这些效应的大小表示变异菌株生产活力的高低，以此作为筛选的标志。常用的方法有纸片培养显色法、透明圈法、琼脂块培养法等。

(3) 营养缺陷型突变体的筛选 营养缺陷型是指野生型菌株由于经某些物理因素或化学因素的处理，使编码合成代谢途径中某些酶的基因发生突变，丧失了合成某些代谢产物（氨基酸、碱基、维生素等）的能力，必须在基本培养基中补充该种营养成分，才能正常生长的一类突变株。凡是能满足野生菌株正常生长的最低成分的合成培养基，称为基本培养基，常以"［－］"表示；在基本培养基中加入一些富含氨基酸、维生素及含氮碱基之类的天然有机物质，如蛋白质、酵母膏等，能满足各种营养缺陷型菌株生长繁殖的培养基，称为完全培养基，常以"［＋］"表示。在基本培养基中只是有针对性地加入某一种或某几种自身不能合成的有机营养成分，以满足相应的营养缺陷型菌株生长的培养基，称为补充培养基，补充培养基可按所加入的营养成分相应地用"［A］""［B］"等来表示。

营养缺陷型菌株的筛选一般要经过诱变、淘汰野生型菌株、检出缺陷型和确定生长谱四个环节。

二、基因重组与杂交育种

基因重组又称遗传传递，是指遗传物质从一个微生物细胞向另一个微生物细胞传递而达到基因的改变，形成新遗传型个体的过程。它是在细胞繁殖过程或在特定环境中不同细胞接触或不接触，引起遗传物质传递而造成的。在基因重组时，不发生任何碱基对结构上的变化。重组后生物体新的遗传性状的出现完全是基因重组的结果。它可以在人为设计的条件下发生，达到使之服务于人类育种的目的。

1. 原核微生物的基因重组

原核微生物基因重组的方式有转化、转导、接合和原生质体融合四种。

(1) 转化 转化是指受体菌吸收来自供体菌的遗传物质（DNA片段），通过交换组合把它整合到自己的基因组中，从而获得了后者某些遗传性状的现象。转化子是指转化后的受体菌，转化因子是指供体菌的DNA片段。呈质粒状态的转化因子转化频率最高。

在原核微生物中，转化是一种比较普遍的现象，如在嗜血杆菌属、芽孢杆菌属、奈氏杆菌属、葡萄球菌属、假单胞菌属、黄单胞菌属等以及若干放线菌和蓝细菌中发现具有转化现象。另外，真核微生物如酵母、粗糙脉孢菌和黑曲霉中也发现了转化现象。

影响转化效率的因素包括受体细胞的感受态、受体细胞的限制酶系统和其他核酸酶、受体和供体染色体的同源性等。

能被转化的受体细胞吸收转化因子必须在感受态的情况下，细胞能从环境中接受转化因子的这一生理状态称为感受态。处于感受态的细菌，其吸收 DNA 的能力比一般细菌大 1000 倍。感受态可以产生，也可以消失，它的出现受菌株的遗传特性、生理状态（菌龄等）以及培养环境等的影响。

以革兰阳性菌为例，具体转化过程包括以下几个阶段：①先从供体菌提取 DNA 片段，接着 DNA 片段与感受态受体菌的细胞表面特定位点结合；②在结合位点上，DNA 片段中的一条单链逐步降解为核苷酸和无机磷酸而解体，另一条链逐步进入受体细胞，这是一个消耗能量的过程；③进入受体细胞的 DNA 单链与受体菌染色体组上同源区段配对，而受体菌染色体组的相应单链片段被切除，并被进入受体细胞的单链 DNA 所取代，随后修复合成，连接成部分杂合双链；④然后受体菌染色体进行复制，其中杂合区段被分离成两个，一个类似供体菌，一个类似受体菌；⑤当细胞分裂时，此染色体发生分离，形成一个转化子（图 7-7）。

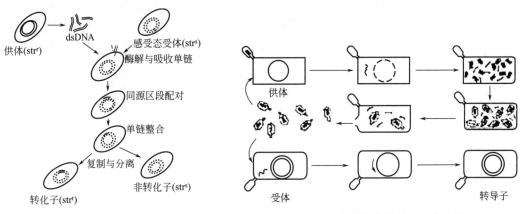

图 7-7 转化过程示意   图 7-8 完全普遍转导的基本过程

（2）转导 通过缺陷噬菌体的媒介，把供体细胞的 DNA 小片段携带到受体细胞中，通过交换与整合，从而使后者获得前者部分遗传性状的现象称为转导。转导现象在自然界中比较普遍，现以普遍性转导和局限性转导为例分别介绍如下。

① 普遍性转导。普遍性转导是指通过极少数完全缺陷噬菌体对供体菌基因组上任何小片段 DNA 进行"误包"，而将其遗传性状传递给受体菌的现象。能进行普遍性转导的原核生物有大肠杆菌 P_1 噬菌体、枯草杆菌 PBS_1 噬菌体、伤寒沙门菌的 P_{22} 噬菌体等。能进行普遍性转导的噬菌体，含有一个使供体菌株染色体断裂的酶。它的转导频率为 $10^{-8} \sim 10^{-5}$。普遍性转导又分为完全普遍转导和流产普遍转导，具体介绍如下。

a. 完全普遍转导。当噬菌体 DNA 被噬菌体蛋白外壳包裹时，在正常情况下是将噬菌体本身的 DNA 包裹进蛋白衣壳内，异常情况下是供体染色体 DNA（通常和噬菌体 DNA 长度相似）偶然错误地被包进噬菌体外壳，而噬菌体本身的 DNA 却没有完全包进去，装有供体染色体片段的噬菌体称为转导颗粒。转导颗粒可以感染受体菌株，并把供体 DNA 注入受体细胞内，与受体细胞的 DNA 进行基因重组，形成部分二倍体。通过重组，供体基因整合到受体细胞的染色体上，从而使受体细胞获得供体菌的遗传性状，产生变异，形成稳定的转导子（图 7-8），于是就实现了完全普遍传导。

b. 流产普遍转导。流产普遍转导是指经转导而获得了供体菌 DNA 片段的受体菌，外源 DNA 在其内不进行交换、整合和复制，也不迅速消失，而仅仅进行转录、转译和性状表达的现象。在一次转导中，流产转导往往要比完全转导的细胞多。在流产转导的情况下，转导子细胞每分裂一次，转导来的供体染色体片段只传给两个子细胞中的一个，这样一代一代地分裂下去，供体染色体片段便一直沿着单个细胞单线传递下去，称为单线传递。

② 局限性转导。局限性转导最初于 1954 年在大肠杆菌 K_{12} 中发现。通过部分缺陷的温和噬菌体把供体菌的少数特定基因携带到受体菌中，并与后者的基因组整合、重组，形成转导子的现象称为局限性转导。它只能转导供体菌的个别特定基因（一般为位于附着点两侧的基因），并且该特定基因由部分缺陷的噬菌体携带。

(3) 接合 接合是指供体菌通过性菌毛与受体菌直接接触，把 F 质粒或其携带的不同长度的核基因组片段传递给后者，使后者获得若干新遗传性状的现象。通过接合而获得新遗传性状的受体细胞称为接合子。

接合不仅存在于大肠杆菌中，还存在于其他细菌中，如鼠伤寒沙门菌、志贺菌属、弧菌属等，在放线菌中也存在接合现象。而细胞接合现象研究最清楚的是大肠杆菌，大肠杆菌的接合与其细菌表面的性纤毛有关，而决定它们性别的是 F 因子的有无，F 因子是一种质粒，它能促使两个细胞之间的接合。F 因子具有自主地与细菌染色体进行同步复制和转移到其他细胞中去的能力。它既可以脱离染色体在细胞内独立存在，也可以整合到染色体基因组上；它既可以通过接合而获得，也可以通过理化因素的处理而从细胞中消除。

根据细胞中是否存在 F 因子以及其存在的方式不同，把大肠杆菌分成以下四种接合型菌株。

雌性细菌不含 F 因子，称为 F⁻ 菌株。雄性含有 F 因子，并且根据 F 因子在细胞中存在情况的不同而有不同名称，一种是游离在细胞染色体之外，为自主复制的小环状 DNA 分子，这样的细菌称为 F⁺ 菌株；另一种状态是 F 因子整合在细菌染色体上，成为细菌染色体的一部分，随同染色体一起复制，这种细菌称为 Hfr 菌株，

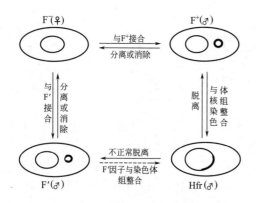

图 7-9 F 因子的四种存在方式及相互关系

即高频重组菌株；还有一种状态是 F 因子能被整合到细胞核 DNA 上，也能从上面脱落下来，呈游离存在，但在脱落时，F 因子有时能带一小段细胞核 DNA，这种含有游离存在的但又带有一小段细胞核 DNA 的 F 因子的细菌称为 F′ 菌株（图 7-9）。

上述三种雄性菌株与雌性菌株接合时，将产生三种不同的结果：

a. F⁺＋F⁻ ⟶ F⁺＋F⁺；

b. F′＋F⁻ ⟶ F′＋F′；

c. Hfr＋F⁻ ⟶ Hfr＋F⁻（多数情况下），Hfr＋F⁻ ⟶ Hfr＋Hfr（少数情况下）。

2. 真核微生物的基因重组

真核微生物中的基因重组方式是很多的，可进行转化、转导、原生质体融合、有性杂交和准性杂交等，现以有性杂交和准性杂交为例重点加以介绍。

(1) 有性杂交 在微生物的有性繁殖过程中，两个性细胞相互接合，部分染色体可能发生交换而进行随机分配，由此而产生重组染色体及新的遗传型，并把遗传性状按一定的规律

性遗传给后代的过程称为有性杂交。凡是能产生有性孢子的酵母菌和霉菌，原则上都能进行有性杂交。

有性杂交育种的基本过程包括亲株选择、培养子囊孢子、获得杂合子等步骤。

（2）准性杂交 要了解准性杂交，先要介绍准性生殖。准性生殖是一种类似于有性生殖但比它更原始的一种生殖方式。它可使同一种生物的两个不同来源的体细胞经融合后，不经过减数分裂和接合的交替而导致低频率的基因重组。准性生殖多见于一般不具典型有性生殖的酵母和霉菌，尤其是半知菌中，其主要过程如下（图7-10）。

① 菌丝联结。发生于一些形态上没有区别，但在遗传性状上有差别的两个同种亲本的体细胞（单倍体）间。发生联结的频率很低。

② 形成异核体。两个遗传性状不同的体细胞通过菌丝的联结，原有的两个单倍体核集中到同一个细胞中，形成双相的异核体。异核体能独立生活。

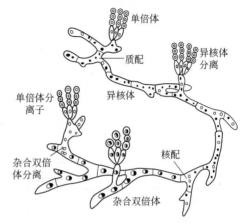

图 7-10 半知菌的准性生殖过程

③ 核融合。异核体的两个不同遗传性状的细胞核偶尔会融合在一起，产生双倍体杂合子核。核融合后产生双倍体杂合子核的频率也是极低的，如构巢曲霉和米曲霉为 $10^{-7} \sim 10^{-5}$。某些理化因素如樟脑蒸气、紫外线、高温等的处理可以提高核融合的频率。

④ 体细胞交换和单倍体化。双倍体杂合子的无性繁殖很不稳定，但极少数核内染色体在有丝分裂过程中会发生交换和单倍体化，从而形成极个别的具有新遗传性状的单倍体杂合子。如果对双倍体杂合子用紫外线、γ射线或氮芥等诱变剂进行处理，就会促进染色体断裂、畸变或导致染色体在两个子细胞中的分配不均，因而有可能产生各种不同性状组合的单倍体杂合子。

3. 微生物的杂交育种

杂交育种是以杂交方法培育优良品种，或利用杂种优势，不同基因型的品系或种属间，通过交配或体细胞融合等手段形成杂种，或者是通过转化和转导形成重组体，再从这些杂种或重组体或是它们的后代中筛选优良菌种。通过这种方法可以分离到具有新的基因组合的重组体，也可以选出由于具有杂种优势而生长旺盛、生物量多、适应性强以及某些酶活性提高的新品系。

这种方法适用范围很广，在酒类、面包、药用和饲料酵母的育种，链霉菌和青霉菌抗生素产量的提高，曲霉的酶活性增强等方面均已获得成功。另外，由于杂交育种是选用已知性状的供体和受体菌种作为亲本，因此不论在方向性还是自觉性方面，都比诱变育种前进了一大步，所以它是微生物菌种选育的另一重要途径。

（1）酵母的杂交育种 在食品工业中，酵母菌的育种占有极其重要的地位。酵母的杂交育种运用了其单双倍生活周期，将不同基因型和相对的交配型的单倍体细胞经诱导杂交而形成二倍体细胞，经筛选便可获得新的遗传性状。啤酒酵母和面包酵母是能产生有性孢子的微生物，从自然界中分离到的和在工业生产中应用的这类酵母菌都是双倍体细胞。它们有完整的生活史（图7-11），而且单倍体和双倍体细胞表现出很大的不同，所以很易识别（表7-2）。

下面以啤酒酵母和面包酵母为例介绍酵母杂交育种的步骤。

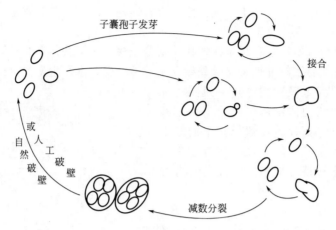

子囊孢子发芽

接合

或人工破壁

自然破壁

减数分裂

图 7-11　啤酒酵母的生活史

表 7-2　啤酒酵母的单倍体和双倍体细胞的识别

项　目	双　倍　体	单　倍　体
细胞	大,椭圆形	小,球形
菌落	大,形态均一	小,形态变化较多
液体培养	繁殖快,细胞较分散	繁殖较慢,细胞常聚集成团
在产孢子培养基上	形成子囊及子囊孢子	不形成子囊

① 单倍体菌株获得。不同生产性状的双倍体菌株分别接种到产孢子培养基上，于 25～27℃培养 2～3 天，使其产生子囊，子囊内含有经减数分裂而形成的 4 个单倍体子囊孢子，用适宜的方法让单倍体子囊孢子生长成单倍体菌株。

② 混合培养形成双倍体细胞。把两种不同性状的单倍体菌株混合接种培养，经过一段时间就会出现双倍体细胞。由于单倍体和双倍体差异较大，很易识别。挑出双倍体细胞，进行生产性能测定，选出优良菌株保藏、备用。

采用面包酵母和酒精酵母杂交，其杂交种的酒精发酵能力没有下降而发酵麦芽糖的能力却比亲本菌株高，在酒精发酵后，它还可用于发酵面包。利用不能全发酵棉子糖的糖蜜酒精酵母与全发酵棉子糖的卡尔斯伯酵母杂交，能把两者的优良特性组合在杂交种内，提高甜菜的酒精产量和发酵速度；在酿酒中，用以上两者杂交种再杂交，得到的杂种可生产出浓度、香味更好的酒精。这些都是通过酵母的有性杂交获得，有些酵母（假丝酵母）需通过准性杂交获得。在酵母的杂交育种中，更多的是利用酵母的有性杂交。

（2）霉菌的杂交育种　在食品发酵生产中应用的霉菌多数是属于半知菌，不具有典型的有性生殖过程，因此霉菌的杂交育种主要是通过体细胞的核融合和基因重组，即通过准性生殖过程进行。霉菌的杂交育种的步骤如下。

① 选择亲本。选择来自不同菌株的合适的营养缺陷型菌株作杂交亲本株。

② 异核体的形成。将 A^-B^+ 和 A^+B^- 缺陷型菌株所产生的分生孢子混合放在基本培养基上培养，同时也用单一亲本的分生孢子倒入基本培养基上培养。经过培养后，如果前者只出现几十个菌落，而后者不长菌落，此时出现在前者上的菌落便是由 A^-B^+ 和 A^+B^- 体细胞联合形成的异核或杂合二倍体菌落。由直接亲本形成异核体的方法有：完全培养基液体混合培养法、完全培养基斜面混合培养法、液体有限培养基混合培养法等。

③ 双倍体的检出。检出双倍体的方法有很多种，如用放大镜观察异核体菌落表面，如果发现有野生型颜色的斑点和扇面，即可用接种针将其孢子挑出，进行分离纯化，即得杂合

双倍体。或者将大量异核体孢子分离于基本培养基平板上，从中长出野生型原养性菌落，将其挑出分离纯化，即得杂合双倍体。

④ 双倍体的验证。即检验新菌株是否是稳定的杂合二倍体，还是不稳定的异核体。验证程序是首先将新菌株用基本培养基倒夹层平板培养后，再加上一层完全培养基培养，如果在基本培养基上不出现或出现少数菌落，而加上完全培养基后却出现多数菌落，说明这是一个不稳定菌株——异核体。如果在基本培养基上出现多数菌落，而加入完全培养基后菌落数并无明显增加，说明这是一个稳定菌株——杂合二倍体。

三、原生质体融合与育种

原生质体融合是指通过人为的方法，使遗传性状不同的两个细胞的原生质体进行融合，借以获得兼有双亲遗传性状的稳定重组子的过程。原核生物的原生质体融合研究是从 20 世纪 70 年代后期才发展起来的一种育种新技术。能进行原生质体融合的细胞包括原核生物中的细菌和放线菌以及真核生物的细胞。

目前关于原生质体融合在育种工作中已经进行了广泛的研究，该技术不仅打破了微生物的种属界限，而且还可以实现远缘菌株间的基因重组；也可借助聚合剂同时将几个亲本的原生质体随机地融合在一起，获得综合几个亲本性状的重组体，可使遗传物质传递更完整；也可快速组合性状，加速育种速度。

原生质体育种技术主要有原生质体融合、原生质体转化、原生质体诱变育种等。原生质体融合育种是基因重组的一种重要方法，由于它具有一系列的特点，所以目前已为国内外微生物育种学者所广泛研究和应用。

原生质体融合就是将两个亲株的细胞壁分别通过酶解作用加以剥除，使其在高渗环境中释放出只有原生质膜包被着的球状原生质体，然后将两个亲株的原生质体在高渗条件下混合，由聚乙二醇（PEG）助融，使它们相互凝集，通过细胞质融合，接着发生两套基因组之间的接触、交换，从而发生基因组的遗传重组，就可以在再生细胞中获得重组体。

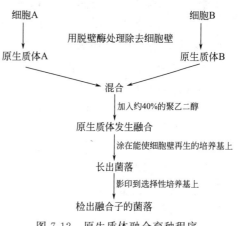

图 7-12 原生质体融合育种程序

原生质体融合育种的步骤是：标记菌株的筛选和稳定性验证，原生质体制备，等量原生质体加聚乙二醇促进融合，涂布于再生培养基，生出菌落，选择性培养基上划线生长、分离验证、挑取融合子进一步试验保藏，进行生产性能筛选（图 7-12）。

四、基因工程用于菌种改良

基因工程就是在基因（DNA）水平上，用分子生物学的技术手段来操纵、改变、重建细胞的基因组，从而使生物体的遗传性状按要求发生定向的变异，并能将这种结果传递给后代，从而获得新物种的一种先进的育种技术。其全部过程大体可分为以下 6 个步骤。

1. 目的基因的获得

目的基因的获得一般有四条途径：从生物细胞中提取、纯化染色体 DNA 并经适当的限制性内切酶部分酶切；经反转录酶的作用由 mRNA 在体外合成互补 DNA（cDNA），主要用于真核微生物及动植物细胞中特定基因的克隆；化学合成，主要用于那些结构简单、核苷酸顺序清楚的基因的克隆；从基因库中筛选、扩增获得，目前被认为是取得任何目的基因的最好和最有效的方法。

2. 载体的选择

基因工程中所用的载体系统主要有细菌质粒、黏性质粒、酵母菌质粒、λ噬菌体、动物病毒等。载体一般为环状 DNA，能在体外经限制酶及 DNA 连接酶的作用同目的基因结合成环状 DNA（即重组 DNA），然后经转化进入受体细胞大量复制和表达。

3. 目的基因与运载体结合

将目的基因与运载体结合的过程，实际上是不同来源的 DNA 重新组合的过程。如果以质粒作为运载体，首先要用一定的限制酶切割质粒，使质粒出现一个切口，露出黏性末端。然后用同一种限制酶切断目的基因，使其产生相同的黏性末端。将切下的目的基因的片段插入到质粒的切口处，再加入适量的 DNA 连接酶，质粒的黏性末端与目的基因 DNA 片段的黏性末端就会因碱基互补配对而结合，形成了一个重组 DNA 分子。

4. 将目的基因导入受体细胞

目的基因的片段与运载体在生物体外连接形成重组 DNA 分子后，下一步是将重组 DNA 分子引入受体细胞中进行扩增。基因工程中常用的受体细胞有大肠杆菌、枯草杆菌、土壤农杆菌、酵母菌和动植物细胞等。用人工的方法使体外重组的 DNA 分子转移到受体细胞，主要是借鉴细菌或病毒侵染细胞的途径。例如，如果运载体是质粒，受体细胞是细菌，一般是将细菌用氯化钙处理，以增大细菌细胞壁的通透性，使含有目的基因的重组质粒进入受体细胞。目的基因导入受体细胞后，就可以随着受体细胞的繁殖而复制，由于细菌繁殖的速度非常快，在很短的时间内就能够获得大量的目的基因。

5. 目的基因的检测和表达

以上步骤完成以后，在全部受体细胞中，真正能够摄入重组 DNA 分子的受体细胞是很少的。因此，必须通过一定的手段对受体细胞中是否导入了目的基因进行检测。检测的方法有很多种，例如，大肠杆菌的某种质粒具有青霉素抗性基因，当这种质粒与外源 DNA 组合在一起形成重组质粒，并被转入受体细胞后，就可以根据受体细胞是否具有青霉素抗性来判断受体细胞是否获得了目的基因。重组的 DNA 分子进入受体细胞后，受体细胞必须表现出特定的性状，才能说明目的基因完成了表达过程。

6. 工程菌的获得

经重组 DNA 的转化与鉴定，得到符合原定的"设计蓝图"的工程菌。

第三节　微生物菌种复壮与保藏

一、菌种的衰退

随着菌种保藏时间的延长或菌种的多次转接传代，菌种本身所具有的优良的遗传性状可能得到延续，也可能发生变异。变异有正变（自发突变）和负变两种，其中负变即菌株生产性状的劣化或有些遗传标记的丢失均称为菌种的衰退。

1. 食品微生物菌种的衰退现象

常见的菌种衰退主要表现在以下几个方面。

（1）菌落和细胞形态改变　每一种微生物在一定的培养条件下都有一定的形态特征，如果典型的形态特征在不断减少，就表现为衰退。衰退常表现为菌落颜色的改变、畸形细胞的出现，甚至变形。如放线菌和霉菌在斜面上经过多次传代后，产生"光秃"型，出现生长不齐或不产生孢子的退化。

（2）生长速度缓慢　产孢子越来越少。

（3）生产性能的下降　生产性能的下降对生产十分不利，发酵菌株的发酵能力的下降、代谢产物的减少，都是明显的退化，如黑曲霉糖化能力的下降、抗生素产生菌抗生素产量的减少、枯草杆菌产淀粉能力的衰退等。

（4）对生长环境适应能力的下降　主要表现在抗不良环境条件（抗噬菌体、抗低温等）能力的减弱，如抗噬菌体菌株变为敏感菌株等。

2. 菌种衰退原因

菌种衰退的原因有多种，但主要是基因突变。

（1）自发突变　虽然菌种自发突变的概率很低（一般为 $10^{-9} \sim 10^{-6}$），但因为微生物有较高的代谢繁殖能力，在 DNA 大量快速的复制过程中，会出现某些基因的差错从而导致突变发生。繁殖代数越多，突变体的出现也越多。一般来说，微生物的突变常常是负突变，即优良菌种原有的优良性状的丧失。随着繁殖次数的增多，退化细胞的数目不断增加，菌种的衰退经历一个由量变到质变的逐步演变过程。因此，一旦发现在群体中刚开始有个别细胞发生负突变时，必须及时采取措施，以防止整个群体出现严重的衰退现象。

（2）环境条件　菌种的衰退与环境条件有关，如果菌种长期生长在不适宜的条件下，则容易发生退化，如温度、pH、培养基都对菌种的衰退有影响。一般来讲，温度高，基因突变率也高；温度低，则突变率低。培养条件的不同，对菌种衰退的影响也不同。

（3）杂菌污染　若菌种保藏不善，污染了杂菌，或感染了噬菌体，则容易发生衰退。

3. 防止菌种衰退措施

为防止菌种衰退，需要采取一些防范措施。

（1）控制传代次数　不论在实验室还是在生产实践中，应尽量避免不必要的移种和传代，将必要的传代降低到最低限度，目的就是减少基因发生突变的概率，减少菌种发生衰退的机会。同时要根据菌种保藏方法的不同，确立恰当的移种传代时间间隔。如同时采用斜面保藏和其他的保藏方式（真空冻干保藏、砂土管保藏、液氮保藏等），以延长菌种保藏时间。

（2）创造良好的培养条件　创造一个适合原种的生长条件，可以防止菌种衰退。例如在赤霉素生产菌藤仓赤霉的培养基中，加入糖蜜、天冬酰胺、谷氨酰胺、$5'$-核苷酸或甘露醇等营养丰富的物质，也可以防止菌种衰退。

（3）利用孢子接种　在放线菌和霉菌中，由于它们的菌丝细胞常含有几个核或异核体，因此用菌丝接种时就会出现不纯和衰退，而孢子一般是单核的，用它接种时，就不会有这种情况发生。有人在实践中创造了用灭过菌的棉团轻巧地对"5406"抗生菌进行斜面移种，由于避免了菌丝的接入，从而达到了防止衰退的效果。另外还发现构巢曲霉如用分生孢子传代就容易退化，而改用子囊孢子移种传代则不易退化。

（4）采用有效的菌种保藏方法　在工业生产用的菌种中，主要性状都属于数量性状，而这类性状恰恰是最易衰退的。采用有效的菌种保藏方法，可以保持菌种优良性状的稳定性。不同的微生物有自己适合的保藏方法，一般认为，低温保藏菌种，可以防止基因发生自发突变，遗传性状可得到保持。

二、菌种的复壮

1. 菌种复壮的定义

如果菌种发生衰退，就需要经过复壮提纯，以保证实验和生产所用。复壮分狭义的复壮和广义的复壮。狭义的复壮是指在菌种已经发生衰退的情况下，通过纯种分离和测定典型性状、生产性能等指标，从已衰退的群体中筛选出少数尚未退化的个体，以达到恢复原菌株固有性状的相应措施。广义的复壮是指在菌种的典型特征或生产性状尚未衰退前，就经常有意识地采取纯种分离和生产性能测定工作，以期从中选择到自发的正突变个体，以达到菌种的生产性能逐步有所提高。提倡运用广义的复壮这种积极措施。

2. 菌种的复壮方法

（1）纯种分离法　通过纯种分离，可将衰退菌种细胞群体中一部分仍保持原有典型性状的单细胞分离出来，经扩大培养，就可恢复原菌株的典型性状。常用的分离纯化方法大体可归纳成两类：一类比较粗放，只能达到"菌落纯"的水平，即从种的水平来说是纯的。例如采用稀释平板法、表面涂布法、平板划线法等方法获得单菌落。另一类是较精细的单细胞或单孢子分离方法。它可以达到"细胞纯"即"菌株纯"的水平。后一类方法种类很多，既有简单地利用培养皿或凹玻片等作分离室的方法，也有利用复杂的显微操纵器的纯种分离方法。对于不长孢子的丝状菌，则可用无菌小刀切取菌落边缘的菌丝尖端进行分离移植，也可用无菌毛细管截取菌丝尖端，以截取单细胞而进行纯种分离。

（2）宿主体内复壮法　对于寄生性微生物的衰退菌株，可通过接种到相应昆虫或动植物宿主体内来提高菌株的毒性。例如，苏云金芽孢杆菌经过长期人工培养会发生毒力减退、杀虫率降低等现象，可用退化的菌株去感染菜青虫的幼虫，然后再从病死的虫体内重新分离典型菌株。如此反复多次，就可提高菌株的杀虫率。

（3）淘汰法　通过物理、化学的方法处理菌体（孢子），使其死亡率达到80%以上，往往可以起到淘汰已衰退个体的作用，从而达到复壮的目的。如有人曾将"5406"抗生菌的分生孢子在低温（$-30 \sim -10℃$）下处理 $5 \sim 7$ 天，使其死亡率达到80%，结果发现在抗低温的存活个体中留下了未退化的健壮个体。

三、菌种的保藏

1. 菌种的保藏目的及原理

利用优良的微生物菌种保藏技术，使菌种经长期保藏后保证高产突变株不改变表型和基因型，特别是不改变初级代谢产物和次级代谢产物生产的高产能力，这对于菌种极为重要。

微生物菌种保藏技术有很多，其原理都是根据微生物的生理、生化特点，选用优良菌种（最好是它们的休眠体），人工创造适合于休眠的环境条件，即低温、干燥、缺氧、缺乏营养、添加保护剂或酸度中和剂等，使微生物生长在代谢不活泼、生长受抑制的环境中，但又不至于死亡，从而达到保藏的目的。

2. 菌种的保藏方法

菌种保藏常用的方法如下所述。

（1）斜面低温保藏法　将菌种接种在适宜的斜面培养基上，待菌种生长完全后，置于4℃左右的冰箱保藏，每隔一定时间（保藏期）再转接至新的斜面培养基上，生长后继续保藏，如此连续不断。此法广泛应用于各大类微生物菌种的短期保藏，其主要保藏措施是低温，一般可保存 $1 \sim 6$ 个月。

（2）液氮超低温保藏法　简称液氮保藏法或液氮法。它是以甘油、二甲基亚砜等作为保护剂，在液氮超低温（$-196℃$）下保藏的方法。其主要原理是菌种细胞从常温过渡到低温，并在降到低温之前，使细胞内的自由水通过细胞膜外渗出来，以免膜内因自由水凝结成冰晶而使细胞损伤。此法适用于各种微生物菌种的保藏。此法的主要保藏措施是超低温、有保护剂，保藏期一般可达到 15 年以上，是目前公认的最有效的菌种长期保藏技术之一（图7-13）。

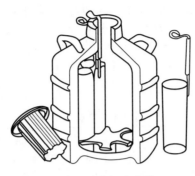

图 7-13　液氮冷冻罐

（3）砂土管保藏法　该法是将砂与土分别洗净、烘干、过筛，按一定比例分装于小试管中，砂土的高度约 1cm，121℃蒸汽灭菌 1～1.5h，间歇灭菌 3 次。50℃烘干后经检查无误后备用。将待保藏的菌株制成菌悬液或孢子悬液滴入砂土管中，放线菌和霉菌也可直接刮下孢子与载体混匀，而后置于干燥器中抽真空 2～4h，用火焰熔封管口（或用石蜡封口），置于干燥器中，在室温或 4℃冰箱内保藏。该方法适用于产孢子的微生物及形成芽孢的细菌，对于一些对干燥敏感的细菌及酵母菌则不适用。砂土管法兼具低温、干燥、隔氧和无营养物等诸条件，故保藏期较长、效果较好，且微生物移接方便，经济简便。它的保藏期在 1～10 年。

（4）麸皮保藏法　又称曲法保藏。即以麸皮作载体，吸附接入的孢子，然后在低温干燥条件下保存。其制作方法是：将麸皮与水以一定的比例拌匀，装量为试管体积的 2/5，湿热灭菌后经冷却，接入新鲜培养的菌种，适温培养至孢子长成。将试管置于盛有氯化钙等干燥剂的干燥器中，于室温下干燥数日后移入低温下保藏。干燥后也可将试管用火焰熔封再保藏，则效果更好。此法适用于产孢子的霉菌和某些放线菌，保藏期在 1 年以上。因其操作简单、经济实惠，工厂较多采用。

（5）石蜡油封藏法　此法是在无菌条件下，将灭过菌并已蒸发掉水分的液体石蜡倒入培养成熟的菌种斜面（或半固体穿刺培养物）上，石蜡油层高出斜面顶端 1cm，使培养物与空气隔绝，加胶塞并用固体石蜡封口后，垂直放在室温或 4℃冰箱内保藏。此法广泛适用于各大类微生物菌种的中期保藏，不适于保藏某些能分解烃类的菌种。此法的主要保藏措施是低温、阻氧，一般可保存 1～2 年。

（6）冷冻真空干燥保藏法　又称冷冻干燥保藏法，简称冻干法。它通常是用保护剂制备保藏菌种的细胞悬液或孢子悬液于安瓿中，再在低温下快速将含菌样冻结，并减压抽真空，使水升华将样品脱水干燥，形成完全干燥的固体菌块。同时在真空条件下立即熔封，造成无氧真空环境，最后置于低温下，使微生物处于休眠状态，而得以长期保藏。此法适用于各大类微生物。此法的主要保藏措施是低温、干燥、缺氧、有保护剂，保藏期一般长达 5～15 年，存活率高，变异率低，是目前被广泛采用的一种较理想的保藏方法。

（7）宿主保藏法　此法适用于专性活细胞寄生微生物（病毒、立克次体等）。植物病毒可用植物幼叶的汁液与病毒混合，冷冻或干燥保存。噬菌体可以经过细菌培养扩大后，与培养基混合直接保存。动物病毒可直接用病毒感染适宜的脏器或体液，然后分装于试管中密封，低温保存。

四、国内外菌种保藏机构

菌种是宝贵的自然资源，各国都非常重视菌种的保藏工作，纷纷建立菌种保藏机构。1979 年 7 月，我国成立了中国微生物菌种保藏管理委员会（CCCCM），委托中国科学院负责全国菌种保藏管理业务，以便更好地利用微生物资源为我国的经济建设、科学研究和教育事业服务。

国内外主要菌种保藏机构见表 7-3。

表 7-3　国内外主要菌种保藏机构

国内主要菌种保藏机构	国外著名菌种保藏机构
中国普通微生物菌种保藏管理中心（CGMCC）	美国标准菌种收藏中心（ATCC）
中国科学院微生物研究所,北京（AS）	英国国立工业细菌菌库（NCIB）
中国科学院武汉病毒研究所,武汉（AS-IV）	美国国立卫生研究院（NIH）
中国农业微生物菌种保藏管理中心（ACCC）	美国农业部北方开发利用研究部（NRRL）
中国农业科学院土壤与肥料研究所,北京（ISF）	法国典型微生物保藏中心（CCTM）
中国工业微生物菌种保藏管理中心（CICC）	英国国立标准菌种收藏所（NCTC）
中国食品发酵工业研究院,北京（IFFI）	英联邦真菌研究所（CMI）
医学微生物菌种保藏管理中心（CMCC）	英国国家菌种保藏中心（UKNCC）
中国医学科学院皮肤病研究所,南京（ID）	英国食品工业与海洋细菌菌种保藏中心（NCIMB）
中国食品药品检定研究院,北京（NIFDC）	荷兰微生物菌种保藏中心（CBS）
抗生素菌种保藏管理中心（CACC）	日本东京大学应用微生物研究所（IAM）
中国医学科学院医药生物技术研究所,北京	日本大阪发酵研究所（IFO）
四川抗菌素工业研究所,成都（SIA）	日本北海道大学农业部（AHU）
中国兽医微生物菌种保藏管理中心（CVCC）	日本技术评价研究所生物资源中心（NBRC）
中国林业微生物菌种保藏管理中心（CFCC）	荷兰真菌保藏中心（CBS）
中国林业科学研究院林业研究所（RIF）	丹麦国立血清研究所（SSI）
中国台湾生物资源保存及研究中心	世界卫生组织（WHO）
中国药用微生物菌种保藏管理中心（CPCC）	美国冷泉港实验室（CSHL）
	美国威斯康新大学,细菌学系（WB）
	德国微生物菌种保藏中心（DSMZ）
	俄罗斯微生物菌种保藏中心（VKM）
	韩国典型菌种保藏中心（KCTC）
	比利时微生物菌种保藏中心（BCCM）

除了德国微生物菌种保藏中心（DSMZ）和比利时微生物菌种保藏中心（BCCM）采用冷冻真空干燥保藏法、英国国家菌种保藏中心（UKNCC）采用－140℃下低温保存方法外，其他保藏机构大都采用的是液氮超低温保藏法。

自主复习题

1. 名词解释：遗传　变异　转化　转导　基因重组　基因突变　营养缺陷型菌株　菌种退化　复壮
2. 遗传物质基础是什么？如何证明？
3. 试从不同水平说明遗传物质在细胞中的存在方式。
4. 微生物变异的实质是什么？微生物基因突变的类型有哪几种？
5. 诱变育种的关键步骤有哪些？

6. 自然界微生物菌种的筛选步骤是什么？
7. 研究营养缺陷型菌株的意义是什么？
8. 微生物菌种退化的原因是什么？防止菌种退化的措施有哪些？
9. 如何进行复壮？
10. 微生物菌种的保藏方法有哪些？各适合什么菌种保藏？保存期如何？

第八章　微生物发酵产品

学习目标

1. 了解微生物在发酵食品中的作用。
2. 了解微生物发酵技术在酿酒、酿醋、发酵乳制品及酱油、豆腐乳类等领域的应用，了解各类发酵的原理及主要工艺流程。
3. 了解微生物在酶制剂生产中的重要作用。
4. 了解利用微生物生产有机酸的发酵原理及其意义。
5. 了解微生物食品添加剂的特征及其作用。

第一节　微生物在发酵食品中的应用

一、微生物与酿醋

食醋按加工方法可分为合成醋、酿造醋、再制醋三大类。其中产量最大且与人们生活关系最为密切的是酿造醋，其主要成分除醋酸（3%～5%）外，还含有各种氨基酸、有机酸、糖类、维生素、醇和酯等营养成分及风味成分，具有独特的色、香、味。它不仅是调味佳品，长期食用对身体健康也十分有益。

1. 生产原料

目前酿醋生产用的主要原料有：淀粉质原料，如玉米、大米、甘薯、马铃薯等；糖质原料，如糖蜜、葡萄、苹果等；乙醇类物质，如酸果酒、酸啤酒等。

2. 酿造微生物

食醋一般是利用醋酸菌进行好氧发酵酿制而成。如以淀粉质为原料，需要霉菌和酵母菌的参与；如以糖类物质为原料，需加入酵母菌；如以乙醇类物质为原料，只需醋酸杆菌即可。

（1）淀粉液化、糖化微生物　适合于酿醋的主要是曲霉菌。曲霉菌有丰富的淀粉酶、糖化酶、蛋白酶等酶系，因此常用曲霉菌制作糖化曲。糖化曲是水解淀粉质原料的糖化剂，其主要作用是将制醋原料中的淀粉水解为糊精、葡萄糖；蛋白质被水解为肽、氨基酸，有利于下一步酵母菌的酒精发酵以及以后的醋酸发酵。常用的曲霉菌种有甘薯曲霉 AS 3.324、黑曲霉 AS 3.4309(UV-11)、宇佐美曲霉 AS 3.758 等。

（2）酒精发酵微生物 在食醋酿造过程中，淀粉质原料经曲的糖化作用产生葡萄糖，酵母菌则通过其酒化酶系把葡萄糖转化为酒精和二氧化碳，完成酿醋过程的酒精发酵阶段。除酒化酶系外，酵母菌还有麦芽糖酶、蔗糖酶、转化酶、乳糖分解酶、脂肪酶等。在酵母菌的酒精发酵中，除了生成酒精外还有少量有机酸、杂醇油、酯类物质生成，这些物质对形成醋的风味有一定的作用。酵母菌培养和发酵的温度为 $25\sim30℃$，最适 pH 为 $4.5\sim5.0$。酵母菌为兼性厌氧菌，只有在无氧的条件下才进行酒精发酵。

生产上一般根据原料来选择酵母菌，适用于淀粉质原料的有 AS 2.109、AS 2.399；适用于糖蜜原料的有 AS 2.1189、AS 2.1190。另外，为了增加食醋的香气，有的厂还添加产酯能力强的产酯酵母进行混合发酵，使用的菌株有 AS 2.300、AS 2.338 等。

（3）醋酸发酵微生物 醋酸菌是醋酸发酵的主要菌种。醋酸菌具有氧化酒精、生成醋酸的能力，其形态为长杆状或短杆状细胞，单独、成对或排列成链状；不形成芽孢，革兰染色幼龄菌阴性，老龄菌不稳定，好氧，喜欢在含糖和酵母膏的培养基上生长。其生长最适温度为 $28\sim32℃$，最适 pH 为 $3.5\sim6.5$。

醋厂选用的醋酸菌的标准为：氧化酒精速度快、耐酸性强、不再分解醋酸制品、风味良好的菌种。目前国内外在生产上常用的醋酸菌有奥尔兰醋杆菌、许氏醋杆菌、恶臭醋杆菌、AS 1.41 醋酸菌、沪酿 1.01 醋酸菌等。

3. 酿醋工艺

酿醋的方法多种多样，大致可分为固态法、液态法等。

（1）固态法生产食醋 固态发酵酿醋一般是以粮食为主要原料，以麸皮、谷糠等为填充料，以大曲和麸曲为发酵剂，经过糖化、酒精发酵、醋酸发酵而制成食醋。其工艺流程如下。

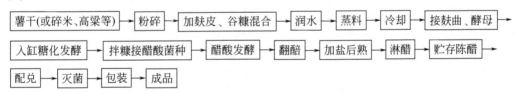

（2）液体深层发酵制醋 液体深层发酵制醋是利用发酵罐通过液体深层发酵生产食醋的方法，通常是将淀粉质原料经液化、糖化后先制成酒醪或酒液，然后在发酵罐里完成醋酸发酵。此法具有机械化程度高、操作卫生条件好、原料利用率高（可达 $65\%\sim70\%$）、生产周期短、产品的质量稳定等优点；缺点是醋的风味较差。其工艺流程如下。

（3）酶法液化通风回流制醋 酶法液化通风回流制醋是利用自然通风和醋汁回流代替倒醅的制醋新工艺。本法的特点是：以 α-淀粉酶制剂将原料进行淀粉液化后再加麸曲糖化，提高了原料的利用率；采用液态酒精发酵、固态醋酸发酵的发酵工艺；醋酸发酵池近底处假底的池壁上开设通风洞，让空气自然进入，利用固态醋醅的疏松度使醋酸菌得到足够的氧，全部醋醅都能均匀发酵；利用假底下积存的温度较低的醋汁，定时回流喷淋在醋醅上，以降低醋醅温度、调节发酵温度，保证发酵在适当的温度下进行。其工艺流程如下。

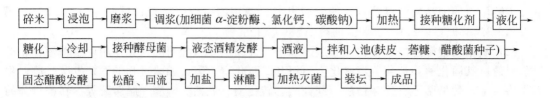

碎米 → 浸泡 → 磨浆 → 调浆(加细菌 α-淀粉酶、氯化钙、碳酸钠) → 加热 → 接种糖化剂 → 液化 →

糖化 → 冷却 → 接种酵母菌 → 液态酒精发酵 → 酒液 → 拌和入池(麸皮、砻糠、醋酸菌种子) →

固态醋酸发酵 → 松醅、回流 → 加盐 → 淋醋 → 加热灭菌 → 装坛 → 成品

二、微生物与酿酒

酿酒产品种类繁多，如黄酒、白酒、啤酒、果酒等品种，而且形成了各种类型的名酒，如绍兴黄酒、贵州茅台酒、青岛啤酒等。酒的品种不同，酿酒所用的酵母以及酿造工艺也不同，而且同一类型的酒各地也有自己独特的工艺。

1. 蒸馏白酒

蒸馏酒是用高粱、小麦、玉米、薯类等淀粉质原料经蒸煮、糖化、发酵和蒸馏而制成。根据发酵剂与工艺的不同，一般按曲种可将蒸馏酒分为大曲酒、小曲酒和麸曲白酒。

(1) 大曲 大曲作为酿制大曲酒的糖化剂、发酵剂，在制造过程中依靠自然界带入的各种野生菌（包括细菌、霉菌和酵母菌），在以大麦为主的淀粉质原料上生长繁殖，保证了各种酿酒用的有益微生物，再经风干、贮藏即为成品大曲。大曲有高温曲（制曲温度60℃以上）和中温曲（制曲温度不超过50℃）两种类型，目前我国大多数著名的大曲白酒均采用高温制曲生产。

① 高温型大曲制作工艺流程。如下所述。

小麦 → 调料 → 磨碎 → 添加曲母和水 → 拌料 → 踩曲 → 堆积培养 → 成品曲贮藏

大曲中含有丰富的微生物，提供了酿酒所需要的多种微生物混合菌群。微生物在曲块上生长繁殖时，分泌出各种水解酶类，使大曲具有淀粉的液化力、糖化力和蛋白质分解能力等。大曲中含有多种酵母菌，具有发酵能力、产酯能力。在制曲中，一些微生物分解原料产生的代谢产物，如氨基酸、乳酸等形成大曲酒中特有的香味的前体物质。

② 大曲中微生物类群。霉菌有黑曲霉群、灰绿曲霉群、毛霉、根霉及红曲霉等；细菌中主要以芽孢杆菌类较多，其中包括巨大芽孢杆菌、嗜热芽孢杆菌、枯草芽孢杆菌等；酵母菌类则以酒精酵母、汉逊酵母和假丝酵母较为常见；生酸细菌以乳球菌和乳酸杆菌为主。

在大曲培菌过程中，微生物数量与温度有关，低温期出现一个高峰，高温期显著低落；微生物的数量变化与通气状况有一定的相关性，在新踩的大曲中，曲皮部分好气菌和嫌气菌都能生长，而在曲心对好气菌不利。从大曲微生物优势类群变化情况来看，低温期以细菌占优势，其次为酵母菌，再次为霉菌；曲皮部分的酵母菌与霉菌数量高于曲心，细菌数量相差不大。

以大曲酿造的蒸馏酒香味浓、口味悠长、风格突出，但缺点是用曲量大，耗粮多，出酒率低，生产周期长。

(2) 小曲 小曲酒是我国南方人民乐于饮用的酒类。小曲又名米曲，是以米粉或米糠为原料，添加或不添加中草药，经过浸泡、粉碎，接入纯种根霉和酵母菌或二者混合菌种曲，再经制坯、入室培养、干燥等工艺制成。小曲根据是否添加中草药，分为药小曲（俗称酒药）和无药小曲，其制作方法大同小异。小曲中加入中草药是为了促进曲中的有益微生物的繁殖和抑制杂菌生长。

① 药小曲制作工艺流程。如下所述。

大米 → 浸泡 → 粉碎 → 添加中草药、接种曲母 → 制坯 → 入室培曲 → 干燥 → 成品药小曲

② 小曲中优势微生物种类。主要有根霉和少量毛霉、酵母菌等，此外，还有乳酸菌类、醋酸菌类及污染的杂菌。

小曲在小曲酿酒中起接种剂的作用，它为酒醅接入了糖化菌种（根霉和毛霉）和发酵菌种（酵母菌）。因此酿小曲酒所用的小曲量会比较少。但酿造的酒一般香味淡，属于米香型白酒。

(3) 麸曲 麸曲又名糖化曲，是固态发酵法酿造白酒的糖化剂。采用麸曲加酵母替代传统的大曲，所酿制的白酒称麸曲白酒。麸曲是用麸皮、酒糟及谷壳等材料加水制成的曲料，经高压杀菌后，接入纯菌种培养制得，不用粮食，生产周期短，又称快曲。

① 麸曲制作工艺流程。如下所述。

麸皮、新鲜酒糟混合 → 润水 → 蒸煮 → 冷却 → 接入糖化种曲 → 通风制曲 → 成品

② 麸曲中微生物类群。麸曲中常用的糖化菌种以黑曲霉、米曲霉及甘薯曲霉等为主。

在白酒酿造中，除使用麸曲外，还需加入纯种的酒母（酵母）。其作用是将可发酵性糖转化为酒精和二氧化碳。用麸曲酿酒有节约粮食、出酒率高、机械化程度高、生产周期短等优点，但麸曲白酒风味较差。有些厂家与酒精酵母一起加一些产酯能力强的生香酵母，以改善麸曲蒸馏白酒的风味。

2. 啤酒

啤酒是以优质大麦芽为主要原料，大米、酒花等为辅料，经过制麦、糖化、啤酒酵母发酵等工序酿制而成的一种低酒精浓度、含有 CO_2 和多种营养成分的饮料酒。它是世界上产量最大的酒种之一。

(1) 酿造啤酒的微生物

① 啤酒酵母。细胞呈圆形、卵圆形或腊肠形，根据细胞的长宽比例不同分为三组类型：第一类细胞长宽比小于 2，主要用于酒精和白酒等蒸馏酒的生产。第二类细胞长宽比为 2，细胞出芽长大后不脱落，继续出芽，易形成芽簇，主要用于啤酒和果酒的酿造以及面包发酵。在啤酒酿造中，酵母易浮在泡沫层中，可在液面发酵和收集，所以这类酵母又称"上面发酵酵母"。第三类细胞长宽比大于 2，此类酵母能够耐高渗透压，用于糖蜜酒精和老姆酒的生产。

培养特征：麦芽汁固体培养，菌落呈白色，不透明，有光泽，表面光滑湿润，边缘略呈锯齿状。随着培养时间延长，菌落颜色变暗。麦芽汁液体培养，表面产生泡沫，液体变混，培养后期菌体浮在液面上形成酵母泡盖，因此而称上面酵母。

啤酒酵母发酵类型是化能异养型，能发酵葡萄糖、麦芽糖及蔗糖，不能发酵乳糖和蜜二糖，只能发酵 30%左右棉子糖。

② 葡萄汁酵母。葡萄汁酵母也叫卡尔酵母。细胞呈椭圆形或长椭圆形，细胞以出芽方式进行无性繁殖，形成有规则的假菌丝。

培养特征：葡萄汁固体培养，菌落呈乳黄色，不透明，有光泽，表面光滑湿润，边缘整齐。随着培养时间延长，菌落颜色变暗；液体培养变浊，表面形成泡沫，凝聚性较强，培养后期菌沉于容器底部，因此而称下面酵母。

葡萄汁酵母能发酵葡萄糖、果糖、半乳糖、蔗糖、麦芽糖及全部发酵棉子糖。

③ 常见的杂菌。最重要的杂菌有乳杆菌、啤酒片球菌和某些野生酵母。变形黄杆菌在啤酒中留下杂味，产气气杆菌是污染麦芽汁的杂菌。

（2）啤酒生产工艺

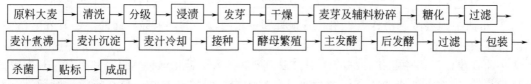

原料大麦 → 清洗 → 分级 → 浸渍 → 发芽 → 干燥 → 麦芽及辅料粉碎 → 糖化 → 过滤 →

麦汁煮沸 → 麦汁沉淀 → 麦汁冷却 → 接种 → 酵母繁殖 → 主发酵 → 后发酵 → 过滤 → 包装 →

杀菌 → 贴标 → 成品

3. 葡萄酒

葡萄酒是由新鲜葡萄或葡萄汁通过酵母的发酵作用而制成的一种低酒精含量的饮料。葡萄酒质量的好坏和葡萄品种及酒母有着密切的关系。因此在葡萄酒生产中葡萄的品种、酵母菌种的选择是相当重要的。

（1）葡萄酒酵母的特征 葡萄酒酵母为子囊菌纲的酵母属啤酒酵母种。该属的许多变种和亚种都能对糖进行酒精发酵，并广泛用于酿酒、酒精、面包酵母等生产中，但各酵母的生理特性、酿造副产物、风味等有很大的不同。

葡萄酒酵母除了用于葡萄酒生产以外，还广泛用在苹果酒等果酒的发酵中。世界上的葡萄酒厂和研究所优选和培育出了各具特色的葡萄酒酵母的亚种和变种，如法国香槟酵母等。

葡萄酒酵母繁殖主要是无性繁殖，以单端（顶端）出芽繁殖，在条件不利时也易形成 1～4 个子囊孢子。子囊孢子为圆形或椭圆形，表面光滑。在显微镜下（500 倍）观察，葡萄酒酵母常为椭圆形、卵圆形，一般为（3～10）μm×（5～15）μm，细胞丰满（图 8-1）。其在葡萄汁琼脂培养基上 25℃ 培养 3 天，即形成圆形菌落，呈奶黄色，表面光滑，边缘整齐，中心部位略凸出，质地为明胶状，很易被接种针挑起，培养基无颜色变化。

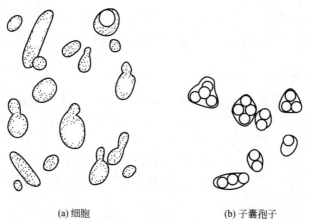

(a) 细胞   (b) 子囊孢子

图 8-1 葡萄酒酵母

优良葡萄酒酵母具有以下特性：除葡萄（其他酿酒水果）本身的果香外，酵母也产生良好的果香与酒香；能将糖分全部发酵完，残糖在 4g/L 以下；对二氧化硫具有较高的抵抗力；具有较高发酵能力，一般可使酒精含量达到 16% 以上；有较好的凝集力和较快的沉降速度；能在低温（15℃）或果酒适宜温度下发酵，以保持果香和新鲜清爽的口味。

（2）干红葡萄酒生产工艺 酿制红葡萄酒一般采用红葡萄品种。我国酿造红葡萄酒主要以干红葡萄酒为原酒，然后按标准调配成半干、半甜、甜型葡萄酒。

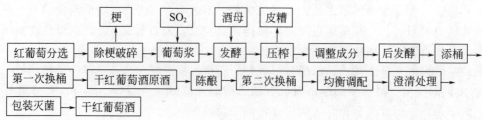

梗   SO₂   酒母   皮糟

红葡萄分选 → 除梗破碎 → 葡萄浆 → 发酵 → 压榨 → 调整成分 → 后发酵 → 添桶 →

第一次换桶 → 干红葡萄酒原酒 → 陈酿 → 第二次换桶 → 均衡调配 → 澄清处理 →

包装灭菌 → 干红葡萄酒

三、发酵乳制品

发酵乳制品是指良好的原料乳经过杀菌作用接种特定的微生物（主要是乳酸菌）进行发酵，产生的具有特殊风味的食品。它们通常具有良好的风味、较高的营养价值，乳酸菌尤其是双歧杆菌、嗜热乳杆菌等肠道有益菌具有许多重要的生理功能，各种乳酸菌发酵乳制品也逐渐风靡世界，被誉为"21世纪的功能性食品"。

发酵乳制品是一个综合性的名称，包括酸乳、酸奶酒、酸奶油及干酪等。目前根据发酵乳制品的生产过程、发酵剂的种类、产品的特征及其他特性的不同，大致将发酵乳制品分为四大类：发酵乳、干酪、酸乳菌制剂和酸乳粉，其中发酵乳和干酪生产量最大。有些发酵乳制品如干酪、酸奶油等，除乳酸菌外，酵母菌、霉菌也参与发酵。这些微生物不仅会引起产品外观和理化特性的改善，而且可以丰富发酵产品的风味。

1. 微生物与发酵乳制品中风味物质的形成

(1) 乳糖的乳酸发酵　这是所有发酵乳制品所共有的最为重要的乳糖代谢方式。由乳酸菌产生的乳酸是乳制品中最基本的风味化合物之一。一般乳液中含 $4.7\% \sim 4.9\%$ 的乳糖，它是乳液中微生物生长的主要能源和碳源。因此，那些具有乳糖酶的乳链球菌、嗜热链球菌和乳杆菌等才能在乳液中正常生长，并在与其他菌的竞争生长中成为优势菌群。

(2) 柠檬酸转变为双乙酰　乳脂明串珠菌、乳链球菌丁二酮亚种等将发酵牛乳中产生的另一种代谢物质柠檬酸转变为双乙酰，它是乳制品中极其重要的风味物质，它能使发酵乳制品具有奶油特征，还有一种类似坚果仁的香味和风味。但乳脂明串珠菌在牛乳中生长很慢，利用乳糖产酸的能力弱，因而在生产上常用加葡萄糖和酵母膏的办法促进其生长，这样只有当乳液中有足够的酸时，乳脂明串珠菌才能发酵牛乳中的柠檬酸生成双乙酰。

(3) 乙醛的产生　嗜热链球菌和保加利亚乳杆菌在乳酸的代谢过程中产生的乙醛也是一种重要的风味物质，能增进酸牛乳的美味。但发酵酸性奶油时，乙醛的存在会有害，会带来一种不良的风味，故酸性奶油的生产中禁用这些菌株。而乙醇脱氢酶活性较强的乳脂明串珠菌则能将乙醛转变为乙醇。

(4) 乙醇的产生　乳脂明串珠菌在异型乳酸发酵中可形成少量的乙醇，它也是发酵乳制品中重要的风味物质之一，而乳脂明串珠菌有较强的乙醇脱氢酶活性，能将乙醛转变为乙醇，故也称为风味菌、香气菌或产香菌。在酸奶酒中的乙醇则是由酵母菌产生的，不同乳制成的酸奶酒由不同的酵母菌产生乙醇，如牛奶酒中的乙醇由克菲尔酵母和克菲尔圆酵母产生，而马奶酒中的乙醇则是由乳酸酵母产生。

(5) 甲酸、乙酸和丙酸的产生　链球菌丁二酮亚种利用酪蛋白水解物形成的挥发性脂肪酸中的甲酸、乙酸和丙酸也是构成发酵乳制品风味物质的重要化合物。挥发性脂肪酸对成熟干酪的口味形成是有益的。

(6) 二氧化碳的产生　异型乳酸菌、酵母菌发酵乳糖及乳脂明串珠菌发酵柠檬酸在乳液中产生的二氧化碳可使酸乳酪和酸奶酒产品膨胀或起泡。

2. 发酵乳制品生产工艺

(1) 酸乳　酸乳是新鲜牛乳经过乳酸菌发酵后制成的发酵乳饮料，根据其发酵方式分为凝固型、搅拌型和饮料型三种。

菌种的选择对发酵剂的质量起着重要的作用，应根据不同的生产目的选择适当的菌种，要以产品的主要技术特性，如产香、产酸、产生黏性物质及蛋白水解能力等作为发酵剂菌种的选择依据。通常使用两种或两种以上菌种的混合物，相互产生共生作用。大量的研究证明，混合使用的效果比单一使用的效果好。

根据生产上使用的菌种不同，酸乳的生产工艺略有差异，但都有共同之处，以下介绍两种不同的工艺。

一种是双歧杆菌与嗜热链球菌、保加利亚乳杆菌等共同发酵的生产工艺，称共同发酵法。另一种是将双歧杆菌与兼性厌氧的酵母菌同时在脱脂牛乳中混合培养，利用酵母菌在生长过程中的呼吸作用，创造一个适合于双歧杆菌生长繁殖、产酸代谢的厌氧环境，称为共生发酵法。

① 共同发酵法生产工艺。共同发酵法双歧杆菌酸乳的生产工艺流程如下。

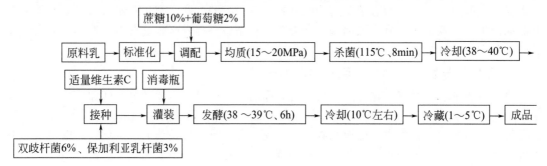

双歧杆菌酸乳的工艺要求：双歧杆菌产酸能力低，凝乳时间长，最终产品的口味和风味欠佳，因而生产上常选择一些对双歧杆菌生长无太大影响但产酸快的乳酸菌，如嗜热链球菌、保加利亚乳杆菌、嗜酸乳杆菌、乳脂明串珠菌等与双歧杆菌共同发酵。这样既可以使制品中含有足够量的双歧杆菌，又可以提高产酸能力，大大缩短凝乳时间，缩短了生长周期，并改善了制品的口感和风味。

② 共生发酵法生产工艺。双歧杆菌、酵母菌共生发酵乳的生产工艺流程如下。

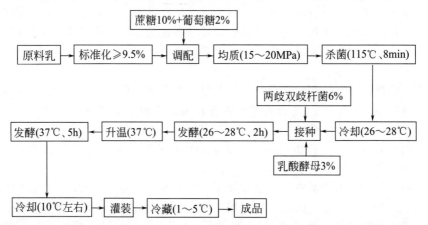

双歧杆菌、酵母菌共生发酵乳的生产工艺要求：共生发酵法常用的菌种搭配为双歧杆菌和用于马奶酒制造的乳酸酵母，接种量分别为 6% 和 3%。在调配发酵培养用原料乳时，用适量脱脂乳粉加入到新鲜脱脂乳中，以强化乳中固形物含量（固形物含量大于等于 9.5%），并加入 10% 蔗糖和 2% 的葡萄糖，接种时还可加入适量维生素 C，以利于双歧杆菌生长。酵母菌的最适生长温度为 26～28℃。为了有利于酵母先发酵，为双歧杆菌生长营造一个适宜的厌氧环境，在接种后，首先在温度 26～28℃ 下培养，以促进酵母的大量繁殖和基质乳中氧的消耗，然后提高温度到 37℃ 左右，以促进双歧杆菌的生长。由于采用了共生混合的发酵方式，双歧杆菌生长迟缓的状况大为改观，总体产酸能力提高，凝乳速度加快，所得产品酸甜适中，富有纯正的乳酸口味和淡淡的酵母香气。

采用此工艺生产的酸乳最好在生产后 7 天内销售出去，而且在生产与销售之间必须形成冷冻链，因为即使在 5℃ 以下，存放 7 天后，双歧杆菌活菌的死亡率也高达 96％；20℃ 下存放 7 天后，死亡率达 99％ 以上。

(2) 干酪 干酪的主要成分是蛋白质和脂肪。它是一种营养丰富、风味独特、较易消化的食品。干酪是在乳（也可用脱脂奶油或稀奶油）中加入适量的乳酸菌发酵剂和凝乳酶，使蛋白质（主要是酪蛋白）凝固后，排除乳清，将凝块压成块状而制成的产品。制成后未经发酵的产品称新鲜干酪，经长时间发酵成熟而制成的产品称为成熟干酪，这两种干酪称为天然干酪。

干酪是一大类发酵乳制品，占世界发酵食品产量的 1/4，是目前消费量仅次于酒类的一种发酵产品。目前世界干酪中，用牛乳生产的约占 94％，羊奶及马奶等生产的约占 6％。根据干酪的质地特性和成熟的基本方式，可将干酪分为硬干酪、半硬干酪和软干酪三类。它们可用细菌或霉菌成熟，或不经成熟。

① 生产干酪的主要菌种。用于干酪发酵的菌种大多数为乳酸菌，但有些干酪使用丙酸菌和霉菌。乳酸菌发酵剂大多是多菌的混合发酵剂，根据最适生长温度不同，可将干酪生产的乳酸菌发酵剂菌种分为两大类：一类是适温型乳酸菌，包括乳酸链球菌、乳脂链球菌、乳脂明串珠菌等，它们的主要作用是将乳糖转化为乳酸和将柠檬酸转化成双乙酰；另一类是具有脂肪分解酶和蛋白质分解酶的嗜热型乳酸菌，包括嗜热链球菌、乳酸乳杆菌、干酪乳杆菌、短杆菌、嗜酸乳杆菌等。

② 干酪微生物的次生菌群。霉菌是成熟干酪的主要菌种，如白地霉和沙门柏干酪青霉，在实际生产过程中，一般是将这两种菌混合使用，使干酪表面形成灰白色的外皮。酵母菌是许多表面成熟干酪的微生物群的重要组成部分，酵母可水解蛋白质，又可水解脂类，产生多种挥发性的风味物质。在干酪次生菌群中特别重要的是微球菌、乳杆菌、片球菌、棒状杆菌和丙酸杆菌，它们是干酪表面涂抹菌种的重要组成部分，在干酪成熟过程中发挥着重要的作用。

总之，次生菌群的生长、代谢活动及蛋白质水解酶与脂肪水解酶的分泌可以改变干酪的结构和风味。但由于成熟干酪的次生菌群相当复杂，因此各个单独的菌种的作用机制并未完全了解。

③ 干酪生产工艺。不同品种干酪的风味、颜色、质地等特性不同，其生产工艺也不尽相同，但都有共同之处。其工艺流程如下。

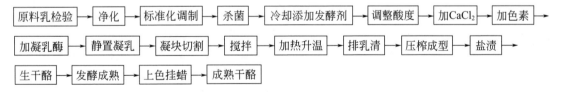

四、酱油

酱油是一种常用的咸味调味品，以蛋白质原料和淀粉质原料为主，经微生物发酵酿制而成。酱油中含有多种调味成分，有酱油的特殊的香味、食盐的咸味、氨基酸钠盐的鲜味、糖及其他醇甜物质的甜味、有机酸的酸味等，还有天然的红褐色色素。

1. 酱油酿造原理

在酱油酿造过程中，利用微生物产生的蛋白酶将原料中的蛋白质水解成多肽、氨基酸，成为酱油的营养成分以及鲜味的来源。另外，部分氨基酸的进一步反应，与酱油香气、色素的形成有直接的关系。因此，蛋白质原料与酱油的色、香、味、体的形成有重要关系，它是酱油生产的主要原料。一般选用大豆、脱脂大豆作为蛋白质原料，也选用其他代用原料，如蚕豆、绿豆、花生饼等。

2. 酱油酿造中的微生物

酱油酿造是半开放式的生产过程，环境和原料中的微生物都可以参与到酱油的酿造中来。但在酱油的特定的工艺条件下，只有人工接种或适合酱油生态环境的微生物才能生长繁殖并发挥其作用，这些微生物主要有米曲霉、酵母菌、乳酸菌和其他细菌。

（1）米曲霉 米曲霉是曲霉属的一个种，它的变种很多，由于它与黄曲霉十分相似，所以同属于黄曲霉群。但米曲霉不产黄曲霉毒素。成熟后的米曲霉菌丛呈黄褐色或绿褐色，分生孢子呈放射状，为球形或近球形。

米曲霉是好氧微生物，最适合生长的培养基水分为 45%，pH 为 6.5～6.8。但是米曲霉的最适生长条件与酶的产生和积累条件往往不一致。

米曲霉能分泌复杂的酶系，可分泌胞外酶（如蛋白酶、α-淀粉酶、糖化酶、谷氨酰胺酶、果胶酶、纤维素酶等）和胞内酶（如氧化还原酶等）。这些酶类中和酱油品质及原料利用率关系最为密切的是蛋白酶、淀粉酶和谷氨酰胺酶。

米曲霉可以利用的碳源有单糖、双糖、淀粉、有机酸等，可以利用的氮源有铵盐、硝酸盐、蛋白质和酰胺等。米曲霉生长需要磷、钾、硫、钙等。因为米曲霉分泌的蛋白酶和淀粉酶是诱导酶，在制酱油曲时要求原料中有较高的蛋白质和淀粉含量，而大豆或脱脂大豆富含蛋白质、小麦含有淀粉，这些农副产品具有较丰富的维生素、无机盐等营养物质，将它们以适当的比例混合作制曲原料，能满足米曲霉生长需要。

酿造酱油对米曲霉的要求为：不产黄曲霉毒素、蛋白酶和淀粉酶活力高、有谷氨酰胺酶活力、生长快速、培养条件粗放、抗杂菌能力强、不产异味、酿造酱油香气好。

（2）酱油曲霉 酱油曲霉是日本学者坂口从酱油中分离出来的，并用于酱油的生产中。其分生孢子表面有小突起，孢子柄表面平滑，与米曲霉相比，其碱性蛋白酶活力较强。目前日本制曲的菌株比例为米曲霉 79%、酱油曲霉 21%。

（3）酵母菌 从酱醅中分离出来的酵母菌 7 个属 23 个种，其中对酱油风味和香气的形成起重要作用的是鲁氏酵母和球拟酵母。

鲁氏酵母是酱油酿造中的主要酵母菌。其最适生长温度为 28～30℃，在 38～40℃生长缓慢，42℃不生长，最适 pH4～5。生长在酱醅这一特殊环境中的鲁氏酵母是一种耐盐性强的酵母，抗高渗透压，在含食盐 5%～8% 的培养基中生长良好，在 18% 食盐浓度下仍能生长，维生素、泛酸、肌醇等能促进它在高食盐浓度下生长。

（4）乳酸菌 酱油乳酸菌也是生长在酱醅这一特定环境中的耐盐乳酸菌，其代表菌有嗜盐片球菌、酱油微球菌等。这些乳酸菌耐乳酸能力弱，因此不会因产过量的乳酸使酱醅中的 pH 过低而造成酱醅质量变坏。适量的乳酸是构成酱油风味的因素之一。

（5）其他微生物 在酱油酿造中除上述优势微生物外，从酱油曲和酱醅中还分离出一些其他微生物，如毛霉、青霉、产膜酵母、枯草芽孢杆菌、小球菌等。当制曲条件控制不当或种曲质量差时，这些菌会过量生长，不仅消耗曲料的营养成分，原料利用率下降，而且使成曲酶活力降低，产生异臭，造成酱油混浊，风味不好。

3. 酱油酿造工艺

在酱油的酿造过程中，除了利用物理因素来处理原料外，还利用多种微生物的酶的作用，把原料中的复杂有机物质分解为简单的物质。同时经过复杂的生物化学作用，形成独特的色、香、味、体。固态低盐发酵法酿造酱油的工艺流程如下。

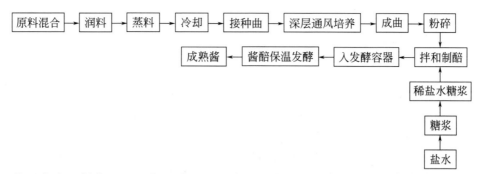

工艺要求为：制曲过程通常是采用人工接种米曲霉或混合霉菌的方法来获得高品质的酱曲。米曲霉生长的最适温度为 $32\sim35℃$，低于 $28℃$ 和高于 $40℃$ 生长缓慢，$42℃$ 以上停止生长。酶的积累与培养温度和培养时间有关，在一定温度下，随着米曲霉培养时间的延长，酶活力提高，到某一时间达到高峰，随后活力下降。当温度高于 $28℃$ 时，温度越高，蛋白酶生成越少，淀粉酶生成越多。所以，制曲时应控制前期温度为 $32\sim35℃$，有利于菌体生长；后期温度控制在 $28\sim30℃$，有利于蛋白酶的生成。

米曲霉是好氧微生物，当氧气不足时，其生长受到抑制。菌体呼吸作用产生的二氧化碳如过多积聚于曲料中，对米曲霉的生长和产酶都不利。

米曲霉生长需要一定的水分，当曲料中水分少于 40% 时会影响菌丝的生长，而曲料水分过高时杂菌容易繁殖。一般在米曲霉生长期水分控制在 48% 左右为宜，在米曲霉产酶期，水分可适当降低，有利于提高蛋白酶的活力。

在酱醅的发酵阶段，由于食盐的加入和氧气量的减少，米曲霉生长几乎完全停止，而盐性的乳酸菌和耐盐酵母菌等大量生长而成为优势菌群。在发酵初始阶段，乳酸细菌大量繁殖，菌体浓度增高，酱醅 pH 开始下降，同时发酵产生乳酸，乳酸是形成酱油芳香和风味物质的重要成分之一。当 pH 下降到 4.9 左右，耐盐鲁氏酵母生长旺盛，酱醅中的酒精含量达到 2.0% 以上，同时生成少量的甘油等，这也是酱油风味物质的重要来源之一。在发酵后期，随着糖浓度的降低和酱醅的 pH 下降，鲁氏酵母自溶，而球拟酵母繁殖和发酵活跃。球拟酵母是酯香型酵母，能生成酱油芳香物质。但在采用人工培养酵母工艺时，球拟酵母添加过量会使酱醅香味恶化，这是由于球拟酵母生成过量的醋酸、烷基苯酚等刺激性强的香味物质而引起。

五、豆腐乳类

豆腐乳是我国传统的发酵调味品之一，迄今已有 1000 多年的生产历史。豆腐乳不仅保留了大豆的营养成分，而且除去了大豆对人体极不利的溶血素和胰蛋白酶抑制物质；通过微生物发酵，水溶性蛋白质及氨基酸含量增多，提高了人体对大豆蛋白的利用率。此外，由于微生物作用，产生了大量的核黄素和维生素 B_{12}。因此，腐乳不仅是一种很好的调味品，而且是人体营养物质的来源之一。

1. 豆腐乳酿造原理

腐乳是以大豆为原料，将大豆洗净、浸泡、磨浆、煮沸，加入适量凝固剂，除去水分制成豆腐，将豆腐切成小方块，接种微生物进行发酵，然后经过腌制、配料、装坛后发酵即成。

2. 豆腐乳酿造中的微生物

目前的豆腐乳生产大多采用纯菌种接在豆腐坯上，然后置于敞口的自然条件下培养。在培养过程中不可避免地有外界微生物的入侵，而且发酵的配料也可能带入其他菌类，因而豆腐乳发酵过程中的微生物种类十分复杂。

我国酿造豆腐乳的微生物大多为丝状真菌，如毛霉属、根霉属等，其中以毛霉菌酿造的腐乳占多数。

(1) 五通桥毛霉 该菌种为目前我国推广应用的优良菌株之一。其菌丝为白色，老后稍黄，孢子梗不分枝，孢子囊呈圆形、色淡，厚垣孢子很多；最适生长温度为 $10\sim25℃$，低于 $4℃$ 勉强能生长，高于 $37℃$ 不能生长。

(2) 腐乳毛霉 该菌种的菌丝初期为白色，后期为灰黄色；孢子囊呈球形，灰黄色；孢子轴为圆形；孢子椭圆形，表面光滑。它的最适生长温度为 $29℃$。

(3) 总状毛霉 该菌种菌丝初期为白色，后期为黄褐色；孢子梗不分枝；孢子囊为球形，褐色；孢子较短，为卵形；厚垣孢子数量很多，大小均匀，为无色或黄色。该菌种的最适生长温度为 $23℃$，在低于 $4℃$ 和高于 $37℃$ 环境下都不能生长。

(4) 根霉 根霉生长温度比毛霉高，在夏季高温情况下也能生长，而且生长速度快。因此利用根霉酿造腐乳，不仅打破了季节对生产的限制，而且缩短了发酵周期。

(5) 细菌和酵母菌 它们都具有产蛋白酶的能力，某些代谢产物在豆腐乳的特色风味的形成过程中起作用。

(6) 米曲霉 米曲霉能分泌产生淀粉酶、蛋白酶、脂肪酶、氧化酶、转化酶及果胶酶等，不仅能使原料中的淀粉转化为糖、蛋白质分解为氨基酸，还可形成具有芳香气味的酯类。其最适培养温度为 $37℃$。

(7) 羊肚菌 该菌是世界著名的食药两用真菌，它的营养丰富，菌丝体内有 17 种氨基酸，其中有 8 种是人体必需氨基酸，另外还有特殊风味的氨基酸，因此用该菌酿制的腐乳香味独特。

3. 豆腐乳酿造工艺

毛霉型腐乳酿造的工艺流程如下。

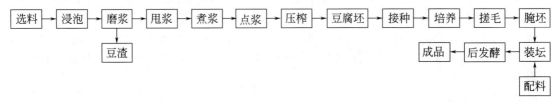

腐乳的酿造是利用毛霉或根霉在豆腐上培养以及腌制过程中从外界侵入并繁殖的微生物，配料中红曲含有的红曲霉、米曲霉，酒类中的酵母菌等所分泌的酶系，在发酵期间引起复杂的生物化学变化，促使蛋白质水解成氨基酸，并使淀粉糖化后发酵成乙醇及形成有机酸；同时在辅料中的酒类及添加的各种香辛料的共同作用下，合成复杂的酯类，最后形成腐乳特有的色、香、味、体等。

第二节　微生物酶制剂及其应用

酶是一种生物催化剂，具有催化效率高、反应条件温和和专一性强等特点。目前国际上出售的酶制剂商品有 100 多种，而我国在生产中广泛应用的仅有淀粉酶、蛋白酶、果胶酶、脂肪酶、纤维素酶、葡萄糖异构酶、葡萄糖氧化酶等十几种。利用微生物生产酶制剂要比从植物瓜果、植物种子、动物组织中获得更容易。现在除少数几种酶仍从动植物中提取外，绝大部分是用微生物来生产的。

一、主要酶制剂及产酶微生物

1. 淀粉酶

按照水解淀粉的方式不同可将淀粉酶分为：α-淀粉酶、β-淀粉酶、糖化酶和普鲁蓝酶（葡萄糖异构酶）。

(1) α-淀粉酶　也称液化淀粉酶，因其产物的末端葡萄糖残基 C1 原子为 α-构型，故得名。它作用于淀粉时，可随机从淀粉分子内部切开 α-1,4-糖苷键，产物为糊精和还原糖，但不能分解 α-1,6-糖苷键。不同的微生物种类产生的 α-淀粉酶的性质也不同。

工业上大规模生产 α-淀粉酶的主要微生物是细菌和霉菌，特别是枯草杆菌。由微生物制备的酶制剂产酶量高，易于分离和精制，适于大量生产。目前具有实用价值的 α-淀粉酶生产菌有淀粉液化芽孢杆菌、嗜热脂肪芽孢杆菌、马铃薯芽孢杆菌、嗜热糖化芽孢杆菌、多黏芽孢杆菌等。

(2) β-淀粉酶　β-淀粉酶是外切酶，只能水解 α-1,4-糖苷键，不能水解 α-1,6-糖苷键，而且只能从非还原端开始，依次切下一个个麦芽糖，生成的麦芽糖在光学上属于 β 型。因此，直链淀粉的分解产物是麦芽糖，支链淀粉的分解产物为 β-极限糊精和麦芽糖。

目前研究最多的 β-淀粉酶生产菌是多黏芽孢杆菌、巨大芽孢杆菌、蜡状芽孢杆菌、环状芽孢杆菌和链霉菌等。由于葡萄糖异构酶和 β-淀粉酶可以相互配合使用，所以可以筛选同时具有这两种酶的菌种。

(3) 糖化酶　也称葡萄糖苷酶。其作用方式与 β-淀粉酶相似，也由淀粉非还原端开始，逐次分解淀粉为葡萄糖。它也能水解 α-1,6-糖苷键，所以水解产物除葡萄糖外，还有异麦芽糖，这点与 β-淀粉酶不同。

不同国家采用的糖化酶的生产菌种不同，美国主要用臭曲霉、丹麦和中国用黑曲霉、日本用拟内孢霉和根霉。糖化酶的工业化生产起步较晚，当时的菌种活性较低，发酵单位不高，20 世纪 70 年代我国选育了黑曲霉突变株 UV-11，目前已广泛用于糖化酶生产中。

(4) 葡萄糖异构酶　也称普鲁蓝酶。该酶可以分解支链淀粉的 α-1,6-糖苷键，生成直链淀粉。

可以产生葡萄糖异构酶的微生物有酵母菌、产气气杆菌、假单胞菌、放线菌、乳酸杆菌、小球菌等。我国多采用产气气杆菌。

2. 果胶酶

果胶酶是指能分解果胶质的多种酶的总称，不同来源的果胶酶其特点也不同。根据不同的微生物来源将果胶酶分为聚半乳糖醛酸酶（PG）、聚半乳糖醛酸裂解酶（PGL）、聚甲基半乳糖醛酸裂解酶（PMGL）和果胶酯酶（PE）。

能够产生果胶酶的微生物很多，但在工业生产中多采用真菌。大多数菌种生产的果胶酶都是复合酶，也有的微生物能产生单一果胶酶，如斋藤曲霉，主要产生 PG，而镰刀霉主要生产原果胶酶。

3. 纤维素酶

纤维素酶是降解纤维素生成葡萄糖的一类酶的总称，可分为酸性纤维素酶和碱性纤维素酶。产生纤维素酶的微生物有很多，如真菌、放线菌和细菌等，但它们的作用机理不同。大多数的细菌纤维素酶在细胞内形成紧密的酶复合物，而真菌纤维素酶均可分泌到细胞外。

4. 蛋白酶

蛋白酶是水解蛋白质肽键的一类酶的总称。按其降解多肽的方式分为内肽酶和端肽酶。

内肽酶可将大分子量的多肽链从中间切断，形成小分子量的朊或胨。端肽酶可分为羧肽酶和氨肽酶，它们分别从多肽的游离羧基末端或游离氨基末端将肽水解，生成氨基酸。

在微生物的生命活动中，内肽酶的作用是降解大的蛋白质分子，便于蛋白质进入细胞内，属于胞外酶。端肽酶常存在于细胞内，属于胞内酶。目前工业上常用的蛋白酶是胞外酶。按产生菌的最适 pH 为标准，可将蛋白酶分为中性蛋白酶、碱性蛋白酶和酸性蛋白酶。

(1) 酸性蛋白酶 它在许多方面与动物胃蛋白酶和凝乳蛋白酶相似，除胃蛋白酶外，其他都是由真菌产生。多数酸性蛋白酶在 pH2～5 范围内是稳定的，一般在 pH7、40℃条件下处理 30min 即失活；在 pH2.7、30℃条件下可引起大部分酸性蛋白酶失活。酶的失活是由于酶的自溶引起的，溶液中游离氨基酸的增加就是有力的证据，但添加 2mol/L 的 NaCl 可增加酶的稳定性。

生产酸性蛋白酶的微生物有黑曲霉、米曲霉、金黄曲霉、拟青霉、微小毛霉、白假丝酵母、枯草杆菌等。我国生产酸性蛋白酶的菌种为黑曲霉。

(2) 中性蛋白酶 中性蛋白酶的热稳定性较差。枯草杆菌中性蛋白酶在 pH7、60℃的条件下处理 15min，失活 90％；栖土曲霉中性蛋白酶于 55℃处理 10min，失活 80％；而放线菌中性蛋白酶热稳定性更差，只在 35℃以下稳定，45℃则迅速失活。但是有的枯草杆菌中性蛋白酶在 pH7 和温度 65℃时，酶活力几乎无损失。此外，钙对中性蛋白酶的热稳定性有保护作用。

生产中性蛋白酶的微生物有枯草芽孢杆菌、巨大芽孢杆菌、酱油曲霉、米曲霉和灰色链霉菌等。

(3) 碱性蛋白酶 碱性蛋白酶是一类作用最适 pH 在 9～11 的蛋白酶，由于其活性中心含丝氨酸，所以也叫丝氨酸蛋白酶。碱性蛋白酶作用位置是要求在水解肽键的羧基侧具有芳香族或疏水性氨基酸（苯丙氨酸、酪氨酸等）。它比中性蛋白酶的水解能力更强，能水解酯键、酰胺键。

碱性蛋白酶较耐热，55℃下保持 30min 仍能有大部分的活力。因此，它主要应用于制造加酶洗涤剂。碱性蛋白酶是商品蛋白酶中产量最大的一类蛋白酶，占蛋白酶总量的 70％左右。

生产碱性蛋白酶的微生物主要是芽孢杆菌属的几个种如地衣芽孢杆菌、短小芽孢杆菌、嗜碱芽孢杆菌和灰色链球菌等。

5. 其他微生物酶类

如由酵母菌、霉菌产生的脂肪酶；由霉菌产生的半纤维素酶、葡萄糖氧化酶、蔗糖酶、橙皮苷酶、柚苷酶等。

一种酶可以由多种微生物产生，而一种微生物也可以产生多种酶。因此可根据不同条件利用微生物来生产酶制剂。

二、微生物酶制剂的生产

1. 菌种选择

一般说来，能用于酶发酵生产的微生物必须具备如下几个条件。

(1) 酶的产量高 优良的产酶微生物首先要具有高产的特性，才有较好的开发应用价值。高产菌株可以通过筛选、诱变或采用基因工程、细胞工程等技术而获得。

(2) 易培养和管理 要求产酶微生物容易生长繁殖，并且适应性较强，易于控制，便于管理。

(3) 产酶稳定性好 在通常的生产条件下，能够稳定地用于生产，不易退化。一旦菌种退化，要经过复壮处理，使其恢复产酶性能。

（4）利于酶的分离纯化 发酵完成后，需经分离纯化过程才能得到所需的酶，这就要求产酶细胞本身及其他杂质易于和酶分离。

（5）安全可靠 使用的微生物及其代谢物要安全无毒，不会影响生产人员和环境，也不会对酶的应用产生其他不良的影响。

2. 酶制剂的发酵生产

微生物发酵生产酶制剂分为固态发酵法和液态发酵法。虽然具体的生产菌不同，目的酶不同，生产设备不同，条件不同，但酶制剂的生产工艺流程大致相同。

（1）酶制剂生产工艺流程

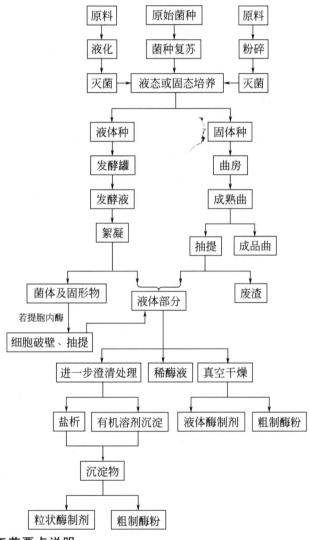

（2）固态发酵工艺要点说明

① 原料处理。固态发酵大多直接以淀粉质原料为碳源，以麸皮为氮源。原料只需蒸熟就可以达到微生物利用的目的和杀灭微生物的需要。

② 菌种培养。菌种活化后，可以用液体法、固体法培养。

③ 无菌要求。固态发酵大多数在开放的环境中进行，无菌要求相对较低。

④ 发酵工艺。影响产酶的主要条件是培养基的 pH、培养温度、通风量。固态发酵在开

放的环境中进行，操作简便，管理容易；发酵过程中一般不需要调节 pH，只要注意控制好温度、湿度、环境卫生，就可以正常发酵。

⑤ 提取纯化。固态发酵结束后，根据需要，经过不同的提取纯化处理，得到不同的成品酶。最简单的就是将成品曲烘干、粉碎、过筛，得到粗酶粉。精制则需先加水抽提，分离去除固形物后，浓缩，再进行盐析或有机溶剂沉淀，若纯度需要再高一点，则需要经离子交换色谱等方法进一步纯化。

⑥ 酶制剂化和稳定化处理。浓缩的酶液可制成液体或固体酶制剂。生产出的酶制剂在出售前往往需要稀释至一定的标准酶活力，同时为改进和提高酶制剂的贮藏稳定性，一般都要在酶制剂中加入一种以上的物质，它们既可作酶活力稳定剂，又可作抗菌剂及助滤剂，它们若制成干粉，则可起到填料、稀释剂和抗结块剂的作用。可用作酶活力稳定剂的物质很多，如辅基、辅酶、金属离子、底物等，最常用的有多元醇（甘油、乙二醇、山梨醇、聚乙二醇等）、糖类、食盐、乙醇及有机钙等。有时用一种稳定剂效果不明显，则需要将几种物质合用，如明胶对细菌淀粉酶及蛋白酶有稳定作用，但效果不明显，若同时加入些乙醇和甘油，则稳定效果较为显著。

（3）液态发酵工艺要点说明

① 原料处理。液态发酵法大多数为清液发酵或少量带渣发酵，不能直接以淀粉为碳源，而是以葡萄糖等单糖为碳源进行发酵。所以，原料需要先进行糖化水解。

② 菌种培养。菌种活化后，用液体法进行扩大培养。

③ 无菌要求。液态发酵无菌要求较高，大多是在密闭的容器中进行发酵，控制因素较多而且复杂，如加压、通无菌空气等。

④ 发酵工艺。发酵过程中往往需要调节 pH、流加物料、通风，这为控制杂菌污染增加了难度。发酵过程中需严格控制温度、搅拌速度、通风量，并要对 pH、温度、溶解氧量、二氧化碳含量、底物、产物等参数进行现场监控。

⑤ 提取纯化。胞内酶和胞外酶的提取纯化工艺不一样。胞外酶发酵结束后，根据客户的需要，可采用不同的提取纯化工艺，得到不同的成品酶。最简单的是将发酵液去除固形物，添加稳定剂和防腐剂后直接出厂稀释酶液；也可以真空浓缩得到较淡的酶液。精制则要去除固形物后浓缩，再进行盐析或有机溶剂沉淀，若纯度需要再高一点，则要经离子交换色谱方法进一步纯化。

三、酶在食品中的应用

食品工业上常用酶的来源及其在食品工业中的应用如表 8-1 所示。

表 8-1　食品工业上常用酶的来源及其在食品工业中的应用

食品工业	用途	酶	来源
食品分析	糖的测定	葡萄糖氧化酶	真菌
		半乳糖氧化酶	真菌
	糖原的测定	葡萄糖淀粉酶	真菌
	尿酸的测定	尿酸氧化酶	真菌、动物
面包和谷类加工	面包制造	淀粉酶	真菌、细菌、麦芽
		蛋白酶	真菌、细菌
啤酒工业	糖化	淀粉酶	麦芽、真菌、细菌
		葡萄糖淀粉酶	真菌
	防止混浊	蛋白酶	真菌、细菌
CO_2 气体饮料	去除氧气	葡萄糖氧化酶	真菌

食品工业	用　途	酶	来　源
粮食加工工业	儿童食品 早餐食品	淀粉酶 淀粉酶	麦芽、真菌、细菌 麦芽、真菌、细菌
咖啡工业	咖啡豆发酵 咖啡浓缩物	果胶酶 果胶酶、半纤维素酶	真菌 真菌
乳制品工业	干酪制造 牛乳灭菌 改变乳脂肪,产香 牛乳蛋白质浓缩物 浓缩牛乳的稳定 全乳浓缩物 冰激凌和冰冻甜食 奶粉的除氧	凝乳蛋白酶 过氧化氢酶 脂肪酶 蛋白酶 蛋白酶 乳糖酶 乳糖酶 葡萄糖氧化酶	真菌、动物 细菌、真菌 真菌 细菌、真菌 真菌 酵母 酵母 真菌
糖果工业	软心糖果和软糖	蔗糖酶	酵母
蛋粉工业	去除葡萄糖 蛋黄酱除氧	葡萄糖氧化酶、过氧化氢酶 葡萄糖氧化酶	真菌 真菌
调味品工业	淀粉的水解、澄清	淀粉酶 葡萄糖氧化酶	真菌 真菌
风味增强剂	各种核苷酸的制备	核糖核酸酶	真菌
水果和果汁加工	澄清、过滤、浓缩 低甲氧基果胶的制备 果胶中淀粉的去除 氧气的去除 橘子的脱苦	果胶酶 果胶甲酯酶 淀粉酶 葡萄糖氧化酶 柚苷酶	真菌 真菌 真菌 真菌 真菌
肉类、鱼类加工	皮的软化 脱毛 肉类嫩化 肠衣嫩化 浓缩鱼肉膏	蛋白酶 蛋白酶 蛋白酶 蛋白酶 蛋白酶	细菌、真菌 细菌、真菌 真菌、细菌 真菌、细菌 细菌
蔬菜加工	菜泥和羹汤的糖化	淀粉酶	真菌
淀粉和糖浆	玉米糖浆 葡萄糖的生产	淀粉酶、糊精酶 葡萄糖异构酶 葡萄糖淀粉酶、淀粉酶	真菌 真菌、细菌 细菌、真菌
葡萄酒	压榨、澄清、过滤	果胶酶、蛋白酶	真菌
蒸馏酒精饮料工业	糖化	淀粉酶 葡萄糖淀粉酶	真菌、细菌 真菌

第三节　微生物发酵生产各种有机酸

许多有机酸是食品工业的重要原料或添加剂,如柠檬酸、乳酸、醋酸、苹果酸等,其中的柠檬酸和乳酸应用最广泛。

一、柠檬酸

柠檬酸具有令人愉快的酸味，它入口爽快、无后酸味、安全无毒，是食品工业中用量最大的有机酸之一。柠檬酸在饮料、果酱、果冻、酿造酒、冰激凌和人造奶油、罐头食品、豆制品及调味品等食品工业中被广泛用作酸味剂、增溶剂、缓冲剂、抗氧化剂、除腥脱臭剂、螯合剂等，因此被称为第一食用酸味剂。

1. 发酵用菌种

柠檬酸是葡萄糖经 TCA 循环而形成的最具有代表性的发酵产物。在大多数的微生物代谢中，均能产生柠檬酸，但在工业上用于柠檬酸生产的微生物主要是黑曲霉，其次是温特曲霉。这些菌种柠檬酸产量高，较少产生其他不需要的有机酸，而且能利用多种碳源。

2. 发酵用原料

柠檬酸发酵用原料的种类很多，食品工业生产上常用的原料主要有淀粉质原料，包括甘薯、木薯、马铃薯和由它们制成的薯干、淀粉、薯渣、淀粉渣及玉米粉等，以及粗糖类，包括粗制蔗糖、水解糖（葡萄糖）、饴糖、糖蜜等。我国多用糖蜜和薯干。

3. 发酵工艺

柠檬酸发酵是好氧发酵。柠檬酸发酵工艺的发展大致可以分为三个阶段：20 世纪 20 年代为第一阶段，由青霉和曲霉表面发酵生产；第二阶段开始于 20 世纪 30 年代，这一阶段曲霉的深层发酵逐渐得到发展；第三阶段是 20 世纪 50 年代至今，以黑曲霉深层发酵为主，并进行着表面发酵和固体发酵。现在柠檬酸的连续发酵、固定化细胞发酵、酵母或细菌发酵等都有研究和报道，但工业生产上采用的还是上述三种基本方法，并以液体深层发酵最为普遍，技术也更先进。深层发酵的发酵体系是均一的液体，传热性质良好，其设备占地面积小、生产规模大、发酵速率高、产酸率高，并且发酵设备密闭、机械化操作安全、杂菌污染概率低，还有就是发酵副产物少，有利于产品提取等。因此，其在柠檬酸发酵工业中占主导地位。

二、乳酸

乳酸也是一种重要的有机酸，由于其酸性稳定，所以在食品工业中广泛用作酸味剂、防腐剂、还原剂等，可用于清凉饮料、糖果、糕点的生产以及鱼肉、蔬菜等的加工和保藏。

1. 发酵用菌种

工业上应用的乳酸菌包括乳杆菌和乳球菌，它们都是革兰阳性菌，不运动，无芽孢，厌氧或微好氧，能发酵糖类产生乳酸。乳酸生产菌种的要求是产酸迅速、副产物少、营养要求简单、耐高温等。工业上除了生产发酵食品，如干醋、香肠、泡菜等需用一些异型发酵菌外，单纯生产乳酸时，均采用同型发酵菌。工业上重要的生产菌种有德氏乳杆菌、赖氏乳杆菌、保加利亚乳杆菌和戊糖乳杆菌等。

2. 发酵用原料

能作为乳酸发酵的原料很多，主要包括己糖、低聚糖类和淀粉类原料。前者包括蔗糖、淀粉水解糖、糖蜜和菊粉类等；后者常用的有大米、玉米、薯干等。乳酸菌的生长和发酵能力的获得需要复杂的外来营养物质，必须有各种氨基酸、维生素、核酸、碱基等营养因子供给。从经济上考虑，可以添加含有所需营养成分的天然廉价辅助原料，如麦根、麸皮、米糠、玉米浆等。

3. 发酵工艺

乳酸发酵是一种厌氧发酵，其发酵工艺包括长菌期、产酸期以及乳酸提取和精制等阶段。目前，乳酸发酵均采用液体深层发酵工艺，其生产工艺流程如下。

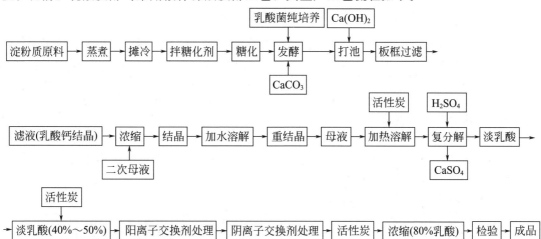

（1）乳酸菌的扩大培养要点　以德氏乳杆菌为例。

① 将穿刺培养或液体培养的乳酸菌转接于盛 10mL 灭菌麦芽汁的小管中，45℃培养 25h，汁液变浊，镜检，应确保无杂菌污染。

② 将上述乳酸菌接入盛有 100mL 葡萄糖肉汁液的容器中，49℃培养 2 天，立即转入盛 1～2L 培养液的容器中培养。培养液需含碳酸钙，以中和乳酸形成乳酸钙，降低乳酸浓度，否则，乳酸达 1%～2%时将致死乳酸菌。

③ 把步骤②中得到的菌接入 100～200L 的培养器中，其培养基组成与发酵基质相适应，培养温度和时间与步骤②同。

④ 将步骤③中的培养物转入容量为 500～1000L 的种子罐中，49℃培养 2 天，使乳酸菌大量繁殖至足够量，直接接入发酵罐中。

（2）乳酸发酵要点

① 发酵罐。发酵罐容积有 500L、1000L、2000L、5000L、10000L、50000L 等，一般为不锈钢板制成的圆柱体立式容器，底和盖为半圆形，内部设桨式搅拌器，罐壁安装 3～4 片挡板。容积较大的发酵罐有夹层，内装立式冷却列管。乳酸发酵是厌氧发酵，可用无进气发酵罐。

② 发酵。罐中发酵液含糖约 10%。接入种子罐纯菌，49℃保温 6h 开始发酵，12h 后发酵液酸度超过 0.9%（以乳酸计），间断投入中和剂 $CaCO_3$，2～4 天后，残糖降至 0.1%或更低时，发酵完毕。

③ 浓缩、酸解、精制。将稀乳酸钙液打入蒸发器中，蒸发浓缩到 11～14°Bé，放至铁桶中，静置 3～5 天，析出乳酸钙结晶。把乳酸钙放入酸解锅内，加热，使其完全溶解，在搅拌下加入 0.2%的活性炭，并逐渐加入 40%～50%的硫酸液，析出 $CaSO_4$ 沉淀，乳酸再转为游离态。加硫酸忌过量，否则易破坏乳酸。乳酸液经真空过滤得淡乳酸，入蒸发器，在稍减压下加 0.2%的活性炭，脱色、蒸发、浓缩，待浓度达 13°Bé，用阳离子交换剂和阴离子交换剂处理，除去钙、铁、氯及硫酸根等杂质，得浓缩为 80%的优质乳酸。

三、氨基酸

氨基酸是组成蛋白质的基本成分。其中有 8 种氨基酸是人体不能合成但又需要的氨基酸，即人体必需氨基酸，只有通过食物来获得。在食品工业中，氨基酸可以作为调味料，如由谷氨酸制成的谷氨酸钠（味精）作为鲜味剂使用、色氨酸和甘氨酸可作甜味剂等。目前，已有十余种氨基酸进入工业化生产中。

1. 谷氨酸

（1）发酵用菌种 L-谷氨酸是许多微生物的代谢产物，许多霉菌、酵母菌、细菌和放线菌等都能产生谷氨酸，其中以细菌的百分比最大，所产的量也最高。但在发酵液中能积累相当量谷氨酸的菌种却不多见，目前应用最多的菌株为谷氨酸棒杆菌，其特性为菌体球形、短杆状或棒状，无鞭毛、不运动，不形成芽孢，革兰染色阳性，需要生物素作为生长因子，在通气条件下培养产生谷氨酸。

（2）发酵用原料 发酵法生产谷氨酸（此处的最终产品是味精）的原料为淀粉质类原料，如玉米、甘薯、小麦、大米等，其中以甘薯淀粉最为常用。此外，糖蜜等也可用来作发酵培养基的碳源。氮源则可用尿素或氨水。

（3）发酵工艺 谷氨酸生产的简单工艺过程如下。

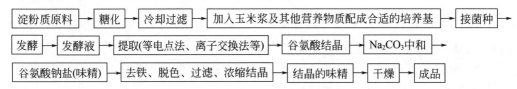

在发酵中影响谷氨酸产量的主要因素是通气量、生物素、pH 值及氨浓度等。其中通气量和生物素的影响较大，当通气量过大时，促进菌体繁殖，积累 α-酮戊二酸，糖消耗量大；而通气量过小时，则菌体生长不好，糖消耗量少，发酵液中积累乳酸，谷氨酸产量低。只有在适量通气情况下才能获得较高的产量。发酵培养基中生物素含量在"亚适量"时，谷氨酸发酵才能正常进行，当生物素过量时，除菌体大量生长外，丙酮酸也趋于生成乳酸，而很少甚至不生成谷氨酸，实验表明，当发酵液中生物素含量为 $1\mu g/L$ 时限制菌生长，但谷氨酸产量较高；当生物素含量为 $15\mu g/L$ 时，菌丝生长旺盛，但谷氨酸产量很少。因此，严格控制发酵条件是取得谷氨酸高产的关键。

2. 赖氨酸

（1）发酵用菌种 发酵用菌种主要为突变菌株。其中营养缺陷型突变菌株有谷氨酸棒杆菌的高丝氨酸、苏氨酸、亮氨酸、异亮氨酸或亮氨酸加异亮氨酸的缺陷型，乳糖发酵杆菌的高丝氨酸缺陷型和嗜醋酸棒杆菌的高丝氨酸缺陷型等；抗反馈突变型菌种有抗 S-氨基乙基-L-半胱氨酸的黄色短杆菌和非营养缺陷型的赖氨酸生产菌等。

（2）发酵用原料 发酵用原料来源较广，常用的碳源有玉米、小麦、甘薯等淀粉质原料和甘蔗糖蜜、甜菜糖蜜、葡萄糖结晶母液等。赖氨酸发酵中氮是构成发酵产品赖氨酸的组成元素，同时赖氨酸也是有两个氨基的碱性氨基酸，所以赖氨酸发酵所用的氮源比普通发酵要多，最常用的氮源是硫酸铵及氯化铵。因硫酸铵及氯化铵是生理酸性氮源，所以氮源被利用后 pH 下降，游离出的酸根部分与游离的赖氨酸结合，其余部分要用碳酸钙或尿素中和，以维持发酵培养基至中性。发酵过程中也经常用氨水调节 pH。所需的生长因子有生物素、B族维生素以及缺少的氨基酸等，主要通过添加玉米浆、脱脂豆粉水解液或豆饼水解液、其他蛋白质的酸水解液等来补充。无机盐主要有磷酸盐、硫酸镁、钾盐、钙盐等。

（3）发酵工艺 赖氨酸生产的简单工艺过程如下。

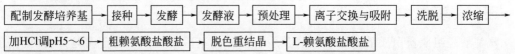

赖氨酸发酵分为两个阶段：发酵前期（0～24h，因菌种和工艺不同而异）为长菌期，主要是菌体生长繁殖，很少产酸；当菌体生长一定时间后，转入产酸期。在工艺条件控制

上，应该根据两个阶段的不同而异。发酵结束后进行赖氨酸的提取和精制。为了有利于赖氨酸的提取，需要将发酵液进行预处理，以除去影响提取的大量菌体和钙离子等。提取过程包括发酵液预处理、提取和精制三个阶段。最后经离子交换与吸附、洗脱、中和、结晶、重结晶、干燥即可得成品。

第四节　微生物食品添加剂

食品添加剂是指为改善食品品质和色、香、味，以及为防腐、保鲜和加工工艺的需要而加入食品中的人工合成或者天然物质。食品添加剂按其形成途径分为天然和化学合成两大类。由于天然食品添加剂比化学合成的性能好、毒性低，因此，食品添加剂主要是向天然食品添加剂发展。近年来，利用微生物生产食品添加剂已是食品工业中的一个热点应用。

一、微生物多糖

微生物多糖越来越受到人们的关注，它可作为增稠剂、稳定剂、胶凝剂、水化剂等用于食品生产方面，也可作为免疫增强剂和生物新材料用于医疗卫生方面。活性多糖作为生物效应调节剂，主要作用于机体的免疫系统，具有抗肿瘤、抗炎、抗凝血、抗病毒以及降血脂、降血糖等活性。

真菌多糖是一类天然高分子化合物，是由细菌、真菌、蓝藻等微生物在代谢过程中产生的，可以在人工控制条件下利用各种废渣、废液进行生产。微生物多糖生产周期短，不受气候和地理环境条件的限制，工艺简单，易于实现生产规模大型化和管理技术自动化。微生物多糖具有动物多糖、植物多糖不具备的优良性能，安全无毒，理化性质独特。近几年，世界上微生物多糖的产量每年都保持 10％ 的增长速度，其年产值可达 50 亿～100 亿美元。

微生物多糖的种类繁多，依生物来源分为细菌多糖、真菌多糖和藻类多糖；按分泌类型分为胞内多糖与胞外多糖。在我国已投入工业化生产的微生物多糖产品有黄原胶、热凝胶与结冷胶等。细菌多糖的深层液态发酵工艺已经形成，我国自主开发的微生物多糖免疫剂多为食用菌多糖（如香菇多糖、灵芝多糖、虫草多糖、猴头多糖等）。

海洋微生物是开发新多糖类免疫调节剂的重要资源。目前已从海洋细菌中筛选出胞外多糖产量较高的菌株，这些菌株产生的胞外多糖具有促进机体细胞免疫、体液免疫和非特异性免疫活性的免疫增强剂的作用，它们具有潜在的应用前景。

下面介绍几种目前已开发的微生物多糖。

1. 黄原胶

黄原胶，又名汉生胶，是由野油菜黄单胞杆菌以碳水化合物为主要原料经发酵产生的一种作用广泛的微生物胞外多糖。1969 年美国食品及药物管理局（FDA）批准其作为食品添加剂，1983 年联合国粮农组织和世界卫生组织（FAO/WTO）所属食品添加剂专家委员会正式批准其作为食品添加剂，1988 年 8 月我国卫生部批准了食品级黄原胶的卫生标准，并被列入食品添加剂名单中。

（1）黄原胶的性能　黄原胶是一种白色或浅米黄色粉末，是集增稠、悬浮、乳化、稳定于一体的性能优越的生物胶之一。它具有独特的性质，如在极宽的剪切率和浓度范围内保持极高的假塑性；在热水和冷水中有良好溶解性；增稠性和悬浮力强，在低浓度下具有较高黏度；有很高的稳定性；耐酸碱、高盐环境；抗高温、低温冷冻；抗生物酶解；抗污染力强；可同多种物质（酸、碱、盐、表面活性剂等）互配，具有良好的兼容性；较好的分散作用、乳化稳定作用。

（2）黄原胶在食品工业中的应用　黄原胶具较强的稳定性，其用作各种果汁饮料、调味料的增稠稳定剂，能使果酱、豆酱等酱体统一，涂抹性好，不结块，易于灌装且提高口感。黄原胶作为乳化剂用于乳饮料，可防止油水分层和提高蛋白质的稳定性，将其用于各类点心、面包、饼干、糖果等食品的加工中可使食品具有更优越的保形性、更长的保质期和更良好的口感。黄原胶可广泛应用于各种肉制品的加工中，可明显提高制品嫩度、色泽和风味，还可提高肉制品的持水性，从而提高出品率。其作为保鲜剂处理新鲜果蔬，可防止果蔬失水、褐变。若将黄原胶加入面制品中，能增强面团筋力，使压出的面片有韧性，降低断条率，改善产品口感，延长产品货架期。此外，黄原胶还被广泛用于罐头食品、冷冻食品的生产中。

2. 结冷胶

结冷胶是由伊乐假单胞杆菌在中性条件下，在以葡萄糖为碳源、硝酸钠为氮源及一些无机盐所组成的培养基中，进行有氧发酵而产生的细胞外多糖胶质。它是近年来最有发展前景的微生物多糖之一。它于1992年获美国FDA权威性认证，成为继黄原胶之后又一种在食品中应用的微生物胞外多糖。现在除美国外，还有其他十几个国家批准其作为食品添加剂，我国于1996年批准其作为食品增稠剂、稳定剂使用。

（1）结冷胶的性能　结冷胶性能优良，如具良好的假塑性和流变性，其水溶液的黏度随剪切速率的增加而明显降低；在极低浓度下，不需加热或稍加热即可形成凝胶；与其他食品胶有较好的相容性；具有极好的风味释放性，赋予食品优越的呈味性能；具有极好的热稳定性和耐酸、碱、酶性；硬度、弹性和脆性易调节。

（2）结冷胶在食品工业中的应用　在食品工业中结冷胶主要作为增稠剂、稳定剂、被膜剂、膨松剂用于面制品、乳制品、糖果、饮料等食品的加工中。如结冷胶用于面制品中，可增强面条的硬度、弹性、黏度，也有改善口感、抑制热水溶胀、减少断条和减轻汤汁混浊等作用。在酸性乳制品中加入适量结冷胶，可消除乳制品中蛋白质絮凝及改善口感。结冷胶应用于糖果可给产品提供优越的结构和质地，并缩短淀粉软糖胶体形成的时间。另外，结冷胶添加到奶酪饼中，具有保湿、保鲜和保形效果；添加到冰激凌中可提高其保形性，将热的结冷胶溶液加到制饼干的面团中，可起到改良饼干层次、使饼干具有良好疏松度的作用。

3. 短梗霉多糖

短梗霉多糖又称普鲁兰多糖或茁霉多糖，它是由出芽短梗霉分泌的一种黏性多糖。20世纪70年代中期日本就已开发出短梗霉多糖产品，至今仍垄断着国际市场。我国于80年代初开始做相关研究，目前，我国对短梗霉多糖的开发已取得了可喜的进展。

（1）短梗霉多糖的性能　短梗霉多糖是无色、无味、无臭的高分子物质，呈白色粉末状，是非离子型、非还原性多糖。它无毒、安全、易溶于水、黏度低；具良好耐热性，炭化不产生有毒气体；任何浓度的盐溶液均不影响其溶液黏度，用作食品添加剂不会因食盐存在而起变化；具有良好的耐酸碱性；黏度热稳定性较好；具优良的可塑性，用其制成薄膜具较好的阻气性和拉伸强度。

（2）短梗霉多糖在食品工业中的应用　短梗霉多糖作为多种食品品质改良剂有着广泛的应用，如在肉制品中添加0.1%短梗霉多糖，可使肉制品的黏弹性、口感和持水性明显提高。在大豆加工中，添加少量短梗霉多糖能保持大豆的香味，可使豆腐光泽好、弹性好且易脱模。将短梗霉多糖应用于糕点、面包及米面制品，可防止食品中的淀粉老化，延长保鲜期。在面条制作时，添加少量短梗霉多糖可使面条韧性强，口感好，不互相粘连。由于其具有强耐盐性，所以可作为高盐调味料如酱油、蚝油等的稳定剂。另外，将短梗霉多糖制成被膜剂涂于鸡蛋、果蔬等的表面，保鲜效果十分显著。

4. 热凝胶

热凝胶又称凝胶多糖、凝结多糖，是由产碱杆菌的变异菌代谢而产生的一种不溶于水的胞外多糖，这种多糖在加热条件下形成凝胶，因此而命名。1996年美国FDA批准其用于食品中。1999年，我国把热凝胶作为食品添加剂开发的重点之一。

（1）热凝胶的性能 干燥的热凝胶是一种流动性极好的无臭、无味的白色或灰白色粉末固体，其悬浮液在一定条件下（Ca^{2+}存在或特定pH等）经加热可形成无色、无味的凝胶。这种凝胶不同于一般的胶凝剂，它在加热至不同温度时可形成性质完全不同的凝胶：低固定胶和高固定胶。形成的高固定胶结构结实并具高弹性，食品工业中主要用高固定胶。热凝胶具有抗冻融性，在冷冻后，经解冻处理凝胶强度变化不大。热凝胶具有良好的抗脱水性。成胶的pH值范围大，它在pH3～9.5条件下加热都能形成高固定胶。热凝胶还具良好的成膜性、持水性，它能将水分子包容在其独特的网络状质构中。

（2）热凝胶在食品工业中的应用 热凝胶独特的理化性质使之被广泛用作凝胶剂、增稠剂、稳定剂、持水剂等添加到各类食品中，如将热凝胶添加到肉制品中可提高其含水率，使产品更加柔嫩，口感更好。由于热凝胶在高温下仍可保持极好的形状和性质，因此将其加入面条中，可使面条具良好的韧性和柔软性。热凝胶可使焙烤食品保持一定的含水量，香脆可口。含热凝胶的流体呈假塑性，故可作为增稠剂、稳定剂应用于色拉酱等流体食品中，可赋予食品奶油样的口感，增加无脂食品黏度，并可极大地提高产品质量。热凝胶还被用于奶酪制品中防止其脱水，用于水产熟制品中增强制品弹性，用于冰激凌中提高保形性。

二、葡萄糖酸-δ-内酯

葡萄糖酸-δ-内酯（GDL）属于酸性凝固剂，它是迄今食品添加剂中唯一应用的一种无毒糖酸内酯，是目前最为常见的豆腐凝固剂。

1. 葡萄糖酸-δ-内酯的性能

白色结晶或结晶性粉末，无臭，味先甜后苦，呈酸味，易溶于水。它是一种高度水溶易分解的化合物，其本身不能沉淀蛋白质，在加热的条件下水解为葡萄糖酸使pH降低，进而使蛋白质分子成为兼性离子而沉淀。

2. 葡萄糖酸-δ-内酯在食品工业中的应用

葡萄糖酸-δ-内酯作为稳定剂和凝固剂，可用于豆制品（豆腐和豆花）、香肠（肉肠）、鱼糜制品和葡萄汁的生产中；作为防腐剂，可用于鱼虾的保鲜；作为膨松剂，可用于配制复合发酵粉；另外还可用作酸味剂等。

（1）作为稳定剂和凝固剂 制作豆腐时，按每千克豆乳加葡萄糖酸-δ-内酯2.5～2.6g。可先将其溶于少量水，然后加入豆乳中，或将加好葡萄糖酸-δ-内酯的豆乳装罐，隔水加热至80℃，保持15min，即可凝成豆腐。

（2）作为膨松剂 葡萄糖酸-δ-内酯与碳酸氢钠按2：1混合成发酵粉，其用量可占酸味剂的50%～70%。可用于饼干、炸面卷及面包等，尤其适用于蛋糕，用量约为小麦粉的0.13%。

（3）作为护色剂和防腐剂 午餐肉、香肠、红肠等加入0.3%葡萄糖酸-δ-内酯，可使制品色泽鲜艳，持水性好，富有弹性，且具有防腐作用，还能减少制品中亚硝胺的生成。

（4）作为螯合剂 可用于葡萄汁或其他浆果酒，加入葡萄糖酸-δ-内酯能防止生成酒石。

用于乳制品，可防止乳石生成。

（5）作为酸味剂 葡萄糖酸-δ-内酯可用于果汁饮料及果冻等作为酸味剂，亦可与碳酸氢钠配制成高级饮料，不仅产气力强，而且能缓慢地水解出葡萄糖酸，具有清凉可口和对胃无刺激的特点。

三、食用色素

食用色素是使食品着色或改善食品色调和色泽的食品添加剂。天然色素是微生物、动植物的代谢物质，微生物所产色素的安全性较高。

红曲色素是红曲霉菌丝产生的色素，它主要有6种成分，其中红色色素、黄色色素和紫色色素各两种。这6种色素的物理化学性质各不相同，具有实际应用价值的主要是醇溶性的红色色素：红斑素和红曲红素。红曲色素中的黄色成分约占5%，其性质比红色色素稳定，但其含量少。红曲色素中的红、紫两种色素的分离效果不好，故一般混合使用。

1. 红曲色素的性质

（1）红曲色素的一般性质 红曲色素是液体或粉末或糊状物，略有异臭；熔点约为60℃，不溶于水、甘油；溶于乙醇、乙醚、冰醋酸。

（2）红曲色素的特性 红曲色素与其他食用天然色素相比，具有以下特点：①对pH稳定，色调不像其他天然色素那样易随pH的改变而发生显著变化。②耐热性强，即使加热到100℃也非常稳定，几乎不发生色调变化，加热到120℃以上亦相当稳定。例如用其乙醇溶液在100℃加热1.5h或120℃加热0.5h，色素保存率在92%以上。③耐光性强，醇溶性的红色色素对紫外线相当稳定，但在太阳光直射下则可看到色度降低。红色成分在阳光下直照5h会变为橙色。④红曲色素几乎不受金属离子的影响，几乎不受如0.1%的过氧化氢、维生素C、亚硫酸钠等氧化剂和还原剂的影响。⑤对蛋白质的着色性好，一旦着色后经水洗也不褪色。⑥其安全性高，尚无日允许摄入量的限制。⑦具有抗菌性。

2. 红曲色素在食品中的应用

早在宋朝，我国祖先就将红曲霉培养在稻米上制成红曲，用于制造红糟、红酒及腐乳并从中提取红曲色素。现在工业上主要将红曲色素添加到肉制品、腌制蔬菜、面包等食品中，除赋予制品诱人的色泽外，还起到增强食品风味和抗菌、抑菌及延长产品保质期等作用。红曲色素的添加可以大为降低亚硝酸盐或硝酸盐的使用量。

（1）在肉制品中的应用 红曲色素有发色和防腐作用，它能使肉制品的色泽均匀一致，而且红曲色素的耐日光性高于亚硝基色素。同时由于它对脂肪代谢有促进作用，故将红曲色素用于肉制品更是具有积极意义。

（2）在腌制蔬菜中的应用 许多酱腌菜需要着色，以获得诱人的色泽，传统生产中常使用酱油作为着色剂。现在红曲色素也用于腌制蔬菜中，外加色素通过物理吸附作用渗入蔬菜内部。蔬菜细胞在腌制加工过程中细胞膜变成全透性膜，进而能吸附其他辅料中的色素而改变原来的颜色。

（3）在面包生产中的应用 在面包中添加红曲水浸提液，其面包的色、香、味及口感与直接添加红曲粉相比，各方面均有较大改观，尤其在香味方面，与不加红曲提取液制成的面包相比更加清新独特。

（4）在其他食品中的应用 在辣椒酱中加入0.6%～1%，甜酱中加入0.4%～3%，腐乳中加入0.2%，酱鸡、酱鸭中加入0.1%，果酒中加入0.2%～1%，水产品中加入0.5%～1%，糕点中加入0.5%～2%的红曲色素，可使产品具有诱人色泽。

但红曲色素不宜用于豆制品、新鲜蔬菜、水果、鲜鱼和海带等食品中。

自主复习题

1. 试解释下列名词：酶制剂　食品添加剂　微生物多糖　食用色素
2. 试述酿酒和酿醋发酵类型的区别。
3. 试述微生物酶制剂的种类及特征，并举例说明它们在食品生产中的重要作用。
4. 试述利用微生物生产有机酸的发酵类型。
5. 试述微生物食品添加剂的种类及作用。

第九章　微生物菌体

以下主要介绍食用菌与单细胞蛋白。

一、食用菌

（一）食用菌种类及营养价值

1. 食用菌常见种类

食用菌是指能形成显著的肉质或胶质或木质的子实体供人类食用或药用的大型真菌，常以菇、蕈、菌、蘑、耳、芝等称之。食用菌一般情况下是指大型真菌，广义的食用菌还包括利用发酵作用进行食品或药品生产的丝状真菌和酵母菌。

食用菌在真菌分类上，隶属于担子菌亚门（绝大多数种类）和子囊菌亚门（少数几种）。可以人工栽培的食用菌有平菇、香菇、木耳、金针菇、滑菇、双孢菇、草菇、银耳、鸡腿菇、白灵菇、猴头等；目前不能人工栽培的食用菌有冬虫夏草、牛肝菌、羊肚菌等；比较常见的药用真菌有灵芝、竹荪、蛹虫草等。

2. 食用菌的重要价值

（1）食用价值　食用菌是一类营养丰富、味道鲜美、风味独特的菌类蔬菜，被公认是一种理想、健康的食品。它含有丰富的蛋白质和氨基酸，一般食用菌所含蛋白质的量占干重的10%～50%，有"素中之荤"的美称。食用菌所含氨基酸种类比较齐全，20种基本氨基酸都有，其含量比肉类和乳制品都高，尤其是赖氨酸和亮氨酸（在粮食中含量少）丰富。因此它又被称为"植物肉"。

食用菌还含有丰富的维生素，包括维生素 B_1、维生素 B_2、维生素 B_{12}、烟酸、维生素D、维生素 C 等，总量比蔬菜高 2～10 倍、比肉类高 1～5 倍。食用菌富含矿物质，有磷、钾、钠、铁、锌、镁、钙等，均以无机盐形式存在，特别是磷和铁，蘑菇的含磷量是常见蔬菜的 5～10 倍，香菇、黑木耳的含铁量是一般蔬菜的 100 倍。

食用菌脂肪含量低，而且所含脂肪以不饱和脂肪酸——亚油酸（人体必需）为主。经常食用这种高蛋白、低脂肪的食品有助于预防高血压、高血脂等心血管疾病，故人们称食用菌为保健食品。

（2）药用价值　食用菌还有很好的医疗保健作用，有关食用菌作为药物的记载已有

2000 多年的历史,《本草纲目》中就有所记载,《中国药典》（2015 版）也有收录。食用菌的药用价值可以概括为：增智、保健、抗衰、延年。例如：木耳有清肺润肺、消化纤维素、通便、治痔等作用，其防治因尘埃导致的各种肺部疾病有显著功效，被作为煤矿工人、纺织女工的保健用品；银耳自古以来就作为滋补食品，有提神益津、滋补强身的作用；香菇中含有多种药用成分，如能降低血中胆固醇的"香菇素"，能诱导产生干扰素的"蘑菇核糖核酸"及能增强机体对肿瘤细胞免疫力的"香菇多糖"等，可使人延年益寿；利用猴头菌丝体制成的猴菇菌片，对胃及十二指肠溃疡有良好的疗效，对消化系统的癌症也有缓解作用；蜜环菌具有与天麻类似的作用，对多种原因引起的头晕、肢体麻木等症有较好的疗效。

（二）食用菌的生产

食用菌生产过程包括两大阶段：第一阶段是生产菌种；第二阶段是将生产的菌种移入食用菌的栽培基质上，经过培养产生子实体。菌种通常被分为三级：一级种，也叫母种，直接从优良菇体获得；二级种，也叫原种，是利用母种的菌丝体接入木屑、粪草或谷粒等培养基中所生产的菌种；三级种，也叫栽培种，是利用原种再扩繁一次所产生的菌种，它直接用于生产，因此也叫生产种。经过母种→原种→栽培种的不断扩大繁殖后，菌丝体的数量越来越多，菌丝也越来越粗壮，利用这样的菌丝体投入生产就可以生长出优良的子实体。其生产流程如下。

$$\boxed{一级种(母种)} \rightarrow \boxed{二级种(原种)} \rightarrow \boxed{三级种(栽培种)} \rightarrow \boxed{接种} \rightarrow \boxed{栽培养料} \rightarrow \boxed{培养} \rightarrow \boxed{出菇}$$

1. 食用菌三级菌种的制作

（1）母种培养基的制作 母种培养基的常用配方为：马铃薯 200g、葡萄糖（或蔗糖）20g、琼脂 20g、水 1000mL（通称为 PDA 培养基）。

为了强化营养和利于菌种保存，可用综合配方：在上述培养基中添加蛋白胨 3g、磷酸二氢钾 3g、硫酸镁 1.5g、维生素 B_1 0.5mg。

（2）母种分离与培养 母种分离方法有孢子分离法、组织分离法和基内菌丝分离法三种。

① 孢子分离法。孢子分离法有单孢分离和多孢分离两种，前者一般在育种上应用，后者一般在生产上应用。用孢子分离法得到的菌种必须经过栽培试验，从而筛选出优良菌株用于生产。

a. 种菇的选择与消毒。种菇要选择无病虫害、发育健壮、八分成熟、将要释放孢子的菇体。种菇必须进行消毒，子实层未外露的种菇，可用 0.1％～0.2％的升汞溶液浸泡 2～3min 消毒；子实层外露的种菇，只能用 75％的酒精进行表面消毒。消毒后的种菇要置于无菌水中漂洗，洗掉药剂，用无菌纱布吸干。

b. 多孢分离。多孢分离是指把许多孢子一起接种在同一培养基上，让它们萌发并自由交配来获得食用菌纯菌种的一种方法。多孢子分离的操作方法有种菇孢子弹射法、钩悬法、贴附法、空间捕捉孢子法等，见图 9-1～图 9-3。

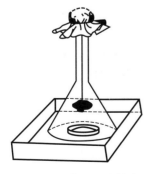

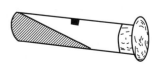

图 9-1　种菇孢子弹射法　　图 9-2　钩悬法　　图 9-3　空间捕捉孢子法

c. 单孢分离。单孢分离是每支试管只取一个孢子，并让它萌发成菌丝体来获得菌种的方法，生产上不常用。蘑菇和草菇是同宗接合的食用菌，用单孢分离得到的菌丝体，可以产生子实体。香菇、平菇、金针菇等是异宗接合的食用菌，用单孢分离得到的菌丝体，不产生子实体，故不能采用单孢分离法分离菌种。

d. 分离场所。无菌分离场所有接种箱、接种室、超净工作台等。超净工作台适合大规模生产。在野外可用褶上涂抹法或孢子印分离法进行分离。

② 组织分离法。组织分离法是指从子实体组织分离纯菌丝的方法。只要切取一小块子实体的组织，把它移种在培养基上，经过培养，就能获得纯粹的菌丝体。组织分离操作简便，菌丝萌发快，遗传性稳定，是生产上主要采用的分离方法。

a. 种菇的选择。一般选择幼嫩的子实体作为种菇（种耳），子实体老化、过大分离成活率低。猪苓、茯苓等食用菌的菌核和蜜环菌等食用菌的菌索可以作分离材料。

b. 主要流程

种菇表面消毒 → 环境、用具严格消毒 → 菌肉组织分离 → 接种于培养基斜面 → 培养

③ 基内菌丝分离法。基内菌丝分离法虽有一定的实用价值，也能保持品种的性状，但提纯较为麻烦。基内菌丝分离法主要有菇木、耳木分离法和代料基质分离法。

a. 菇木、耳木分离法的程序

采集 → 选优 → 干燥 → 消毒 → 切取 → 接种 → 提纯等

b. 代料基质分离法的程序

基质选择 → 熏蒸消毒 → 挖去菌皮 → 接种培养等

④ 培养。无论采取哪种分离方法，分离后的试管要放入 25℃ 左右的培养室进行暗光培养。2～3 天后在试管斜面上长出白色的绒毛状菌丝。要经常检查污染情况，发现有青、绿、黄、黑等颜色的小点及糊状物，说明已污染杂菌，要及时淘汰。大约经过 10 天的培养，菌丝可长满斜面，这就是母种，放入 4℃ 冰箱保存备用。

⑤ 母种的扩大培养。分离成功的试管母种，还需在试管斜面培养基上扩大繁殖一次，这个过程称为转管或扩管，也叫传代。经转管后，可使一支分离母种扩大为 30～40 支母种，从而满足生产上的需要。转管次数不可过多，否则菌种活力下降。母种转管要求必须无菌操作，转管后长成的母种也叫再生母种（通称为母种）。

(3) 原种及栽培种培养基配制 原种及栽培种的培养基是通用的，其种类很多，下面仅介绍常用的几种。

① 木屑培养基。配方为：阔叶树木屑 78％＋麦麸或米糠 20％＋蔗糖 1％＋石膏 1％。

配制方法是先把木屑过筛，将木屑、麦麸或米糠、石膏混合均匀，再用溶化的糖水拌料，使培养料的含水量达到 55％ 左右，然后分装。

② 谷粒培养基。常用的谷粒有麦粒、玉米粒、高粱等。其配方为：谷粒 98％＋蔗糖 1％＋石膏 1％。

配制方法是先把谷粒浸泡 12～24h，使其充分吸水，谷粒泡好后放入锅内加蔗糖后水煮至八分熟，"熟透无白心"，捞出控水后加石膏拌匀，再装入制种瓶。500mL 的制种瓶可装谷粒 150g。

③ 粪草培养基。配方为：干稻草 63％，干牛粪 25％，玉米粉 4％，过磷酸钙 3％，大豆粉 3％，硫酸镁 2％。

配制方法是将稻草切成约 3cm 长小段，浸透捞起，沥干至不滴水；再将各种原料均匀混合在一起堆制 20 天，中间翻堆 3～4 次。发酵后的稻草适宜含水量为 55％。

将培养基装入制种瓶中，装至瓶肩，料面压平。木屑、粪草培养料在瓶中要上紧下松，

中间用木锥扎一孔。瓶口内外要擦净，广口瓶用聚丙烯膜或聚乙烯膜及胶圈封口，小口瓶用棉塞封口。装培养基的塑料袋有两种，聚乙烯袋适合常压蒸汽灭菌，聚丙烯袋适合高压蒸汽灭菌，袋的大小以 17cm×33cm×0.005cm（袋长×折径×袋厚）较为适合。装袋时要保证松紧适当，装袋后用撕裂膜将袋口扎紧或盖上封盖。装袋后特别要注意的问题是，对料袋要轻拿轻放，应放在铺有麻袋或薄膜的地方，防止沙粒或杂物将袋刺破，引起污染。

目前生产上普遍用瓶子生产原种，用塑料袋生产栽培种；用瓶子生产谷粒菌种，用塑料袋生产木屑菌种。

培养基装入瓶中或袋中后进行灭菌，原种及栽培种培养基灭菌方法有常压蒸汽灭菌和高压蒸汽灭菌两种。两种方法所用设备分别为常压蒸汽灭菌锅和高压蒸汽灭菌锅。采用常压蒸汽灭菌时，锅内温度达到 100℃后要保持 8～10h 以上；采用高压蒸汽灭菌时，锅内在 0.1～0.15MPa 的压力下（121℃），要保持 1.5～2h。

（4）繁育原种 原种是由母种扩接到原种培养基上而得到的菌种，一般一支母种可扩原种 4～5 瓶。

（5）繁育栽培种 栽培种是由原种扩大培养成为生产上使用的菌种。一般一瓶原种可扩栽培种 30 瓶或 15 袋左右。

（6）菌种繁育时的注意事项

① 接种过程中的无菌操作程序。先将接种箱或接种室杂物清除干净，放入培养基、菌种和接种用具。用药物进行消毒灭菌，保持 40min 以上。用 75%酒精棉擦抹双手、菌种管或瓶外表。点燃酒精灯，将管口及接种工具灼烧灭菌。进行无菌操作接种，接种完毕，盖灭酒精灯。培养基接种后移到培养室进行培养。

② 培养原种及栽培种的环境条件。培养室在使用前要进行消毒灭菌，室内温度控制在 20～25℃，室内空间适宜的相对湿度为 65%左右，在室内要暗光养菌并经常通风换气，培养过程中要经常检查有无杂菌污染，菌种长好后放在低温干燥、清洁处保藏，栽培种不宜再做菌种扩大繁殖。

2. 食用菌的栽培管理

以平菇栽培为例。平菇因为菌柄生长在菌盖的一侧，所以也叫侧耳。平菇在真菌分类学上属于担子菌纲、伞菌目、侧耳科、侧耳属，这一属有很多名优品种，除平菇外，还有凤尾菇、金顶侧耳等。平菇是木腐菌，是变温结实性菇类，其栽培品种有低温型、中温型、高温型之分。

平菇是国内推广普及程度最高的食用菌栽培种类，遍布全国各地。平菇的栽培方法很多，有段木栽培、短段木栽培、枝束栽培和代料栽培。在代料栽培中，根据培养料处理方法的不同可分为熟料栽培、半熟料栽培、生料栽培和发酵料栽培四种，或根据栽培方式的不同分为袋栽、块栽、畦床栽培等。

（1）生产工艺流程

拌料发酵 → 装袋播种 → 养菌管理 → 出菇管理 → 采收销售

（2）栽培原料及配方 主要原料有木屑、刨花、玉米芯、豆秸、花生秧、稻草、玉米秆等，辅助原料有麦麸、米糠、玉米面、石膏、石灰、尿素、过磷酸钙等。

常用配方介绍如下。

① 木屑 50kg＋玉米芯 50kg＋麦麸 10kg＋稻糠 10kg＋石灰 1～2kg＋石膏 1kg＋多菌灵 0.05kg；

② 玉米芯 100kg＋麦麸 5kg＋稻糠 10kg＋石灰 1～2kg＋石膏 1kg＋尿素 0.1kg＋多菌灵 0.05kg；

③ 玉米芯 70kg＋豆秸或稻草或木屑 30kg＋麦麸 5kg＋稻糠 10kg＋石灰 1～2kg＋石膏 1kg＋过磷酸钙 1kg＋尿素 0.1kg＋多菌灵 0.05kg。

（3）播种季节 一年一般可栽培两茬，即春秋两季栽培。春季是逆季节生产，一般在 3～5 月份播种，4～7 月份出菇，要选择中、高温型菌种。秋季是顺季节生产，一般在 8～10 月份播种，9 月份至翌年 3 月份出菇，要选择中、低温型菌种。

（4）拌料发酵 按配方把主料与辅料配合在一起，再把多菌灵溶解在水里进行搅拌，使培养料的含水量达到 55% 左右。发酵的目的一是可杀死培养料中的绝大部分杂菌与害虫；二是可使料中的纤维素、木质素、蛋白质等高分子有机物质加快分解为单糖、氨基酸等小分子有机物质，便于菌丝的吸收利用。

发酵方法：首先在搅拌后的料堆上，用木棒扎通气孔。经 3～4 天的堆制，堆温升至 70℃ 左右，进行第一次翻堆，以后每天翻堆一次，持续 3～4 次，发酵结束。料堆湿度大小、白灰多少影响发酵效果。

（5）装袋播种 栽培平菇所用的塑料袋是高压聚乙烯筒袋，规格为 60cm×25cm×0.002cm（袋长×折径×袋厚）。采用四层菌种三层料的层播法，边装料边播种，播种量为 15%～20%。装袋播种后，在袋上扎通气孔，然后在大棚内以井字形或其他型式摆放养菌，垛高 3～5 层。

（6）养菌管理 养菌场所温度最好控制在 15～25℃，湿度一般不需人为特殊调节，暗光养菌，并保持良好的通气条件。平菇一般经过 20～30 天的养菌管理，菌丝即长满整个料袋，这时可进行出菇管理。

（7）出菇管理 出菇前将菌袋单行墙式摆放，行间留 70～80cm 的作业道。菇蕾分化的温度控制在 8～20℃，昼夜温差 10℃ 以上，并要求有比较明亮的散射光。当料面形成菌蕾时，打开袋口，同时菇场相对湿度要达到 90% 左右，并适当进行气体交换，使菇体逐渐长大。

（8）采收 菇体达 7～8 分成熟，孢子未弹射时，是平菇的采收适期。每采收一潮菇后，再养菌 7～15 天，可再次出菇。在整个生长周期可采收 3～4 潮菇，其生物学转化率为 100%～150%。平菇在国内市场上以鲜销为主，也经常盐渍后出口。

3. 食用菌加工提纯

食用菌除鲜食、加工成干品或盐渍、罐藏外，还可以深加工开发利用，制成各种风味独特、营养丰富的蜜饯、调味品、糖果、酒类等，这对进一步提高食用菌的经济效益非常有利。

二、单细胞蛋白

单细胞蛋白（SCP）又称微生物蛋白或菌体蛋白，一般是指酵母菌、非病原性细菌、微型菌等单细胞生物体内所含蛋白质。1967 年在第一次全世界单细胞蛋白会议上，将微生物菌体蛋白统称为单细胞蛋白。单细胞蛋白具有以下优点。

① 生产效率高。比动植物高成千上万倍，这主要是因为微生物的生长繁殖速率快。

② 生产原料来源广。一般有以下几类：农业废物、废水，如秸秆、蔗渣、甜菜渣、木屑等含纤维素的废料及农林产品的加工废水；工业废物、废水，如食品、发酵工业中排出的含糖有机废水、亚硫酸纸浆废液等；石油、天然气及相关产品，如原油、柴油、甲烷、乙醇等；H_2、CO_2 等废气。

③ 可以工业化生产。它不仅需要的劳动力少，不受地区、季节和气候的限制，而且产量高、质量好。

1. 生产单细胞蛋白的微生物

用于生产单细胞蛋白的微生物种类很多，包括细菌、放线菌、酵母菌、霉菌以及某些原生动物。生产 SCP 的微生物应从食用安全性、加工难易、生产率和培养条件等方面进行选择。这些微生物通常要具备下列条件：所生产的蛋白质等营养物质含量高，对人体无致病作用，味道好并且易消化吸收，对培养条件要求简单，生长繁殖迅速等。以上所述的食用安全非常重要，即选用的微生物必须是无毒的、不致病的。

酵母菌核酸含量较低，容易收获，在偏酸环境（pH4.5～5.5）下能够生长，可减少污染。常用的酵母菌有啤酒酵母和产朊假丝酵母。啤酒酵母只能利用己糖，而产朊假丝酵母能利用戊糖和己糖在营养贫瘠的培养基中生长很快。另外解脂假丝酵母可利用烷烃和汽油。细菌的生产原料广泛，生产周期短，但细菌个体小，收获分离难，核酸含量高，同时消化性差。藻类的生产需要足够的阳光和一定的温度，细胞壁不易被消化，食味不好，核酸含量高对人的健康不利。霉菌菌丝生产慢，易受酵母污染，必须在无菌条件下培养，但霉菌的收获分离容易，可从培养液中滤出挤压成形。

2. 营养价值及安全性

单细胞蛋白所含的营养物质极为丰富。其中，蛋白质含量高达 40％～80％，比作物中蛋白质含量高的大豆高 10％～20％，比肉、鱼、奶酪高 20％以上；氨基酸的组成齐全、搭配合理，含有人体必需的 8 种氨基酸，尤其是有谷物中含量较少的赖氨酸。一般成年人每天食用 10～15g 干酵母，就能满足对氨基酸的需要量。单细胞蛋白中还含有多种维生素、碳水化合物、脂类、矿物质以及丰富的酶类和生物活性物质，如辅酶 A、辅酶 Q、谷胱甘肽、麦角固醇等。

SCP 作为饲料蛋白在世界范围内已被广泛应用，作为人类食品，其安全性与营养性必须进行严格评价。首先是安全性的问题，联合国蛋白质咨询组对 SCP 的安全性评价做出一系列的规定：生产用的菌株不是病原菌、不产生毒素；石油原料中多环芳烃含量低；农产品来源的原料中对重金属与农药的残留进行测定，含量较少，不能超过要求；培养条件及产品处理中无污染、无溶剂残留和热损害；最终产品中应无病原菌、无活细胞、无原料和溶剂残留。最终产品必须进行白鼠的毒性试验和两年的致癌试验，还要进行遗传、哺乳、致畸及变异效应试验。这些试验通过以后，还要做人的临床试验，测定 SCP 对人的可接受性和耐受性。SCP 作为人类食品，其核酸含量高是有害的，食用过多的核酸可能会引起痛风等疾病。

3. 生产及用途

单细胞蛋白的生产过程也比较简单：在培养液配制及灭菌完成以后，将它们和菌种投放到发酵罐中，控制好发酵条件，菌种就会迅速繁殖，发酵完毕后用离心、沉淀等方法收集菌体，最后经过干燥处理，就制成了单细胞蛋白成品。

生产单细胞蛋白的原料广泛，对藻类而言，只需二氧化碳和日光，细菌、酵母菌及霉菌则需要碳水化合物、乙醇等提供碳源及能源的含碳物质。生产 SCP 的原料应价廉、来源充足，除含有碳源外，还应有一定的氮源（铵盐或硝酸盐）和无机营养（钙、磷、铁及镁等），这样在生产 SCP 时，可尽量减少经济负担。如以糖蜜为原料，其钾含量丰富，并能有效地供给磷和氮；如以亚硫酸纸浆废液为原料，则缺乏这三种元素，必须添加氨或铵盐来供给氮，添加磷盐和钾盐供给磷和钾。培养温度应注意调节适温。能在高温下培养的菌一般具有生长速度快、生产率高、污染杂菌少的优点，这对于节约冷却水是有利的。在菌体培养中，氧的供给和热量的排出也是重要的问题。充足的氧气可使菌体生产速度加快、生产效率提高。同时产生的代谢热也必须及时除去，使培养温度保持在适宜范围。传统上采用通气搅拌式大型发酵罐来解决供氧的问题，现在新的方法是采用气泡塔型反应器。收获菌体，酵母菌比细菌容易，霉菌更容易，收获的方法有离心法分离和压滤。菌体收获后必须洗涤数次，尽量将培养基洗掉。SCP 一般以全细胞形式作人类食品或饲料，还可将 SCP 细胞中的蛋白质分离出来进行浓缩，做成 SCP 的浓缩蛋白供人类食用。

SCP 的主要用途如下所述。

（1）增加谷类产品的蛋白质生物价　补充含赖氨酸高的 SCP 可提高植物蛋白的生物价或蛋白质功能。可任意选择使用酿酒酵母、脆壁酵母、产朊假丝酵母这三种食用酵母加到各类面包中，用量为面粉重量的 2%，黑面包中假丝酵母用量可达到 5%。在早餐用谷物产品、罐装婴儿食品和老年食品中，通常使用酵母用量为 2%，也有一些商品添加 2%～3% 的干酵母。

（2）提高食品中的维生素和矿物质含量　用于补充许多食物（包括通心粉、面条）中所需全部或部分维生素和矿物质，每千克这些产品的极限量是硫胺素 4～5mg、核黄素 117～212mg、烟酸 27～34mg、铁 13.0～16.5mg、钙 500～625mg。

（3）改进食品的物理性能　SCP 还可用于改进食品的物理性能。把活性干酵母加入意大利烘饼中可提高其延薄性能，把食用酵母以 1%～3% 比例加入肉类加工制品中可以提高肉、水、脂肪的结合性能。破碎的酵母细胞持水容量为每克细胞 3.0～3.5mL，在细胞壁碎片除去后，SCP 浓缩物的持水容量降至 115mL/g。因此细胞壁部分在使食品膨胀方面起重要作用。

（4）食品添加剂　单细胞蛋白不仅能制成"人造肉"供人们直接食用，还常作为食品添加剂，用以补充蛋白质或维生素、矿物质等。由于某些单细胞蛋白具有抗氧化能力，使食物不容易变质，因而常用于婴儿米粉及汤料、作料中。由于酵母的含热量低，常作为减肥食品的添加剂。酵母菌的浓缩蛋白具有显著的鲜味，被广泛作为汤料、肉汁等食品的增鲜剂。酵母菌质壁分离物已作为焙烤食品的增香剂。组织化浓缩蛋白经过了组织化处理，产物具有咀嚼性、松脆性，在水中无分散性。组织化处理过程为：酵母的细胞首先用表面活性剂处理，促进细胞成分的部分渗出，残余的细胞碎片用胶凝剂处理，然后用盐酸或其他酸使蛋白质沉淀，导致组织形成。组织化面包酵母以 30% 的量加入牛肉馅饼中，以 15% 的量加入牛肉香肠中，以 3%～10% 的比例用于制特种面包、饼干、牛奶软糖、巧克力饼干中，可提高食品的风味。

自主复习题

1. 名词解释：食用菌　单细胞蛋白
2. 举例说明食用菌、单细胞蛋白的重要价值。
3. 试述食用菌菌种的类型及生产程序。
4. 试述单细胞蛋白的类型及生产菌种。

第十章　食品腐败变质与食品保藏

学习目标

1. 掌握污染食品的微生物来源及污染途径，并了解其在食品中的消长规律和特点。
2. 重点掌握食品腐败变质的概念、微生物引起食品变质的基本条件及机理。
3. 掌握食品中主要成分糖类、蛋白质和脂肪腐败变质的化学过程。
4. 熟悉食品腐败变质的常用鉴定方法，了解其卫生学意义及处理原则。
5. 了解食品防腐保鲜的原理，掌握常见的防腐、保藏技术。
6. 掌握食品微生物检验中细菌总数和大肠菌群的含义及其食品卫生学意义。

第一节　食品的微生物污染与腐败变质

食品在生产加工、运输、贮藏、销售等一系列环节中都可能遭到微生物的污染，引起食品腐败变质，人类食用后可危害人体健康。

一、食品中微生物的来源与污染途径

1. 污染食品的微生物来源

（1）通过土壤污染　土壤中与食品有关的细菌主要有嗜热脂肪芽孢杆菌、A 型与 B 型肉毒梭菌、大肠杆菌、假单胞菌属、不动杆菌属、产碱杆菌属、黄杆菌属、节杆菌属、棒状杆菌属、微球菌属等；与食品有关的放线菌是链霉菌属；土壤中酵母的含量较少，只是在含糖量丰富的果园、养蜂场的土壤中含量较高。

各种病原微生物随着植物病株残体以及病人和患病动物的排泄物、尸体或通过废物、污水使土壤污染，进而通过各种途径污染食品。

（2）通过空气污染　空气中常见的微生物是一些抵抗力较强、耐干燥、耐紫外线能力强的类群，如霉菌、放线菌的孢子和细菌的芽孢及酵母。空气中微生物的数量随条件不同而不同，空气中的尘埃越多，污染的微生物也越多，而越接近地面的空气，其含微生物也越多。

在空气中，有时还会出现一些病原微生物，有的间接来自地面，有的直接来自人或动物呼吸道、皮肤干燥脱落物，例如结核杆菌、金黄色葡萄球菌、流感嗜血杆菌等，空气畅通的空间中，病原微生物的数量很少。

（3）通过水体污染　第一类是清水型水生微生物，以自养型微生物为主，如假单胞菌属、产碱杆菌属、黄杆菌属、气单胞菌属和无色杆菌属等组成的一群革兰阴性菌，水中有机物质含量少，微生物数量也不大。第二类是腐败型水生微生物，它们来自土壤、空气、生产生活污水、人畜粪便，是造成水体污染、传播疾病的重要原因，如变形杆菌、大肠杆菌、产气肠杆菌以及各种芽孢杆菌、弧菌和螺菌。当水体受到污水、废物和人畜排泄物中的微生物的污染后，会使肠道菌的数量增加，如大肠杆菌、粪链球菌和魏氏梭菌。第三类是海水中的微生物，海水中的微生物绝大多数具有嗜盐性。海水中的微生物分为两类：一类是随江水、河水和污水等流入海洋的；另一类是常年生活在海洋中的，主要是细菌。近海中常见的细菌有假单胞菌、无色杆菌、黄杆菌、噬纤维菌属、微球菌属和芽孢杆菌属。淡水中常见的致病菌有伤寒杆菌、痢疾杆菌等，海水中常见的引起人类食物中毒的病原菌如副溶血性弧菌。

水在食品加工中是食品的原料及配料成分，也是清洗、冷却、冰冻不可缺少的物质，各种天然水源包括地表水（江水、河水、湖水、海水）和地下水（深井水、泉水）不仅是微生物的污染源，也是微生物污染食品的主要途径。在很多情况下，食品之所以会被微生物污染，主要是通过水这一媒介造成的。但如果自来水管出现漏洞、管道中压力不足以及暂时变成负压时，则会引起管道周围环境中的微生物渗漏进入管道发生污染。

（4）通过人体和动物污染　人接触食品时，人体可作为媒介引起微生物污染，特别是人的手造成食品微生物污染最为常见。如果食品从业人员患有某些疾病，接触食品部位不注意清洗消毒，指甲不常修剪，则容易引起食品微生物污染，如志贺菌和葡萄球菌食物中毒主要是由人作为媒介引起微生物污染食品的。

有些动物也成为污染食品的微生物的来源。在食品的加工、运输、贮藏及销售过程中，如果被鼠、蝇、蟑螂等直接或间接接触食品，它们的消化道与皮肤上带有的微生物可污染食品。鼠类是沙门菌的携带者，如果食品中检出有沙门菌，常与鼠类接触食品有关。

（5）通过用具及杂物污染　应用于食品的一切用具，如运输工具、生产设备、包装材料或容器等在使用前后未经清洗和杀菌，则会因带有不同数量的微生物而污染食品。在食品生产过程中，通过不经消毒灭菌的设备越多，造成微生物污染的机会也越多。已经过消毒灭菌的食品，如果使用的包装材料未经过无菌处理，则会造成食品的重新污染。

2. 微生物污染食品的途径

微生物污染食品的途径可分为两大类。

（1）内源性污染　凡是作为食品原料的动植物体在生活过程中，由于本身带有的微生物而造成的食品的污染称为内源性污染，也称第一次污染。

（2）外源性污染　食品在生产加工、运输、贮藏、销售、食用过程中，通过水、空气、人、动物、机械设备及用具等而使食品发生的微生物污染称外源性污染，也称第二次污染。

二、食品腐败变质

食品腐败变质一般是指食品在一定环境条件下，由微生物的作用而引起的食品的化学组成成分和感官性状发生变化，使食品降低或失去营养价值和商品价值的过程，如鱼肉的腐臭、油脂的酸败、水果蔬菜的腐烂和粮食的霉变等。

食品发生腐败变质的原因主要包括物理因素（高温、高压和放射性的污染物等）、化学因素（化学反应和污染）、生物因素（微生物、昆虫、寄生虫污染）及动物或植物组织内的酶的作用，其中微生物引起食品腐败最为普遍。

1. 微生物引起食品变质的条件

食品在收购、加工、贮藏、运输、销售等过程中，要受到不同来源微生物的污染，但食品的变质还与食品本身的特性、污染微生物的种类和数量以及食品的外界环境条件等有着密切关系。

(1) 食品的基质条件

① 食品的营养成分与微生物的分解　食品因含有蛋白质、糖类、脂肪、无机盐、维生素和水分等营养成分，所以也是微生物的天然良好培养基。微生物污染食品后很容易迅速生长繁殖，造成食品的变质。食品被微生物污染后，并非任何种的微生物都能在食品上生长，能否生长除受水分多少影响以外，还要看这些微生物能否利用食品中所含的营养物质。

能分泌胞外蛋白酶的一些微生物，对蛋白质的分解能力很强，如变形杆菌、青霉等。肉、鱼、禽、蛋和豆制品等富含蛋白质的食品，主要由微生物造成的蛋白质分解为其腐败变质特征。

对碳水化合物分解能力很强的微生物是酵母（如啤酒酵母）以及霉菌（黑曲霉）等。由微生物引起的碳水化合物的分解习惯上称为发酵或酵解。

对脂肪分解能力很强的微生物是霉菌如黄曲霉，以及少数的细菌如假单胞菌。食品中脂肪被微生物分解产酸而败坏称为酸败。

② 食品的 pH、水分、渗透压

a. 食品的 pH。各种食品都具有一定的氢离子浓度，根据食品 pH 范围的特点，可将食品划分为两大类：酸性食品和非酸性食品。一般规定 pH 在 4.5 以上者，属于非酸性食品；pH 在 4.5 以下者为酸性食品。例如：动物性食品（肉类、鱼类、乳类、蛋类等）的 pH 一般为 5~7，蔬菜 pH 为 5~6，它们为非酸性食品；水果 pH 一般为 2~5，为酸性食品。

一般细菌最适生长的 pH 是 7.0 左右，多数细菌适宜在非酸性食品中生长。酵母生长最适宜 pH 是 4.0~5.8，多数酵母生长最适宜的 pH 是 4.0~4.5，霉菌生长最适宜的 pH 是3.8~6.0，pH3.3 以下时只有个别耐酸细菌，如乳杆菌属尚能生长，因而酵母和霉菌适宜在酸性食品中生长，并且乳杆菌属和乳球菌属的耐酸乳酸菌也能在酸性食品上生长。

食品的 pH 也会因微生物的生长繁殖而发生改变。当微生物生长在含糖和蛋白质的食品中时，食品的 pH 先是下降，而后是上升，这是由于微生物分解糖产酸使食品的 pH 下降；当糖不足时，蛋白质被分解产生氨，又使 pH 回升。由于微生物的活动，使食品基质的 pH 发生很大变化，当酸或碱积累到一定量时，反过来又会抑制微生物的继续活动。

b. 食品的水分。食品中的水分以结合水和游离水两种形式存在。微生物在食品中生长繁殖，能利用的水是游离水，因而微生物在食品中的生长繁殖所需水不是取决于总含水量（％），而是取决于水分活度（A_w，也称水活性）。一般来说，含水分多的食品，微生物容易生长；含水分少的食品，微生物不容易生长。

从细菌、酵母、霉菌三大类微生物来比较，当 A_w 接近 0.9 时，绝大多数细菌生长的能力已很微弱；当低于 0.90 时，细菌几乎不能生长；其次是酵母，当 A_w 下降至 0.88 时，绝大多数酵母生长受到严重影响，仅有少数耐渗透性酵母能在 A_w0.6 时生长；多数霉菌生长的最低 A_w 为 0.80。

新鲜的食品原料例如鱼、肉、水果、蔬菜等，A_w 值一般在0.98~0.99，适合多数微生物的生长，如果不及时加以处理，则很容易腐败变质。

在实际生产中，食品中的水分常用含水量的百分率来表示，以此作为控制微生物生长的一项指标。例如：为了达到保藏目的，大米含水量应控制在 13% 左右，豆类在 15% 以下，脱水蔬菜为 14%～20%。这些物质含水百分率虽然不同，但其 A_w 值均在 0.70 以下。

c. 食品的渗透压。微生物在低渗透压的食品中有一定的抵抗力，都能够生长；而在高渗食品中微生物常因脱水而死亡。当然不同种类微生物对渗透压的耐受能力大不相同。

绝大多数细菌不能在较高渗透压的食品中生长，只有少数种能在高渗环境中生长，如盐杆菌属中的一些种，最适宜在 20%～30% 食盐浓度的食品中生长，引起盐腌的肉、鱼、菜的变质；肠膜明串珠菌能耐高浓度糖。而酵母菌和霉菌一般能耐较高的渗透压，如异常汉逊酵母、鲁氏酵母等能耐受高糖，常引起糖浆、果酱、果汁等高糖食品的变质。霉菌中比较突出的代表是灰绿曲霉、青霉属等，常引起腌制品、干果类、低水分的粮食霉变。

食盐和糖是形成不同渗透压的主要物质。在食品中加入不同量的糖或盐，可以形成不同的渗透压，所以常用盐腌和糖渍方法来较长时间地保存食品。

(2) 食品的环境条件　引起食品变质，环境因素也是非常重要的。在污染有微生物的食品上，微生物能否生长繁殖，造成食品变质，还取决于食品基质的外界环境条件，如温度、气体和湿度等。

① 温度。每一类群微生物都有最适生长的温度范围，但嗜热微生物、嗜冷微生物和嗜温微生物又都可以在 20～30℃ 生长繁殖，在这个范围内绝大多数细菌、酵母菌能够良好生长，因此在 25～30℃，各种微生物都可以生长繁殖引起食品的腐败。

a. 低温。低温对多数微生物生长极为不利，但由于微生物具有一定的适应性，在 5℃ 左右或更低的温度（甚至在 -20℃ 以下）下仍有少数微生物能生长繁殖，使冷藏、冷冻食品发生腐败变质。食品在低温下生长的微生物主要有以下几种：ⓐ革兰阴性无芽孢杆菌，如假单胞菌属、黄色杆菌属、无色杆菌属等。ⓑ革兰阳性菌，如微球菌属、乳杆菌属、小杆菌属、芽孢杆菌属和梭状芽孢杆菌属等。ⓒ酵母菌，如假丝酵母属、圆酵母属、隐球酵母和酵母属等。ⓓ霉菌，如青霉属、芽枝霉属和毛霉属等。

b. 高温。高温，特别在 45℃ 以上，对微生物生长来讲，是十分不利的。在高温条件下，微生物体内的酶、蛋白质、核酸等物质变性失活而导致微生物死亡，温度越高，死亡率越高，只有少数耐热菌在高温下尚能存活。有些嗜热菌在 45℃ 或更高温度下能够生长。

在食品中生长的嗜热微生物，主要是嗜热细菌，如芽孢杆菌属中的嗜热脂肪芽孢杆菌、凝结芽孢杆菌；梭状芽孢杆菌属中的肉毒梭菌、热解糖梭状芽孢杆菌、致黑梭状芽孢杆菌；乳杆菌属和链球菌属中的嗜热乳杆菌、嗜热链球菌等。霉菌中纯黄丝衣霉耐热能力也很强。

② 气体。食品在加工、运输、贮藏中，由于食品接触的环境中含有的气体的情况不一样，因此引起食品变质的微生物类群和食品变质的过程也都不同。在有氧条件下引起食品变质的微生物有好氧和兼性厌氧的细菌、兼性厌氧的酵母、好氧的霉菌，由好氧菌引起的食品变质速度较快；在缺氧的条件下，由厌氧菌引起的食品变质速度较慢，多数兼性厌氧菌在食品中的繁殖速度，有氧时比缺氧时要快得多。例如，当 A_w 值是 0.86 时，无氧条件下金黄色葡萄球菌不能生长或生长极其缓慢，而在有氧情况下则能良好生长。

新鲜的食品原料，由于组织内一般存在着还原性物质，如植物组织内含有维生素 C 和还原糖、动物组织含有巯基（—SH），并且由于组织细胞呼吸耗氧，因而具有抗氧化能力，这样可使动植物组织内部一直保持着少氧状态。因此，在新鲜食品原料内部生长的微生物绝大部分是厌氧微生物；而在原料表面生长的则是好氧微生物。但食品经过加工处理，例如，加热可使食品中含有的还原性物质或氧化性物质破坏，同时也可以因加工处理而使食品的组织状态发生改变，氧就可以进入到组织内部，进而使得好氧微生物繁殖引起食品腐败。

③ 湿度。空气的湿度对微生物生长和食品变质来讲，起着重要的作用，尤其是未经包

装的食品。例如，把含水量少的食品放在湿度大的地方，食品则易吸潮，表面水分迅速增加。此时如果其他条件适宜，微生物会大量繁殖而引起食品变质。长江流域梅雨季节，粮食、物品容易发霉，就是因为空气湿度太大（相对湿度 70％以上）。

2. 食品腐败变质的化学过程

食品腐败变质的过程实质上是食品中的蛋白质、碳水化合物、脂肪等被污染的微生物进行的分解代谢过程或自身组织酶进行的某些生化过程。

(1) 食品中蛋白质的分解 肉、鱼、禽蛋和豆制品等富含蛋白质，主要是以蛋白质分解为其腐败变质特征。蛋白质经动植物组织酶以及微生物分泌的蛋白酶和肽链内切酶等的作用，水解成多肽进而裂解形成氨基酸。氨基酸进一步裂解成相应的氨、胺类、有机酸类和各种碳氢化合物，食品即表现出腐败特征。

蛋白质分解后所产生的胺类是碱性含氮化合物，如伯胺、仲胺及叔胺等，此类物质具有挥发性和特异的臭味。各种不同的氨基酸分解产生的腐败胺类和其他物质各不相同，甘氨酸产生甲胺，鸟氨酸产生腐胺，精氨酸产生色胺进而分解成吲哚，含硫氨基酸分解成硫化氢、氨和乙硫醇等。这些物质都是蛋白质腐败产生的主要臭味物质。

(2) 食品中脂肪的分解 食品中脂肪的变质主要是酸败，是经水解与氧化产生相应的分解产物。

① 油脂的自身氧化。油脂的自身氧化是一种自由基（游离基）氧化反应。其过程主要包括脂肪酸在热、光或铜、铁等因素的作用下，被活化生成不稳定的自由基，这些自由基与氧生成过氧化物自由基，在这一系列的氧化过程中，生成了氢过氧化物、羰基化合物（醛类、酮类、低分子脂肪酸、醇类、酯类等）、羧酸以及脂肪酸聚合物、缩合物（二聚体、三聚体等）等。

② 脂肪水解。脂肪水解是在微生物或动植物组织中的解脂酶作用下，使食品中的中性脂肪分解成甘油和脂肪酸。脂肪酸可进而断链而形成具有不愉快味道的酮类或酮酸；不饱和脂肪酸的不饱和键处可形成过氧化物；脂肪酸也可再分解成具有特殊臭味的醛类和醛酸，即所谓的"哈喇"味。这是食用油脂和含脂肪丰富的食品发生酸败后感官性状改变的原因。

食品中脂肪及食用油脂的酸败程度的影响因素很多，其中油脂的水分含量及油脂前身的动植物残渣、紫外线、氧气、油脂中脂肪酸的不饱和度等因素可促进氧化和酸败。油脂的脂肪酸饱和程度以及天然抗氧化物质（维生素 C、维生素 E）和芳香化合物含量高时，则可减慢氧化和酸败。

(3) 食品中碳水化合物的分解 食品中的碳水化合物包括纤维素、半纤维素、淀粉、糖原以及双糖和单糖等。碳水化合物含量高的食品主要是粮食、蔬菜、水果和糖类及其制品，在微生物及动植物组织中的各种酶及其他因素作用下，碳水化合物可发生分解并顺次形成低级产物，如单糖、醇、醛、酮甚至二氧化碳和水。由微生物引起的以碳水化合物为主的分解，其主要变化指标是酸度升高，根据食品种类不同也表现为糖、醇、醛、酮含量升高或产气（二氧化碳），有时常带有这些产物特有的气味。水果中的果胶可被一种曲霉所产生的果胶酶分解，并可使含酶较少的新鲜果蔬软化。

3. 腐败变质食品的鉴定、卫生学意义及处理原则

(1) 腐败变质食品的鉴定 一般是从感官、物理、化学和微生物四个方面来进行。

① 感官鉴定。感官鉴定是以人的视觉、嗅觉、触觉、味觉来检验食品初期腐败变质的一种简单而灵敏的方法。食品初期腐败时会产生腐败臭味，发生颜色的变化（褪色、变色、着色、失去光泽等），出现组织变软、变黏等现象。这些性状变化到一定程度，就会被人们的感觉器官分辨出来。因此食品性状的感官鉴定敏感可靠，它也是一项评定食品工业质量的

重要指标。

a. 色泽。食品无论在加工前或加工后，其本身均呈现一定的色泽，如有微生物繁殖引起食品变质时，色泽就会发生改变。微生物产生的色素有的在体内，有的分泌至细胞外，色素不断累积造成食品原有光泽的改变，如食品腐败变质时常出现黄色、紫色、褐色、橙色、红色和黑色。另外，因微生物代谢产物的作用促使食品发生化学变化时也可引起食品色泽的变化，例如肉及肉制品的绿变是由于硫化氢与血红蛋白结合形成硫化氢血红蛋白所引起的。腊肉由于乳酸菌增殖过程中产生了过氧化氢，促使肉中色素褪色或绿变。由于微生物种类不同，食品性质不同和作用时间不一致，在食品中出现的变色性状包括有片状的、斑点状的、全部或局部等多种情况。

b. 气味。正常动植物原料及其制品因微生物的繁殖而产生变质时，人们的嗅觉就能敏感地觉察到有不正常的气味产生。如氨、三甲胺、乙酸、硫化氢、乙硫醇等，这些物质在每立方米空气中的浓度为 $10^{-11} \sim 10^{-8}\,mol$ 时，凭人们的嗅觉就可以察觉到。此外，还有二甲胺等胺类物质，甲酸、乙酸及其酯类等，酮、醛等一些羰基化合物等也可察觉到。

食品中产生的腐败臭味，常是多种臭味混合而成的。有时也能分辨出比较突出的不良气味，例如霉味臭、醋酸臭、胺臭、粪臭、硫化氢臭、酯臭。但产生的有机酸的酸味、水果变坏产生的芳香味，人们嗅觉习惯不认为是臭味。因此评定食品质量不是以香臭味来划分，而是应该按照正常气味与异常气味来评定。

c. 口味。微生物造成腐败变质而易引起的口味改变，比较容易分辨的是酸味和苦味。一般碳水化合物含量多的低酸食品，变质初期产生酸是主要的特征，很容易分辨；而对于原来酸味就比较高的食品，如番茄制品发生酸败，酸味稍有增高就不容易辨别。此外，某些假单胞菌污染消毒乳后可以产生苦味，蛋白质被大肠杆菌、小球菌等微生物作用也会产生苦味。

d. 组织状态。固体食品变质时，动植物性的组织因微生物酶的作用可使组织细胞破坏，细胞内容物外溢，食品的性状即出现变形、软化，如鱼肉类食品呈现肌肉松弛、弹性差，有时组织体表可出现发黏等现象；粉碎后加工制成的食品，如蛋糕、乳粉、果酱等变质后常引起黏稠、结块等表面变形、湿润或发黏现象。

液态食品变质后即会出现混浊、沉淀，表面出现浮膜、变稠等现象。鲜乳因微生物作用引起变质可出现凝块、乳清析出而分层和变稠等现象，有时还会产气。

② 物理鉴定。食品腐败的物理指标，主要是根据蛋白质分解时低分子物质增多这一现象，先后测定食品浸出物量、浸出液电导率、折射率、冰点下降、黏度及 pH 等指标，其中测定肉浸液的黏度符合率较高，能反映腐败变质的程度。

③ 化学鉴定。微生物的代谢可引起食品化学组成的变化，并产生各种腐败产物，因此，直接测定这些腐败产物就可以作为判断食品质量的依据。

一般氨基酸、蛋白质类含氮高的食品，如鱼、虾、贝类及肉类，在需氧性破坏时，常以挥发性盐基氮含量的多少作为评定的化学指标；对于含氮量少而碳水化合物丰富的食品，在缺氧条件下，则以有机酸的含量或 pH 变化作为食品腐败的指标。

a. 挥发性盐基总氮。挥发性盐基总氮系指肉、鱼类样品浸液在弱碱性条件下能与水蒸气一起蒸馏出来的总氮量，主要是氨和胺类（三甲胺和二甲胺），常用蒸馏法或康威（Conway）微量扩散法定量。该指标现已列入我国食品安全标准。例如，一般在低温有氧条件下，鱼类挥发性盐基氮的含量达到 30mg/100g 时，即认为是变质的标志。

b. 三甲胺。因为在挥发性盐基总氮的胺类构成中，主要是三甲胺，是季铵类含氮物经微生物还原产生的，可用气相色谱法进行定量，或者将三甲胺制成碘的复盐，用二氯乙烯抽取测定。新鲜的鱼虾等水产品中没有三甲胺，初期腐败时其量可达到 $4 \sim 6mg/100g$。

④ 微生物检验。对食品进行微生物菌数测定，可以反映食品被微生物污染的程度及是否发生变质。同时，它是判定食品生产的一般卫生状况以及食品卫生质量的一项重要依据。在国家标准中常用细菌菌落总数和大肠菌群的近似值来评定食品卫生质量，一般食品中的活菌数达到 10^8 cfu/g 时，则可认为处于初期腐败阶段。

（2）鉴定腐败变质食品的卫生学意义及具体处理原则　腐败变质的食品首先是带有使人们难以接受的感官性状，如刺激气味、异常颜色、酸臭味道和组织溃烂、黏液污秽感等。其次是成分分解，营养价值严重降低，不仅是蛋白质、脂肪、碳水化合物，而且维生素、无机盐也有大量破坏和流失。腐败变质食品一般由于微生物污染严重，菌相复杂和菌量增多，因而增加了致病菌和产毒霉菌等存在的机会；由于菌量增多，可以使某些致病性微弱的细菌引起人体的不良反应，甚至中毒（由相对致病菌引起的食物中毒，几乎都有菌量异常增大这个必要条件）。如某些鱼类腐败产生的组胺使人中毒；脂肪酸败产物引起人的不良反应及中毒，以及腐败可为亚硝胺类形成提供充分的胺类物质等。

因此，对食品的腐败变质虽然要及时准确鉴定并严加控制，但这类食品的处理还必须充分考虑具体情况。如轻度腐败的肉类、鱼类，通过煮沸可以消除异常气味，部分腐烂的水果蔬菜可拣选分类处理，单纯感官性状发生变化的食品可以加工复制等。但应强调指出，一切处理的前提，都必须是以确保人体健康为原则。

4. 细菌总数和大肠菌群数及其食品卫生学意义

食品中的细菌主要来自外源污染，食品中存在的细菌是自然界细菌中的一部分。食品卫生学一般将此种在食品中常见的细菌称为食品细菌，其中包括致病菌、相对致病菌和非致病性细菌，它们既是食品腐败变质的原因，也是评价食品卫生质量的重要指标。

（1）食品中的细菌总数及其食品卫生学意义

① 细菌总数定义及测定方法。食品中的细菌总数通常是指每克或每毫升或每平方厘米面积食品上的细菌数目，但不考虑其种类。测定食品中细菌数量的方法，由于所用检测计数方法不同而分为两类：一种是在严格规定的培养方法和培养条件（样品处理、培养基及其 pH、培养温度与时间、计数方法等）下，使适应这些条件的每一个活菌细胞必须而且只能生成一个肉眼可见的菌落，所生成的菌落总数即是该食品的细菌总数。用此法测得的结果，常用 cfu(colony forming unit，菌落形成单位) 表示。另一种方法是将食品经过适当处理（溶解和稀释），在显微镜下对细菌细胞数进行直接计数。这样计数的结果，既包括活菌，也包括尚未被分解的死菌体，因此称为细菌总数。目前我国的食品安全标准中规定的细菌总数实际上是指菌落总数。

天然食品内部一般没有或只有很少的细菌，食品中的细菌主要来自产、贮、运、销等各个环节的外界污染。

② 检测细菌总数的食品卫生学意义。检测食品中的细菌总数至少有两个方面的食品卫生学意义：第一，它可以作为食品被污染程度即清洁状态的标志。食品中细菌数量越多，说明食品被污染程度越重，腐败变质速度加快；相反，食品中细菌数量越少，说明食品被污染程度越轻，食品卫生质量越好。第二，可以用来预测食品可存放的期限。食品中细菌数量越少，食品可存放的时间就越长；相反，则食品的可存放时间越短。在 0℃ 条件下，每平方厘米细菌总数约为 10^5 个的鱼只能保存 6 天；如果细菌总数为 10^3 个，就可延长至 12 天。

细菌总数指标只有和其他一些指标配合起来，才能对食品卫生质量做出比较正确的判断。这是因为虽然有时食品中的细菌总数很多，但是食品不一定会出现腐败变质的现象。

（2）大肠菌群及其食品卫生学意义

① 大肠菌群概念。大肠菌群是指一群好氧及兼性厌氧，在 37℃ 经过 24h 能发酵乳糖产

酸产气的革兰阴性无芽孢杆菌。它主要包括肠杆菌科的埃希菌属、肠杆菌属、柠檬酸杆菌属和克雷伯菌属等。大肠菌群中以埃希菌属为主，称为典型大肠杆菌，其他三属习惯上称为非典型大肠杆菌。大肠菌群现已被我国和许多其他国家用做食品卫生质量评价的指标菌。

② 大肠菌群的特性。大肠菌群能在很多培养基和食品上生长繁殖，生长温度为 $-2\sim50℃$，pH 为 $4.4\sim9.0$。大肠菌群能在仅有一种有机碳源如葡萄糖和一种氮源如硫酸铵以及一些无机盐类组成的培养基上生长。多数大肠菌群成员对寒冷抵抗力弱，特别易在冷藏食品中死亡。大肠菌群的一个最显著特点是能发酵乳糖产酸产气，利用这一点能够把大肠菌群与其他细菌区别开来。

③ 检测大肠菌群的食品卫生学意义

a. 作为食品被粪便污染的指示菌。如果食品中能检出大肠菌群，表明食品曾受到人与温血动物粪便的污染。如有典型大肠杆菌存在，即说明该食品受到粪便近期污染；如有非典型大肠杆菌存在，说明该食品受到粪便的陈旧污染。一般认为，作为食品被粪便污染的指示菌应具备以下几点特征：ⓐ仅来自于人或动物的肠道，才能显示出指标的特异性；ⓑ在肠道内具有极高的数量，即使被高度稀释也能检出；ⓒ在肠道以外的环境中，应具有强大的抵抗力，能生存一定的时间，生存时间应与肠道致病菌大致相同或稍长；ⓓ检验方法简单准确。

b. 作为食品被肠道致病菌污染的指示菌。食品安全性的主要威胁是肠道致病菌，如沙门菌属、致病性大肠杆菌、志贺菌等。但对食品经常进行逐批逐件检验又不可能，因为大肠菌群在粪便中存在数量较大，与肠道致病菌来源相同，而且大肠菌群在外环境中生存时间也与主要肠道致病菌一致，所以可用它作为食品被肠道致病菌污染的指示菌，当食品中检出大肠菌群时，肠道致病菌可能存在。大肠菌群值越高，肠道致病菌存在的可能性就越大，但两者并非一定平行存在。

④ 大肠菌群数与大肠菌群检测方法。按照 GB 4789.3—2016《食品安全国家标准　食品微生物学检验　大肠菌群计数》，采用每克（毫升）样品中大肠菌群的菌群数或 MPN 值报告结果。我国统一采用样品三个稀释度各接种三个管的"乳糖胆盐发酵三步法"，然后根据大肠菌群 MPN 检索表报告结果。

5. 各类食品的腐败变质

(1) 鲜乳的腐败变质　鲜乳含有丰富的营养成分，是微生物生长繁殖的良好培养基。乳一旦被微生物污染，在适宜条件下，微生物就会迅速繁殖引起乳腐败变质而失去营养价值，甚至可能引起食物中毒或其他传染病的传播。

① 鲜乳中的微生物。鲜乳中微生物的来源有以下两个方面。

a. 乳房内的微生物。牛乳在乳房内不是无菌状态，即使严格无菌操作挤出的乳汁，在 1mL 中也有数百个细菌。乳房中的正常菌群，主要是小球菌属和链球菌属。由于这些细菌能适应乳房的环境而生存，称为乳房细菌。乳畜感染后，体内的致病微生物可以通过乳房进入乳汁而引起人类的传染。常见的引起人畜共患疾病的致病微生物主要有：结核分枝杆菌、布氏杆菌、炭疽杆菌、葡萄球菌、溶血性链球菌、沙门菌等。

b. 环境中的微生物。包括挤奶过程中细菌的污染和挤奶后食用前的一切环节中受到细菌的污染。污染微生物的种类、数量直接受牛体表面卫生状况、牛舍的空气、挤奶用具、容器、挤奶工人个人卫生情况的影响。另外，挤出的奶在处理过程中，如不及时加工或冷藏不仅会增加新的污染机会，而且会使原来存在于鲜乳内的微生物数量增多，这样很容易导致鲜乳变质。所以挤奶后要尽快进行过滤、冷却。乳液在贮藏过程中，也可能被环境中的微生物二次污染。

② 乳液的腐败变质过程。乳中含有一种抑菌物质——溶菌酶，使得乳汁本身具有抗菌

特性。但这种特性延续时间的长短随乳汁温度高低和细菌的污染程度不同而不同。通常新挤出的乳迅速冷却到0℃可保持48h，5℃可保持36h，10℃可保持24h，25℃可保持6h，30℃仅可保持2h。在这段时间内，乳内的细菌是受到抑制的。当乳的自身杀菌作用消失后，将乳静置于室温下，可观察到乳所特有的菌群交替现象。这种有规律的交替现象分为以下几个阶段。

a. 抑制期（混合菌群期）。在新鲜的乳液中含有溶菌酶、乳素等抗菌物质，使乳汁本身具有抗菌特性。但这种特性延续时间的长短随乳汁温度高低和细菌的污染程度不同而不同。如果温度升高，则杀菌或抑菌作用增强，但抑菌物质作用时间缩短。

b. 乳链球菌期。当鲜乳中的抗菌物质减少或消失后，存在于乳中的微生物，如乳链球菌、大肠杆菌和一些蛋白质分解菌等迅速繁殖，其中以乳链球菌生长繁殖居优势，其分解乳糖产生乳酸，使乳中酸性物质不断增加。由于酸度的增加，抑制了腐败菌的生长。当pH下降至4.5以下时，乳链球菌本身的生长也受到抑制，数量开始减少（此期已出现酸凝固）。

c. 乳杆菌期。当乳链球菌在乳液中繁殖，乳液的pH下降至4.5以下时，由于乳酸杆菌耐酸力比较强，尚能继续繁殖并产酸。在此时期，乳中可出现大量的乳凝块，并有大量的乳清析出，这个时期约有2天。

d. 真菌期。当酸度继续下降至pH3.0～3.5时，绝大多数的细菌生长受到抑制或死亡。而霉菌和酵母菌尚能适应高酸环境，并利用乳酸作为营养来源而开始大量生长繁殖。由于乳酸被利用，乳液的pH回升，逐渐接近中性。

e. 腐败期（胨化期）。经过以上几个阶段，乳中的乳糖已基本被消耗掉，而蛋白质和脂肪含量相对较高，因此，此时能分解蛋白质和脂肪的细菌开始活跃，凝乳块逐渐被消化，乳的pH不断上升，向碱性转化，同时伴随有芽孢杆菌属、假单胞菌属等腐败细菌的生长繁殖，于是牛乳出现腐败臭味。

(2) 肉类的腐败变质

① 鲜肉中微生物的污染来源。健康良好、饲养管理正常的牲畜肌肉组织内部一般无菌，但肉类表面总有微生物存在，有时肉的内部也有微生物存在。其污染原因可分为内源性和外源性两个方面。

a. 内源性污染。内源性污染是指微生物来自于动物体内。动物在宰杀之后，原来存在于消化道、呼吸道或其他部位的微生物有可能进入组织内部，造成污染。某些老弱、饥饿、疲劳的动物，由于其防御机能减弱，外界微生物也会侵入某些肌肉组织内部。此外，被病原菌感染的动物，有时在它们的组织内部也有病原菌存在。

b. 外源性污染。外源性污染是指牲畜在屠宰和加工过程中从环境中污染的。牲畜屠宰时，在放血、脱毛、剥皮、去内脏、分割等过程中会造成多次污染微生物的机会。另外，环境条件、用具和个人卫生、用水、运输过程等也是造成微生物污染的主要因素。

② 肉类中微生物的类型

a. 腐生微生物。肉类腐生微生物包括有细菌、酵母菌和霉菌，分述如下。

ⓐ 细菌。其中主要是需氧的革兰阳性菌，如芽孢杆菌属中的蜡样芽孢杆菌、枯草芽孢杆菌和巨大芽孢杆菌等；需氧的革兰阴性菌有假单胞菌属、无色杆菌属、黄色杆菌属、产碱杆菌属、微球菌属、链球菌属等；此外还有厌氧梭状芽孢杆菌属中的溶组织梭菌和产气荚膜梭菌等。

ⓑ 酵母菌和霉菌。常见的酵母菌有假丝酵母属、丝孢酵母属等。常见的霉菌有曲霉属、青霉属、毛霉属、根霉属、芽枝霉属等。

b. 病原微生物。鲜肉中的病原微生物分为两类；一类是仅对某些牲畜致病而对人不致病的病原菌；另一类是对人、畜均有致病性的病原菌，例如沙门菌、结核分枝杆菌、布氏杆菌和炭疽杆菌等。

③ 鲜肉的腐败变质。鲜肉的腐败变质实际上就是蛋白质的腐败、脂肪的酸败和糖类的发酵。健康的牲畜在宰杀时，肉体表面就已污染了一定数量的微生物。这时，若能及时通风干燥，使肉表面的肌膜和浆液凝固成一层薄膜，可固定和阻止微生物侵入内部，从而延缓肉的变质。鲜肉可在 0℃ 条件下保存 10 天左右不变质，当保藏温度和湿度增高时，肉表面的微生物特别是细菌迅速繁殖，它们沿着结缔组织、血管周围或骨与肌肉的间隙蔓延到组织的深部，最后使整个肉体变质。宰后畜禽的肉体由于酶的存在，使肉组织产生自溶作用，结果使蛋白质分解产生蛋白胨和氨基酸，这样更有利于微生物的生长。

随着保藏条件的变化与变质过程的发展，细菌由肉的表面逐渐向深部侵入，与此同时，细菌的种类也发生变化，呈现菌群交替现象。这种菌群交替现象一般分为以下三个时期。

a. 好氧菌繁殖期。细菌分解肉组织前 3～4 天，细菌主要在肉表层蔓延生长，最初见到各种球菌，继而出现大肠杆菌、变形杆菌、枯草杆菌等。

b. 兼性厌氧菌期。肉类腐败分解 3～4 天后，细菌已在肉的中层出现，能见到产气荚膜梭菌。

c. 厌氧菌期。在肉类腐败分解的 7～8 天后，深层肉中已有细菌生长，主要是厌氧的梭菌，如溶组织梭菌、腐败梭菌等。

④ 鲜肉的腐败变质现象。鲜肉腐败变质的主要类型和变化有以下几种。

a. 发黏。这是由假单胞菌、产碱杆菌属、链球菌属、明串珠菌属、乳杆菌属、微球菌属和芽孢杆菌属等生长繁殖形成的菌落和分解蛋白质的产物所导致。当肉的表面有发黏、拉丝现象时，其表面含菌数一般为 $10^7 cfu/cm^2$。

b. 变色。肉类腐败变质时，正常肉的鲜红颜色变为绿色、红色和黄色等。最常见的是绿色，这是由于蛋白质分解产生的 H_2S 与肉中的血红蛋白结合后形成硫化氢血红蛋白，这种化合物积蓄在肌肉和脂肪表面呈现暗绿色斑点。大多数异型乳酸发酵菌和明串珠菌能使香肠变绿。

有的微生物能产生色素而改变肉的颜色。例如肉中的"红点"是由黏质沙雷菌产生红色色素引起；类蓝假单胞菌常使肉的表面变为蓝色；黄杆菌产生黄色；蓝黑色杆菌在贮藏的牛肉表面能形成淡蓝绿色至淡黑褐色的斑点。

c. 变味。鲜肉变质往往伴随着变味现象，最明显的是肉类蛋白质被分解产生的恶臭味，还有脂肪氧化分解产生的挥发性有机酸如甲酸、乙酸、丙酸和丁酸等的酸败味，乳酸菌和酵母菌分解糖类产生的挥发性有机酸的酸味，霉菌生长繁殖产生的霉味等。

d. 霉斑。肉表面有霉菌生长时往往形成霉斑，特别是一些干腌肉制品更为多见，如美丽枝霉和刺枝霉在肉的表面形成绒毛状菌丝、蜡叶芽枝霉在冷冻肉上产生黑色斑点。

(3) 鱼类的腐败变质

① 鱼类中的微生物。新捕获的健康鱼类的组织内部和血液中常常是无菌的。但在鱼体表面的黏液、鱼鳃以及消化道内都有一定数量的微生物存在。鲜鱼体表附着的细菌数为 $10^2～10^7$ 个/cm²，鱼鳃含细菌 $10^3～10^6$ 个/g，肠液中含细菌 $10^3～10^8$ 个/mL。

由于季节、渔场、鱼的种类、捕捉方式的不同，鱼体表所附细菌数量也有差异，例如用网捕获的鱼的细菌污染通常要比钩捕到的鱼高 10～100 倍。除此之外，不同的气温地带、不同的水源所存在的细菌类群也有差异，一般海水鱼类所带的并且可以引起鱼体腐败变质的细菌中常见的是假单胞菌属、无色杆菌属、黄杆菌属、莫拉菌属和弧菌属等；淡水鱼除上述细菌外，还含有产碱杆菌属、气单胞杆菌属等细菌。

② 鱼类的腐败变质过程。鱼类较易腐败，这是由于获得水产品的方法和鱼类本身两方面造成的。鱼类在捕获后，不立即进行清洗处理，多数情况下是带着容易腐败的内脏和鳃，

在运输和贮藏时细菌生长繁殖，容易造成变质。鱼体本身含水量高（70%～80%），组织脆弱，鱼鳞容易脱落，造成细菌易从受伤部位侵入，而鱼体表面的黏液又是细菌良好的培养基；再加上鱼死后体内酶的作用，因而鱼类死后僵直持续时间短，自溶迅速发生，很快发生腐败变质。

鱼类腐败变质的过程是：首先鱼体表面发生混浊；接着鱼鳞脱落，鱼鳃在细菌酶的作用下由红色变为褐色，肠内细菌迅速繁殖使肠壁溃烂，造成污染的细菌到处扩散；进入组织内部的细菌分解肌肉中的蛋白质，产生吲哚、粪臭素、H_2S 等臭味物质，细菌降解氨基酸还可产生各种胺类，最后整个鱼体发生腐败。鱼体发臭的程度与其腐败的程度相一致。不论鱼体原来带有多少细菌，当感官能觉察到有腐败象征时，细菌数一般已达到 10^8 个/g。

③ 腌制鱼品的腐败变质。鱼经过加食盐腌制后，能抑制或杀灭大部分的微生物。食盐的浓度在 10% 以上时，大部分细菌的生长受到抑制。但在 15% 的食盐浓度时，多数球菌还能发育。为了抑制腐败菌的生长和鱼体本身酶的作用，食盐的浓度一般都提高到 20% 以上。但经高盐腌制的鱼经常还可以发生赤变的现象，这是由于少数嗜盐耐高渗细菌，如玫瑰色微球菌和盐杆菌属等细菌能在 25%～35% 的食盐基质中良好生长，引起腌制鱼品发生赤变腐败。这些嗜盐菌引起的赤变现象，在高温、潮湿的地区更易发生。

（4）蛋类的腐败变质

① 鲜蛋中污染微生物的来源。通常在新产下的鲜蛋的内部是无菌的。刚产下蛋的蛋壳表面有一层胶状物质，再加上蛋壳的结构，因此具有防止水分蒸发、阻碍外界微生物侵入的作用。另外，在蛋壳膜和蛋白中含有溶菌、杀菌及抑菌等的物质，统称为溶菌酶。在一定的条件下，溶菌酶也可以杀灭侵入壳内的微生物。

但是，鲜蛋很容易受到微生物的污染，其污染原因可分为内源性和外源性两方面。

a. 内源性污染。来自家禽本身。当母禽不健康时，机体免疫机能减弱，外界的病原菌可通过血液循环污染侵入到输卵管和卵巢，在形成蛋黄时，鸡白痢沙门菌、鸡伤寒沙门菌可混入其中。

b. 外源性污染。来自外界的污染。蛋产下后，蛋壳立即受到禽粪、空气的污染，还会在收购、运输和贮藏过程中被污染。如果因水洗或磨损使壳面的胶质层脱落，污染的微生物就更容易经蛋壳气孔侵入蛋内。如果贮存时间过长，具有杀菌作用的溶菌酶失去保护作用，那么入侵的微生物就很容易生长繁殖。如果贮存环境的温度和湿度高，存在于蛋壳表面的微生物就会大量繁殖，并容易侵入蛋内。如果温度变化大，蛋白和蛋黄随之收缩，蛋壳上的微生物很容易随空气经气孔进入蛋内。

② 鲜蛋中污染微生物的类型

a. 引起腐败变质的微生物。引起鲜蛋腐败变质的微生物主要是细菌和霉菌，酵母菌则较少见。细菌以假单胞菌属、变形杆菌属、产碱杆菌属、大肠埃希菌属最为常见；霉菌以枝孢霉属、侧孢霉属、青霉属最为常见。

b. 鲜蛋中的病原菌。禽类带沙门菌比较多见。此外，金黄色葡萄球菌和溶血性链球菌等与食物中毒有关的病原菌在蛋中的检出率也较高。

③ 鲜蛋的腐败变质。鲜蛋发生变质的主要类型有以下两类。

a. 腐败。蛋类微生物和酶类的作用首先使蛋白质分解，蛋白质带被分解断裂后，使蛋黄不能固定而发生移位。其后蛋黄膜被分解，蛋黄散乱并且逐渐与蛋白混在一起，这种现象是变质的初期现象，一般称此时的蛋为散黄蛋。如果散黄蛋蛋黄中的核蛋白和卵磷脂也被分解，产生恶臭的 H_2S 等气体和其他有机物，整个内含物变为灰色或暗黑色，这种蛋称黑腐蛋（光照射时不透光线）。有时蛋液变质不产生 H_2S 而产生酸臭，蛋液不呈绿色或黑色而呈红色，蛋液变稠成浆状或有凝块出现，这是微生物分解糖类而形成的酸败现象，这时的蛋就是酸败蛋。

b. 霉变。霉菌引起的腐败易发生在高温潮湿的环境中。霉菌菌丝经过蛋壳气孔侵入后，首先在蛋壳膜上生长，靠近气室部分因有较多氧气，所以菌丝繁殖最快，并形成大小不同的深色斑点，斑点处造成蛋液黏着，此时的蛋称为黏壳蛋。

（5）果蔬及其制品的腐败变质

① 水果和蔬菜的腐败变质

a. 污染新鲜果蔬的微生物来源。一般正常的果蔬内部组织是无菌的，但有时在水果内部的组织中也有微生物。例如一些苹果、樱桃的组织内部可分离出酵母菌；番茄组织中分离出球拟酵母、红酵母和假单胞菌。这些微生物是早在开花期即已入侵并生存在植物体内的，但这种情况仅属少数。另外，果蔬因遭受植物病原微生物的侵害而引起病变，这些病变的果蔬即带有大量植物病原微生物。这些植物病原微生物在果蔬收获前从根、茎、叶、花、果实等处侵入，或者收获后在包装、运输、贮藏和销售等环节中被污染。

b. 微生物引起果蔬的变质。果蔬表面覆盖着一层蜡状物质，可阻止微生物的侵入。当果蔬表皮组织受到昆虫的刺伤或其他机械损伤时，微生物就会从伤处入侵并进行繁殖，从而促使果蔬发生腐烂变质。另外，水果和蔬菜的物质组成特点是以碳水化合物和水为主，水分含量高；水果的 pH 绝大多数在 4.5 以下，蔬菜的 pH 为 5.0～7.0，这些特点决定了果蔬中能进行生长繁殖的微生物类群。开始引起水果变质的微生物只能是酵母菌和霉菌；引起蔬菜变质的微生物主要是霉菌、酵母菌和少数细菌。

果蔬的腐败变质首先是霉菌在果蔬表皮损伤处繁殖或者在果蔬表面有污染物黏附的地方繁殖，它们侵入果蔬组织后，组织壁的纤维素先被破坏，进而果蔬细胞内的果胶、蛋白质、淀粉、有机酸、糖类被分解，继而细菌开始繁殖。有时，可由霉菌和细菌同时进行繁殖，但在水果上最先繁殖的只能是酵母菌或霉菌。由于微生物繁殖，果蔬颜色变为棕黄和暗色，有时形成斑点，组织变得松软、发绵、变形，并逐渐变成浆液状甚至是水液状，并产生不同的酸味、芳香味等。

② 果汁的腐败变质

a. 引起果汁变质的微生物类型。水果原料都带有一定数量的微生物，并且在果汁制造过程中还会受到微生物的污染，因而果汁中存在一定数量的微生物。果汁中含有不等量的酸，因而 pH 较低，一般为 2.4～4.2，并且果汁中都含有一定量的糖分，这限制了某些微生物的生长繁殖，但却适合一些酵母菌、霉菌和极少数细菌的生长要求。

ⓐ 果汁中的细菌。果汁中存在的细菌主要是乳酸类细菌，如植物乳杆菌、乳明串珠菌和嗜酸链球菌。它们能在 pH3.5 以上的果汁中生长，并利用果汁中的糖、有机酸生长繁殖产生乳酸、乙酸、CO_2 和少量丁二酮等物质。乳明串珠菌等乳酸菌可利用蔗糖、葡萄糖、果糖形成多糖而使果汁黏稠。

ⓑ 果汁中的酵母菌。果汁中的酵母菌主要来源于鲜果原料和在压榨过程中的污染两方面。压榨出来的苹果汁中主要是假丝酵母属、圆酵母属和红酵母属的酵母菌；在发酵的果汁中可分离出酵母属的酵母菌，这常是后来被污染的。新鲜柑橘的表皮上常带有假丝酵母属、毕赤酵母等酵母；而在柑橘果汁中存在的却是啤酒酵母、葡萄酒酵母和圆酵母属、醭酵母属等酵母菌，这些是在加工中污染的。

ⓒ 果汁中的霉菌。果汁中的霉菌以青霉属最为常见。青霉属中的有些菌种，如环境中有极少量的 CO_2 存在时，它们的生长就会受到抑制，可是扩张青霉和皮壳青霉等却能迅速生长。另一种比较常见的霉菌是曲霉属，如构巢曲霉和烟曲霉等。这些霉菌对果汁的低温消毒具有耐热性，在果汁中稍有生长，便会给果汁带来异味。

b. 微生物引起果汁变质的现象。微生物在果汁贮藏时生长繁殖而使果汁变质，常出现以下现象。

ⓐ 混浊。果汁发生混浊，除了是因化学因素造成的外，多数是由酵母菌所引起，主要是由酵母菌的酒精发酵和产膜酵母的生长而使果汁混浊。此外，一些耐热性强的霉菌，如雪白丝衣霉菌、宛氏拟青霉在果汁中少量生长时能产生果胶酶，对果汁有澄清作用，所以并不产生混浊，仅使果汁产生霉味和引起其他一些风味的改变，只有在大量生长时才发生混浊。

ⓑ 产生酒精。引起果汁产生酒精而变质的微生物主要是酵母菌，常见的酵母菌有啤酒酵母和葡萄汁酵母等。此外，还有少数霉菌和细菌也可引起酒精发酵，如毛霉属、曲霉属、镰刀霉属的部分霉菌；甘露醇杆菌可使果糖的40％转化为酒精。

ⓒ 有机酸变化。果汁中含有多种有机酸如柠檬酸、苹果酸和酒石酸等，它们以一定的含量存在于果汁中，构成果汁特有的风味和酸味。当微生物在果汁中生长时，分解或合成了某些有机酸，从而改变了原有有机酸含量的比例，导致风味被破坏，有时甚至产生令人不愉快的异味。如青霉属、毛霉属、曲霉属和镰刀霉属中的某些霉菌就可以引起含酒石酸和柠檬酸的果汁变质。

ⓓ 黏稠。由于植物乳杆菌、乳明串珠菌和嗜酸链球菌等在果汁中发酵，形成黏液性的多糖，因而增加了果汁的黏稠度。

（6）糕点的腐败变质

① 糕点变质现象和微生物类群　糕点类食品由于含水量较高，糖、油脂含量较多，在阳光、空气和温度等因素的作用下，易引起霉变和酸败变质。生产糕点时所用的油、糖、奶、蛋等原料营养丰富，适宜于微生物生长繁殖。因此，为了防止糕点的霉变以及油脂和糖的酸败，应对生产糕点的原料进行消毒和灭菌，对所使用的花生仁、芝麻、核桃仁等已有霉变和酸败迹象的原料不能采用。引起糕点变质的微生物类群主要是细菌和霉菌，例如沙门菌、金黄色葡萄球菌、粪链球菌、大肠杆菌、变形杆菌、黄曲霉、毛霉、青霉、镰刀霉等。

② 糕点变质的原因分析

a. 生产原料不符合质量标准。糕点食品的原料有糖、奶、蛋、油脂、面粉、食用色素、香料等，市售糕点往往不再加热而直接入口，因此，对糕点原料选择、加工、贮存、运输、销售都应有严格的卫生要求。糕点食品发生变质原因之一就是原料的质量问题，如作为糕点原料的奶及奶油不经过巴氏消毒，奶中的细菌就容易在糕点上繁殖并产生毒素；蛋类在打蛋前未洗涤蛋壳则不能有效地去除微生物。生产的糕点不符合卫生要求，食用后会引起食物中毒。

b. 制作过程灭菌不彻底。生产各种糕点食品时，都有一个高温处理过程，既是食品熟制又是杀菌过程，在这个过程中大部分微生物都被杀死，但抵抗力较强的细菌芽孢和霉菌孢子往往残留在食品中，遇到适宜的条件仍能生长繁殖而引起糕点食品变质。

c. 糕点包装贮藏不当。由于包装及环境等方面的原因会使糕点食品污染许多微生物。烘烤后的糕点，必须冷却后才能包装。所使用的包装材料应无毒、无味，生产单位和销售部门应具备冷藏设备，如贮存不好，也容易使食品霉坏变质。

（7）罐装食品中的微生物　食品罐装是一种以特殊形式保存食品的方法。罐装食品是将食品原料经一系列处理后，再装入容器，经密封、杀菌而制成的。一般来说，罐装食品可保存较长时间而不发生腐败变质。但是，有时由于杀菌不彻底或密封不良，又能遭受微生物的污染而造成罐装食品的变质。

① 罐装食品的性质。罐装食品会由于杀菌不彻底或密封等原因而造成微生物污染。存在于罐装食品中的微生物能否引起食品变质是由多种因素决定的，其中食品的pH是一个重要因素，因为食品的pH多数情况下是与食品原料的性质有关，也与确定食品杀菌的工艺条

件有关，并与能引起食品变质的微生物有关，因此，可以按照 pH 的高低来进行罐装食品的分类，具体见表 10-1。

表 10-1　罐装食品的 pH 值分类

罐装食品	pH	原料
低酸性食品	pH5.3 以上	谷类、豆类、肉、禽、乳、鱼等
中酸性食品	pH5.3～4.5	蔬菜、甜菜、瓜类等
酸性食品	pH4.5～3.7	番茄、菠菜、梨、柑橘等
高酸性食品	pH3.7 以下	酸菜、果酱等

从表 10-1 可以看出，一般低酸性罐装食品，多数以动物性食品原料为主要组成，其特点是含有较丰富的蛋白质。因此，引起这类罐装食品腐败变质的微生物主要是能分解蛋白质的微生物类群。其他中酸性、酸性、高酸性罐装食品，其原料一般为植物性产品，是以碳水化合物为主要成分。因此引起这几类罐装食品腐败变质的微生物是能分解碳水化合物和具有耐酸性的微生物类群。

② 引起罐装食品变质的微生物。引起罐装食品变质的微生物在自然界分布很广，主要存在于土壤、水和空气中，也存在于人和动物肠道内。食品的原料如肉、乳、蛋、蔬菜等经常有微生物的存在。

a. 芽孢杆菌。一般为需氧性芽孢杆菌，有些为兼性厌氧菌，其抗热能力强，分布广。食品原料经常被这类细菌污染。它们在罐装食品内不受缺氧的影响，仍然可以生长。这些细菌是由抵抗力大的芽孢产生，所以它们是罐装食品发生腐败变质的主要因素。厌氧性芽孢杆菌必须在缺氧的环境下才能生长，如肉毒梭状芽孢杆菌，在食品中繁殖能产生肉毒毒素，毒性很强，如果误食，即中毒死亡。

b. 非芽孢杆菌。在自然界存在的细菌中，非芽孢细菌的种类比有芽孢细菌的种类要多得多，因此污染食品的机会也多。但它们的抵抗力较弱，一般灭菌后的罐装食品不可能出现这类细菌。但有时由于杀菌不彻底或密封不良，可能出现这类细菌。常见的有链球菌属、小球菌属、大肠杆菌属、变形杆菌属中的一些种。

c. 酵母菌。罐装食品加热杀菌不充分，酵母就会存活在罐内，或由于罐头密封不良，外界的酵母可以侵入罐内。罐装食品因酵母引起的变质，绝大部分发生在酸性食品中，主要是水果、果浆、果汁、糖浆以及甜炼乳等制品。酵母繁殖能使糖发酵，引起风味的改变，也可因酵母产生的 CO_2 而造成腐败胀罐。引起变质的酵母主要有球拟酵母、假丝酵母、啤酒酵母等。

d. 霉菌。霉菌具有耐酸、耐高渗透压的特性，因此污染了霉菌可引起罐装食品变质，且常见于酸度高（pH4.5 以下）的罐装食品中。但它必须在有氧的条件下才能生长，一般经过灭菌后的罐装食品，不会有霉菌的存在。若罐装食品中有霉菌出现，就说明罐装食品真空度不够，有空气存在，或杀菌不充分，导致霉菌残存。青霉、曲霉在罐装食品内繁殖后，罐藏食品外型还是保持正常的。但也有少数几种霉菌，如黄色丝衣霉菌、白色丝衣霉菌等产生 CO_2，引起水果罐头膨胀。

③ 罐装食品变质原因分析。微生物引起罐装食品变质后，必须找出其原因，才能有效地防止变质的再发生。各种微生物引起罐装食品的变质现象可以显示不同的变质特性，有时也有某些共同的特征。从变质后罐装食品的外观类型来看，常出现膨胀和平盖两种现象。再结合食品的化学组成、食品的 pH、加工条件并通过微生物检验报告加以综合分析，就不难找到其中的原因。

a. 膨胀（胖听）。常发生于酸性和高酸性食品中，主要是微生物分解食品中的碳水化合物产气所造成。引起产气型变质的微生物主要是细菌和酵母菌。

b. 平盖（平听）。它是以不产生气体为特征，因而罐装食品外观正常。主要是细菌和霉菌所引起的变质。

第二节　食品保鲜和保藏技术

一、食品防腐保鲜

1. 食品防腐

食品在有害微生物的作用下，可失去固有的色、香、味、形而腐烂变质，通常为蛋白质的腐败、碳水化合物的发酵、脂类的酸败。可以用物理方法或化学方法来防止有害微生物的破坏。物理方法是通过低温冷藏、加热、辐射等方法来杀菌或抑菌，化学方法就是利用杀菌或抑菌的化学药剂（即通常称的防腐剂）。

防腐剂的防腐原理大致有如下三种：干扰微生物的酶系，破坏其正常的新陈代谢；抑制酶的活性，使微生物的蛋白质凝固和变性，干扰其生存和繁殖；改变细胞浆膜的渗透性，使其体内的酶类和代谢产物逸出导致失活。

2. 食品保鲜

(1) 保鲜的定义与概述

① 食品保鲜的定义。食品保鲜是指对食品采取一定的处理措施，使食品在常温下放置一段时间而能够保持良好的品质。品质包括新鲜度、风味、细菌总数、营养成分等。

② 保鲜的目的。食品保鲜技术多种多样，最主要的目的是要最大限度地减少食品中各种营养成分的损失，尽可能保持食品的原有风味，尽可能提供更好的经济性、方便性食品，延长食品的货架期，以满足广大消费者日益增长的物质生活的需要。

(2) 食品保鲜基本原理　微生物和食品本身的化学变化及物理变化是导致食品质量下降的主要因素，可以从控制微生物的生命活动和保持食品环境的稳定性两方面入手来达到贮藏保鲜的目的，一般采取"抑生""制生"和"促生"三种原理。

① 抑生就是抑制微生物的生长繁殖和食品的生化反应，如采取冷藏、冻藏、干制、腌制、气调等措施。

② 制生就是停止生命活动和生化反应，如利用罐藏、辐射、添加剂、杀菌剂等。

③ 促生就是促进生物体的生命活动，利用生物体具有抵抗微生物在其体内发育的能力。

一方面，水果、蔬菜在采收之前的生长情况以及畜、禽、鱼、贝在宰杀之前的健康状况都影响抗病性；另一方面，贮藏环境中某些有益微生物也可以抑制有害微生物的生长。

防腐和保鲜是两个有区别而又互相关联的概念。防腐是针对有害微生物的，一是防止微生物造成食品的腐烂，二是防止产毒微生物（黄曲霉等）的危害；保鲜是针对食品本身的品质。因此，要达到防腐、保鲜这两个目的，应采用不同的药剂和方法。食品的防腐、保鲜是一门综合技术，也可以说是一项系统工程，防腐保鲜的效果是一个综合效果，不是哪一种手段能单独达到的。

二、常用食品的防腐、保藏技术

1. 食品的低温保藏

食品在低温下，其本身酶活性及化学反应得到延缓，食品中残存微生物生长繁殖的速度大大降低或生长繁殖完全被抑制，因此食品的低温保藏可以防止或减缓食品的变质，在一定的期限内，可较好地保持食品的品质。

目前在食品制造、贮藏和运输系统中，都普遍采用人工制冷的方式来保持食品的质量。使食品原料或制品从生产到消费的全过程中，始终保持低温，这种保持低温的方式或工具称为冷链。其中包括制冷系统、冷却或冷冻系统、冷库、冷藏车船以及冷冻销售系统等。

食品的低温保藏一般有冷藏和冷冻保藏两种方式。

(1) 低温冷藏　是维持食品在冷加工过程中的最终温度条件下，将食品做不同期限的保藏。根据冷加工最终温度的不同，食品冷藏可分为一般冷藏和冷冻保藏两种方式，前者无冻结过程，新鲜果蔬类和短期贮藏的食品常用此法；后者要将保藏物降温到冰点以下，使水部分或全部呈冻结状态，动物性食品常用此法。

① 食品的一般冷藏。一般的冷藏是指在不冻结状态下的低温贮藏。

病原菌和腐败菌大多为中温菌，其最适生长温度为 20～40℃，在 10℃ 以下大多数难于生长繁殖；低温下食品内原有的酶的活性大大降低，大多数酶的适宜活动温度为 30～40℃，温度维持在 10℃ 以下，酶的活性将受到很大程度的抑制，因此冷藏可延缓食品的变质。冷藏的温度一般设定在 −1～10℃ 范围内，但该种方法也只能是食品贮藏的短期行为（一般为数天或数周）。

② 食品的冷冻保藏。食品在冰点以上时，只能做较短期的保藏，较长期保藏需在 −18℃ 以下冷冻贮藏。食品在冻结过程中，不仅损伤微生物细胞，鲜肉类、果蔬等生鲜食品的细胞也同样受到损伤，致使其品质下降。目前采用速冻法，即在 30min 内冻结到所设定的温度（−20℃）；或以 30min 左右通过最大冰晶生成带（−5～−1℃），可减少对食品品质的影响。

(2) 升温解冻　是对经过冷加工的食品进行加热缓解的过程，目的是使食品恢复到常温状态。冻结食品解冻时，冰晶升温而溶解，食品物料因冰晶溶解而软化，微生物和酶开始活跃。因此解冻过程的设计要尽可能避免因解冻而可能遭受损失。对不同的食品，应采取不同的解冻方式。

通常是以流动的冷空气、水、盐水、冰水混合物等作为解冻媒介进行解冻，温度控制在 0～10℃ 为好，可防止食品在过高温度下造成微生物和酶的活动，防止水分的蒸发。对于即食食品的解冻，可以用高温快速加热法。用微波解冻是较好的解冻方法，其解冻时间短，渗出液少，可以保持解冻品的优良品质。

2. 加热灭菌保藏

(1) 影响加热灭菌的因素　食品中微生物的种类和数量、食品本身的特性（营养成分、水分含量、pH 等）、食品的体积和形状以及杀菌方式等都是影响食品加热灭菌的因素。

① 微生物的种类和数量。多数细菌、酵母菌和霉菌的营养细胞抗热性较差，而细菌的芽孢和真菌的孢子比营养细胞抗热性强。菌数越多，则抗热力也越强。

② 食品本身的特性

a. 水分含量。微生物的抗热力随水分的减少而增大，同一种微生物在干热环境中的抗热力最大。

b. pH。食品的 pH 接近中性时，细菌繁殖体和芽孢耐热性最高，食品基质向酸性或碱性变化，杀菌效果则显著增大。

c. 食品基质中的脂肪、蛋白质、糖类及其他胶体物质对细菌、酵母菌、霉菌及其孢子起着显著的保护作用。多数香辛料如芥子、丁香、洋葱、胡椒、蒜、香精等，对微生物孢子的耐热性有显著的降低作用。

③ 食品的体积和形状。加热灭菌效果与食品的体积成反比；同样体积的食品随容器形状不同加热效果也不同，如长圆形的容器比短粗的容器杀菌效果好。

④ 杀菌方式。摇动式的灭菌比静置式的效果要好。

（2）常用的加热灭菌方法 食品的腐败常常是由于微生物和酶所致。食品通过加热灭菌使酶失活，可达到较长时间的保藏目的。食品加热灭菌的方法很多，主要有常压灭菌（巴氏消毒法）、加压灭菌、超高温瞬时灭菌、微波灭菌、远红外线加热杀菌和欧姆杀菌等。

① 煮沸、烘烤或油炸灭菌。此法常用于家庭和食品工业中。其缺点是不能杀死全部微生物。如烘烤炉的温度虽可达 200℃，但食品中心部位的温度只能达到 100℃左右，不能杀死某些细菌的芽孢和耐热菌。

② 常压灭菌。常压灭菌即 100℃以下的灭菌操作。巴氏消毒法只能杀死微生物的营养体（包括病原菌），但不能完全灭菌。现在的常压灭菌更多采用水浴、蒸汽或热水喷淋式连续灭菌。

③ 加压灭菌。常用于肉类制品、中酸性及低酸性罐头食品的灭菌。通常的温度为 100～121℃（绝对压力为 0.2MPa），当然灭菌温度和时间随罐内物料、形态以及罐形大小、灭菌要求和贮藏时间而异。

④ 超高温瞬时灭菌。根据温度对细菌及食品营养成分的影响规律，对热处理敏感的食品可采用超高温瞬时灭菌法，简称 UHT。该灭菌法既可达到一定的灭菌要求，又能最大程度地保持食品品质。牛乳在高温下保持较长时间，则易发生一些不良的化学反应。若采用超高温瞬时灭菌，则既能方便工艺操作，满足灭菌要求，又能减少对牛乳品质的损害。

⑤ 微波杀菌。微波（超高频）一般是指频率在 300～300000MHz 的电磁波。目前915MHz 和 2450MHz 两个频率已广泛地应用于微波加热。前者可以获得较大穿透厚度，适用于加热含水量高、厚度或体积较大的食品；对含水量低的食品宜选用后者。

微波杀菌保藏食品具有快速、节能、对食品的品质影响很小的特点，因此能保留更多的活性物质和营养成分，适用于人参、花粉、天麻等中草药和中成药的干燥和灭菌。微波还可应用于肉及其制品、乳及其制品、水产品、水果、蔬菜、罐头、谷物、布丁和面包等一系列产品的杀菌、灭酶保鲜和消毒，延长货架期。此外，微波还可应用于食品的烹调，冻鱼、冻肉的解冻，食品的脱水干燥、烫漂、焙烤以及食品的膨化等领域。

⑥ 远红外加热杀菌。不需经过热媒，照射到待杀菌的物品上，加热直接由表面渗透到内部，因此远红外加热已广泛应用于食品的烘烤、干燥、解冻以及坚果类、粉状、块状、袋装食品的杀菌和灭酶。

3. 食品的干燥和脱水保藏

食品的干燥脱水保藏是一种传统的保藏方法。其原理是降低食品的含水量（水活性），使微生物得不到充足的水而不能生长。各种微生物要求的最低水活性值是不同的，细菌、霉菌和酵母菌三大类微生物中，一般细菌要求的最低 A_w 较高（0.9）；酵母要求的最低 A_w 为0.88；霉菌要求的最低 A_w 为 0.80，因此干制食品的防霉 A_w 值要达到 0.6 以下（含水量13%以下）才较为安全。

食品干燥、脱水可根据食品种类、脱水要求和设备条件的不同而分别采用日晒、阴干、喷雾干燥、减压蒸发和冷冻干燥等方法，以减压蒸发和冷冻干燥法较好。脱水后的食品如果放置于相对湿度较大的环境中将会吸潮，因此各种脱水食品应采取密封保存，并且在保存的过程中还要注意防止微生物的污染。

4. 食品的气调保藏

对于水果、蔬菜、粮食等植物性食品宜采用控制 O_2 和 CO_2 含量的气调贮藏，同时降低温度，使植物性食品的耗氧量下降。在含氧浓度不超过 10％的气体中贮藏食品叫气调贮藏。一般来说，在果蔬贮藏中应尽可能降低气体成分中的氧气分压、提高环境中二氧化碳的浓度从而降低果蔬成熟反应（蛋白质、色素的合成）的速度，抑制微生物和某些酶（琥珀酸脱氢酶、细胞色素氧化酶）的活动，抑制叶绿素的分解，改变各种糖的比例，从而良好地保持新鲜蔬菜和水果的品质。

气调的方法较多，主要有自然气调法、置换气调法（氮气、二氧化碳置换包装）、氧气吸收剂封入包装、涂膜气调法、减压（真空）保藏和充气包装等。但总的来说，其原理都是基于降低含氧量，提高二氧化碳或氮气的浓度并根据各贮藏物的不同要求使气体成分保持在所希望的状况。

5. 食品的化学保藏法

化学保藏法包括盐藏、糖藏、醋藏、酒藏和防腐剂保藏等。盐藏和糖藏都是根据提高食物的渗透压原理来抑制微生物的活动，醋和酒在食物中达到一定浓度时也能抑制微生物的生长繁殖，防腐剂能抑制微生物酶系的活性以及破坏微生物细胞的膜结构。

(1) 盐藏/盐腌　食品经盐藏不仅能抑制微生物的生长繁殖，并可赋予其新的风味，故兼有加工的效果。一般食品中食盐含量达到 8％～10％可以抑制大部分微生物生长繁殖，但不能杀灭微生物，杀灭微生物所需要的食盐含量高达 15％，且必须持续数日才能有效。但嗜盐性微生物，如红色细菌、接合酵母属和革兰阳性球菌在较高浓度食盐的溶液（15％以上）中仍能生长。

由于各种微生物对食盐浓度的适应性不同，因而食盐浓度的高低就决定了所能生长的微生物菌群。例如肉类中食盐浓度在 5％以下时，主要是细菌的繁殖；食盐浓度在 5％以上，存在较多的是霉菌；食盐浓度超过 20％，主要生长的微生物是酵母菌。

(2) 糖藏/糖渍　一般微生物在糖浓度超过 50％时生长便受到抑制。但有些耐渗透性强的酵母和霉菌在糖浓度高达 70％以上尚可生长。因而仅靠增加糖浓度有一定局限性，但若再添加少量酸（食醋），微生物的耐渗透力将显著下降。

果酱等因其原料果实中含有有机酸，在加工时又添加了蔗糖，并经加热，在渗透压、酸和加热等三个因子的联合作用下，可得到非常好的保藏性能。但有时果酱也会出现因微生物作用而变质腐败，其主要原因是糖浓度不足。

(3) 防腐剂保藏　防腐剂按其来源和性质可分成有机防腐剂和无机防腐剂两大类。有机防腐剂包括苯甲酸及其盐类、山梨酸及其盐类、脱氢醋酸及其盐类、对羟基苯甲酸酯类、丙酸盐类、双乙酸钠、邻苯基苯酚、联苯、噻苯咪唑等。此外还包括天然的细菌素、溶菌酶、海藻糖、甘露聚糖、壳聚糖、辛辣成分等。无机防腐剂包括过氧化氢、硝酸盐和亚硝酸盐、二氧化碳、亚硫酸盐和食盐等。

① 苯甲酸、苯甲酸钠和对羟基苯甲酸酯。苯甲酸和苯甲酸钠又称安息香酸和安息香酸钠，系白色结晶，苯甲酸微溶于水，易溶于酒精；苯甲酸钠易溶于水。苯甲酸对人体较安全，是我国允许使用的两种国家标准的有机防腐剂之一。

苯甲酸的抑菌机理是：它能抑制微生物细胞呼吸酶系统活性，特别是对乙酰辅酶 A 缩合反应具有很强的抑制作用。其在高酸性食品中的杀菌效力为微碱性食品中的 100 倍，苯甲酸以未被解离的分子态存在时才有防腐效果，苯甲酸对酵母菌影响大于霉菌，而对细菌效力较弱。

对羟基苯甲酸酯的抑菌机理与苯甲酸相同，但防腐效果大为提高。其抗菌防腐效力受 pH 的影响不大，偏酸性时更强些。对羟基苯甲酸酯类对细菌、霉菌、酵母菌都有广泛抑菌作用，但对 G⁻ 杆菌和乳酸菌的作用较弱。其在食品工业中的应用较广，最大使用量为

0.5g/kg。

② 山梨酸和山梨酸钾。山梨酸难溶于水，易溶于酒精，山梨酸钾易溶于水。它们对人体有极微弱的毒性，是近年来各国普遍使用的安全防腐剂。

山梨酸分子能与微生物细胞酶系统中的巯基（—SH）结合，从而达到抑制微生物生长即防腐的目的。山梨酸和山梨酸钾对细菌、酵母菌和霉菌均有抑制作用，但对厌气性微生物和嗜酸乳杆菌几乎无效。其防腐作用较苯甲酸广，pH6 以下使用适宜，效果随 pH 增高而减弱，在 pH3 时抑菌效果最好。在腌制黄瓜时山梨酸类防腐剂可用于控制乳酸发酵。

③ 天然食品防腐剂——乳酸链球菌肽。其又称乳酸链球菌素，是从乳酸链球菌发酵产物中提取的一类多肽化合物，食入胃肠道易被蛋白酶所分解，因而是一种安全的天然食品防腐剂。FAO 和 WHO 已于 1969 年给予认可，它是目前唯一允许作为防腐剂在食品中使用的细菌素。

乳酸链球菌肽的抑菌机制是作用于细菌细胞的细胞膜，可以抑制细菌细胞壁中肽聚糖的生物合成，使细胞膜和磷脂化合物的合成受阻，从而导致细胞内物质的外泄，甚至引起细胞裂解。也有的学者认为乳酸链球菌肽是一个疏水带正电荷的小肽，能与细胞膜结合形成管道结构，使小分子和离子通过管道流失，造成细胞膜渗漏。

乳酸链球菌肽的作用范围相对较窄，仅对大多数革兰阳性菌（G$^+$菌）具有抑制作用，如金黄色葡萄球菌、链球菌、乳酸杆菌、微球菌、单核细胞增生李斯特菌、丁酸梭菌等，且对芽孢杆菌、梭状芽孢杆菌孢子的萌发抑制作用比对营养细胞的作用更大。但乳酸链球菌肽对真菌和革兰阴性菌（G$^-$菌）没有作用，因而只适用于 G$^+$菌引起的食品腐败的防腐。乳酸链球菌肽在中性或碱性条件下溶解度较小，因此添加乳酸链球菌肽的防腐食品必须是酸性，在加工和贮存中处于室温、酸性下是稳定的。

目前乳酸链球菌肽已成功地应用于高酸性食品（pH<4.5）的防腐；对于非酸性罐头食品，添加乳酸链球菌肽可减低（少）罐头热处理的温度和时间，更好地保持产品的营养和风味；用于鱼、肉类，在不影响肉的色泽和防腐效果的情况下，可明显降低硝酸盐的使用量，有效防止了肉毒梭状芽孢杆菌毒素形成。

④ 过氧化氢。过氧化氢是一种氧化剂，它不仅具有漂白作用，而且还具有良好的杀菌、除臭效果。其缺点是有一定的毒性，对维生素等营养成分有破坏作用，但它杀菌力强、效果显著，需经加热或者过氧化氢酶的处理以减少残留。

⑤ 硝酸盐和亚硝酸盐。硝酸盐和亚硝酸盐主要是作为肉的发色剂而被使用。亚硝酸与血红素反应，形成亚硝基肌红蛋白，使肉呈现鲜艳的红色。另外，硝酸盐和亚硝酸盐也有延缓微生物生长作用，尤其是对防止耐热性的肉毒梭状芽孢杆菌芽孢的发芽有良好的抑制作用。但亚硝酸在肌肉中能转化为亚硝胺，有致癌作用，因此在肉品加工中应严格限制其使用量，目前还未找到完全替代物。

三、几种食品的防腐、保藏方法

(1) 乳液的消毒和灭菌　鲜乳消毒和灭菌是杀灭致病菌和一切生长型的微生物。消毒的效果与鲜乳被污染的程度有关。鲜乳的消毒可采用巴氏消毒法、瓶装蒸笼消毒法和煮沸法，以巴氏消毒最为常用。巴氏消毒操作方法有多种，其设备、温度和时间各不相同，但都能达到消毒目的，比较常用的有两种：低温长时间消毒法和高温短时间消毒法。

① 低温长时间消毒法。将牛乳置于 62～65℃下保持 30min。在最初 20min 内已可杀灭繁殖型的细菌 99% 以上，后 10min 是保证消毒效果。此法因时间长，目前较少采用。

② 高温短时消毒法。将牛乳置于 72～75℃加热 4～6min，或 80～85℃加热 10～15s。该法可杀灭原有菌数的 99.9%。

目前许多生产厂家已采用超高温瞬时灭菌法，即控制条件为 130～150℃、3～5s 加热杀菌。因此，消毒后的牛乳应及时冷藏，并采用最快的传送方式供给用户。

（2）鲜蛋的保藏方法 家禽产蛋是有季节性的，一年四季要使市场供应的禽蛋得到平衡，唯一的办法是把产蛋旺季所产蛋贮存起来供淡季消费。鲜蛋易受炎热、高温、高湿的影响而变质，造成经济损失。因此，在产蛋季节，必须有妥善的贮藏方法，以防止大量禽蛋腐败变质。鲜蛋的贮藏方法有以下几种。

① 冷藏法。此法又可分为以下两种。

a. 整蛋冷藏。将鲜蛋放在 0℃ 以下（-2.5～-2℃）的冷库中，每 2～2.5 月进行翻蛋一次。在冷藏时微生物的繁殖和生化过程有所减缓。冷库中的微生物是多种多样的，特别是霉菌，即使温度降到 -10℃，它们仍能生长繁殖。因此，做好冷库防霉工作，是提高鲜蛋品质的一个重要环节。

b. 去壳冷冻。鲜蛋去壳放在一定的容器中，然后用 -16～0℃ 的低温使其冰冻贮藏。此时微生物停止活动，鲜蛋不易变坏。

② 浸泡法。此法保存鲜蛋操作简单，费用低廉，效果良好。其具体操作是用饱和石灰水保存鲜蛋，使蛋与空气隔绝，避免 CO_2 消失和干燥，也可防止微生物污染。强碱性反应就能杀死蛋壳上的微生物，当蛋内的 CO_2 排出时，又可在蛋壳气孔处与石灰水作用，形成的 $CaCO_3$ 封闭气孔，进一步阻止微生物进入蛋内和避免蛋内水分与 CO_2 的损失，保持蛋的新鲜。此法在 10～15℃ 的室温下，鸡蛋可保存 5～6 个月。

（3）肉的保藏方法 为防止肉的腐败变质，保藏肉类应采取冷藏、冷冻、盐腌、烟熏、罐藏等方法。但在保持鲜肉本来特性方面，多采用低温来保藏，用这种方法保藏的肉类新鲜，可保持肉的原有性质，低温贮藏数日有利于肉的后熟，提高肉的感官品质。

畜禽在屠宰时不可避免地会受到微生物污染。在规范严格的卫生要求下屠宰的畜禽内部污染是很轻的，菌落在 $10^{-2}～10^{-1}/g$ 范围内，这种污染是屠宰时微生物由肠道经血液进入肌肉组织引起的。

家禽在屠宰时防止其表面污染很重要，主要污染源是屠宰过程中鲜肉接触的毛、台子和用具。严格卫生管理可控制表面污染。经屠宰和初步加工后的胴体的温度应迅速下降到 10℃ 以下，然后贮藏于 0℃ 左右的环境中。这样可以抑制嗜温厌氧性细菌在深部肌肉中生长，也可抑制食物中毒性细菌的生长。引起鲜肉深部变质的细菌主要是产气荚膜梭菌。

如肉类在 -15℃ 环境中贮存，仍有微生物生长的可能，但一般不会出现腐败性细菌的生长，病原性细菌也不能生长，能生长的是霉菌和酵母菌，特别是霉菌。冷冻可以杀死肉中存在的大量的微生物，但仍有未死亡的微生物可引起鲜冻肉的腐败变质。所以冻肉解冻后仍应尽快食用或加工，以免变质。

四、加强食品企业的卫生管理措施

1. 加强环境卫生管理

食品卫生是指"为确保食品安全性和适用性在食物链的所有阶段必须采取的一切条件和措施"，即食品在它的生长、生产或制造直至最后消费的各个阶段都必须是保证安全的、符合卫生的和有益于健康的；食品不能含有营养成分以外的、人为添加的、污染的或天然固有的有毒、有害物质或杂质。

（1）做好粪便卫生管理工作 粪便中常常含有肠道致病菌、寄生虫卵和病毒等，这些都可能成为食品的污染源，通过各种途径而污染食品。因此，搞好粪便的卫生管理工作，可以减少粪便对环境的污染，提高食品的卫生质量，同时还可提高肥料的利用率。

做好粪便卫生管理工作，粪便要由指定部门统一收集、专人管理，并搞好公共厕所和堆肥场所的卫生工作；收集的粪便需进行无害化处理，以杀死其中的虫卵和病原菌，减少对环境的污染。目前，粪便无害化处理主要采取粪尿混合封存法、发酵沉卵法、堆肥法、沼气发酵法和药物处理法等。

（2）做好污水卫生管理工作　根据污水来源可分为生活污水和工业污水两大类。生活污水中含有大量有机物质和肠道病原菌；工业污水含有不同的有毒物质。为了保护环境，保护食品用水的水源，必须进行污水的无害化处理。目前污水处理的方法较多，较为常见的是利用活性污泥的曝气池来处理污水。

（3）做好垃圾卫生管理工作　垃圾是固体污物的总称。垃圾来源于居民的生活垃圾和工农业生产垃圾两大类，其中有机垃圾，如瓜皮、果壳、菜叶、动植物尸体等易于腐败和滋生大量的微生物，将它们进行无害化处理后，可作为农业肥料应用；无机垃圾和废品在卫生学上危害不大，无需做无害化处理。

（4）搞好厂区的环境卫生　厂区的环境卫生直接与食品卫生质量相关，必须搞好全厂的环境卫生，如绿化、道路平整、垃圾清除、污水排放、灭蝇、灭蚊和消毒等，使厂区成为一个环境优美、干净整洁的文明单位。

2. 加强食品生产的卫生管理

食品企业的生产卫生管理工作都是围绕着控制污染源和切断污染途径而进行的，因而不仅应加强环境卫生管理，降低环境中的含菌量，以减少微生物污染食品的机会，更应加强食品在生产、贮藏、运输和销售过程中的卫生管理。根据食品行业的卫生管理规范，为此重点应做到以下几点。

① 建立健全各车间、设备、库房、运输工具以及生产过程中的卫生制度。生产食品的车间，要求环境清洁，生产容器及设备能进行清洗、消毒；车间应有防尘、防蝇和防鼠的设备；车间内通风良好，最好有空气过滤装置，这样可以明显地减少污染食品的微生物数量。

② 食品生产应采用先进的生产工艺和合理的配方，流程要尽量缩短，尽量采用生产的连续化、自动化、密闭化、管道化的设备和生产线，减少食品接触周围环境的时间，防止食品被污染，尤其是交叉污染。根据 HACCP 原则，分析确定危害关键点和危害等级以及控制和消除危害发生的措施，建立卫生质量监控系统，以确保食品卫生质量的提高。

③ 食品在生产过程中，从原料验收到成品出厂，每个环节必须要有严格而又明确的卫生要求，层层严把卫生质量关，严格执行国家卫生标准，做到不合格的原料坚决不进厂，杜绝使用农药残留量、抗生素残留量、激素、安静催眠药物、重金属盐类、霉菌毒素超标或污染严重的原料，最好建有自己的原料生产供应基地。生产过程中所使用的水必须符合国家规定的饮用水的卫生标准。注意生产过程中所用的设备、器具、操作台的卫生和消毒。产品应及时包装，保持其清洁卫生。各种食品容器及包装材料应符合国家有关卫生标准和规定。

④ 工厂制订完善的卫生、质量检验制度，按照国家或行业标准规定的检验方法对原料、辅料、半成品、成品各个关键工序环节进行物理、化学、微生物等方面的检验；卫生防疫部门应经常或不定期地对食品进行抽样检验，凡不符合卫生标准和要求的产品，一律不得出厂。工厂应根据企业卫生规范的要点，建立健全各项卫生制度和实施细则。

⑤ 对食品企业的从业人员，尤其是直接接触食品的食品加工人员、服务员和售货员等，必须加强卫生教育，养成遵守卫生制度的良好习惯，保持良好的个人卫生。卫生防疫部门应定期对食品生产经营人员进行健康检查，取得健康证才准上岗。

⑥ 食品在贮藏、运输和销售过程中的场所要保持高度的清洁状态，无尘、无蝇、无鼠。根据各类食品的不同性质，选择合适的贮存方法及贮存条件；所用的容器用过要消毒清洗；

贮藏的食品要定期检查，一旦发现生霉、发臭等变质，都要及时进行处理。销售过程中，执行"先进先出"的原则，尽量缩短贮存期。

自主复习题

1. 名词解释：内源性污染　外源性污染　食品的腐败变质　食品的发酵　酸败　腐败　食品保鲜
2. 简述污染食品微生物的来源和途径。
3. 食品中的细菌数量对食品的卫生学意义是什么？
4. 大肠菌群对食品的卫生学意义是什么？
5. 微生物引起食品腐败变质必须具备哪些基本要素？引起食品腐败变质的基本原理是什么？
6. 如何控制微生物对食品的污染？
7. 简述未经消毒的鲜牛乳发生自然腐败变质时，微生物菌群的变化规律。
8. 食品的防腐保鲜技术主要有哪些？
9. 细菌污染鲜乳的途径有哪些？
10. 食品防腐剂的种类有哪些？

第十一章 微生物与食源性疾病

微生物污染食品，不仅会导致食品腐败变质，而且常会引起食源性疾病。根据WTO的定义，食源性疾病是指通过摄食方式进入人体内的各种致病因子引起的，通常具有感染性质或中毒性质的一类疾病的总称。根据这一定义，食源性疾病不仅包括传统上的食品中毒，而且还包括经食物传播的各种感染性疾病，如常见的食物中毒和食源性肠道传染病等。

食源性疾病常呈集体爆发，其种类很多，病因也很复杂，一般具有下列共同特点：潜伏期较短，来势急剧，在短时间内可能有很多人同时发病；患者都有大致相同的临床表现；患者只是在吃了有毒食物的人群中出现；发病率高，但人与人之间没有直接传染，一般无传染病流行时的余波。

食源性疾病按病原物质分类，可分为三个类型：动植物性食物中毒、化学性食物中毒和微生物性食物中毒。根据引起食物中毒的微生物类群不同，微生物食物中毒又分为细菌性食物中毒和真菌性食物中毒。

第一节 细菌引起的食源性疾病

细菌引起的食源性疾病习惯上称为细菌性食物中毒，是人们吃了含有大量活的细菌或细菌毒素的食物而引起的食物中毒，在食物中毒中最为常见。由于含有大量活菌的食物被摄入人体，引起人体消化道的感染而造成的中毒，称为感染型食物中毒。细菌在食物中繁殖产生毒素引起的食物中毒叫毒素型食物中毒。有的食物中毒既有感染型又有毒素型。感染型食物中毒常由沙门菌、变形杆菌等引起，而肉毒梭菌等常引起毒素型食物中毒。

一、细菌引起的感染型食物中毒

1. 沙门菌食物中毒

沙门菌属为肠杆菌科的一个大属，包括有 2000 多个血清型，它们主要寄居在人和温血动物的肠道内，并能引起多种性质的疾病。其中引起食物中毒次数最多的有鼠伤寒沙门菌、猪霍乱沙门菌和肠炎沙门菌。

(1) 沙门菌的生物学特性 沙门菌为革兰阴性的短杆菌，不产芽孢及荚膜，菌体四周有鞭毛，能运动；为需氧或兼性厌氧菌；生长温度为 10～42℃，最适温度为 37℃；对营养要求不高，普通培养基上即能生长。沙门菌对一定浓度的煌绿和胆盐有一定抵抗力，常将这类物质加入鉴别培养基中来抑制大肠杆菌，以利于本属细菌的培养。

沙门菌在外界的生活力较强，在水中可生存 2～3 周，在冰或人的粪便中可生存 1～2 个月，在土壤中可过冬，在咸肉、鸡蛋和鸭蛋及蛋粉中也可存活很久。水经氯处理或煮沸 5min 可将其杀灭；5％苯酚（石炭酸）或 0.2％升汞在 5min 内可将其杀灭。乳及乳制品中的沙门菌经巴氏消毒或煮沸后迅速死亡。水煮或油炸大块食物时，食物内温度达不到足以使细菌杀死和毒素破坏的情况下，就会有细菌残留或有毒素存在。

(2) 传染源与中毒机理 沙门菌污染动物和食品有两种途径：一为内源性污染，即屠宰畜禽生前体内带菌，当动物机体抵抗力降低时，使细菌进入血液、内脏和肌肉中；另一途径为外源性污染，即在屠宰加工、运输、贮存、销售时受到环境中微生物的污染。

沙门菌食物中毒属于感染型食物中毒，主要临床症状为急性胃肠炎，如呕吐、腹痛、腹泻，腹泻一天数次，多至十余次。活菌在肠内或血液内破坏放出菌体内毒素，作用于中枢神经系统引起头痛，体温升高，有时还有痉挛等。本病预后较好。

沙门菌引起的食物中毒，需要进食大量活菌（$10^5 \sim 10^9$）才会引起，致病力弱的在食品中的菌数要高达 10^5 个/mL(g) 才会引起疾病。本病潜伏期较短，一般为 12～48h 发病，病程 3～7 天，活苗进入肠道后在其中繁殖，继而侵袭肠黏膜及黏膜下层，可造成菌血症和释放内毒素，毒素可引起发热并使消化道蠕动增加而发生呕吐与腹泻，由于蠕动加快，肠道内致病菌被迅速排出体外，故患者在短期多可恢复。沙门菌引起的食物中毒严重时可造成死亡，病死率在 0.5％～1％，从病死的人体病理解剖中可发现小肠广泛性的炎症病变和肝脏中毒性病变。

(3) 防治措施

① 防止食品污染。加强卫生管理，对从事食品工作的人员进行带菌检查，采取积极措施控制感染沙门菌的病畜肉流入市场，以防止食品污染。

② 控制菌体繁殖。采取低温贮藏食品来控制沙门菌的繁殖。

③ 杀灭病原菌。加热杀灭病原菌是预防食物中毒的重要措施。肉块深部温度至少达到 80℃，持续 12min，蛋类煮沸 8～10min 才能杀灭沙门菌。熟食品应和生食品分开贮存。剩余熟食品在下次食用之前，应再充分加热。

④ 急救的原则是尽快彻底排出引起病因的食物，采取抗生素治疗，以氯霉素较为有效，另外也可用四环素、青霉素等。根据病症注意对症处理，失水严重的要输液，心力衰弱者要强心，腹痛严重者可使用颠茄酊等止痛止痉药物。

(4) 微生物检验 目前用于食品中沙门菌的检验方法应按《食品安全国家标准 食品微生物学检验 沙门菌检验》（GB 4789.4—2016）中的方法进行，它包括五个基本步骤，即预增菌，用无选择性培养基使处于濒死状态的沙门菌恢复其活力；选择性增菌，使沙门菌得以增殖，而大多数的其他细菌受到抑制；选择性平板分离沙门菌；生化试验，鉴定到亚属；

最后经血清学进行分型鉴定。

2. 致病性大肠杆菌食物中毒

致病性大肠杆菌是指那些能够引起人和动物（尤其是婴儿和幼龄动物）感染及人食物中毒的一群大肠杆菌。本菌广泛地分布于自然界，主要寄居于人及动物的肠道，它是一类条件性致病菌。

（1）大肠杆菌的生物学特征　大肠杆菌为革兰阴性两端钝圆的短杆菌，近似球形。多数有 5～8 根周身鞭毛，能运动，能形成荚膜。好氧及兼性厌氧，最适生长温度为 40℃，生长最适 pH 为 4.3～9.5。在液体培养基中，混浊生长，形成菌膜，管底有黏性沉淀。在肉汤固体平板上，形成凸起、光滑、湿润、乳白色和边缘整齐的菌落，带有特殊的粪臭味。在伊红美蓝平板上，因发酵乳糖而形成带有金属光泽的紫黑色菌落。

大肠杆菌有菌体抗原（O 抗原）、鞭毛抗原（H 抗原）和荚膜抗原（K 抗原）三种抗原。K 抗原又分为 A、B、L 三类，一般有 K 抗原的菌株比没有 K 抗原的菌株毒力强。致病性大肠杆菌的 K 抗原的菌株主要为 B 抗原，少数为 L 抗原。

（2）传染源与中毒机理　致病性大肠杆菌的传染源是人和动物的粪便。自然界的土壤和水常因粪便的污染而成为次级传染源。致病性大肠杆菌在室温下能生存数周，在土壤或水中可达数月。该菌可经带菌人的手、食物和生活用品进行传播，也可经空气或水源传播。带菌食品由于加热不彻底或因生熟交叉污染或熟后污染而引起食物中毒。

致病性大肠杆菌食物中毒与人体摄入的菌量有关，一般认为摄食 10^8 个活菌可使人致病。致病性大肠杆菌引起中毒在于：有些菌株能侵袭肠黏膜上皮细胞，引起菌痢，这些菌株称为侵入型大肠杆菌，由侵入型大肠杆菌引起的腹泻与由痢疾志贺菌引起的痢疾相似，一般称为急性菌痢型；有些菌株能产生肠毒素，引起腹泻，这些菌株称为毒素型大肠杆菌，由此而引起的腹泻为胃肠炎型，一般称为急性胃肠炎型。

易被该菌污染的食品主要有肉类、水产品、豆制品、蔬菜及鲜乳等。这些食品经加热烹调，污染的致病性大肠杆菌一般都能被杀死，但熟食在存放过程中仍有可能被再度污染。

（3）防治措施　防止动植物性食品被人类带菌者、带菌动物以及污染的水、容器和用具污染；应特别注意防止生熟食品的交叉污染和熟后污染；应注意经常检查食品从业人员有无带菌者，并酌情加以防治；对食品必须经过彻底烧煮后才可食用，熟食应低温保存。

（4）微生物检验　各种食品在生产加工以后或销售时均需进行大肠杆菌的检验，其检验方法要按照《食品安全国家标准　食品微生物学检验　致泻大肠埃希菌检验》（GB 4789.6—2016）中的方法进行。

3. 变形杆菌食物中毒

引起食物中毒的变形杆菌主要是普通变形杆菌、奇异变形杆菌。这些种类的变形杆菌中，有的菌株可在人的肠道内增殖，另一些菌株可产生肠毒素，还有一些菌株具有较高的组氨酸脱羧酶活性，可使食物中的组氨酸脱羧形成组胺。

（1）变形杆菌的生物学特性　变形杆菌是革兰阴性、两端钝圆的小杆菌。细胞形状有明显的多形性。无芽孢、无荚膜。周生鞭毛，能运动。需氧或兼性厌氧，生长的适宜温度是30～37℃，对营养要求不高。在液体培养基中呈均匀混浊生长，表面有菌膜。在固体培养基上常呈扩散生长，形成一层波纹状薄膜。

（2）传染源与中毒机理　变形杆菌在自然界中分布很广，土壤和污水中都含有大量该菌，健康的人、畜肠道中也常有该菌。熟食制品如熟肉类、剩饭菜以及凉拌菜等很容易通过接触带菌容器、工具及操作人员的手而染菌。当染菌食物在 20℃ 以上的环境中放置较长的时间后，变形杆菌就会大量繁殖或产生毒素，导致食用者中毒。

变形杆菌一般情况下是非致病菌，但其中也有少量致病性菌株，当它们污染食品后会大量繁殖，使致病性菌株的数量增多，引起食物中毒。变形杆菌引起中毒，有的是由于活菌随同食物共同进入胃肠道，引起感染型急性胃肠炎；有的是由于某些变形杆菌能产生肠毒素，引起毒素型急性胃肠炎；有的是由于脱羧酶活性较强，将组氨酸脱羧形成组胺，而发生组胺中毒。因此，变形杆菌食物中毒的临床表现可分为三种类型：急性胃肠炎、过敏型组胺中毒和混合型中毒。

(3) 防治措施 急救可选氯霉素或卡他霉素，单独使用或两者合用。

变形杆菌食物中毒的预防和沙门菌食物中毒基本相同。在此基础上，特别应注意控制人类带菌者对熟食品的污染及食品加工烹调中的带菌生食物、容器、用具等对熟食品的污染。

(4) 微生物检验 食品中变形杆菌检验，首先是进行变形杆菌分离鉴定，然后再测定其菌数。在细菌学检验中要特别注意变形杆菌分布广泛，只有被变形杆菌严重污染的食物，才有引起中毒的可能，一般应做活菌计数，以便了解污染程度。

4. 副溶血性弧菌食物中毒

副溶血性弧菌在加盐培养基上才能生长，分类上属弧菌属。因为该菌具有嗜盐性的生活特点，所以被人们称为致病性嗜盐菌。此菌引起的食物中毒，我国沿海地区发生较多，距海岸远的地区则发生较少。

(1) 副溶血性弧菌的生物学特性 该菌革兰阴性，形态呈多形性，表现为杆状、弧状等。无芽孢，单鞭毛，能运动。需氧性强，对营养要求不高。最适培养温度为 $30\sim37℃$，最适 pH 为 $7.7\sim8.0$。在肉汤蛋白胨液体培养基中呈现混浊，表面形成菌膜。在固体培养基上的菌落通常隆起、呈圆形，表面光滑、湿润。

该菌对酸和热较为敏感，基质 pH 小于 6 时停止生长，在普通食醋内 1min 可致死；56℃加热 5min 或 80℃加热 1min 可杀死此菌。

(2) 传染源与中毒机理 副溶血性弧菌主要存在于各种海产品中，经厨具、容器等介质的传播，可使肉、蛋及其他食品染上此菌。人和动物被该菌感染后也可成为病菌的传播者，其粪便和生活污水是重要的传染源。

关于副溶血性弧菌引起食物中毒的机理，目前尚未有统一看法。实验表明，人体摄食 10^6 个致病性活菌，经几小时后就可出现急性胃肠炎症状，有人认为这是该菌产生耐热性溶血毒素所致，有人认为这是由该菌产生类似霍乱毒素的肠毒素所引起，还有更多的人认为是包括毒素型和感染型在内的混合型食物中毒。

(3) 防治措施 为了防止该菌食物中毒的发生，除采用一般细菌性食物中毒的预防措施外，还要注意以下几点：①对海产品应特别注意加强食品卫生检查；②吃凉拌菜之前必须充分洗净，在沸水中烫浸后先加醋拌渍，放置 $10\sim30min$ 后，再加其他调料拌食；③严格执行生、熟食分开制度，对剩余饭菜要回锅加热处理后再食用。

急救措施主要是卧床休息，多喝盐开水，抗生素药物可选用氯霉素，腹痛使用颠茄片。

(4) 微生物检验 副溶血性弧菌检验方法按《食品安全国家标准 食品微生物学检验 副溶血性弧菌检验》（GB 4789.7—2013）中的方法进行。具体操作时，要注意将样品接种于嗜盐菌增菌液及嗜盐菌选择性琼脂平板，并需进行嗜盐性试验等。

5. 空肠弯曲杆菌食物中毒

(1) 空肠弯曲杆菌的生物学特性 空肠弯曲杆菌为革兰阴性细菌，其形态多样，呈弯曲形、S 形、螺旋状。菌体一端或两端生有单根鞭毛，其长度为菌体的 $2\sim3$ 倍。该菌微量需氧，在 $42\sim45℃$ 温度下生长最好。该菌对营养要求严格，需在特殊培养基上生长，通常以血琼脂为基础，再加上马血或羊血以及多种抗生素配制而成。它在 TTC（2,3,5-氯化三苯基四氮唑）琼脂上呈阳性生长，也能在 1% 的甘氨酸半固体培养基中生长。

（2）传染源与中毒机理 空肠弯曲杆菌是人畜共患疾病细菌，家禽、鸟类为最主要的传染源。空肠弯曲杆菌可经人与人、人与动物直接接触感染或通过污染的食物和水传播，也可因污染乳制品或其他食品造成食物中毒爆发。主要症状为腹痛、腹泻、发热等。

该菌引起食物中毒的原因目前尚不清楚。一般认为，该菌是一类侵袭性很强的肠道致病菌，可侵入机体肠黏膜，有时也能进入血液中。另据研究，它还能产生不耐热的类似霍乱毒素的肠毒素，促进食物中毒的发生。

（3）防治措施 加强食品卫生管理，严格监督检查，消灭蚊蝇，防止食品被各种动物粪便污染。各种肉及其制品在生产加工过程中要防止被粪便污染。食品在食用前应充分加热。

（4）微生物检验 本菌的检验要按照《食品安全国家标准 食品微生物学检验 空肠弯曲菌检验》（GB 4789.9—2014）中的方法进行。

6. 志贺菌食物中毒

（1）志贺菌的生物学特性 志贺菌属（即痢疾杆菌属）致病菌除引起食物中毒外，还可以引起消化道传染病即细菌性痢疾，病原菌包括志贺痢疾杆菌、福氏痢疾杆菌、鲍氏痢疾杆菌、宋内痢疾杆菌四个群。

痢疾杆菌对外界环境的抵抗力不大，它们对干燥、日光照射、酸性环境等极为敏感，但是在适当温度和湿度的避光处，能够生存几天，甚至数星期。在粪便中，由于其他肠道菌产酸或噬菌体的作用常使本菌在数小时内死亡。在痢疾杆菌中，以宋内痢疾杆菌的抵抗力为最大。

（2）传染源与中毒机理 传染源是患者及带菌者。痢疾患者在发病时，随着粪便向体外排出大量病菌。急性痢疾患者每天腹泻可达十次之多，散布病菌的数量很大。当患者已处于恢复期，仍可继续向外排菌。另外还有没有患过痢疾的健康带菌者，他们也能排出少量菌。

痢疾杆菌的传播途径是多方面的，由直接或间接通过粪便污染了的手、苍蝇、用具和水使病菌污染食品而经口侵入消化道。

人感染痢疾杆菌后出现的症状主要是畏寒、发热、腹痛、腹泻、出现黏液脓血便。痢疾杆菌经口入胃，如未被胃酸杀灭则进入小肠上部的黏膜生长繁殖，毒液经血液由结肠排出，损害结肠黏膜。各菌均有内毒素（肠毒素），志贺痢疾杆菌具有外毒素（神经毒素）。由于大量毒素被吸收，引起全身中毒症状。该病潜伏期为数小时至 7 天，多数 1～2 天。

（3）防治措施 ①早发现、早诊断、早期隔离和彻底治疗；②从事饮水、饮食行业及托幼工作的人员应定期粪检，发现带菌应立即调离工作岗位及彻底治疗；③管理好饮食、水源、粪便，消灭苍蝇；④饭前便后要洗手，生吃蔬菜瓜果要洗干净，不喝生水和不吃腐烂不洁的食物。

（4）微生物检验 本菌的检验要按照《食品安全国家标准 食品微生物学检验 志贺菌检验》（GB 4789.5—2012）的方法进行。

7. 霍乱弧菌及副霍乱弧菌食物中毒

（1）病原菌的生物学特性 弧菌属的霍乱弧菌及副霍乱弧菌可引起烈性消化道传染病霍乱及副霍乱，病原菌为弧形或逗点状、端生鞭毛、无芽孢、革兰阳性，抵抗力较弱，干燥2h 或在 55℃ 温度下湿热 10min 则死亡，在水中能存活两周，对酸敏感，能耐受碱性环境，易被一般消毒剂杀死。

（2）传染源与中毒机理 传染源主要为患病者，其次是带菌者。霍乱和副霍乱病菌传播的途径甚多，也和其他肠道传染病一样，病菌通过水、苍蝇、食品等传播，特别是水被污染后造成流行是本病爆发的特征。

（3）防治措施 早发现、早隔离、早治疗是防治霍乱的基本原则。改善社区条件、加强饮食、饮水及食品卫生管理、不生食海产品以及大力灭蝇等是防止霍乱流行的重要措施。如果发现疫情，要及时封锁疫区，以防疫情蔓延。

二、细菌引起的毒素型食物中毒

1. 金黄色葡萄球菌食物中毒

金黄色葡萄球菌在自然界分布很广，人和动物的皮肤、黏膜损伤后可感染本菌，引起化脓性炎症；人类食用被金黄色葡萄球菌污染的食品可引起毒素型食物中毒。

（1）金黄色葡萄球菌的生物学特性 金黄色葡萄球菌为革兰阳性球菌，呈葡萄状排列。无芽孢、无鞭毛、无荚膜，不能运动，是兼性厌氧菌。最适生长温度为 $35\sim37℃$，最适 pH 为 7.4。它的耐盐力很强，在 $10\%\sim15\%$ 的 NaCl 培养基上也能生长。

该菌在适宜的条件下，$25\sim30℃$、5h 后即可产生肠毒素，即一种可溶性蛋白质。现已发现六种不同抗原性的毒素存在，即 A 型、B 型、C 型、D 型、E 型、F 型，毒素的抗热力很大，$120℃$、20min 不能使其破坏，必须在 $218\sim248℃$ 经 30min 才能使毒性完全消除。

（2）传染源与中毒机理 金黄色葡萄球菌引起食物中毒是由于其产生肠毒素所致，因而属于毒素型食物中毒。原因是患有化脓性疾病的人接触食品，将葡萄球菌污染到食品上，或喝了患有葡萄球菌性乳腺炎的乳牛所产的乳汁所引起。多数葡萄球菌是在食品加工过程中污染食品，主要是加热处理后污染所造成，少数是食品加热处理前即污染。葡萄球菌易于繁殖和产生毒素的食品有乳类食品、肉类、鱼类和罐头食品等。

在食物中毒中，A 型肠毒素最普遍。由肠毒素引起的食物中毒，其主要症状为急性胃肠炎，表现为恶心、呕吐、腹痛和腹泻，有水样便，此外，还有头晕、发冷之感。病情严重时，可引起大量失水和虚脱。该病潜伏期短，一般为 $2\sim4h$。

（3）防治措施 轻病人无需治疗即可痊愈，重病人可对症治疗和控制饮食，对脓毒败血症首选青霉素 G，其次可用四环素、氯霉素等。对于化脓性疾病患者及带菌者在治愈前不能参加接触食品的工作。食品应保持在低温的环境中，对可疑食品蒸煮时间需要加长。

（4）微生物检验 按《食品安全国家标准 食品微生物学检验 金黄色葡萄球菌检验》（GB 4789.10—2016）中的方法进行。

近年来国外已将耐热核糖核酸酶的测定作为产生肠毒素金黄色葡萄球菌的重要检验项目之一。这是因为金黄色葡萄球菌可产生一种能降解 DNA 的胞外酶，该酶耐热性极强，$100℃$、15min 不完全破坏，还保持活性，并且该酶的最适 pH 为 9.0，这与其他细菌产生的核酸酶完全不同，以此可鉴定金黄色葡萄球菌。

2. 肉毒梭菌食物中毒

肉毒梭菌又叫肉毒杆菌，全称是肉毒梭状芽孢杆菌。根据其所产生毒素的血清学特点，迄今已发现 A、B、C、D、E、F、G 七型，其中 A、B、E、F 四型对人都有不同程度的致病力，可引起食物中毒。在我国，肉毒梭菌中毒大多是 A 型引起，B、E 型较少。

（1）肉毒梭菌的生物学特性 属于厌氧性的梭状芽孢杆菌属，为革兰阳性杆菌。无荚膜，有鞭毛。生长最适温度为 $25\sim35℃$，最适 pH 为 $6\sim8$。在 $20\sim25℃$ 形成大于菌体、位于菌体次末端的芽孢，由于芽孢比营养体宽，故呈梭状。当 pH 低于 4.5 或大于 9.0 时，或当环境温度低于 $15℃$ 或高于 $55℃$ 时，肉毒梭菌芽孢不能繁殖，也不产生毒素。肉毒梭菌加热至 $80℃$、30min 或 $100℃$、10min 即可被杀死，但其芽孢抵抗力强，需经高压蒸汽 $121℃$、30min，或干热 $180℃$、$5\sim15min$，或湿热 $100℃$、5h 才能被杀死。

在厌氧条件下，含水分较多的中性或弱碱性食品适于该菌生长和产生毒素；反之，食物的性质偏酸、水分含量少或食盐浓度在 8% 以上，可抑制该菌的生长和毒素的形成。

（2）传染源与中毒机理 肉毒梭菌中毒是食物中毒中比较严重的一种，病死率可达 30%～80%，故应引起足够的重视。该菌在自然界分布极广，主要分布在土壤以及海湖、江河的砂泥土中直接或间接地污染食品，包括蔬菜、鱼类、肉类、豆类等食品。肉毒梭菌食物中毒在我国主要发生在长江以北地区，由于误食污染的鱼肉而引起。另外，我国引起肉毒梭菌中毒的食品还有居民自制的发酵豆制品，如臭豆腐、豆酱、豆豉等，少数是因吃猪肉和猪肝引起。

肉毒梭菌食物中毒是由肉毒梭菌产生的外毒素即肉毒素引起的，它是一种神经亲和力很强的毒素。外毒素随食物进入消化道，在胃肠道不会被破坏，而是被直接吸收。食入有毒素的食物后，24h 即可发病。毒素作用于中枢神经系统，抑制其神经传导递质——乙酰胆碱的释放，导致肌肉麻痹。

（3）防治措施 为了预防肉毒梭菌食物中毒发生，除应加强一般的食品卫生措施外，还应重点注意以下几方面：①加强食品卫生宣传，自觉改进饮食习惯和制备食品方法，防止污染肉毒梭菌；②伤口不可接触可疑食品，因该毒素可被破伤皮处、黏膜表面和新创口所吸收；③对吃可疑食品的尚未发病者，可皮下或肌内注射 A、B、E 三型肉毒抗毒素各10000～20000 单位，若已知中毒型别，只注射同型毒素即可；④加工后的熟食品应避免再污染和在高温、缺氧条件下保存，胖听罐头煮沸后弃去，不吃发酵腐败的食品。

（4）微生物检验 肉毒梭菌是按其所产毒素的抗原性不同而分为七个型的，故肉毒梭菌的检验目标主要是其毒素。不论食品中的肉毒毒素检验或者肉毒梭菌的检验，均以毒素的检测及定型试验为判定的主要依据。根据《食品安全国家标准 食品微生物学检验 肉毒梭菌及肉毒毒素检验》（GB 4789.12—2016）中的方法进行检验。

3. 蜡样芽孢杆菌食物中毒

蜡样芽孢杆菌在自然界分布很广，在土壤和动植物及各种食品中都能分离到。该菌有产生和不产生肠毒素菌株之分。在产生肠毒素的菌株中，又有产生致呕吐型胃肠炎和致腹泻型胃肠炎两类不同肠毒素之别。前者为耐热肠毒素，常在米饭类食品中形成；后者为不耐热肠毒素，在各种食品中均可产生。

（1）蜡样芽孢杆菌的生物学特性 蜡样芽孢杆菌为革兰阳性、能形成芽孢的需氧或兼性厌氧杆菌。菌体两端较平整，多呈链状排列，芽孢不大于菌体宽度，位于中央或稍偏一端，无荚膜，有周身鞭毛。其生长温度为 10～50℃，最适生长温度为 28～35℃，10℃ 以下不能繁殖。该菌繁殖体较耐热，加热100℃、20min 才被杀死。芽孢具有其他嗜温菌典型的耐受性，能耐受 100℃ 30min，干热 120℃、60min 才能被杀死。允许生长的 pH 为 4.9～9.3。

（2）传染源与中毒机理 蜡样芽孢杆菌广泛分布于自然界的土壤、灰尘、空气等介质中，在食品的加工、运输、保藏等环节中很容易被污染。如果染菌的食物在较高的温度下存放，该菌很快就会大量繁殖并产生毒素。而另一方面，由于该菌的繁殖和产毒一般不会导致食品出现腐败变质现象，感官检查除米饭有时稍有发黏、口味不爽外，大多数其他食品无异常，所以在夏季人们很易因误食此类食品而引起中毒。

蜡样芽孢杆菌引起食物中毒是由于食物中带有大量活菌和该菌产生的肠毒素所致。据研究，活菌的多少与食物中毒有密切关系，食物中的活菌量越多，产生的肠毒素越多。活菌还有促进中毒发生的作用。目前，常将每克食品含 $1.8×10^7$ 个活菌作为引起食物中毒的指标之一。

蜡样芽孢杆菌食物中毒症状有两种，一种是呕吐型，由耐热型肠毒素引起，该种中毒潜伏期一般为 0.5～5h，表现为恶心、呕吐、头昏、四肢无力、口干、寒战、眼结膜充血，病程为 8～12h；第二种是腹泻型，由不耐热型肠毒素引起，发病潜伏期较长，平均为 10～12h，主要表现为腹泻、腹痛、水样便、不发烧，可有轻度恶心，病程为 16～36h。

(3) 防治措施　为了预防蜡样芽孢杆菌食物中毒，应注意如下几点。

① 食品应冷藏于 10℃ 以下，尽量避免将食品保藏在 16～50℃ 的环境中，如无条件，则不得超过 2h。②剩饭可于浅盘中摊开，快速冷却。必须在 2h 内送去冷藏，如无冷藏设备，则应置于通风阴凉和清洁场所并加以覆盖，但不要放置过夜。在食用前，必须做到彻底加热，一般要求在 100℃、20min 以上为好。③家庭、食堂、饮食行业在加工或出售各类食品过程中，要注意操作卫生，做好防蝇、防尘、防鼠工作，防止食品污染。

(4) 微生物检验　食品中本菌检验的主要目标是通过计数和验证试验检测食品中该菌的数量，因为蜡样芽孢杆菌可从各种食品中检出，只有达到含菌量在 10^5 个/g 以上才有意义。其方法应按《食品安全国家标准　食品微生物学检验　蜡样芽孢杆菌检验》（GB 4789.14—2014）进行。

第二节　霉菌引起的食源性疾病

霉菌种类繁多，其中部分霉菌可产生霉菌毒素，这些毒素随着食物进入人和动物体内，就可以产生各种的中毒症状，引起人和动物发生霉菌毒素中毒。霉菌毒素是霉菌产生的一种有毒的次生代谢产物，主要是一些碳水化合物性质的食品原料经有毒的霉菌繁殖而分泌的细胞外毒素。通常所说的真菌性食物中毒主要是由霉菌毒素引起的。根据毒素作用部位，一般分为肝脏毒、肾脏毒、神经毒和其他毒四种类型。

一、霉菌产毒的特点

霉菌产毒仅限于少数的产毒霉菌，而产毒菌种中也只有一部分菌株产毒。产毒菌株的产毒能力还表现出可变性和易变性。产毒菌株经过累代培养可以完全失去产毒能力，而非产毒菌株在一定条件下，也会出现产毒能力。

霉菌毒素的产生并不具有一定的严格性，即一种菌种或菌株可以产生几种不同的毒素，而同一种霉菌毒素也会由几种霉菌产生。

霉菌毒素的产生与中毒性霉菌的污染之间在量上的关系不大，从污染大量霉菌的食物中检查其毒素时，有时含量很少或没有，这是因为产毒霉菌产生毒素也需要一定条件，主要是基质（食品）、水分、湿度、温度及空气流通情况等。霉菌在污染食品上繁殖是产毒的先决条件，通常，霉菌在天然食品上比在人工合成培养基上更易繁殖。不同的食品容易污染和繁殖的霉菌种类也有所不同，如花生、玉米的黄曲霉及其毒素的检出率就很高，小麦以镰刀菌及其毒素污染为主，青霉及其毒素主要在大米中出现。一般来说，中毒性霉菌主要在谷物粮食、饲草上生长产生毒素，直接在动物性食品如肉、蛋、乳上发育产毒的较为少见。

最常见的产毒性真菌有曲霉菌属、青霉属、镰刀菌属等，其中最常见的、研究最多的毒素是黄曲霉毒素。

二、主要霉菌毒素

1. 青霉毒素

青霉属的种类繁多，分布很广。其中许多菌能引起食品的霉变，如谷类（大米、玉米和大麦等）在贮藏时因含水量过高被污染发生霉变，一些菌侵染大米后引起米粒黄变，产生毒素，统称黄变米毒素。这种米由于被产毒的三种青霉污染而呈现黄色，分别为岛青霉黄变米、橘青霉黄变米和黄绿青霉黄变米。

（1）岛青霉毒素　岛青霉黄变米的米粒呈黄褐色，米粒含有岛青霉产生的毒素黄天精（黄米毒素）和含氯肽等。黄天精是一种脂溶性毒素，含氯肽是一种水溶性毒素，均是肝脏毒素，含氯肽比黄天精作用急剧。这两种毒素对动物的急性中毒作用是均使其发生肝萎缩；慢性中毒则发生肝纤维化、肝硬化和肝肿瘤。

（2）橘青霉毒素　橘青霉黄变米的米粒呈黄绿色。精白米特易污染橘青霉形成黄变米，橘青霉为腐生性的不对称青霉，常可在粮食中分离出来。橘青霉毒素是由橘青霉、暗蓝青霉、黄绿青霉、扩展青霉、点青霉、变灰青霉、土曲霉等霉菌产生的一种真菌毒素。它是一种柠檬色针状结晶，能溶于无水乙醇、氯仿、乙醚、难溶于水。该毒素是一种肾脏毒，可导致动物肾脏肿大、肾小管扩张和上皮细胞变性坏死。

（3）黄绿青霉毒素　该毒素由寄生于米粒胚部的黄绿青霉产生，可使大米变黄并有臭味。大米水分为 14.6% 时易感染黄绿青霉，在 12～13℃ 下便形成黄变米，米粒上有淡黄色病斑。

黄绿青霉毒素是一种橙黄色柱状结晶，能溶于丙酮、氯仿、甲醇和乙醇，微溶于苯、乙醚等，不溶于石油醚和水。该毒素在紫外光照射下，可发出闪烁的金黄色荧光。紫外光照射 2h 毒素被破坏，加热至 270℃ 毒素失去毒性。黄绿青霉毒素是一种很强的神经毒，可引起中枢神经麻痹、肝肿瘤和贫血症，组织学检查可见肾小管坏死、心肌变性和肝细胞坏死。

2. 镰刀菌毒素

镰刀菌又叫镰孢霉，其在自然界中分布极为广泛，是食品中经常分离出的一种真菌。目前已发现有多种镰刀菌可产生对人、畜健康威胁极大的镰刀菌毒素。镰刀菌毒素已发现有十几种，按其化学结构可分为四大类这里介绍其中三类，即单端孢霉烯族化合物、玉米赤霉烯酮和丁烯酸内酯。

（1）单端孢霉烯族化合物　它是由雪腐镰刀菌、禾谷镰刀菌、梨孢镰刀菌、拟枝孢镰刀菌等多种镰刀菌产生的一类毒素，是引起人畜中毒常见的一类镰刀菌毒素。

在单端孢霉烯族化合物中，我国粮食和饲料中常见的是脱氧雪腐镰刀菌烯醇（DON）。DON 主要存在于麦类赤霉病的麦粒中，在玉米、稻谷、蚕豆等作物中也能感染赤霉病而含有 DON。赤霉病的病原菌是赤霉菌，其无性阶段是禾谷镰刀霉。这种病原菌适宜在阴雨连绵、湿度高、气温低的气候条件下生长繁殖。DON 又称致吐毒素，易溶于水，热稳定性高。烘焙温度 210℃、油煎温度 140℃ 或煮沸，只能破坏其 50%。

（2）玉米赤霉烯酮　禾谷镰刀菌、粉红镰刀菌、三线镰刀菌、木贼镰刀菌等多种镰刀菌均能产生玉米赤霉烯酮。

玉米赤霉烯酮不溶于水，溶于碱性水溶液、乙醚、苯、氯仿、二氯甲烷、乙酸乙酯和乙醇。玉米赤霉烯酮是一种雌性发情毒素。动物吃了含有这种毒素的饲料，就会出现雌性发情综合症状。

（3）丁烯酸内酯　丁烯酸内酯是由三线镰刀菌、雪腐镰刀菌、拟枝孢镰刀菌和梨孢镰刀菌产生的。丁烯酸内酯熔点为 113～118℃，易溶于水，微溶于二氯甲烷和氯仿，在碱性水溶液中极易水解。

丁烯酸内酯在自然界发现于牧草中，牛饲喂带毒牧草导致烂蹄病。其症状为腿变瘸，蹄和皮肤联结处破裂，有时脱蹄和引起耳尖及尾端干性坏死。

3. 黄曲霉毒素

黄曲霉毒素简称 AFT 或 AF，它是粮食、食品和饲料中污染最普遍的一种毒素，其致癌力强，对人和畜禽的健康危害极大。黄曲霉毒素是由黄曲霉和寄生曲霉产生的一种代谢产物。温特曲霉也能产生黄曲霉毒素，但产量较少。黄曲霉毒素是一种强烈的肝脏毒，对肝脏有特殊亲和性并有致癌作用，同时饲料中的黄曲霉毒素 B_1 可蓄积在动物的肝脏、肾脏和肌肉组织中，人食入后可引起慢性中毒。

寄生曲霉的所有菌株都能产生黄曲霉毒素，但在我国寄生曲霉罕见。黄曲霉是我国粮食、食品和饲料中最常见的真菌，但并非所有的黄曲霉都是产毒菌株，即使是产毒菌株也必须在适合产毒的条件下才产毒。据报道，黄曲霉中产毒菌株的比例在 $60\%\sim94\%$。在气候温暖湿润地区所产的花生和玉米被黄曲霉污染较严重，产毒菌株占的比例高。黄曲霉毒素污染的发生和程度随地理和季节因素以及作物生长、收获、贮存的条件不同而异。南方及沿海湿热地区更有利于霉菌毒素的产生，有时早在作物收获前、收获期和贮放期就已经有产毒菌株污染。

(1) 黄曲霉毒素的性质　黄曲霉毒素是一类结构相似的化合物。其化学基本结构都有一个双呋喃和一个香豆素。现已发现的黄曲霉毒素有黄曲霉毒素 B_1、黄曲霉毒素 B_2、黄曲霉毒素 G_1、黄曲霉毒素 G_2、黄曲霉毒素 M_1、黄曲霉毒素 M_2、黄曲霉毒素 P_1 等十几种。根据黄曲霉毒素在长波紫外线照射下发出荧光的颜色，分为 B 族蓝紫色荧光、G 族黄绿色荧光。黄曲霉毒素 M_1 和黄曲霉毒素 M_2 是黄曲霉毒素 B_1 和黄曲霉毒素 B_2 的羟基衍生物。黄曲霉毒素 B_1 和黄曲霉毒素 B_2 经过体内代谢后产生 M_1 和 M_2。

黄曲霉毒素难溶于水、己烷、石油醚和乙醚，溶于氯仿、甲醇、丙酮和乙醇等多种有机溶剂。

黄曲霉毒素对热稳定，食品加热至 $300℃$ 才能破坏它。黄曲霉毒素 B_1 在中性和酸性溶液中很稳定，在强碱性（$pH9\sim10$）溶液中迅速分解，荧光随之消失，但再遇到酸又形成黄曲霉毒素 B_1。低浓度的纯毒素在紫外光下易分解。5% 的次氯酸钠溶液、Cl_2、NH_3、H_2O_2、SO_2 均可破坏黄曲霉毒素 B_1。但在自然条件下，严重污染黄曲霉毒素的粮食，在放置几年后，仍可检出黄曲霉毒素 B_1。

(2) 黄曲霉的产毒条件　产毒的温度范围 $11\sim37℃$，最适产毒温度为 $35℃$，最适产毒 $pH4.7$，最低产毒 A_w 为 0.78，最适产毒 A_w 为 $0.93\sim0.98$，$1\%\sim3\%$ 的 NaCl、天冬氨酸和谷氨酸以及 Zn 离子、Mn 离子等可促进毒素产生，CO_2 浓度达 0.03% 以上时，毒素产量逐渐降低。产毒菌株主要在花生、玉米等谷物上生长产生黄曲霉毒素，也有报道在鱼粉、肉制品、咸干鱼中发现该毒素。

黄曲霉在水分 18.5% 的玉米、稻谷、小麦上生长时，于第 3 天开始产生黄曲霉毒素，第 10 天产毒达到最高峰，以后便逐渐减少。菌体形成孢子时，菌丝体产生大量毒素，逐渐排出到周围基质中。因此，高水分粮食如在 2 天内进行干燥，水分降至 13% 以下，即使污染黄曲霉也不会产生毒素。

(3) 黄曲霉毒素的毒性　在各种黄曲霉毒素中，以黄曲霉毒素 B_1 的毒性和致癌性最强，按其对动物的半数致死量来看，它是剧毒物质，其毒性比氰化钾大 100 倍，仅次于肉毒毒素，是霉菌毒素中最强的，黄曲霉毒素 M_1 和黄曲霉毒素 G_1、黄曲霉毒素 B_2、黄曲霉毒素 M_2、黄曲霉毒素 G_2 的毒性依次减弱。黄曲霉毒素 B_1 的致癌作用比已知的化学致癌物都强，它比二甲基亚硝胺强 75 倍，同时黄曲霉毒素 B_1 又是黄曲霉毒素中最常检出的。据报道，黄曲霉主要产生黄曲霉毒素 B_1 和黄曲霉毒素 B_2 两种，寄生曲霉产生黄曲霉毒素 G_1、黄曲霉毒素 G_2 和黄曲霉毒素 B_1、黄曲霉毒素 B_2 四种。我国粮食、食品、饲料主要污染黄曲霉，因此测定黄曲霉毒素的含量以黄曲霉毒素 B_1 为代表。

黄曲霉毒素中毒症状分为以下三种类型。

① 急性和亚急性中毒。即短时间摄入量较大，从而迅速造成肝细胞变性、坏死、出血以及特征性的胆管增生，几天或几十天即导致死亡。

② 慢性中毒。是由于持续地摄入一定量的黄曲霉毒素，造成慢性中毒，从而使动物肝脏出现慢性损伤，动物生长缓慢、体重减轻、食物利用率下降，肝脏有组织学病理变化，肝功能降低，有的出现肝硬化。病程可持续几周至几十周，最后死亡。

③ 致癌性。黄曲霉毒素是目前已知的最强烈的致癌物质之一。许多学者通过动物实验证实了毒素的致癌作用。其对人的致癌作用虽无直接证据，但从肝癌的流行病学调查中发现，凡食物中黄曲霉毒素污染严重和人体实际摄入量较高的地区，肝癌的发病率也高。

4. 杂色曲霉毒素

杂色曲霉毒素（简称ST）是杂色曲霉、构巢曲霉、焦曲霉等的代谢产物，其为肝脏毒素，可以导致试验动物的肝癌、肾癌、皮肤癌和肺癌，其致癌性仅次于黄曲霉毒素。由于杂色曲霉和构巢曲霉经常污染粮食和食品，而且有80％以上的菌株产毒，所以杂色曲霉毒素在肝癌病因学研究上很重要。

5. 棕曲霉毒素

棕曲霉毒素是由棕曲霉、纯绿青霉、圆弧青霉和产黄青霉等产生的，目前确认的有棕曲霉毒素A和棕曲霉毒素B两类，以棕曲霉毒素A为主，其毒性较大，主要引起肝、肾等内脏器官的病变，故称肝肾毒素，此外还可导致肺部病变。

三、霉菌毒素引起食物中毒的特点

① 发生中毒与某些食物有联系，检查可疑食物或中毒者的排泄物，可发现有毒素存在，或从食物中分离出产毒菌株。选用合适的动物模型，可重现中毒症状和病理变化。

② 霉菌毒素是小分子有机化合物，不是复杂的蛋白质分子，不能刺激机体产生相应的抗体，无免疫性。

③ 人和畜禽一次性摄入含有大量霉菌毒素的食物，往往会发生急性或亚急性中毒，长期少量摄入会发生慢性中毒和致癌。

④ 霉菌毒素中毒的发生往往有季节性和地区性，但无感染性。

⑤ 霉菌毒素食物中毒易并发维生素缺乏症，但补充维生素无效。

四、防霉方法与去毒措施

预防霉菌及其毒素对食品的污染要从清除污染源（防止霉菌生长与产毒）和除去霉菌毒素两个方面做工作。防毒是根本措施，去毒只是污染后为防止人类受危害的补救方法。

1. 防霉

霉菌产毒需要五个条件：产毒菌株、合适基质、水分、温度和通风情况。在自然条件下，要想完全杜绝霉菌污染是不可能的，关键是要防止和减少霉菌的污染。

（1）物理防霉

① 降低食品（原料）中的水分和控制空气相对湿度。控制水分和湿度，保持食品和贮藏场所干燥，做好食品贮藏地的防湿、防潮，要求相对湿度不超过65％～70％，控制温差，防止结露，粮食及食品可在阳光下晾晒、风干、烘干或加吸湿剂、密封。表11-1列出了部分霉菌生长与产生毒素的最低A_w。

② 低温防霉。把食品贮藏温度控制在霉菌生长的适宜温度以下，从而抑菌防霉，冷藏食品的温度界限应在4℃以下方为安全。

③ 气调防霉。控制气体成分以防止霉菌生长和产生毒素。通常采取除O_2或加入CO_2、N_2等气体，运用密封技术控制和调节贮藏环境中的气体成分，这在食品贮藏工作中已广泛应用。

表 11-1　部分霉菌生长与产生毒素的最低 A_w

霉　菌	最　低 A_w	
	生　长	产　毒
黄曲霉	0.78 0.80	0.84（黄曲霉毒素） 0.83～0.87
寄生曲霉	0.82	0.87（黄曲霉毒素）
曲霉	0.83 0.77	0.85（棕曲霉毒素） 0.83～0.87
巨大青霉	0.81 0.82 0.85	0.87～0.90（棕曲霉毒素）
鲜绿青霉	0.83	0.83～0.86（棕曲霉毒素）
棕曲霉	0.81 0.76 0.76	0.88（青霉酸） 0.80（青霉酸） 0.85（棕曲霉毒素）
巨大青霉	0.87 0.82	0.97（青霉酸）
马丁青霉	0.83 0.79	0.99（青霉酸）
岛青霉	0.83	
展开青霉	0.83～0.85 0.81 0.83	0.95 0.85

（2）化学防霉　使用防霉化学药剂，有熏蒸剂如溴甲烷、二氯乙烷、环氧乙烷；有拌和剂如有机酸、漂白粉、多氧霉素。环氧乙烷熏蒸用于粮食防霉效果很好。食品中加入 0.1% 的山梨酸防霉效果也较好。

2. 去毒

目前去毒方法的机理有两种：一类是除去毒素；另一类是使毒素的活性破坏，用此法时，应注意所用的化学药物等不能在原食品中有残留，或破坏原有食品的营养素等。

（1）物理去毒

① 人工或机械拣出毒粒。用于花生等颗粒大者效果较好，因为一般毒素较集中在霉烂、破损、皱皮或变色的花生仁粒中，如黄曲霉毒素。

② 加热处理法。干热或湿热都可以除去部分毒素，花生在 150℃ 以下炒 0.5h 约可除去 70% 的黄曲霉毒素，于 0.01MPa 高压蒸煮 2h 可以去除大部分黄曲霉毒素。

③ 吸附去毒。应用活性炭、酸性白土等吸附剂处理含有黄曲霉毒素的油品效果很好。如果加入 1% 的酸性白土搅拌 30min 澄清分离，去毒效果可达 96%～98%。

④ 射线处理。用紫外线照射含毒花生油可使含毒量降低 95% 或更多，此法操作简便、成本低廉。日光曝晒也可降低粮种的黄曲霉毒素含量。

（2）化学去毒

① 酸碱处理。对含有黄曲霉毒素的油品可用氢氧化钠水洗，也可用碱炼法，它是油脂精加工方法之一，同时亦可去毒，因碱可水解黄曲霉毒素的内酯环，形成邻位香豆素钠，香豆素可溶于水，故可用水洗去。具体做法是：毛油经过 20～65℃ 预热，然后加入 1% 的烧碱搅拌 30min，保温静置沉淀 8～10h 分离出毛油，水洗、过滤、吹风、除水即得净油。此外，用 3% 的石灰乳或 10% 的稀盐酸处理黄曲霉毒素污染的粮食也可以去毒。

② 溶剂提取。80%的异丙醇和90%的丙酮可将花生中的黄曲霉毒素全部提取出来。按玉米量的4倍加入甲醇去除黄曲霉毒素可达满意的效果。

③ 氧化剂处理。5%的次氯酸钠在几秒内便可破坏花生中的黄曲霉毒素，经24～72h可以去毒。

④ 醛类处理。用2%的甲醛处理含水量为30%的带毒粮食和食品，对黄曲霉毒素的去毒效果很好。

(3) 生物去毒

① 发酵去毒。对污染黄曲霉毒素的高水分玉米进行乳酸发酵，在酸催化下高毒性的黄曲霉毒素 B_1 可转变为低毒性的黄曲霉毒素 B_2，此法适用于饲料的去毒处理。

② 其他微生物去毒。假丝酵母可在20天内降解80%的黄曲霉毒素 B_1，根霉也能降解黄曲霉毒素。橙色黄杆菌可使粮食、食品中的黄曲霉毒素完全去毒。

自主复习题

1. 名词解释：食源性疾病　细菌性食物中毒　霉菌毒素
2. 食源性疾病有哪几种类型？其中微生物引起的食物中毒类型有几种？
3. 常见的细菌性食物中毒类型有哪些？试述其病原菌的生物学特性、传染源与中毒机理。
4. 霉菌毒素引起的食物中毒的特点是什么？它与细菌性食物中毒有何不同？
5. 污染食品并可产生毒素的霉菌主要有哪些？各产生什么毒素？产毒霉菌的产毒特点是什么？
6. 简述各种霉菌毒素的性质、中毒症状和中毒机理。防霉与去毒措施有哪些？

第二篇
微生物实验技术

第十二章 微生物实验基本技术及基本技能训练

实训一 微生物实验室基本建设

【技能目标】

1. 明确微生物实验室的安全要求和使用要求。
2. 明确微生物实验室基本建设的选址、布局和设备。
3. 会设计一般的微生物实验室建设方案。

【实训原理】

微生物实验室是指进行微生物研究的场所。根据微生物实验室的安全要求和使用要求，其应具有特殊的实验室工程或净化工程。主要应用于微生物学、生物医学、生物化学、动物实验、基因重组以及生物制品等研究使用的实验室统称生物安全实验室。

生物安全实验室由主功能实验室与其他实验室及辅助功能用房组成。生物安全实验室必须保证人身安全、环境安全、废弃物安全和样本安全，能长期而安全地运行，同时还可为需要进行实验工作的人员提供一个舒适而良好的工作环境。

【实训条件】

选择几个学校、发酵工厂、食品检验机构、防疫站等的具有代表性的微生物实验室。

【工作流程】

学习资料，认识微生物实验室的安全要求和基本建设要求→确定一般微生物实验室建设所需地址和设备→设计一般微生物实验室建设方案→参观微生物实验室→修改建设方案。

【实训操作】

一、认识微生物实验室的生物安全

致病微生物是影响食品安全各要素中危害较大的一类，从历史总结资料来看，食品微生物污染是涉及面最广、影响最大、问题最多的一类污染。据世界卫生组织（WHO）估计，全世界每分钟就会有10名儿童死于腹泻病，再加上其他的食源性疾病，如霍乱、伤寒等，在全世界范围内受到食源性疾病侵害的人数更是令人震惊。

食品微生物检测是食品安全监控的重要组成部分，但由于微生物的特殊生物学特性，对

致病性微生物的检测必须在特定的食品微生物实验室内进行，食品微生物实验室的规划建设和配套环境设施的科学性和合理性，不仅关系到食品微生物的检测质量，而且关系到个人安全和环境安全。

近年来国内食品行业在微生物实验室建设方面采取了许多措施，使我国在食品微生物检测方面已经有了很大进步，但是由于全国从事食品微生物检测的实验室数量多、技术水平不同，2004年以前我国一直没有微生物实验室建设的规范和标准，大部分食品微生物实验室的设计和建设由没有资质的公司承担，缺乏科学性和合理性，致使食品微生物实验室还存在许多严重影响检验结果准确性、溯源性和权威性的问题。值得欣慰的是GB 19489—2004《实验室生物安全通用要求》《病原微生物实验室安全条例》、GB 50346—2004《生物安全实验室建筑技术规范》等有关生物实验室的相关管理条例和强制性技术规范的出台从多个方面规范了生物安全实验室的设计、建造、检测、验收的整个过程，从根本上改变了我国缺乏食品微生物实验室建筑技术规范和评价体系以及食品微生物实验室统一管理规范的现状，并且将涉及生物安全的实验室建设和管理纳入标准化、法制化、实用性和安全性轨道。

依据实验室所处理感染性食品致病微生物的生物危险程度，可把食品微生物实验室分为与致病微生物的生物危险程度相对应的四级实验室，其中一级实验室对生物安全隔离的要求最低，四级最高。不同级别食品微生物实验室的规划建设和配套环境设施不同。食品微生物实验室所检测微生物的生物危害等级大部分为生物安全二级，少数为生物安全三级和四级（霍乱弧菌、鼠疫耶尔森菌等）。

微生物实验室是一个独特的工作场所，工作人员受到意外感染的报道并不鲜见，其原因主要是对潜在的生物危害认识不足、防范意识不强、不合理的物理隔离和防护、人为过错和不规范的检验操作等。与此同时，随着应用微生物学的不断发展，微生物产业规模日益扩大，一些原先被认为是非病原性且有工业价值的微生物的孢子和有关产物所散发的气溶胶，也会使生产人员发生不同程度的过敏症状，甚至影响到周围环境，造成难以挽回的损失。微生物实验室生物危害的受害者不仅限于实验者本人，同时还可能危害周围的人。事实上，被感染者本人也是一种生物危害，作为带菌者，也可能污染其他菌株、生物剂，同时又是生物危害的传播者，这种现象必须引起高度重视。由此可见，微生物学实验室的生物危害值得高度警惕，其危害程度远远超过一般公害。

微生物实验室的生物安全问题自20世纪80年代以后越来越引起了世界各国的高度关注，世界各国和相关组织机构纷纷出台涉及实验室建设规范、生物安全标准、评价体系、标准操作规范、生物安全管理规范、废弃物处理、实验动物饲养、安全防护、安全培训的标准化和规范化体系，从而从制度上消除实验室生物安全隐患。为了消除实验室生物安全隐患，应注意以下几点。

1. 规范食品微生物安全操作技术

①样品容器可以是玻璃的，但最好是塑料制品；②运输样品时，应使用两层容器避免泄漏或溢出；③对于危害等级二级及以上的生物因子，样品必须在生物安全柜内打开，接收及打开样品的人员必须经过训练并采取安全的措施；④应采用机械移液器，禁止用口移，注射器不能用于吸取液体；⑤在接触危害等级二级生物因子后，移液器吸头应完全浸没在次氯酸或者其他消毒液中然后再丢弃；⑥在微生物操作中释放的大颗粒物质很容易在工作台台面及手上附着，应该戴一次性手套且最好每小时更换一次，实验中避免接触口、眼及脸部；⑦鉴定可疑微生物时，个人防护设备应与生物安全柜及其他设施同时使用；⑧工作结束，必须用有效的消毒剂处理工作区域。

2. 重视废弃物的处理

所有包含微生物的培养基为了防止泄漏和扩散，必须放在生物医疗废物盒内经过去污染、灭菌后才能丢弃；所有污染的非可燃的废物（玻璃或者锐利器具）在丢弃前必须放在生物医疗废物盒内；所有的液体废物在排入干净的下水道前必须经过消毒处理；碎玻璃在放入生物医疗废物盒之前，必须放在纸板容器或其他的防止穿透的容器内；其他的锐利器具、所有的针头及注射器组合要放在抗穿透的容器内丢弃，针头不能折弯、摘下或者打碎，锐利器具的容器应放在生物医疗废物盒中。

3. 意外事故的处置及控制溢出

（1）处理意外事故的方案 在操作及保存二类、三类及四类危害微生物的实验室，一份详细的处理意外事故的方案是必需的。紧急情况下的程序要与所有的人员沟通。实验室管理层、上一级安全管理层、单位护卫、医院及救护电话都应张贴在所有的电话附近。应配备医疗箱、担架及灭火器。

（2）生物安全柜内的溢出事件 若在生物安全柜内发生溢出事件，为了防止微生物外溢，应立即启动去污染程序：①用有效的消毒剂擦洗墙壁、工作台面及设备；②用消毒剂充满工作台面、排水盘、盆子，并停留20min；③用海绵将多余的消毒剂擦去。

二、掌握微生物实验室基本建设要求

1. 微生物实验室位置的选择

食品微生物实验室的选址应考虑对周围环境的影响。一级食品微生物实验室无需特殊选址，普通建筑物即可，但应有防止昆虫和啮齿动物进入的设施。二级食品微生物实验室可共用普通建筑物，但应自成一区，宜设在建筑物的一端或一侧，与建筑物其他部分可相通，但应设可自动关闭的门，新建实验室应远离公共场所。三级食品微生物实验室可共用普通建筑物，但应自成一区，宜设在建筑物的一端或一侧，与建筑物其他部分不相通，新建实验室应远离公共场所，主实验室与外部建筑物的距离应不小于外部建筑物高度的1.2倍。四级食品微生物实验室应建造在独立建筑物的完全隔离区域内，该建筑物应远离公共场所和居住建筑，其间应设植物隔离带，主实验室与外部建筑物的距离应不小于外部建筑物高度的1.5倍。

微生物实验室的设计要求和地址选择都应当尽量满足微生物生长、发育的需要，能保证实施菌种分离和扩大培养的无菌操作规程，使接种的菌种能有一个洁净、恒温和空气清新的培养环境，以提高微生物的成活率和纯培养质量。

所以，微生物实验室应选择建设在水电齐全、环境洁净、空气清新的地方，尽量避免与畜禽圈舍、饲料仓库及排放"三废"的工厂相邻。尤其是夏季，更应注意实验室周围的环境卫生。

房间要求既能密封，又能通风通气、保温，并且光线充足。实验室的墙壁、天花板应光滑、耐腐蚀，使用防水、防霉漆粉刷使墙面平滑、不透水、易于清洗，所有缝隙应可靠密封，防震、防火，地面用水泥抹平，各个房间要求水电配套，利于控温控湿。

2. 微生物实验室的布局

在条件允许的情况下，实验室应按照配制培养基—蒸汽灭菌—分离或接种—培养—检验—保存或处理的顺序进行平面布局，相应安排洗涤室、培养基配制室、灭菌室、接种室、培养室、检查室及冷藏保存或处理室，使其形成一条流水操作线，以保证菌种质量。

3. 洗涤室及其设备

洗涤室是洗刷培养微生物用的试管、培养皿、三角烧瓶等的场所。室内一定是水泥或瓷砖地面，墙角及拐弯应设计为弧形，四壁由地面起1.5m高的水磨石或瓷砖墙面，或在一般的石灰墙上涂漆，以便于清洗。室内应具有下列设备。

① 水池。瓷制或水泥池均可。池底有放水塞，池内有水龙头。有时水池可用大塑料盆代替。

② 干燥架。干燥架设于水池的两侧或一侧，干燥架板上钉有大小不同的斜木钉，以倒挂清洗过的玻璃仪器。或木台上削有口径不同的半圆孔洞，用来悬挂有肩的玻璃瓶。木盘上钻有大小不同的圆孔用来插置吸管，以便控干水分。

③ 工作台。台上放电炉、铝锅及其他物品。

④ 干燥箱。室内放 1 只干燥箱，以供干燥器皿、试管及吸管等用。

⑤ 辅助用具。如各种毛刷、去污粉等。

4. 培养基配制室及设备

培养基配制室是供调配各种培养基、培养料的场所。室内要求清洁、宽敞、无杂物。其主要设备有以下几类。

① 衡量器具。一般应有粗天平、量杯、量筒等，用于称取或量取药品及拌料用水。

② 药品柜、壁橱、工作台等。用来放置培养基的原料、药品、天平、漏斗、煮锅、烧杯、电炉、铁架台、试管架、试管夹、试管、棉花、纸、刀剪等。

③ 拌料用具。拌料时必备的用具有小铁铲、铝锅、塑料桶、玻璃棒等。必要时还应配置一些机械设备，如切片机、粉碎机等。

④ 装料用具。如三角烧瓶、培养皿、试管等。

5. 灭菌室及其设备

灭菌室是对配制好的培养基、培养料及器具设备进行灭菌的场所。灭菌室内应有通风设备。下面专门介绍用于培养基和其他物品灭菌的灭菌锅，常用的有高压蒸汽灭菌锅、常压蒸汽灭菌锅、干燥灭菌器、流动蒸汽釜等。

(1) 高压蒸汽灭菌锅 它是高压蒸汽灭菌法的设备，此法是湿热灭菌方法的一种，用途广泛，效率高。它灭菌的原理是它是一个密闭系统并具有夹层，能承受一定的压力，在锅底或夹层中盛水，锅内的水经过加热煮沸后产生蒸汽，由于蒸汽不能向外扩散，迫使锅内的压力升高，从而使水的沸点也随之升高，因此可获得高于 100℃ 的蒸汽温度，从而达到快速彻底灭菌的目的。

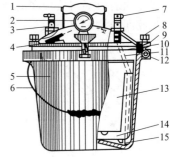

图 12-1　手提式高压蒸汽灭菌锅

1—提柄；2—压力表；3—安全阀；4—器盖；5—器身；6—提环；7—放汽阀；8—螺帽；9—橡胶垫圈；10—螺丝；11—金属软管；12—圆柱；13—置物桶；14—筛架；15—脚架

高压蒸汽灭菌锅有手提式、直立式和卧式等多种类型（图 12-1～图 12-3）。其中手提式高压蒸汽灭菌锅容量较小，主要用于试管斜面培养基、无菌水及一些器具等的灭菌，它也是微生物实验室常用的一种灭菌设备。生产中多用卧式灭菌锅。

(2) 干燥灭菌器 又称干热灭菌箱或干燥器。培养皿、试管、吸管等玻璃器皿，棉塞、滤纸以及不能与蒸汽充分接触的液体（石蜡）等，都可用干燥器灭菌。它也是微生物实验室常用的灭菌设备。

6. 接种室及其设备

接种室又叫无菌室，一般有里外两间，里间是接种间，外间为缓冲间。接种设备是指分离和扩大菌种的专用设备，如超净工作台、接种箱及各种接种工具等。

(1) 接种室 接种室构造及设备用具介绍如下。

① 接种间。接种间的面积不宜过大，一般为 2m×2.5m，高度不超过 2.5m。室内地面、墙面均要光滑整洁，房顶铺设天花板，以减少空气波动，门要设在离工作台最远的地方。为提高无菌室的密闭性能，室内应全部采用双层结构的玻璃窗。通气窗应开在接种间门

上方的天花板上，窗口用数层纱布和棉花遮盖好，有条件的可安装空气过滤器。

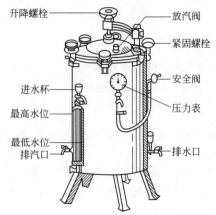

图 12-2　立式高压蒸汽灭菌锅

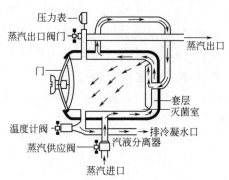

图 12-3　卧式高压蒸汽灭菌锅

接种间的中部设有工作台，台面要平整光滑，台上置有酒精灯、接种工具、75％酒精、火柴、玻璃棒、脱脂棉、胶布等。工作台的上方应安装紫外线灭菌灯及照明的日光灯各1支，灯的高度以距地面2m为宜。

② 缓冲间。在接种间外要有一个缓冲间，供工作人员换衣帽、鞋及做其他准备工作之用，缓冲间的门要与接种间的门错开，并避免同时开门，以防止外界空气直接进入接种间。一般缓冲间内设有衣帽柜。房间中央离地面2m高处，应装灭菌灯和照明用日光灯各1支（图12-4、图12-5）。

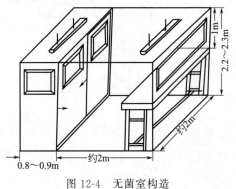

图 12-4　无菌室构造
→表示门窗的推拉方向

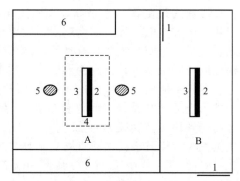

图 12-5　接种室
A—接种室；B—缓冲室
1—移门；2—紫外线灯；3—日光灯；
4—工作台；5—椅子；6—菌种架

(2) 接种箱　接种箱又叫灭菌箱或接菌箱，是供菌种分离、移接的专用木制箱。实验室常用接种箱代替接种室。接种箱要求封闭严密，操作方便，使之能成为无菌环境，以便进行无菌操作。

常用的接种箱有单人式和双人操作式（图12-6）两种，尺寸各异。但目前一般采用长143cm、宽86cm、高159cm的双人操作箱。箱的上层两侧框架中安装玻璃，能灵活开闭，便于接种时观察和操作。箱腰部两侧各留有2个直径为15cm的洞口，洞口上装有40cm的布袖套，双手从此袖套内伸入箱内操作，布套的松紧带口能紧套在手腕处，可以防止外界空气中的杂菌进入。箱内外均用白漆涂刷，箱内可安装紫外线灭菌灯及日光灯各1支。

由于接种箱的构造简单，制作容易，移动方便，灭菌效果好，气温高时人在外面操作不

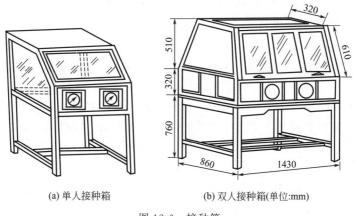

(a) 单人接种箱　　　　　　(b) 双人接种箱(单位:mm)

图 12-6　接种箱

会感到闷热，故接种量不大时多采用它。

放置接种箱的房间距离灭菌室要近些，房间要宽敞明亮，经常保持清洁，最好不要和其他操作间混用。

(3) 超净工作台　具体介绍参见实训十"技能扩展"。

使用超净工作台接种分离有效可靠，操作方便，且工作台所占体积小并可移动，但它只能防止杂菌污染，不能防止感染，而且价格较高，还需要定期进行清洗。

7. 培养室及其设备

(1) 培养室　培养室是培养菌的房间，它的大小可根据实验或生产规模确定。培养室要求干净、通风、保温，室内放置培养架，培养架用竹架、木架均可，以 4～6 层为宜。常用电加温器、电炉等加热，也可做几条地下烟道通过培养室，因在室外烧火加热，这样既经济又干净。

培养室密封性能要好，便于灭菌消毒，最好有通风换气装置，使用时定期开窗通风。

(2) 恒温培养箱　常用恒温培养箱可根据所培养的菌类对生长温度的需要进行培养，使用方便可靠。它是微生物实验室必备和常用的设备。

(3) 摇瓶机　在制作液体菌种和进行微生物的液体培养时，必须使用摇瓶机，也称为摇床。摇瓶机有往复式和旋转式两种，前者振荡频率为 80～120 次/min，振幅为 8～12cm；后者振荡频率较高，为 220 次/min。往复式摇瓶机因结构简单、运行可靠、维修方便而普遍使用。摇瓶机可放在设有温度控制仪的温室内对菌种进行振荡培养。

(4) 空气调节器　目前有条件的在菌种培养室、保存室均安装有空调器，利用空调器调节培养温度，从而为微生物的生长提供一个较理想的人工气候环境。

8. 检查室及其设备

(1) 检查室的设备　检查室一般为 30～60m^2 的房间，可根据实验人数或实验规模确定大小，内有实验台和水槽、若干个电源插座。要将电冰箱、显微镜、恒温培养箱等设备放在适当的位置上，还要设置摆放仪器、器皿的架子。

(2) 常用的仪器

① 天平。天平用于称量化学药品。常用的托盘天平，称量 1000g，感量 1.0g；扭力天平，称量 100g，感量 0.1g；分析天平，称量 100g，感量 0.1～1.0mg。

② 显微镜。它是用于观察微生物的必备仪器。

③ 玻璃器皿及器具。常用的玻璃器皿有烧瓶、烧杯、培养皿、试管、离心管、称量瓶、

漏斗、量筒、容量瓶、滴管等；器具有剪刀、镊子、接种环、接种针等。

④ 干湿温度计。用于测定室内空气温度和相对湿度。

9. 菌种贮藏及其设备

(1) 菌种库 菌种库是贮藏和存放菌种的场所，其大小可根据菌种量而定，要求清洁、干燥。

(2) 电冰箱和冷藏箱 主要用于保藏菌种和其他物品，它们也是微生物实验室必备设备之一。目前它们的制冷方式几乎全是压缩式的，使用效率高、省电。按其结构形式可分为单门、双门和多门，或立式前开门和卧式上开门；按其使用功能可分为冷藏式（0℃以上）、冷藏冷冻式（冷藏室 0～10℃，冷冻室－18～－6℃）。

【实训结果评价及考核】

1. 完成微生物实验室建设的方案报告。
2. 演示建设方案报告，并进行自评、互评和指导老师点评。

【实训思考】

1. 为什么微生物实验室建设要注重安全性？
2. 通过参观微生物实验室你有什么新的见解？

实训二　普通光学显微镜的构造及使用

【技能目标】

1. 熟悉普通光学显微镜的构造及性能。
2. 熟练掌握显微镜的使用方法，能对显微镜进行维护、保养以及常见故障的排除。
3. 会观察微生物标本及绘图。

【实训器材】

普通光学显微镜，制片标本，香柏油，二甲苯，擦镜纸。

【工作流程】

学习资料，认识普通光学显微镜的构造，了解维护、保养和维修知识→确定使用显微镜所用到的材料→设计显微镜使用及维护的操作方案→修改并确认操作方案→实施。

【实训操作】

一、了解普通光学显微镜的构造

普通光学显微镜的构造（图 12-7）可分为两大部分：一为机械装置，二为光学系统，这两部分有机结合，才能发挥显微镜的作用。

1. 显微镜的机械装置

显微镜的机械装置包括镜座、镜筒、物镜转换器、载物台、推动器、粗调节螺旋、细调节螺旋等部件。

(1) 镜座 镜座是显微镜的基本支架，它由底座和镜臂两部分组成。在它上面连接有载物台和镜筒，它是用来安装光学放大系统部件的基础。

(2) 镜筒 镜筒上接目镜、下接转换器，形成目镜与物镜（装在转换器下）间的暗室。从物镜的后缘到镜筒尾端的距离称为机械筒长。因为物镜的放大率是对一定的镜筒长度

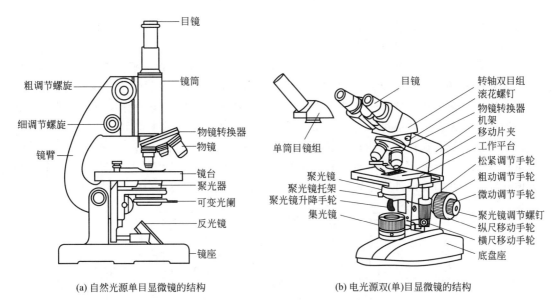

图 12-7 显微镜的结构

而言的，所以若镜筒长度发生变化，不仅放大倍率随之变化，而且成像质量也受到影响。因此，使用显微镜时，不能任意改变镜筒长度。国际上将显微镜的标准筒长定为 160mm，此数字标在物镜的外壳上。

（3）物镜转换器 物镜转换器上可安装 3～4 个物镜，一般是 3 个物镜（低倍镜、高倍镜、油镜）。物镜转换器可以按需要将其中的任何一个物镜和镜筒接通，与镜筒上面的目镜构成一个放大系统。

（4）载物台和推动器 载物台中央有一孔，为光线通路。在台上装有弹簧标本夹和推动器，其作用为固定或移动标本的位置，使得镜检对象恰好位于视野中心。推动器是移动标本的机械装置，它是由一横一纵两个推进齿轴的金属架构成的，质量好的显微镜在纵横架杆上刻有刻度标尺，构成很精密的平面坐标系。如果我们需重复观察已检查标本的某一部分，在第一次检查时，可记下纵横标尺的数值，以后按数值移动推动器，就可以找到原来标本的位置。

（5）调焦螺旋 包括粗调节螺旋和细调节螺旋。粗调节螺旋是可以粗放调节物镜和标本的距离。用粗调节螺旋只能粗放调节焦距，要得到最清晰的物像，需要用细调节螺旋做进一步调节。

2. 显微镜的光学系统

显微镜的光学系统由反光镜（注：新式显微镜已无反光镜，而是电光源）、聚光器、物镜、目镜等组成，光学系统使物体放大，形成物体放大像。

（1）反光镜 较早的普通光学显微镜是用自然光检视物体，在镜座上装有反光镜。反光镜是由一平面和另一凹面的镜子组成，可以将投射在它上面的光线反射到聚光器透镜的中央，照明标本。不用聚光器时用凹面镜，凹面镜能起会聚光线的作用；用聚光器时，一般都用平面镜。新式显微镜镜座上装有光源，并有电流调节螺旋，可通过调节电流大小来调节光照强度。

（2）聚光器 聚光器安装在载物台下面，它是由聚光透镜、虹彩光圈和升降螺旋组成的。聚光器可分为明视场聚光器和暗视场聚光器。普通光学显微镜配置的都是明视场聚光器。

聚光器的作用是将光源经反光镜反射来的光线聚焦于样品上，以得到最强的照明，使物像获得明亮清晰的效果。聚光器的高低可以调节，使焦点落在被检物体上，以得到最大亮度。一般聚光器的焦点在其上方1.25mm处，而其上升限度为载物台平面下方0.1mm。因此，要求使用的载玻片厚度应为0.8～1.2mm，否则被检样品不在焦点上，影响镜检效果。聚光器前透镜组前面还装有虹彩光圈，它可以开大和缩小，影响成像的分辨力和反差，在观察时，通过虹彩光圈的调节可以控制光线的照明，以避免散射光的干扰。

(3) 物镜 安装在镜筒前端转换器上的物镜利用光线使被检物体第一次造像，物镜成像的质量对分辨力有着决定性的影响。物镜的性能取决于物镜的数值孔径（NA），每个物镜的数值孔径都标在物镜的外壳上，数值孔径越大，物镜的性能越好（图12-8）。

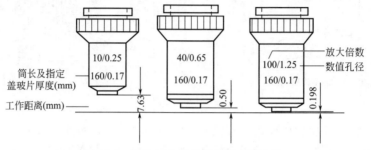

图12-8 XSP-16A型显微镜的主要参数

物镜的种类很多，可从不同角度来分类。根据物镜前透镜与被检物体之间的介质不同，可分为以下几种。

① 干燥系物镜。以空气为介质，如常用的40×以下的物镜，数值孔径均小于1。

② 油浸系物镜。常以香柏油为介质，此物镜又叫油镜头，其放大率为90×～100×，数值孔径大于1。

根据物镜放大率的高低，可分为以下几类。

① 低倍物镜，指1×～6×，NA值为0.04～0.15；

② 中倍物镜，指6×～25×，NA值为0.15～0.35；

③ 高倍物镜，指25×～63×，NA值为0.35～0.95；

④ 油浸物镜，指90×～100×，NA值为1.25～1.40。

(4) 目镜 目镜的作用是把物镜放大了的实像再放大一次，并把物像映入观察者的眼中。目镜上刻有表示放大倍数的标志，如5×、10×、16×。

二、显微镜的使用

1. 调试好显微镜

① 显微镜从显微镜柜或镜箱内拿出时，要用右手紧握镜臂，左手托住镜座，平稳地将显微镜搬运到实验桌上。将显微镜放在自己身体的左前方，离桌子边缘约10cm，右侧可放记录本或绘图纸。安装物镜，选择合适的目镜装入镜筒，端正坐姿。单目显微镜用左眼观察，右眼帮助记录或绘图。

② 使低倍镜与镜筒成一直线，调节反光镜，让光线均匀照射在反光镜上，电光源显微镜打开照明光源，并使整个视野都有均匀的照明。然后升降聚光器，开启虹彩光圈，将光线调至适合的亮度。不带光源的显微镜，可利用灯光或自然光通过反光镜来调节光照，但不能用直射阳光，直射阳光会影响物像的清晰度并刺激眼睛。

将聚光器上的虹彩光圈打开到最大位置，用左眼观察目镜中视野的亮度，转动反光镜，使视野的光照达到最明亮、最均匀为止。光线较强时，用平面反光镜；光线较弱时，用凹面反光镜。自带光源的显微镜，可通过调节电流旋钮来调节光照强弱。

③ 调节光轴中心。显微镜在观察时，其光学系统中的光源、聚光器、物镜和目镜的光轴及光阑的中心必须与显微镜的光轴同在一条直线上。带视场光阑的显微镜，先将光阑缩小，用10×物镜观察，在视场内可见到视场光阑圆球多边形的轮廓像，如此像不在视场中央，可利用聚光器外侧的两个调整旋钮将其调到中央，然后缓慢地将视场光阑打开，能看到光束向视场周缘均匀展开直至视场光阑的轮廓像完全与视场边缘内接，说明光线已经合轴。

2. 低倍镜观察

镜检任何标本都要养成必须先用低倍镜观察的习惯。因为低倍镜视野较大，易于发现目标和确定检查的位置。

将标本片放置在载物台上，用标本夹夹住，移动推动器，使被观察的标本处在物镜正下方，转动粗调节旋钮，使物镜调至接近标本处，用目镜观察并同时用粗调节旋钮慢慢升起镜筒（或下降载物台），直至物像出现，再用细调节旋钮调节使物像清晰为止。用推动器移动标本片，找到合适的目的像并将它移到视野中央进行观察，作图。

3. 高倍镜观察

在低倍物镜观察的基础上转换高倍物镜。质量较好的显微镜其低倍、高倍镜头是同焦的，正常情况下，高倍物镜的转换不应碰到载玻片或其上的盖玻片。若使用不同型号的物镜，在转换物镜时要从侧面观察，避免镜头与玻片相撞。然后从目镜观察，调节光照，使亮度适中，缓慢调节粗调节旋钮，使载物台上升（或镜筒下降），直至物像出现，再用细调节旋钮调至物像清晰为止，找到需观察的部位，并移至视野中央进行观察，作图。

4. 油镜观察

油浸物镜的工作距离（指物镜前透镜的表面到被检物体之间的距离）很短，一般在0.2mm以内，再加上一般光学显微镜的油浸物镜没有"弹簧装置"，因此使用油浸物镜时要特别细心，避免由于"调焦"不慎而压碎标本片并使物镜受损。使用油镜按下列步骤操作。

① 先用粗调节旋钮将镜筒提升（或将载物台下降）约2cm，并将高倍镜转出。

② 在玻片标本的镜检部位滴上一滴香柏油。

③ 从侧面注视，用粗调节旋钮将载物台缓缓地上升（或镜筒下降），使油浸物镜浸入香柏油中，其镜头几乎与标本接触。

④ 从目镜内观察，放大视场光阑及聚光镜上的虹彩光圈（带视场光阑油镜开大视场光阑），上调聚光器，使光线充分照明。用粗调节旋钮将载物台徐徐下降（或镜筒上升），当出现物像一闪后改用细调节旋钮调至最清晰为止。如油镜已离开油面而仍未见到物像，必须再从侧面观察，重复上述操作。

⑤ 观察完毕，下降载物台，将油镜头转出，先用擦镜纸擦去镜头上的油，再用擦镜纸蘸少许二甲苯，擦去镜头上残留油迹，最后再用擦镜纸擦拭2～3下即可（注意向一个方向擦拭）。

⑥ 将各部分还原，转动物镜转换器，使物镜头不与载物台通光孔相对，而是成八字形位置，再将镜筒下降至最低，降下聚光器，使反光镜与聚光器垂直，用一干净手帕将目镜罩好，以免目镜头沾污灰尘。最后用柔软纱布清洁载物台等机械部分，然后将显微镜放回柜内或镜箱中。

三、显微镜的维护、保养和维修

1. 经常性的维护

（1）防潮 如果室内潮湿，光学镜片就容易生霉、生雾。机械零件受潮后，容易生锈。为了防潮，存放显微镜时，除了选择干燥的房间外，存放地点也应离墙、离地、远离湿源。显微镜箱内应放置1～2袋硅胶作干燥剂，在其颜色变粉红后，应及时烘烤，烘烤后再继续使用。

（2）防尘 光学元件表面落入灰尘，不仅影响光线通过，而且经光学系统放大后，会生成很大的污斑，影响观察。灰尘、砂粒落入机械部分，还会增加磨损，引起运动受阻，危害同样很大。因此，必须经常保持显微镜的清洁。

（3）防腐蚀 显微镜不能和具有腐蚀性的化学试剂放在一起，如硫酸、盐酸、强碱等。

（4）防热 防热的目的主要是为了避免热胀冷缩引起镜片的开胶与脱落。

2. 使用注意事项

使用时，一定要正确操作，小心谨慎。操作粗心或操作方法错误会引起仪器的损坏。在使用中，下述各项一定要引起足够的重视。

① 微调是显微镜机械装置中较精细而又容易损坏的元件，拧到了限位以后，就拧不动了。此时，一定不能强拧，否则必然造成损坏。调焦时，遇到这种情况，应将微调退回3～5圈，重用粗调调焦，待初见物像后，再改用微调。

② 使用高倍镜观察液体标本时，一定要加盖玻片。否则，不仅清晰度下降，而且试液容易浸入高倍镜的镜头内，使镜片遭受污染和腐蚀。

③ 油镜使用后，一定要擦拭干净。香柏油在空气中暴露时间过长，就会变稠和干涸，很难擦拭。镜片上留有油渍，清晰度必然下降。

④ 仪器出了故障，不要勉强使用，否则，可能引起更大的故障和不良后果。例如，在粗动手轮不灵活时，如果强行旋动，会使齿轮、齿条变形或损坏。

3. 光学系统的擦拭

平时对显微镜的各光学部分的表面用干净的毛笔清扫或用擦镜纸擦拭干净即可。在镜片上有抹不掉的污物、油渍或手指印时，或镜片生霉、生雾以及长期停用后复用时，都需要先进行擦拭再使用。

（1）擦拭范围 目镜和聚光镜允许拆开擦拭。物镜因结构复杂，装配时又需要用专门的仪器来校正才能恢复原有的精度，故严禁拆开擦拭。拆卸目镜和聚光镜时，要注意以下几点。

① 小心谨慎。

② 拆卸时，要标记各元件的相对位置（可在外壳上画线作标记）、相对顺序和镜片的正反面，以防重装时弄错。

③ 操作环境应保持清洁、干燥。拆卸目镜时，只要从两端旋出上下两块透镜即可。目镜内的视场光阑不能移动。否则，会使视场界线模糊。聚光镜旋开后严禁进一步分解其上透镜。因其上透镜是油浸的，出厂时经过良好的密封，再分解会破坏它的密封性能而遭至损坏。

（2）擦拭方法 先用干净的毛笔或吹风球除去镜片表面的灰尘，然后用干净的绒布从镜片中心开始向边缘做螺旋形单向运动。擦完一次把绒布换一个地方再擦，直至擦净为止。如果镜片上有油渍、污物或指印等擦不掉时，可用棉签蘸少量酒精和乙醚混合液擦拭。如果有较重的霉点或霉斑无法除去时，可用棉签蘸水润湿后粘上碳酸钙粉（含量为

99％以上）进行擦拭。擦拭后，应将粉末清除干净。镜片是否擦净，可用镜片上的反射光线进行观察检验。要注意的是，擦拭前一定要将灰尘除净，否则灰尘中的砂粒会将镜面划起沟纹。不准用毛巾、手帕、衣服等擦拭镜片。乙醚酒精混合液不可使用太多，以免液体进入镜片的粘接部使镜片脱胶。镜片表面有一层紫蓝色的透光膜，不可误作污物而将其擦去。

4. 机械部分的擦拭

表面涂漆部分可用布擦拭，但不能使用酒精、乙醚等有机溶剂擦，以免脱漆。没有涂漆的部分若有锈，可用布蘸汽油擦去。擦净后重新上好防护油脂即可。

5. 显微镜闲置的处理

当显微镜长时间不使用时，要用塑料罩盖好，并存放在干燥的地方，防尘防霉。建议将物镜和目镜保存在干燥器之类的容器中，并放些干燥剂。

6. 定期检查

为了保持显微镜的性能稳定，要定期进行检查和保养。

7. 机械装置故障的排除

（1）粗调部分故障的排除　粗调的主要故障是自动下滑或升降时松紧不一。所谓自动下滑是指镜筒、镜臂或载物台静止在某一位置时，不经调节，在它本身重量的作用下，自动地慢慢落下来的现象。其原因是镜筒、镜臂、载物台本身的重力大于静摩擦力引起的。解决的办法是增大静摩擦力，使之大于镜筒或镜臂本身的重力。

对于单目斜筒及大部分双目显微镜的粗调机构来说，当镜臂自动下滑时，可用两手分别握住粗调手轮内侧的止滑轮，双手均按顺时针方向用力拧紧，即可制止下滑。

此外，由于粗调机构长久失修，润滑油干枯，升降时会产生不舒服的感觉，甚至可以听到机件的摩擦声。这时，可将机械装置拆下清洗，上油脂后重新装配。

（2）微调部分故障的排除　微调部分最常见的故障是卡死与失效。微调部分安装在仪器内部，其机械零件细小、紧凑，是显微镜中最精细复杂的部分。微调部分的故障应由专业技术人员进行修理。

（3）物镜转换器故障的排除　物镜转换器的主要故障是定位装置失灵，一般是定位弹簧片损坏（变形、断裂、失去弹性、弹簧片的固定螺钉松动等）所致。更换新弹簧片时，暂不要把固定螺钉旋紧，应先作光轴校正，等合轴以后，再旋紧螺丝。若是内定位式的转换器，则应旋下转动盘中央的大头螺钉，取下转动盘，才能更换定位弹簧片，光轴校正的方法与前面相同。

（4）遮光器定位失灵　这可能是遮光器固定螺丝太松，定位弹珠逃出定位孔造成。只要把弹珠放回定位孔内，旋紧固定螺丝即可。如果旋紧后，遮光器转动困难，则需在遮光板与载物台间加一个垫圈。垫圈的厚薄以螺丝旋紧后，遮光器转动轻松，定位弹珠不外逃，遮光器定位准确为佳。

（5）镜架、镜臂倾斜时固定不好　这是镜架和底座的连接螺丝松动所致。可用专用的双头扳手或用尖嘴钳卡住双眼螺母的两个孔眼用力旋紧即可。如旋紧后不解决问题，则需在螺母里加垫适当的垫片。

【实训结果评价及考核】

1. 分别绘出在低倍镜、高倍镜和油镜下观察到的金黄色葡萄球菌和枯草杆菌的形态。
2. 演示显微镜的操作，并进行自评、互评和指导老师点评。

3. 完成下表的填写。

机械装置		光学系统	
组成	作用	组成	作用

【实训思考】

1. 不同放大倍数的物镜，其工作距离有什么不同？有什么规律？
2. 油镜与普通物镜在使用方法上有什么不同？应注意什么？
3. 为什么在用高倍镜和油镜观察标本之前要先用低倍镜进行观察？

实训三　细菌染色和革兰染色技术

【技能目标】

1. 会制作微生物涂片标本。
2. 会细菌的简单染色技术和细菌形态的观察及描述。
3. 掌握无菌操作技术。
4. 理解革兰染色在细菌分类鉴定中的重要性。
5. 熟练掌握革兰染色技术，会对细菌进行菌种鉴别。

【实训原理】

细菌的涂片和染色是微生物学实验的基本技术。细菌的细胞小而透明，在普通的光学显微镜下不易识别，必须对它们进行染色。可利用单一染料对细菌进行染色，使经染色后的菌体与背景形成明显的色差，从而能更清楚地观察到其形态、结构以及细菌排列的状态。

常用碱性染料进行简单染色，因为细菌细胞通常带负电荷，而碱性染料在电离时，其分子的染色部分带正电荷，因此碱性染料的染色部分很容易与细菌结合使细菌着色。常用作简单染色的染料有美蓝、结晶紫、碱性复红等。当细菌分解糖类产酸使培养基 pH 下降时，细菌所带正电荷增加，此时可用伊红、酸性复红或刚果红等酸性染料染色。

革兰染色法的基本步骤为：先用初染剂结晶紫进行初染，再用碘液媒染，然后用乙醇（或丙酮）脱色，最后用复染剂（如番红）复染。经此方法染色后，细胞保留初染剂蓝紫色的细菌为 G^+ 菌；如果细胞中初染剂被脱色剂洗脱而使细菌染上复染剂的颜色（红色），则该菌属于 G^- 菌。

染色前必须固定细菌细胞，其目的有二：一是杀死细菌并使菌体黏附于玻片上；二是增加菌体对染料的亲和力。常用的有加热固定和化学固定两种方法，固定时应尽量维持细胞原有的形态。

【实训条件】

1. 菌种

枯草芽孢杆菌 12～18h 营养琼脂斜面培养物，大肠杆菌 24h 营养琼脂斜面培养物。

2. 染色剂

碱性美蓝染液或草酸铵结晶紫染液，番红染液，石炭酸复红染液，革兰碘液，95%

乙醇。

3. 仪器或其他用品

显微镜，酒精灯，载玻片，接种环，玻片搁架，双层瓶（内装香柏油和二甲苯）（图12-9），废液缸，洗瓶，擦镜纸，吸水纸，生理盐水或蒸馏水等。

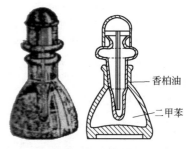

图 12-9　双层瓶

【工作流程】

学习资料，理解染色及革兰染色原理→确定染色需用仪器和材料清单，并清点→设计细菌简单染色和革兰染色的方案→观看教师演示或操作视频→修改并确认操作方案→实施。

【实训操作】

1. 细菌的简单染色法

流程为：制片→干燥→固定→染色→水洗→干燥→镜检，如图12-10所示。

（1）制片　取两块洁净无油的载玻片，在无菌的条件下各滴一小滴生理盐水或蒸馏水于玻片中央，用接种环以无菌操作（图12-11）分别从枯草芽孢杆菌和大肠杆菌营养琼脂斜面培养物上挑取少许菌苔于水滴中，混匀并涂成薄膜。若用菌悬液（或液体培养物）涂片，可用接种环挑取2～3环直接涂于载玻片上。注意滴生理盐水（蒸馏水）和取菌时不宜过多且涂抹要均匀，不宜过厚。

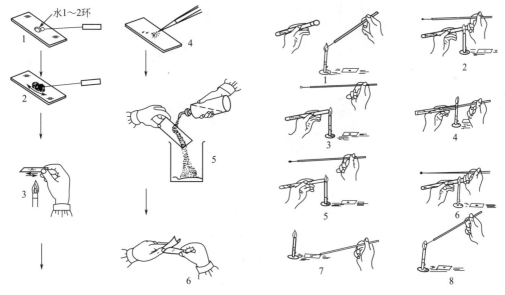

图 12-10　染色过程
1—加水；2—挑菌涂片；3—固定；4—加染
色液；5—水洗；6—吸干

图 12-11　无菌操作过程

（2）干燥　室温自然干燥。也可以将涂面朝上在酒精灯上方稍微加热，使其干燥，但切勿离火焰太近，因温度太高会破坏菌体形态。

（3）固定　如用加热干燥，固定与干燥可合为一步，方法同干燥。

（4）染色　将玻片平放于玻片搁架上，滴加染液1～2滴于涂片上（以染液刚好覆盖涂片薄膜为宜）。碱性美蓝染色 1～2min，石炭酸复红染色约 1min。

（5）水洗 倾去染液，用自来水从载玻片一端轻轻冲洗，直至从涂片上流下的水无色为止。水洗时，不要用水流直接冲洗涂面。水流不宜过急、过大，以免涂片薄膜脱落。

（6）干燥 甩去玻片上的水珠，自然干燥、电吹风吹干或用吸水纸吸干均可（注意勿擦去菌体）。

（7）镜检 涂片干后镜检。涂片必须完全干燥后才能用油镜观察。

2. 革兰染色法

流程为：制片→干燥→固定→染色（初染→媒染→脱色→复染）→镜检，如图 12-12 所示。

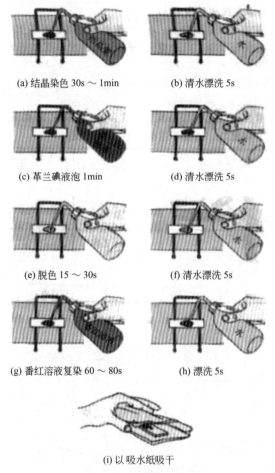

(a) 结晶染色 30s～1min   (b) 清水漂洗 5s

(c) 革兰碘液泡 1min   (d) 清水漂洗 5s

(e) 脱色 15～30s   (f) 清水漂洗 5s

(g) 番红溶液复染 60～80s   (h) 漂洗 5s

(i) 以吸水纸吸干

图 12-12 革兰染色步骤

（1）制片 取枯草芽孢杆菌和大肠杆菌（均为无菌操作）分别进行涂片、干燥、固定，方法均与简单染色相同。

（2）初染 滴加结晶紫（以刚好将菌膜覆盖为宜）于两个玻片的涂面上，染色 30s～1min，倾去染色液，以细水冲洗至洗出液为无色，将载玻片上的水甩净。

（3）媒染 滴革兰碘液 1～2 滴，作用约 1min，水洗。

（4）脱色 用滤纸吸去玻片上的残水，将玻片倾斜，在白色背景下，用滴管流加 95% 的乙醇脱色，直至流出的乙醇无紫色时，立即水洗，终止脱色，将载玻片上的水甩净。

脱色时间一般为 15～30s。

（5）复染 在涂片上滴加番红液复染 60～80s，水洗，然后用吸水纸吸干。

（6）镜检 干燥后，用油镜观察。判断两种菌体染色反应性。菌体被染成蓝紫色的是革兰阳性菌（G⁺菌），被染成红色的为革兰阴性菌（G⁻菌）。

（7）实验结束后处理 清洁显微镜。先用擦镜纸擦去镜头上的油，然后再用擦镜纸蘸取少许二甲苯擦去镜头上的残留油迹，最后用擦镜纸擦去残留的二甲苯。染色玻片用洗衣粉水煮沸、清洗、晾干后备用。

具体操作指导为：（1）涂片务必均匀，切忌过厚。（2）染色过程中染液不可干涸。（3）染色时间应适宜，过长不易脱色，过短则染色不够，结晶紫尚未与细胞结合，易引起误判。（4）革兰染色结果是否正确，乙醇脱色是其操作的关键环节。脱色时间十分重要，过长则脱色过度，使阳性菌被误染成阴性菌。（5）老龄菌因体内核酸减少，会使阳性菌误染成阴性菌，故选用培养 18～24h 菌龄的细菌为宜。

【实训结果评价及考核】

1. 对实训成果进行自评和实训小组间的互评。
2. 考核每组操作步骤的准确性。
3. 绘出枯草芽孢杆菌和大肠杆菌的形态图，说明革兰染色结果和菌的种类。

【实训思考】

1. 哪些环节会影响革兰染色结果的正确性？其中最关键的环节是什么？
2. 进行革兰染色时，为什么特别强调菌龄不能太老？用老龄细菌染色会出现什么问题？
3. 革兰染色时，初染前能加碘液吗？乙醇脱色后复染之前，革兰阳性菌和革兰阴性菌应分别是什么颜色？
4. 你认为制备细菌染色标本时，应该注意哪些环节？
5. 如果涂片未经加热固定，将会出现什么问题？如果加热温度过高、时间太长，又会怎样？

技能扩展 混合涂片染色

（1）**常规涂片法** 取一洁净的载玻片，用特种笔在载玻片的左右两侧标上菌号，并在两端各滴一小滴蒸馏水，以无菌接种环分别挑取少量菌体涂片，干燥、固定。玻片要洁净无油，否则菌液涂不开。

（2）**"三区"涂片法** 在玻片的左、右端各加一滴蒸馏水，用无菌接种环挑取少量枯草芽孢杆菌与左边水滴充分混合成仅有枯草芽孢杆菌的区域，并将少量菌液延伸至玻片的中央。再用无菌的接种环挑取少量大肠杆菌与右边的水滴充分混合成仅有大肠杆菌的区域，并将少量的大肠杆菌液延伸到玻片中央，与枯草芽孢杆菌液相混合成为含有两种菌的混合区，干燥、固定（图 12-13）。

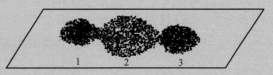

图 12-13 "三区"涂片法示意

1—枯草芽孢杆菌区；2—两种菌的混合区；3—大肠杆菌区

实训四　放线菌形态观察

【技能目标】

1. 会观察放线菌的基本形态特征。
2. 熟练显微镜的使用。

【实训原理】

放线菌一般由分枝状菌丝组成，它的菌丝可分为基内菌丝（营养菌丝）、气生菌丝和孢子丝三种。放线菌生长到一定阶段，大部分气生菌丝分化成孢子丝，通过横割分裂的方式产生成串的分生孢子。孢子丝形态多样，有波浪形、钩状、螺旋状、轮生等多种，孢子也有球形、椭圆形、杆状和瓜子状等。它们的形态构造都是放线菌分类鉴定的重要依据。

【实训条件】

1. 菌种

灰色链霉菌，天蓝色链霉菌，细黄链霉菌。

2. 培养基

高氏一号培养基。

3. 仪器及其他用品

培养皿，载玻片，盖玻片，无菌滴管，镊子，接种环，小刀（或刀片），水浴锅，显微镜，超净工作台，恒温培养箱。

【工作流程】

学习资料，确定放线菌个体形态观察所需用品的清单，并进行准备和清点→选取放线菌培养和观察的方法，并设计方案→讨论、修改方案及确认→实施。

【实训操作】

插片法流程：倒平板→插片→接种→培养→镜检→记录绘图。

1. 倒平板

将高氏一号培养基熔化后，倒 10～12mL 于灭菌培养皿内，凝固后使用。

图 12-14　放线菌插片法培养

2. 插片

将灭菌的盖玻片以 45°角插入培养皿内的培养基中，插入深约为 1/2 或 1/3（图 12-14）。

3. 接种与培养

用接种环将菌种接种在盖玻片与琼脂相接的沿线，放置 28℃培养 3～7 天。

4. 观察

培养后菌丝体生长在培养基及盖玻片上，小心用镊子将盖玻片抽出，轻轻擦去生长较差的一面的菌丝体，将生长良好的菌丝体面向载玻片压放于载玻片上。直接在显微镜下观察。

【实训结果评价及考核】

1. 对实训成果进行自评和实训小组间的互评。

2. 考核每组操作步骤的准确性。

3. 绘出灰色链霉菌、天蓝色链霉菌以及细黄链霉菌形态图。

4. 比较不同放线菌形态特征的异同。

【实训思考】

1. 在高倍镜或油镜下如何区分放线菌的基内菌丝和气生菌丝？

2. 放线菌的菌体为何不易挑取？

技能扩展　放线菌形态观察的其他方法

一、压印法

流程：倒平板→划线接种→挑取菌落→加盖玻片→镜检→记录绘图。

1. 制备放线菌平板

将已灭菌的高氏一号培养基熔化后，倒 10~12mL 于灭菌培养皿内，凝固后用划线分离法接种。28℃培养 3~7 天，得到纯放线菌菌落。

2. 挑取菌落

用灭菌的小刀（或刀片）挑取有单一菌落的培养基一小块，放在洁净的载玻片上。

3. 加盖玻片

用镊子取一洁净盖玻片，在火焰上稍微加热（注意不要将盖玻片烤碎），然后把玻片盖放在带菌落的培养基小块上，再用小镊子轻轻压几下，使菌的部分菌丝体印压在盖玻片上。

4. 观察

将印压好的盖玻片放在洁净的载玻片上（菌体朝向载玻片），然后放置在显微镜下观察。

二、搭片法

流程：倒平板→接种→培养→镜检→记录绘图。

1. 倒琼脂平板

将已灭菌的高氏一号琼脂培养基熔化，通过无菌操作将 15mL 培养基倒入灭菌的培养皿内，倒匀，将整个培养皿盖住使凝固。

2. 接种与培养

用无菌打孔器在凝固的平板培养基上打洞数个，把放线菌划线接种至洞内边缘，在接种后的洞面上放上无菌盖玻片（图 12-15），盖好培养皿盖，置于 28℃恒温箱培养 3~4 天。

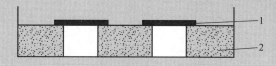

图 12-15　放线菌的搭片法培养

1—盖玻片；2—培养基

3. 观察

取出培养皿，打开皿盖，将培养皿中的盖玻片取出，并将有菌面朝下放在洁净的载玻片上，于显微镜下观察、绘图。

实训五　霉菌的形态观察

【技能目标】

1. 会观察霉菌的菌丝以及菌丝体。
2. 归纳出四类常见霉菌的基本形态特征。

【实训原理】

霉菌可产生复杂分枝的菌丝体，分基内菌丝和气生菌丝，气生菌丝生长到一定阶段分化产生繁殖菌丝，由繁殖菌丝产生孢子。霉菌菌丝体及孢子的形态特征是识别不同种类霉菌的重要依据。霉菌菌丝和孢子的宽度通常比细菌和放线菌粗得多，可用低倍显微镜观察。霉菌在光学显微镜下的形态如图 12-16 所示。

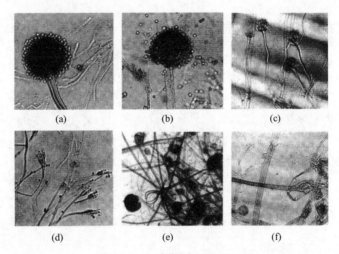

图 12-16　霉菌在光学显微镜下的各种形态（×400）

直接制片观察法：是将培养物放置于乳酸-石炭酸-棉蓝染色液中，制成霉菌制片镜检。其制片的特点为：细胞不变形；具有防腐作用，不易干燥，能保存较长时间；能防止孢子飞散；染液的蓝色能增强反差。必要时，还可用树脂封固，制成永久标本长期保存。

载玻片培养观察法：用无菌操作将培养物琼脂薄层放置于载玻片上，接种后盖上盖玻片培养，霉菌即在载玻片和盖玻片之间的有限空间内沿盖玻片横向生长。培养一定时间后，将载玻片上的培养物置显微镜下观察。采用这种方法既可以保持霉菌的自然生长状态，还便于观察不同发育时期的培养物。

【实训条件】

1. 菌种

毛霉、根霉、青霉、曲霉的培养物。

2. 培养基

马铃薯琼脂培养基。

3. 溶液和溶剂

乳酸-石炭酸-棉蓝染色液，20％的甘油，50％的乙醇。

4. 仪器和其他用品

无菌吸管，平皿，载玻片，盖玻片，U 形玻璃棒，解剖针，镊子，擦镜纸，吸水纸，显微镜等。

【工作流程】

学习霉菌相关资料，确定霉菌个体形态观察所需用品的清单，并进行准备和清点→选取霉菌形态观察的方法，并设计方案→讨论、修改方案及确认→实施。

【实训操作】

流程：倒平板→接种→制片→镜检→描述绘图。

1. 直接制片观察法

在载玻片上加一滴乳酸-石炭酸-棉蓝染色液，用解剖针从霉菌菌落边缘挑取少量已产孢子的霉菌菌丝，先置于 50％乙醇中浸一下以洗去脱落的孢子，再放在载玻片上的染色液中，用解剖针小心地将菌丝分散开。盖上盖玻片，放置在低倍镜下观察，必要时换高倍镜观察。

2. 载玻片培养观察法

如图 12-17 所示。

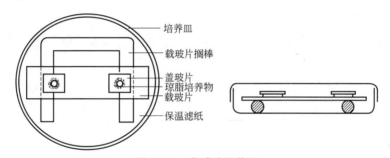

培养皿
载玻片搁棒
盖玻片
琼脂培养物
载玻片
保温滤纸

图 12-17　载玻片培养法

（1）**培养小室的灭菌**　在平皿皿底铺一张略小于皿底的圆滤纸片，再放一 U 形玻璃棒，其上放一洁净载玻片和两块盖玻片，盖上皿盖。包扎后于 121℃灭菌 30min，烘干备用。

（2）**琼脂块的制作**　取已经灭菌的马铃薯琼脂培养基 6～7mL 注入另一个灭菌平皿中，使之凝固成薄层，用解剖刀切成 $0.5～1cm^2$ 的琼脂块，并将其移至上述培养室中的载玻片上。

（3）**接种**　用接种环挑取很少量的孢子接种于琼脂块的边缘，再用无菌镊子将盖玻片覆盖在琼脂块上。

（4）**培养**　先在平皿的滤纸上加 3～5mL 灭菌的 20％甘油（用于保持平皿内的湿度），盖上盖，28℃培养。

（5）**镜检**　根据需要可以在不同的培养时间内取出载玻片置低倍镜下观察，必要时换高倍镜。

实训六　酵母菌的形态观察及死、活细胞的鉴别

【技能目标】

1. 会观察啤酒酵母和假丝酵母的个体形态、假菌丝及孢子形态。
2. 会鉴别酵母菌死、活细胞。

【实训原理】

酵母菌是单细胞的真核微生物，其个体比细菌大得多。酵母菌的形态通常有球状、卵圆状、椭圆状、柱状或香肠状等多种。酵母菌的无性繁殖有芽殖、裂殖和产生掷孢子；酵母菌的有性繁殖形成子囊和子囊孢子。酵母菌母细胞在一系列的芽殖后，如果长大的子细胞与母细胞并不分离，就会形成藕节状的假菌丝。

美蓝染料的氧化型是蓝色的，还原型是无色的。用美蓝对酵母菌的活细胞进行染色，由于细胞的新陈代谢可使细胞具有较强的还原能力，能使美蓝被还原以还原型无色的状态存在，即酵母的活细胞无色。死细胞或代谢缓慢的老细胞，因没有还原能力或还原能力极弱，而被美蓝染成蓝色或浅蓝色。因此，用美蓝染色不仅可以观察酵母的形态，还可以区分死、活细胞。

【实训条件】

1. 菌种

啤酒酵母、假丝酵母的试管斜面菌种。

2. 培养基与染液

配制麦芽汁培养基，0.1%美蓝液。

3. 仪器和其他用品

接种针，接种环，酒精灯，载玻片，盖玻片，吸管，显微镜，镊子，恒温培养箱。

【工作流程】

查询和学习酵母菌相关资料，确定酵母菌个体形态观察和死、活细胞鉴别所需用品的清单，并进行准备和清点→设计方案→讨论、修改方案及确认→实施。

【实训操作】

流程：啤酒酵母镜检→假丝酵母镜检→酵母菌死、活细胞镜检。

1. 啤酒酵母形态观察

取一洁净载玻片，在载玻片上滴一滴无菌水，用接种环挑取少许啤酒酵母菌苔置于无菌水中，用接种环轻轻划动，使其分散成云雾状薄层；另取一盖玻片，小心覆盖菌液。在显微镜下观察酵母细胞的形状、大小及出芽方式。

2. 假丝酵母形态观察

用划线法将假丝酵母接种在麦芽汁平板上，在划线部分加无菌盖玻片，于 28~30℃ 培养 3 天，取下盖玻片，放到洁净载玻片上，在显微镜下观察呈树枝状分支的假菌丝细胞的形状，或打开皿盖在显微镜下直接观察。

3. 酵母菌死、活细胞的检查

载玻片上加一滴 0.1% 的美蓝，用接种环挑取少许酵母菌苔置于美蓝液滴中，用接种环划动，使其分散均匀，加盖玻片，在显微镜下观察，死细胞为蓝色，活细胞无色。

【实训结果评价及考核】

1. 对实训成果进行自评和实训小组间的互评。
2. 考核每组操作步骤的准确性。
3. 绘出你所观察到的酵母菌、假丝酵母的形态图。
4. 描述活、死细胞的鉴别结果。

【实训思考】

1. 在酵母菌死、活细胞的观察中，使用美蓝液有何作用？
2. 比较假丝酵母与啤酒酵母形态的异同。
3. 在显微镜下，酵母菌有哪些突出的特征区别于一般细菌？

技能扩展　子囊孢子的观察

孢子结构致密，透性差，着色和脱色比细胞壁难，可以采用一种碱性染料并在微火上加热，或延长染色时间，使菌体和孢子都染上颜色后，再水洗或用稀酸冲去菌体上的染料，孢子仍保留颜色，而后再用另一种对比鲜明的染料使菌体着色，就可以明显区分出孢子和菌体的结构。

(1) 子囊孢子的培养　将啤酒酵母接种于麦芽汁液体培养基中，于28～30℃恒温箱中培养24h，连续转接培养3～4次；再转接到肉汤蛋白胨培养基中，在25～28℃的恒温箱中培养3天左右。

(2) 子囊孢子的染色　用培养的子囊孢子液涂片，干燥、固定。在涂液处滴加5%孔雀绿染液2～3滴，用木夹夹住载玻片在火焰上加热，使染液冒蒸汽但不沸腾5～6min，加热时应添加染料，以免蒸干。水洗。加5%番红复染1～2min，水洗，烘干。

(3) 镜检　芽孢呈绿色，菌体呈红色。观察子囊孢子形状和特点，以及每个子囊内的孢子数等。

芽孢也可用此法染色观察。

实训七　微生物细胞大小的测定和显微镜直接计数

【技能目标】

1. 会进行接目测微计的校正。
2. 熟练使用显微镜测微尺测定微生物细胞大小。
3. 了解血细胞计数板的构造和计数原理，熟练使用血细胞计数板测定微生物细胞总数。

【实训原理】

微生物细胞的大小是微生物分类鉴定的重要依据之一。要测量微生物细胞大小，必须借助于特殊的测微计在显微镜下进行测量。

显微测微计由镜台测微尺和目镜测微尺两部分组成。镜台测微尺是中央部分有精确等分线的载玻片 [图12-20(1)]，一般将1mm等分为100格（或2mm等分为200格），每格长度等于0.01mm（10μm），是专用于校正目镜测微尺每格的相对长度。目镜测微尺是一块可放在接目镜内的隔板上的圆形小玻片 [图12-20(2)]，其中央有精确刻度，有等分50小格或100小格两种，每5小格间有一长线相隔。由于接目镜放大倍数和接物镜放大倍数不同，目镜测微尺每小格所代表的实际长度也就不同，所以目镜测微尺不能直接用来测量微生物的大小，在使用前必须用镜台测微尺进行校正，以求得在一定放大倍数的接目镜和接物镜下该目镜测微尺每小格所代表的相对长度，然后根据微生物细胞相当于目镜测微尺的格数，即可计算出细胞的实际大小。

血细胞计数板是一块特制的载玻片，其中间较宽的平台被横槽隔成两半，每一边的平台上各刻有一个方格网［图12-18(c)］，每个方格网共分为九个大方格［图12-18(d)］。在划有格子的区域中，有分别用双线和单线分隔而成的方格。其中有以双线为界划成的方格25(或16）格［图12-18(a)］，以双线为界的格子称为中格，其内有以单线为界的16(或25）小格［图12-18(b)］。因此，用于细胞计数的区域的400个小格排成一正方形的大方格，此大方格的总面积为1mm²。

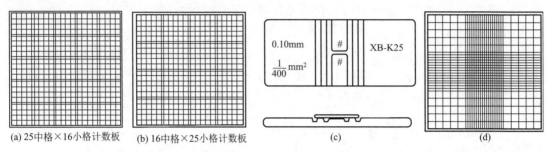

(a) 25中格×16小格计数板　　(b) 16中格×25小格计数板　　(c)　　　　(d)

图 12-18　血细胞计数板构造

在进行细胞计数前，先取盖玻片盖于计数方格之上，盖玻片的下平面与刻有方格的血细胞计数板平面之间留有0.1mm高度的空隙。含有细胞的供测样品液被加注在此空隙中。加注在400个小格（1mm²）之上与盖玻片之间的空隙中的液体总体积为0.1mm³（1mm²×0.1mm）。因此，在计数后，获得在400个小格中的细胞总数，再乘以10^4，以换算成每1mL所含细胞数。其计算公式如下。

菌液样品的含菌数(个/mL)＝每小格平均菌数×400×10000×稀释倍数

在进行具体操作时，一般取五个中格进行计数，取格的方法一般有两种：①取计数板斜角线相连的5个中格；②取计数板4个角上的4个中格和计数板正中央的1个中格。对横跨位于方格边线上的细胞，在计数时，只计一个方格4条边中的2条边线上的细胞，而另两条边线上的细胞则不计；取边的原则是每个方格均取上边线与右边线或下边线与左边线。

【实训条件】

1. 菌种

培养48h的啤酒酵母斜面菌体或菌悬液。

2. 革兰染液

3. 仪器或其他用品

显微镜，目镜测微尺，镜台测微尺，载玻片，盖玻片，血细胞计数板，擦镜纸，吸水纸，玻片架，肾形盘，洗瓶，接种环，酒精灯，火柴，滴管。

【工作流程】

查询和学习微生物细胞的大小和计数测定技术的相关资料，确定细胞大小和计数测定所需用品的清单，并进行准备和清点→设计方案→讨论、修改方案及确认→实施。

【实训操作】

① 放置目镜测微尺→放置镜台测微尺→标定目镜测微尺→测菌体大小→记录结果→用毕擦拭干净。

② 检查计数板→稀释样品→加样→计数→计算→清洗。

1. 微生物菌体大小的测定

(1) 目镜测微尺的校正

① 更换目镜镜头。更换目镜测微尺镜头（标记为PF）；或者取下目镜上部或下部的透

镜，在光圈的位置安上目镜测微尺，刻度朝下，再装上透镜，制成一个目镜测微尺的镜头（图12-19）。

② 某一倍率下标定目镜刻度。将镜台测微尺置于载物台上，使刻度面朝上，先用低倍镜对准焦距、看清镜台测微尺的刻度后，转动目镜，使目镜测微尺与镜台测微尺的刻度平行，移动推动器使两尺重叠，并使两尺的左边的某一刻度相重合，向右寻找另外两尺相重合的刻度。记录两重叠刻度间的目镜测微尺的格数和镜台测微尺的格数〔图12-20(3)〕。

③ 计算该倍率下目镜刻度。目镜测微尺每格长度（μm）＝镜台测微尺格数/目镜测微尺格数×10。

④ 标定并计算其他放大倍率下的目镜刻度。

以同样方法分别在不同倍率的物镜下测定目镜测微尺每格代表的实际长度。如此测定后的测微尺的长度，仅适用于测定时使用的显微镜以及该目镜与物镜的放大倍率。

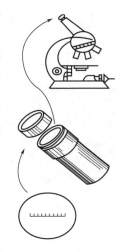

图12-19　显微镜测
微尺的安装
目镜测微尺（下）及其安装在
目镜（中）上，再装在
显微镜（上）上的方法

（2）菌体大小的测定

① 将啤酒酵母制成水浸片。

② 大小换算。将标本先在低倍镜下找到目的物，然后在高倍镜下用目镜测微尺测定每个菌体长度和宽度所占的格数，即可换算成菌体的长和宽。

③ 求平均值。一般测量微生物细胞的大小，用同一放大倍数在同一标本上任意测定10～20个菌体后，求出其平均值即可代表该菌的大小。

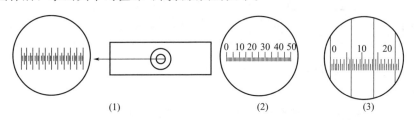

(1)　　　　　　　　　　　(2)　　　　　　　　　(3)

图12-20　显微镜测微尺

（1）镜台测微尺（右）及其放大部分（左）；（2）目镜测微尺；（3）镜台测微尺和目镜测微尺的刻度相重叠

2. 用血细胞计数板测定微生物细胞的数量

（1）检查血细胞计数板　取血细胞计数板一块，先用显微镜检查计数板的计数室，看其是否沾有杂质或干涸着的菌体，若有污物则通过擦洗、冲洗，使其清洁。镜检清洗后的计数板，直至计数室无污物时才可使用。

（2）稀释样品　将培养后的酵母培养液振荡混匀，然后作一定倍数的稀释。稀释度选择以小方格中分布的菌体清晰可数为宜。一般以每小格内含4～5个菌体的稀释度为宜。

（3）加样　取出一块干净盖玻片盖在计数板中央。用滴管取1滴菌稀释悬液注入盖玻片边缘，让菌液自行渗入，若菌液太多可用吸水纸吸去，静置5～10min。

（4）镜检　进行镜检计数。先用低倍镜找到计数室方格后，再用高倍镜测数。在进行具体操作时，一般取五个中格进行计数，取格的方法一般有两种：①取计数板斜角线相连的5个中格；②取计数板4个角上的4个中格和计数板正中央的1个中格，见图12-21。计数时若遇到位于线上的菌体，一般只计数格上方（下方）及右方（左方）线上的菌体。每个样品重复3次。

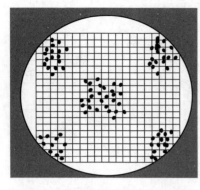

图 12-21　计数时选取 4 角与中央中格

（5）计算　取以上计数的平均值，按下列公式计算出每毫升菌液中的含菌量。

菌体细胞数（cfu/mL）＝小格内平均菌体细

胞数$\times 400 \times 10^4 \times$稀释倍数

（6）清洗　计数板用毕后先用 95％的酒精轻轻擦洗，再用蒸馏水淋洗，然后吸干，最后用擦镜纸揩干净。若计数的样品是病原微生物，则须先浸泡在 5％苯酚（石炭酸）溶液中进行消毒，然后再进行清洗。清洗后放回原位，切勿用硬物洗刷。

【实训结果评价及考核】

1. 对实训成果进行自评和实训小组间的互评。

2. 考核每组操作步骤的准确性。

3. 将结果填入下表。

目镜测微尺校正结果

物镜	目镜测微尺格数	镜台测微尺格数	目镜测微尺校正值/μm
10×			
40×			
100×			

啤酒酵母大小测定记录

项目	1	2	3	4	5	平均值
长						
宽						

4. 计算样品中酵母菌浓度。

【实训思考】

1. 为什么随着显微镜放大倍数的改变，目镜测微尺每格相对的长度也会改变？能找出这种变化的规律吗？

2. 根据测量结果，为什么同种酵母菌的菌体大小不完全相同？

3. 能否用血细胞计数板在油镜下进行计数？为什么？

4. 根据自己体会，说明血细胞计数板计数的误差主要来自哪些方面？如何减少误差？

实训八　常用玻璃器皿的准备

【技能目标】

1. 熟悉微生物实验所需的各种常用器皿名称和规格。

2. 会常用玻璃器皿的清洗及包扎。

3. 掌握玻璃器皿灭菌的原理，能熟练进行灭菌操作。

【实训原理】

干热灭菌法适用于空的、干燥的玻璃器皿如试管、吸管、培养皿、三角瓶等的灭菌。金属器械和其他耐热物品也可采用干热灭菌。

干热灭菌是利用高温使微生物细胞内的蛋白质凝固变性而达到灭菌的目的。蛋白质凝固与其本身的含水量有关，环境与细胞内含水量越大，则蛋白质凝固越快，反之，凝固越慢。因此，与湿热灭菌相比，干热灭菌所需要的温度高（160～170℃）、时间长（1～2h），可分为火焰灭菌法和热空气灭菌法两种。

【实训器材】

1. 常用各种玻璃器皿，接种环，接种针，干热灭菌箱。
2. 清洗工具和去污粉、肥皂、洗涤液，棉绳、棉花、纸等。

【工作流程】

资料查询，确定微生物实验室常用玻璃器皿的种类→清点实验室玻璃器皿→设计清洗、包扎和灭菌的操作方案→修改并确认操作方案→实施。

【实训操作】

1. 常用玻璃器皿的清洗和包扎

(1) 玻璃器皿的清洗

① 新玻璃器皿的洗涤方法。一般新的玻璃器皿用2%的盐酸溶液浸泡数小时。

② 含有琼脂培养基的器皿。可先用小刀或铁丝将器皿中的琼脂培养基刮去，或把它们用水蒸煮，待琼脂熔化后趁热倒出，然后用水洗涤。

③ 载玻片或盖玻片。可先在2%的盐酸溶液中浸1h，然后在水中冲洗2～3次，最后用蒸馏水洗2～3次，洗后烘干冷却或浸于95%酒精中保存备用。用过的载玻片或盖玻片先擦去油垢，再放在5%的肥皂水中煮10min，立即用清水冲洗，然后放在洗涤液（稀释）中浸泡2h，再用清水洗至无色为止，最后用蒸馏水洗数次，干后浸于95%酒精中保存备用。用过的器皿应立即洗涤，有时放置太久会增加洗涤难度。

④ 吸管及滴管的洗涤。吸过血液、血清、糖溶液或染料溶液的玻璃吸管（包括毛细吸管），使用后应立即投入盛有自来水的量筒内或标本瓶内（量筒内或标本瓶内底部应垫上脱脂棉花），待实验完毕后集中冲洗。若吸管顶部塞有棉花，冲洗前先将吸管尖端与装有水龙头上的橡皮管连接，用水将棉花冲出，然后再装入吸管自动洗涤器内冲洗，没有吸管自动洗涤器的实验室可用冲出棉花的方法多冲洗片刻。必要时再用蒸馏水淋洗。吸过含有微生物培养物的吸管应立即投入盛有2%来苏尔或0.25%新洁尔灭消毒液的量筒或标本瓶内，24h后方可取出冲洗。吸管的内壁如有油垢，同样先在洗涤液内浸泡数小时，然后再进行冲洗。吸管洗净后，放搪瓷盘中晾干，如要加速干燥，可放烘箱内烘干。

⑤ 洗涤要求　洗涤后的器皿达到玻璃能被水均匀湿润而无条纹和水珠。凡遇有传染性材料的器皿，洗涤前应经高压灭菌后再清洗。

(2) 器皿包扎　为了使灭菌后仍保持无菌状态，各种玻璃器皿均需进行包扎。

① 培养皿包扎。洗净烘干后每6～10套叠在一起，用牛皮纸（旧报纸）卷成一筒，外面用绳子捆扎，以免散开，然后进行灭菌。有条件的，最好放在特制的铁皮圆筒里，加盖扣严。包装后的培养皿经灭菌后方可使用，使用时在无菌室中打开取出（图12-22）。

② 吸管包扎。洗净烘干后的吸管，在上端管口内用尖头镊子或针塞入少许脱脂棉，以防止菌体误吸口中及口中的微生物吸入管内而进入培养物中造成污染。塞入的棉花要适量，不宜露在吸管口的外面，多余的棉花可用酒精灯的火焰烧掉。

塞好棉花的吸管要进行包扎。每支吸管用一条宽4～5cm的牛皮纸或旧报纸纸条，先把吸管的尖端放在纸条的一端，并呈45°角折叠纸条包住尖端，并将多余的一段纸覆折在吸管上。一手捏住管身，一手将吸管压紧在桌面上，向前滚动，以螺旋式包扎，剩余的纸条折叠打结（图12-23）。标上容量，若干支吸管扎成一束，或把包扎好的吸管放在特别制作的铁

(1) 旧报纸包扎

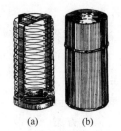

(a)   (b)

(2) 装培养皿的金属筒

(a) 内部框架； (b) 带盖外筒

图 12-22   培养皿的包扎示意

皮筒内，加盖密封后待灭菌（图 12-24）。灭菌后，同样要在使用时才从吸管中间拧断纸条抽去吸管。

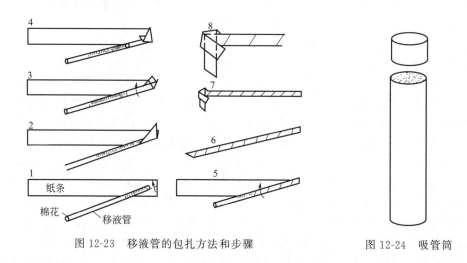

图 12-23   移液管的包扎方法和步骤   图 12-24   吸管筒

③ 试管及三角瓶的包扎。试管和三角瓶都要有合适的橡胶塞（图 12-25）或棉花塞。棉花塞的作用是起过滤，避免空气中的微生物进入试管或三角瓶。

 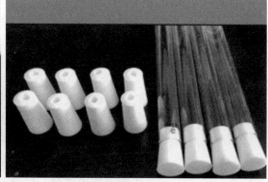

图 12-25   试管和三角瓶的橡胶塞

要求使棉花塞紧贴玻璃壁，没有皱纹和缝隙，不能过松，过紧易挤破管口和不易塞入，而过松易掉落和污染。棉花塞的长度不少于管口直径的 2 倍，约 2/3 塞进管口（图 12-26）。若干支管用绳子扎在一起，在棉花塞部分外包牛皮纸或报纸，再在纸外用绳扎紧。三角瓶每个单独用油纸或报纸包扎棉花塞（图 12-27）。

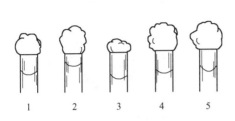

图 12-26　棉塞

1—正确的样式；2—管内部分太短、外部太松；3—外部过小；4—整个棉塞过松；5—管内部分过紧、外部过松

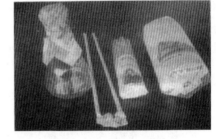

图 12-27　玻璃仪器的包扎

做棉塞不能用脱脂棉，必须用普通棉花，制作方法如下。

① 根据所做棉塞的大小撕一块较平整的棉花。

② 把长边的两头各叠起一段。目的是叠齐、加厚。

③ 按住短边把棉花卷起来，卷时两手要捏紧中间部分，两头不要卷得太紧。

④ 卷成棉卷后，从中间折起并拢，插入试管或三角瓶，深度如上所述。

⑤ 检查插入部分的松紧度、长度及外露部分的长度、粗细和结实程度是否合乎要求。

此外，还有另一种棉塞制作方法，如图 12-28 所示。

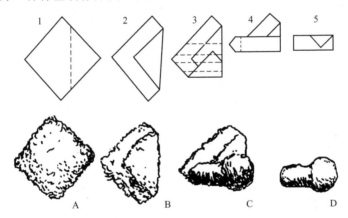

图 12-28　棉塞的制作过程

新做的棉塞弹性比较大，不易定型。将其插在容器上经过一次高压蒸汽灭菌后，形状、大小即可固定，然后按不同的大小分类存放，备用。

为了便于无菌操作，减少棉塞的污染概率或因棉花纤维过短，可在棉塞外面包上 1～2 层纱布（药用纱布），延长其使用时间。

广口的容器上一般不用棉塞，而用纱布棉垫。把药用纱布剪成一定的大小，每铺一层纱布，再铺一层薄棉花，纱布棉花相间共铺 3～7 层。然后一起罩在瓶口上，用绳扎紧。有时也可用多层纱布而不垫棉花。

2. 常用玻璃器皿的灭菌

（1）火焰灭菌法　这是一种最简单的干热灭菌法，它是直接利用火焰把微生物烧灼而死。此法灭菌彻底可靠、简便迅速，但是使用范围有限，因为大部分物品经烧灼易损坏。此法只适用于接种环、接种针、玻璃棒及试管口灭菌（参见图 5-1）。对于一些污染物品、带菌物品或实验动物的尸体等也可用焚烧法来灭菌。

（2）热空气灭菌法　常用的设备是电热恒温干燥箱（图 12-29）。其操作方法如下所述。

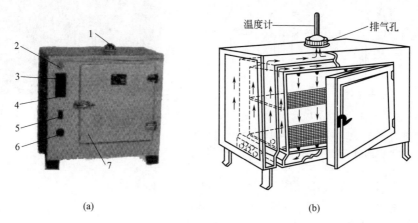

图 12-29　电热恒温干燥箱
（a）电热恒温干燥箱外观结构；（b）干热灭菌用的烘箱示意
1—排气孔；2—铭牌；3—温度显示；4—调温按钮；5—加热开关；6—电源开关；7—箱门

① 先将包扎好的玻璃器皿置于干燥箱（注意需灭菌的物品不要靠在箱壁附近，不要过挤）。

② 打开电源开关，调节升温旋钮，使其缓慢升温至 60～70℃时，开动鼓风开关，鼓风5～10min，以促使器皿上及干燥箱空间的冷空气和水汽排除。

③ 使温度升至 160～170℃，维持 2h。控制温度的方法是当箱内温度升至 160℃时，应将温度调节旋钮缓慢地反方向转动，当干燥箱的指示灯红灯熄灭、绿灯亮时，再缓慢地来回转动温度调节旋钮，至红灯刚亮、绿灯刚灭处为止。这样，可继续升温 5～10℃，即可将温度控制在 165～170℃。红灯是加热升温的信号，绿灯是切断加热电源的信号。

④ 关闭电源开关，待其冷却至 50℃以下，方可取出灭菌器皿。绝对不可在高温时打开箱门。

（3）灭菌操作指导

① 在灭菌过程中，温度上升或下降都不能过急（特别是 60℃以上时，勿随意打开箱门），否则玻璃器皿容易炸裂。

② 箱内温度不能超过 180℃，以防纸张和棉花烤焦。

③ 灭菌后的器皿，在使用前勿打开包装纸，以免被空气中的杂菌污染。

【实训结果评价及考核】

1. 对实训成果进行自评和实训小组间的互评：①考核每组准备的玻璃仪器是否齐全；②说出各仪器的名称及用途；③清洗洁净情况；④包扎和灭菌是否符合要求。

2. 完成下表的填写。

玻璃器皿名称	用途	清洗方法	包扎方法	注意事项

【实训思考】

　　1. 怎样判断玻璃器皿已清洗干净？

　　2. 能否用脱脂棉制作棉塞？为什么？

实训九　微生物培养基制备

【技能目标】

　　1. 会熟练配制微生物培养基。

　　2. 掌握高压灭菌技术，能熟练进行培养基的灭菌。

　　3. 能熟练制作培养基平板和斜面。

【实训原理】

　　微生物的生长繁殖需要营养物质，包括水、碳源、能源、磷酸盐、维生素、生长因子等。在配制固体培养基时还要加入一定量琼脂作凝固剂。牛肉膏蛋白胨培养基多用于培养细菌，因此要用稀酸和稀碱将其 pH 调至中性至微碱性，以利于细菌的生长繁殖。

　　配制好的培养基必须进行灭菌，一般采用高压蒸汽灭菌法。高压蒸汽灭菌是将待灭菌的物品放入一个密闭的加压灭菌锅内，通过加热，使灭菌锅内沸水产生蒸汽，将锅内冷空气排尽，继续加热，水蒸气不能溢出而增加了锅内压力，得到高于 100℃ 的温度，导致菌体蛋白凝固变性而达到灭菌的目的。灭菌的温度及维持时间随灭菌物品的性质和容量等具体情况而有所改变。

【实训条件】

1. 试剂

　　牛肉膏，蛋白胨，NaCl，琼脂，1mol/L NaOH，1mol/L HCl 等。

2. 仪器或其他用品

　　试管，培养皿，三角烧瓶，烧杯，量杯，玻璃棒，培养基分装器，天平，牛角匙，pH 试纸，棉花，牛皮纸，记号笔，麻绳，纱布，高压蒸汽灭菌锅等。

【工作流程】

　　查询和学习微生物营养、培养基种类和制备原则的相关资料，确定制备培养基所需用品的清单，并进行准备和清点→设计方案→讨论、修改方案及确认→实施。

【实训操作】

　　培养基的制备如下所述。

　　（1）称量　按培养基配方比例依次准确称取牛肉膏、蛋白胨、NaCl 放入烧杯中，牛肉膏常用玻璃棒挑取，放在小烧杯或表面皿称量，用热水溶化后倒入烧杯，也可放称量纸上，称量后直接放入水中，这时如稍微加热，牛肉膏便会与称量纸分离，然后立即取出纸片。

　　（2）溶解　在上述烧杯中先加入少于所需要的水量，用玻璃棒搅匀，然后，在石棉网上加热使其溶解，或在磁力搅拌下使其溶解。溶解完后，补充水到所需总体积，如果配制固体培养基，将称好的琼脂放入已溶药品的液体中，再加热溶化，最后补足所损失的水分。

　　（3）调 pH　在未调 pH 前，先用精密 pH 试纸测量培养基的原始 pH，如果偏酸，用滴管向培养基中滴加 1mol/L NaOH，边加边搅拌，并随时用 pH 试纸测其 pH，直至 pH 达7.6。反之，用 1mol/L HCl 进行调节。

　　（4）过滤　趁热用滤纸或多层纱布过滤，以利于某些实验结果的观察。一般无特殊要求，这一步可以省略。

（5）分装 按实验要求，可将配制的培养基分装入试管内或者三角烧瓶内（图12-30）。

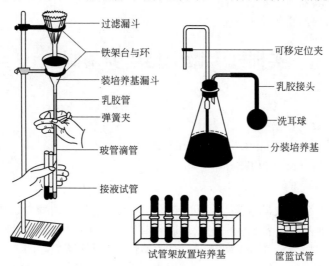

图 12-30　分装试管的装置示意

（6）加棉塞 培养基分装完毕，在试管口或三角烧瓶上塞上棉塞，以阻止外界微生物进入培养基内而造成污染，并保证有良好的通气性能。

（7）包扎 加塞后，将全部试管用麻绳捆好，再在棉塞外包一层牛皮纸，以防止灭菌时冷凝水润湿棉塞，其外再用一道麻绳扎好。用记号笔注明培养基名称、组别、配制日期。三角烧瓶加塞后，外包牛皮纸，用麻绳以活结形式扎好，使用的容易解开，同样用记号笔注明培养基名称、组别、配制日期。

（8）灭菌 采用高压蒸汽灭菌。

① 加水。打开灭菌锅盖，向锅内加水至相应的标示高度。

② 加入待灭菌物品。将包扎的培养基放入灭菌桶内，注意物品排列要疏松，不要紧靠锅壁。

③ 盖好锅盖。将盖上的软管插入灭菌桶的槽内，加盖，对齐上、下栓口，以对角方式均匀旋紧螺栓，使锅盖紧闭。

④ 排放锅内冷空气。打开放气阀，加热。自锅内开始产生持续的高温蒸汽3min后再关紧放气阀。

⑤ 升温灭菌。待压力逐渐上升至0.103MPa、121℃时，控制热源，维持该温度和压力20min后，关闭热源，停止加热。

⑥ 灭菌后开盖取物。待压力降至"0"时，慢慢打开放气阀，开盖，立即取出灭菌物品。斜面培养基取出后要趁热摆成斜面，灭菌后的玻璃仪器需烘干或晾干。

⑦ 灭菌完毕，应除去锅内剩余水。

灭菌注意事项如下。

① 在进行试管斜面培养基、无菌水及一些试管灭菌时，均用121℃、15～20min灭菌处理。大容量的固体培养基因传热慢，灭菌时间就要适当延长至1h或更长。灭菌时间应以达到要求的温度（或表压力）开始算起。

② 灭菌终了，要缓慢放气降压，尤其是进行液体培养基灭菌时，切勿突然降压，否则会因培养基沸腾而冲出容器。

③ 放气降压完毕，要趁灭菌锅未冷及早打开，取出灭菌物品，不要久放其中，以免水

蒸气凝结在灭菌锅的顶盖和四壁形成水滴，落到被灭菌的物品上，弄湿包装纸，增加灭菌物品的染菌概率。

图 12-31 摆平面示意

（9）搁置斜面 当灭菌的试管培养基冷至 50℃左右时，将试管口端搁置在玻璃棒或其他合适高度的器具上，搁置的斜面长度以不超过试管总长的一半为宜（图 12-31）。

（10）倒平板 先左手持三角瓶，右手反转手掌用中指和无名指拔出瓶塞，同时将三角瓶转换至右手，而后左手拿平皿，以大拇指和中指将皿打开一缝，至瓶口刚好伸入。三角瓶口经火焰烧灼后，倾入灭菌和熔化、冷却至 55～60℃的培养基约 15mL，迅速盖好皿盖，置于桌上轻轻旋动平皿，使培养基均匀分布于整个平皿底部，冷却即成，见图 12-32。

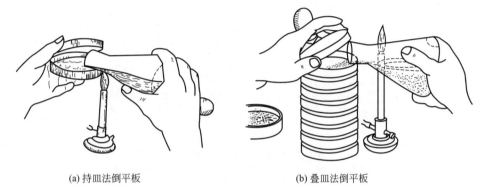

(a) 持皿法倒平板　　　　　　(b) 叠皿法倒平板

图 12-32 倒无菌平板示意

（11）无菌检查 将灭菌的 1～2 管培养基放入 37℃的温室中培养 24～48h，以检查灭菌是否彻底。

【实训结果评价及考核】

1. 对制备培养基、平板和斜面的质量进行自评和实训小组间的互评。
2. 考核每组操作步骤的准确性。

【实训思考】

1. 说明配制培养基应注意哪些问题？
2. 检查实验结果，看灭菌是否彻底。
3. 高压蒸汽灭菌时，为什么要排尽锅内的冷空气？
4. 高压蒸汽灭菌时应注意哪些事项？

实训十　微生物的接种

【技能目标】

1. 能熟练进行微生物的几种常用接种操作。
2. 掌握无菌操作的基本环节。

【实训原理】

微生物的接种是微生物学研究和发酵生产中的基本操作技术之一。将一种微生物移接到另一灭过菌的新鲜培养基中，使其生长繁殖的过程称为接种。因培养基和微生物的种类及实验目的不同，有多种不同的接种方式，如斜面接种、穿刺接种、液体接种、平板接种等。选择合适的接种方法，对于微生物的分离、纯化、增殖以及鉴别等都很重要。根据微生物种类和培养目的的不同，斜面接种又分为以下几种（图12-33和表12-1）：①点接。把菌种点接在斜面的中部，利于在一定时间内暂时保藏菌种。②中央划直线。在斜面中部自下而上划一直线，此法常用来比较细菌生长快慢，如研究菌种的最适生长温度等。③稀波状蜿蜒划线。对于容易扩散生长的细菌常用此法接种，以避免生物连成一片。④密波状蜿蜒划线。此法能充分利用斜面，以获得较多的菌细胞。⑤分段划线。将斜面分成上下3～4段，在第2、3段划线接种前，先灼烧接种环进行灭菌，待冷却后蘸取前段接种处，再行划线，以分得单个菌落。⑥纵向划线。此法便于快速划线接种。平板接种可分为点接（图12-34）、划线、倾注和涂布接种。

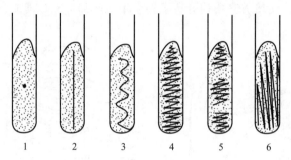

图 12-33　细菌斜面接种法示意

1—点接；2—中央划直线；3—稀波状蜿蜒划线；4—密波状蜿蜒划线；
5—分段划线；6—纵向划线

表 12-1　不同微生物的斜面接种法

微生物种类	细　菌	放　线　菌	酵　母　菌	霉　菌	高等真菌
斜面接种方式	点接、中央划直线、稀波状蜿蜒划线、密波状蜿蜒划线、分段划线、纵向划线	方法类同细菌，多用密波状蜿蜒划线接种	点种（作暂时保藏用）、中央划直线法	点种、稀波状蜿蜒划线	挖块接种

图 12-34　三点接种操作

因接种方法和微生物种类的不同，常需采用不同的接种工具，如接种环常用于细菌和酵母菌的接种，接种钩常用于放线菌和霉菌的接种，接种针用于穿刺接种，涂布棒用于菌种分离与纯化时的平板涂抹，移液管用于液体接种等。在接种过程中，为了确保纯种不被杂菌污染，必须采用严格的无菌操作，即用经过灭菌的工具在无菌条件下接种含菌材料于灭菌后的培养基上。

【实训条件】

1. 菌种

枯草芽孢杆菌，藤黄八叠球菌，啤酒酵母，黑根霉，高大毛霉，产黄青霉，黑曲霉。

2. 培养基

牛肉膏蛋白胨琼脂培养基（固体、半固体、液体）。

3. 其他用品

接种环，接种针，接种钩，酒精灯，标签纸，70%酒精棉球，9mL无菌盐水试管，玻璃涂棒，1mL 无菌移液管，无菌培养皿等，如图 12-35 所示。

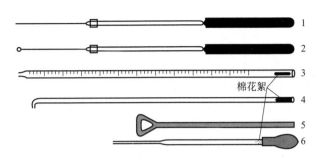

图 12-35　常用的接种工具和分离工具

1—接种针；2—接种环；3—移液管；4—弯头吸管；5—涂布棒；6—滴管

【工作流程】

查询和学习微生物培养和无菌操作的相关资料，确定微生物接种所需用品的清单，并进行准备和清点→设计方案→讨论、修改方案及确认→实施。

【实训操作】

1. 斜面接种

斜面接种是从含菌材料（菌落、菌苔或菌悬液等）上面取菌种移接到新鲜斜面培养基上的一种接种方法。斜面接种的一般操作步骤如下所述（图 12-36）。

① 在无菌斜面培养基试管上贴上标签，注明接种的菌名、接种日期、接种人的姓名等。标签纸要贴在斜面的正上方，距试管口 2～3cm 处。

② 点燃酒精灯，再用 70％酒精棉球擦手。

③ 左手四指并拢伸直，把菌种试管放于食指和中指之间，待接种的斜面培养基试管放于中指和无名指之间，拇指按住两支试管的底部，两试管一起并于左手中。使斜面和有菌的一面向上，成近水平状态。

④ 右手将两支试管的棉塞都旋转一下，使之松动，便于接种时拔出。

⑤ 右手以日常握钢笔的方式持接种环柄，先使环垂直在火焰上，将环端充分烧红灭菌，然后将接种时有可能伸入试管的柄部，在火焰上边转动边慢慢来回通过火焰 3 次，灼烧灭菌，但不必烧红。

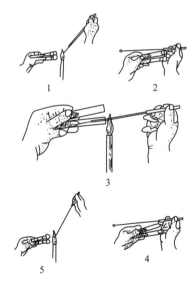

图 12-36　斜面接种无菌操作示意

1—烧环；2—拔塞；3—移种；
4—加塞；5—灭菌

⑥ 将两支试管的管口部分靠近火焰，用右手小指和手掌边缘同时夹住两个棉塞；也可用右手无名指和小指夹住前方菌种试管的棉塞，再用小指和手掌边夹住后方斜面培养基试管的棉塞。拔出的棉塞应始终夹在手中，切勿放在桌上。

⑦ 拔掉两支试管的棉塞后，立即在火焰上烧灼试管口（勿烧得过烫），并靠手腕动作不断转动试管口，借以烧死试管口沾有的杂菌（即使有部分未死，也已经被加热固定于管口壁上）。

⑧ 将经灼烧灭菌的接种环伸入菌种管内，先接触一下没有菌苔的培养基部分，使环冷却，以免烫死被移接的菌体。然后，轻轻接触菌苔，蘸取少量菌体（必要时可将环在菌苔上

稍微刮一下），再慢慢将接种环抽出试管。注意不要让沾有菌苔的环碰到管壁，取出后勿使环通过火焰。

⑨ 在火焰旁迅速将接种环伸入另一试管，自斜面底端向上轻轻划蜿蜒曲线或直线。划线时注意环要平放，不要把培养基划破，也不要使菌种沾污到管壁。

⑩ 抽出接种环，将两支试管口再次在火焰上烧灼后，塞上棉塞。塞棉塞时注意不要用试管口去迎棉塞，以免试管在移动时进入不洁空气而污染杂菌。

⑪ 将接种环烧红，杀死环上的残菌。注意要将接种环从柄部至环端逐渐通过火焰灭菌，不要直接烧环，以免残留在环上的菌体爆溅而污染环境。

⑫ 放回接种环后，将棉塞进一步塞紧以免脱落。

以上是斜面接种的一般操作步骤和方法。根据微生物种类和实验目的的不同，斜面接种又有多种不同的具体方式。

2. 液体接种

液体接种是用接种环、移液管等接种工具，将斜面菌种或菌液移接到无菌新鲜液体培养基中的一类接种方法。此法常用于观察细菌和酵母菌的生长特性、生化反应特性及发酵生产中菌种的扩大培养等。

（1）将斜面菌种接种到液体培养基中的方法　当向液体培养基中接种菌量较小时，其操作步骤与斜面接种时基本相同，区别是挑取少量菌苔的接种环移入液体培养基试管后，应将环在液体表面处的试管内壁上轻轻摩擦，把菌苔研开，然后退出接种环，塞好棉塞，振摇试管，使接种的细胞均匀地散布在液体培养基中。当向液体培养基中接种量较大时，可先在斜面菌种试管中倒入适量无菌水或液体培养基，用接种环将菌苔刮下，用力振摇试管，使之成为均匀的菌悬液，然后按液体-液体接种法将菌种移接至液体培养基中。

（2）将液体菌种接种至液体培养基中的方法　可用无菌移液管定量吸取液体菌种加入新鲜液体培养基中，也可将液体菌种直接倒入新鲜液体培养基中，如图 12-37 所示。

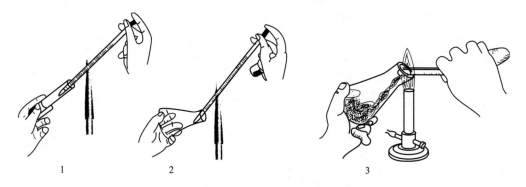

图 12-37　液体菌种接种操作
1—用移液管吸取试管中菌液；2—把菌液移入三角瓶中；3—倾倒法液体接种

3. 穿刺接种

穿刺接种是用沾有菌种的接种针将菌种接种到试管深层培养基中。经穿刺接种后的菌种常作为保藏菌种的一种形式。此法还用于鉴定细菌时观察细菌的生理生化特征，如观察细菌的运动能力或明胶水解性能时，均采用穿刺接种法。

接种前后对接种针及试管口的处理与斜面接种法相同，接种时将针尖蘸取少许菌种的接种针从半固体培养基中心垂直刺入，直到接近管底，但不要穿到管底，然后立即从原穿刺线退出。刺入和退出时均不可使接种针左右摇动，如图 12-38 所示。

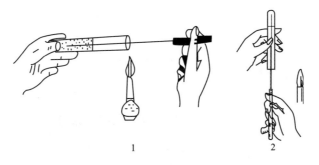

图 12-38 穿刺接种操作法
1—平行穿刺；2—垂直穿刺

4. 平板接种

平板接种系指将菌种接种在平板培养基上。此法常用于微生物菌落形态观察及菌种的分离纯化。

(1) 三点接种 欲观察霉菌菌落形态，常在平板培养基上接种等边三角形的三点，经培养后长成三个菌落以进行观察。其优点是不但在一个培养皿上同种菌落有三个重复，更重要的是在菌落彼此相接近的边缘，常留有一条窄的空白地带，此处菌丝生长稀疏，较透明，还分化出稀落的典型子实体，因此可以直接把培养皿放在低倍镜下观察，便于根据形态特点进行菌种的鉴定。

① 倒平板。将无菌琼脂培养基加热熔化，待冷却至 45～50℃（手握三角瓶不觉太烫为宜）时，在酒精灯火焰旁，用右手的小指和手掌边夹持并拔出棉塞，左手拿起无菌培养皿，并打开皿盖的一边，右手持三角瓶向皿中注入约 15mL 培养基，然后将培养皿置工作台上，稍加旋转后水平静置，凝固即成平板。

② 标明三点位置。用记号笔在平皿底部以等边三角形状在欲点接位置上标上三点，以使点接的三点分布均匀。

③ 点接。取接种针先在火焰上灼烧灭菌，并在平板培养基的边缘冷却并蘸湿，然后伸入菌种管，用针尖沾取极少量霉菌孢子，最后以垂直的方向轻轻点接到平板培养基表面的预先标记部位。点接时注意勿让接种针刺破培养基，且在一个标记处只点接一次，见图 12-34。

(2) 划线接种 见"实训十一微生物的分离与纯化"。

(3) 涂布接种 见"实训十一微生物的分离与纯化"。

(4) 倾注接种 见"实训十一微生物的分离与纯化"。

【实训结果评价及考核】

1. 对微生物接种的质量进行自评和实训小组间的互评。

2. 考核每组操作步骤的准确性。

3. 完成下表的填写。

菌种	枯草芽孢杆菌	藤黄八叠球菌	啤酒酵母	黑根霉	产黄青霉	黑曲霉
培养基						
接种工具						
接种方法						

【实训思考】

1. 说明接种过程中为什么要无菌操作？怎样做到无菌操作？
2. 实验室常用的接种工具有哪些？适用范围如何？
3. 接种后为什么要灼烧接种工具？

技能扩展　超净工作台的使用

超净工作台是微生物实验室常用的无菌操作设备，它能在局部造成高洁度的环境。其工作原理为：通过风机将空气吸入，经由静压箱通过高效过滤器过滤，除去了直径大于 $0.3\mu m$ 的尘埃、真菌和细菌等，将过滤后的洁净空气以垂直或水平气流的状态送出，使操作区域持续在洁净空气的控制下达到百级洁净度，保证了操作对环境洁净度的要求。

超净工作台根据气流的方向分为垂直流超净工作台和水平流超净工作台，根据操作结构分为单边操作和双边操作（图 12-39）等形式。操作台内设有紫外线杀菌灯和普通日光灯，以保证杀菌和正常操作。

(a) 单人单面　　　　　　　　　　(b) 双人单面

图 12-39　超净工作台

1. 操作步骤

① 使用工作台时，应先用 5% 的甲酚皂液或 0.1% 的新洁尔灭擦拭超净工作台两遍。

② 先开启超净工作台上的紫外灯，照射 30min。

③ 开启风机，整个实验过程中，按无菌操作规程操作。

④ 实验结束后，用消毒液擦拭工作台面，关闭工作照明电源。重新开启紫外灯照射 15min 后关闭。

2. 操作指导

① 操作区内不要放置无用的物品，以减少对操作区清洁气流流动的干扰。

② 在进行操作时，要尽量避免做干扰气流流动的动作。

③ 新安装的或长期不使用的工作台，使用前必须对工作台周围环境进行清洁，用药物或紫外线进行灭菌处理。

④ 当风机不能使操作区内的风速达到 0.32m/s 时，必须更换高效过滤器。一般每 2 个月要测量一次风速。

⑤ 每月要对周围环境进行一次灭菌。

实训十一 微生物的分离与纯化

【技能目标】

1. 会熟练进行划线接种、涂布接种和倾注接种的操作。
2. 学会系列化稀释的基本操作。
3. 会分离纯化微生物。

【实训原理】

自然环境中的微生物几乎都是杂居在一起，要研究和利用某一微生物，首先必须把它从混杂的微生物类群中分离出来，这种过程就称为纯种分离。实验室菌种或生产菌种若不慎污染了杂菌或发生了退化，也必须重新进行分离纯化。微生物学中把从单个细胞或一种细胞群繁殖得到的后代称为纯种微生物或纯培养。纯培养的分离方法很多，常用的是稀释倾注平板法、稀释涂布平板法和平板划线法。这些方法都是使待分离样品中的微生物细胞以分散状态存在，让其在培养基上形成一个个纯种单菌落，然后根据菌落及菌体细胞的形态特征移接于合适的培养基上，经扩大培养后，即可得到纯种微生物。不同方法分离后形成的单菌落如图12-40所示。

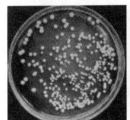 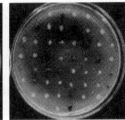 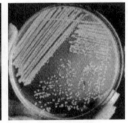

(a) 稀释倾注平板法　　(b) 稀释涂布平板法　　(c) 平板划线法

图 12-40　不同分离方法形成的菌落

倾注平板法是将分离样品做适当稀释后，先吸取不同稀释度样液少许于平皿中，然后倒入45℃左右的琼脂培养基，迅速与之混合均匀，使培养后长出单菌落而达到分离的目的。

稀释涂布法与倾注平板法略有不同，就是先倒好平板，让其凝固，然后再将少许样品稀释液移到平板上，并用涂布棒将其涂布均匀，经培养后挑取单菌落。

平板划线法是用沾有少许待分离样品的接种环在事先制好的平板表面划线，借划线稀释样品，使样品中混杂的微生物随着划线次数的增加而分散开，经培养后，分散的单细胞形成纯种单菌落，故可获得纯种微生物。

【实训条件】

1. 菌种

大肠杆菌和金黄色葡萄球菌的混合菌液，酵母与红酵母的混合菌液。

2. 培养基

牛肉膏蛋白胨琼脂培养基，麦芽汁琼脂培养基。

3. 仪器及其他用品

接种环，接种针，酒精灯，标签纸，70%酒精棉球，9mL无菌生理盐水试管，试管，玻璃涂棒，1mL 无菌移液管，无菌培养皿，恒温培养箱等。

【工作流程】

查询和学习微生物纯培养和分离纯化的相关资料，确定分离纯化微生物所需用品的清单，并进行准备和清点→设计方案→讨论、修改方案及确认→实施。

【实训操作】

1. 稀释涂布平板分离法

（1）制备平板 加热熔化无菌琼脂培养基，冷却至 45℃ 左右，以无菌操作倒入无菌平皿（每皿 12~15mL）中，迅速摇匀，水平静置凝固后即成平板待用。共制备三套平板，并分别标上 10^{-4}、10^{-5}、10^{-6}。

（2）稀释样品 取 6 支盛有 9mL 无菌生理盐水的试管排列于试管架上，依次标记为 10^{-1}、10^{-2}、10^{-3}、10^{-4}、10^{-5}、10^{-6}。将样品悬浮液（或增殖液）摇匀后，用 1mL 移液管以无菌操作吸取 1mL 注入 10^{-1} 试管内（注意这支移液管的尖端不能接触管内液体将用过的移液管放回原纸套中）。另取第二支移液管在 10^{-1} 试管内来回吹吸数次，使其混匀，成为 10^{-1} 稀释液；从 10^{-1} 试管中吸取 1mL 注入 10^{-2} 试管内，另取第三支无菌移液管，以同样方式在 10^{-2} 试管内来回吹吸数次混匀，即为 10^{-2} 稀释液。重复上述操作，将样品依次稀释至原液浓度的 10^{-3} 倍、10^{-4} 倍、10^{-5} 倍、10^{-6} 倍（此法称为十倍连续稀释法，常用于细菌平板计数、液体培养等工作中，是微生物实验和研究工作的主要方法之一）。

（3）加样 以无菌操作用移液管分别吸取 10^{-4}、10^{-5}、10^{-6} 三个稀释度样液各 0.1mL，对号加入到相应的平板培养基上。

（4）涂布 取玻璃涂棒在火焰上灼烧灭菌后，于火焰旁接触皿盖内的冷凝水，以加速涂布棒冷却，随后迅速将接种的菌液在平板表面涂开（图 12-41）。

（5）培养 将涂布好的平皿倒置于恒温箱中培养后观察分离效果。

（6）挑单菌落 挑取典型的单菌落进行染色和显微镜观察，若细胞形态及革兰染色反应均一致，将该单菌落移接到斜面培养基上，经培养后即得纯培养。

2. 稀释倾注平板分离法

此法与稀释涂布法基本相同，无菌操作也一样，区别是先分别将 10^{-4}、10^{-5}、10^{-6} 三个稀释度的稀释菌液各 1mL 注入相应标记的三个无菌平皿中，然后立即倒入熔化并冷却到 45~50℃ 的琼脂培养基 12~15mL，盖上皿盖，将平皿放在桌面上旋转几次，使培养基与稀释液混合均匀，待凝固后放于恒温箱内培养。长出菌苔、菌落后，观察分离效果，挑取单菌落移接于斜面培养基上。

3. 平板划线分离法

（1）制备平板 同涂布平板法。

（2）划线分离 平板划线分离的方法有多种，本实验主要介绍分区划线法和连续划线法。划线必须无菌操作（图 12-42）。

① 分区划线法。对于含菌量较多的样品可使用此种方法。将接种环在酒精灯火焰上灼烧灭菌，以无菌操作取一环待分离菌液，左手持琼脂平板，在火焰附近稍抬起皿盖，右手持接种环伸入皿内使接种环与平板表面成约 30°角，轻轻接触，以腕力使接种环在平板表面做轻快滑动（接种环不应嵌入培养基内）。先在平板一端划 3~5 条平行线，此划线区域为 A区，然后烧掉环上残留的菌液，待环冷却后（可在平板培养基边缘空白处接触一下），将手中的培养皿转动约 60°，用接种环通过 A 区向 B 区来回平行划线。同样再由 B 区向 C 区划线，最后由 C 区向 D 区划线。所划线的区域有不同的作用，故四区的面积也不应等同，应

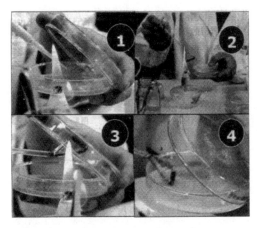
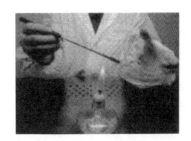

图 12-41 涂布操作示意　　　　　　　图 12-42 平板划线操作示意

1—注样；2—涂棒灭菌；3—试温；4—涂布

为 D>C>B>A，D 区是关键，是单菌落的主要分布区，故面积应最大。另外，在划 D 区线条时，切勿再与 A、B 区的线条相接触（图 12-43）。

② 平板连续划线法。样品悬液中含菌数量不太多时，便使用连续划线法。此法与分区划线法基本相同，无菌操作也一样，所不同的是划线方式。用接种环先蘸取样品悬液，在平板上一点处研磨后，从该点开始向左右两侧划线，逐渐向下移动，连续划成若干条分散而不是重叠的折线（图 12-44）。

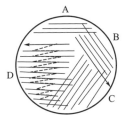

图 12-43 平板分区划线法（左）及培养　　　图 12-44 平板连续划线法（左）及培养
　　　　后菌落生长情况（右）　　　　　　　　　　　后菌落生长情况（右）

（3）培养　划线完毕后，将平皿倒置于恒温箱内培养。

（4）挑单菌落　观察菌落生长分布情况，并挑取单菌落至斜面培养基上。

【实训结果评价及考核】

1. 对微生物接种和培养质量进行自评和实训小组间的互评。

2. 考核每组操作步骤的准确性。

3. 将分离情况记入下表。

样品	培养基	分离方法	有无单菌落及原因	有无污染及原因

【实训思考】

1. 平板划线法需要注意哪些事项？

2. 菌落的密度与大小有何关系?

3. 为什么平板接种后的培养皿要倒置培养?

实训十二　微生物菌种保藏

【技能目标】

1. 会常见菌种的保藏方法。

2. 能根据菌种及保藏目的选择适当的保藏方法。

3. 能根据保藏菌种的时间选择适当的保藏方法。

【实训原理】

微生物具有容易变异的特性，因此，在保藏中，必须使微生物的代谢处于最不活跃或相对静止的状态，才能在一定的时间内使其不发生变异而又保持生活能力。低温、干燥和隔绝空气是使微生物代谢能力降低的重要因素，所以，菌种保藏方法虽多，但都是依据这三个因素而设计的。

【实训条件】

1. 菌种

大肠杆菌、枯草杆菌。

2. 培养基和试剂

肉汤蛋白胨斜面培养基，灭菌脱脂牛乳，灭菌水，化学纯的液体石蜡，甘油，五氧化二磷，河沙，瘦黄土或红土，冰块，食盐，干冰，95%酒精，10%盐酸，无水氯化钙等。

3. 仪器及其他用品

无菌吸管，无菌滴管，无菌培养皿，管形安瓿，泪滴形安瓿，油纸，滤纸条（0.5cm×1.2cm），40目和100目筛子，干燥器，真空泵，真空表，喷灯，L形五通管，冰箱，低温冰箱（-30℃）等。

【工作流程】

查询和学习微生物菌种保藏目的、原理和方法的相关资料，确定微生物菌种保藏所需用品的清单，并进行准备和清点→设计方案→讨论、修改方案及确认→实施。

【实训操作】

1. 斜面低温保藏法

将菌种接种在适宜的固体斜面培养基上，待菌充分生长后，棉塞部分用油纸包扎好，移至4℃冰箱中保藏。保藏时间依微生物种类不同而异，霉菌、放线菌及有芽孢的细菌可保存2～4个月，移种一次；酵母菌两个月移种一次；其他细菌最好每月移种一次。

2. 液体石蜡保藏法

（1）石蜡油灭菌　将液体石蜡分装于三角瓶内，塞上棉塞并用牛皮纸包扎，$1×10^5$Pa（表压）灭菌30min，然后放在100℃烘箱内烘干备用。

（2）培养　将需要保藏的菌种在最适宜的斜面培养基中培养，使得到健壮的菌体或孢子。

（3）石蜡油封管　用无菌吸管吸取无菌液体石蜡，注入已长好菌的斜面上。其用量以高出斜面顶端1cm为准，使菌种与空气隔绝。

（4）保藏　将试管直立，置低温或室温下保存（有的微生物在室温下保存的时间比在冰箱中还要长）。

3. 挂纸保藏法

（1）准备挂纸　将滤纸剪成 0.5cm×1.2cm 的小条装入 0.6cm×8cm 的安瓿中，每管 1～2 张，塞以棉塞，1×10⁶Pa（表压）灭菌 30min。

（2）培养　将需要保存的菌种，在适宜的斜面培养基上培养，使其充分生长。

（3）制作菌悬液　取无菌脱脂牛乳 1～2mL 滴加在无菌培养皿或试管内，取数环菌苔在牛乳内混匀，制成菌悬液。

（4）制作菌滤纸　用灭菌镊子自安瓿内取滤纸条浸入菌悬液内，使其吸饱，再放回安瓿内，塞上棉塞。

（5）干燥　将安瓿放入装有五氧化二磷（作吸水剂）的干燥器中，用真空泵抽气。

（6）熔封保存　将棉花塞入管内，用火焰按图 12-45 熔封，保存于低温下。

（7）菌种复活　需要使用菌种复活培养时，可将安瓿管口在火焰上烧热，滴一滴冷水在烧热的部位，使玻璃破裂，再用镊子敲掉口端的玻璃，待安瓿开启后，取出滤纸，放入液体培养基内，置温箱中培养。

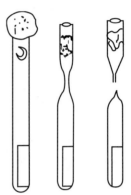

图 12-45　挂纸保藏法的安瓿熔封

4. 沙土保藏法

（1）处理河沙　取河沙加入 10% 稀盐酸，加热煮沸 30min，以去除其中的有机质。倒去酸水，用自来水冲洗至中性。烘干，用 40 目筛子过筛，以去除粗颗粒，备用。

（2）处理土　另取非耕作层的不含腐殖质的瘦黄土或红土，加自来水浸泡洗涤至中性。烘干，碾碎，用 100 目筛子过筛，以去除粗颗粒。

（3）沙土灭菌　按一份黄土、三份沙的比例（或根据需要而用其他比例，甚至可以全部用沙或全部用土）混合均匀，装入 10mm×100mm 的小试管或安瓿中，每管装 1g 左右，塞上棉塞，进行灭菌，烘干。

（4）沙土无菌检查　每 10 支沙土管抽取 1 支，将沙土倒入肉汤培养基中，37℃培养 48h，若仍有杂菌则需全部重新灭菌，再做无菌试验，直至证明无菌，方可备用。

（5）制孢子悬液　选择培养成熟的（一般指孢子层生长丰满的，营养细胞用此法效果不好）优良菌种，以无菌水洗下，制成孢子悬液。

（6）接种　于每支沙土管中加入约 0.5mL（一般以刚刚使沙土润湿为宜）孢子悬液，以接种针拌匀。

（7）真空干燥　将接种的沙土管放入真空干燥器内，用真空泵抽干水分，抽干时间越短越好，务使在 12h 内抽干。

（8）杂菌检查　每 10 支抽取 1 支，用接种环取出少数沙粒，接种于斜面培养基上，进行培养，观察生长情况和有无杂菌生长，如出现杂菌或菌落数很少或根本不生长，则说明制作的沙土管有问题，尚需进一步抽样检查。

（9）熔封保存　若经检查没有问题，用火焰熔封管口，放冰箱或室内干燥处保存。每半年检查一次菌种活力和有无杂菌情况。

（10）复活　需要使用菌种复活培养时，取沙土少许移入液体培养基内，置温箱中培养。

5. 冷冻干燥保藏法

（1）准备安瓿　用于冷冻干燥菌种保藏的安瓿宜采用中性玻璃制造，形状可为长颈球形底的，称为泪滴形安瓿（图 12-46），其大小要求是外径 6～7mm、长 105mm、球部直径为 9～11mm、壁厚 0.6～1.2mm；也可用没有球部的管形安瓿。塞好棉塞，以 1×10^5Pa（表压）灭菌 30min，备用。

（2）准备菌种　用冷冻干燥法保藏的菌种，其保藏期可达数年至十数年，为了在许多年以后不出差错，故所用菌种要特别注意其纯度，即不能有杂菌污染，然后在最适培养基中用最适温度培养，使培养出良好的培养物，细菌和酵母菌的菌龄要求超过指数生长期，若用指数生长期的菌种进行保藏，其存活率反而降低。一般细菌要求 24～48h 的培养物，酵母菌需培养 3 天，形成孢子的微生物则宜保存孢子，放线菌与丝状真菌则培养 7～10 天。

（3）制备菌悬液与分装　以细菌斜面为例，用脱脂牛乳 2mL 左右加入斜面试管中，制成浓菌液，每支安瓿分装 0.2mL。

（4）冷冻　冷冻干燥器有成套的装置出售，价格昂贵，此处介绍的是简易方法与装置，可达到同样的目的。将分装好的安瓿放低温冰箱中冷冻，无低温冰箱可用冷冻剂如干冰（固体 CO_2）酒精液或干冰丙酮液冷冻，温度可达 $-70℃$，将安瓿插入冷冻剂，只需冷冻 4～5min，即可使悬液结冰。

（5）真空干燥　为了在真空干燥时使样品保持冻结状态，需准备冷冻槽，槽内放碎冰块与食盐，混合均匀，可冷至 $-15℃$。将安瓿放入冷冻槽内的干燥瓶内。抽气时一般若在 30min 内能达到 93.3Pa 真空度，则干燥物不致熔化，以后再继续抽气，几小时内，肉眼即可见被干燥物已趋干燥，一般抽到真空度 26.7Pa，保持压力 6～8h 即可。

（6）封口　抽真空干燥后，取出安瓿，将其接在封口用的玻璃管上（图 12-47），可用 L 形五通管继续抽气约 10min 即可达到 26.7Pa。于真空状态下以煤气喷灯的细火焰在安瓿颈中央进行封口。封口以后，保存于冰箱或室温暗处。

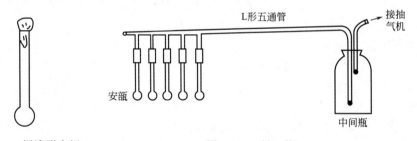

图 12-46　泪滴形安瓿　　　　　图 12-47　封口装置

【实训结果评价及考核】

1. 对保藏微生物菌种的质量进行自评和实训小组间的互评。
2. 考核每组操作步骤的准确性。

【实训思考】

1. 简述各种菌种保藏方法的基本原理。
2. 常用的细菌菌种，应用哪一种方法保藏既效果好又简便？

第十三章 食品微生物检验技术及岗位技能训练

实训十三 食品样品的采集与制备

【技能目标】

1. 能理解 GB 4789.1—2016 有关采样的规定。
2. 能按标准制定样品的采集方案。
3. 能够根据样品的状态及种类正确采集样品。

【实训原理】

食品微生物检验一般包括采样、处理、检验三个步骤。

1. 样品的采集

采样是从待鉴定的一大批食品中抽取小部分用于检验的过程。在食品检验中，采样是至关重要的，必须符合无菌操作要求，所采集的样品必须有代表性。采样用具为灭菌探子、铲子、匙、采样器、试管、吸管、广口瓶、剪子、开罐器等。样品种类可分为大样、中样、小样三种：大样系指一整批，中样是从样品各部分取得的混合样品，小样系指做分析用的检样。定型包装及散装食品均采样 250g。采样方法如下所述。

① 采样必须在无菌操作下进行。

② 根据样品种类，如为袋装、瓶装和罐装食品，能采取最小包装的食品就采取完整包装，必须拆包装采取的应按无菌操作进行。如果样品很大，则需用无菌采样器。采取不同类型的食品应采用不同的工具和方法。

a. 液体食品。充分混匀，以无菌操作开启包装，用 100mL 无菌注射器抽取，注入无菌盛样容器。通过振摇混匀。

b. 半固体食品。用无菌操作拆开包装，用无菌勺子从几个部位挖取样品，放入无菌盛样容器。

c. 固体样品。大块整体食品应用无菌刀具和镊子从不同部位割取，割取时应兼顾表面与深部，注意样品的代表性；小块大包装食品应从不同部位的小块上切取样品，放入无菌盛样容器。固体粉末样品，应边取边混合。

d. 冷冻食品。大包装小块冷冻食品按小块个体采取样品；大块冷冻食品可以用无菌刀从不同部位削取样品或用无菌小手锯从冻块上锯取样品，也可以用无菌钻头钻取碎屑状样品，放入盛样容器。冷冻食品应保持冷冻状态（可放在冰内、冰箱的冰盒内或低温冰箱内保存），非冷冻食品需在 0～5℃ 中保存。

另外，还应注意检验目的，若需检验食品污染情况，可取表层样品；若需检验其品质情况，应取深部样品。

采样前或后应立即贴上标签，每件样品必须标记清楚（品名、来源、数量、采样地点、采样人及采样时间等）。

根据食品不同种类，采样数量有所不同，可参见表 13-1。

表 13-1　各种样品采集数量

检样种类	采样数量	备　注
肉及肉制品	生肉：取屠宰后两腿内侧肌或背最长肌 250g； 脏器：根据检验目的而定； 光禽：每份样品一只； 熟肉制品：熟禽、肴肉、烧烤肉、肉灌肠、酱卤肉、熏煮火腿，取 250g 熟肉干制品：肉松、油酥肉松、肉松粉、肉干、肉脯、其他熟肉干制品等，取 250g	要在不同部位采取
乳及乳制品	鲜乳：250mL； 干酪：250g； 消毒灭菌乳：250mL； 奶粉：250g； 稀奶油/奶油：250g； 酸奶：250g(mL)； 全脂炼乳：250g； 乳清粉：250g	每批样品按千分之一采样，不足千件者抽 250g
蛋品	巴氏杀菌冰全蛋、冰蛋黄、冰蛋白：每件各采样 250g； 巴氏杀菌全蛋粉、蛋黄粉、蛋白片：每件各采样 250g 皮蛋、糟蛋、咸蛋等：每件各采样 250g	一日或一班生产为一批，检验沙门菌按 5% 抽样，每批不少于三个检样； 测定菌落总数和大肠菌群：每批按装听过程前、中、后流动取样三次，每次 100g，每批合为一个样品
水产食品	鱼、大贝甲类：每个为一件(不少于 250g)； 小虾蟹类； 鱼糜制品：鱼丸、虾丸等； 即食动物性水产干制品：鱼干、鱿鱼干； 腌醉制生食动物性水产品、即食藻类食品，每件样品均取 250g	
罐头	1. 按杀菌锅抽样 ①低酸性食品罐头杀菌冷却后抽样两罐，3kg 以上大罐每锅抽样一罐； ②酸性食品罐头每锅抽一罐，一般一个班的产品组成一个检验批，各锅的样罐组成一个样批组，每批每个品种取样基数不得少于三罐 2. 按生产班(批)次抽样 ①取样数为 1/6000，尾数超过 2000 者增取一罐．每班(批)每个品种不得少于三罐 ②某些产品班产量较大，则以 30000 罐为基数，其取样数按 1/6000；超过 30000 罐以上的按 1/20000；尾数超过 4000 罐者增取一罐 ③个别产品量过小，同品种同规格可合并班次为一批取样，但并班总数不超过 5000 罐，每个批次样数不得少于三罐	产品如按锅分堆放，在遇到由于杀菌操作不当引起问题时，也可以按锅处理

检样种类	采样数量	备　注
冷冻饮品	冰棍、雪糕：每批不得少于三件,每件不得少于三支; 冰激凌：原装四杯为一件,散装250g; 食用冰块：每件样品取250g	班产量20万支以下者,一班为一批;以上者以工作台为一批
饮料	瓶(桶)装饮用纯净水：原装一瓶(不少于250mL); 瓶(桶)装饮用水：原装一瓶(不少于250mL); 茶饮料、碳酸饮料、低温复原果汁、含乳饮料、乳酸菌饮料、植物蛋白饮料、果蔬汁饮料：原装一瓶(不少于250mL); 固体饮料：原装一瓶和(或)袋(不少于250g); 可可粉固体饮料：原装一瓶和(或)袋(不少于250g); 茶叶：罐装取一瓶(不少于250g),散装取250g	
调味品	酱油：原装一瓶(不少于250mL); 酱：原装一瓶(不少于250mL); 食醋：原装一瓶(不少于250mL); 袋装调味料：原装一袋(不少于250g); 水产调味品：鱼露、蚝油、虾油、虾酱、蟹酱(蟹糊)等原装一瓶(不少于250g/mL)	
糕点、蜜饯、糖果	糖果、糕点、饼干、面包、巧克力、淀粉糖(液体葡萄糖、麦芽糖饮品、果葡糖浆等)、蜂蜜、果冻、食糖等每件样品各取250g/mL	
酒类	鲜啤酒、熟啤酒、葡萄酒、果酒、黄酒等瓶装两瓶为一件	
非发酵豆制品及面筋、发酵豆制品	非发酵豆制品及面筋：定性包装取一袋(不少于250g); 发酵豆制品：原装一瓶(不少于250g)	
粮谷及果蔬类食品	膨化食品、油炸小食品、早餐谷物、淀粉类食品等：定型包装取一袋(不少于250g),散装取250g; 方便面：定型包装取一袋和(或)碗(不少于250g); 速冻预包装面米食品：定型包装取一袋(不少于250g),散装取250g; 酱腌菜：定型包装取一瓶(不少于250g); 干果食品、烘炒食品：定型包装取一袋(不少于250g),散装取250g	

2. 样品送检

样品送到微生物检验室越快越好。如果路途遥远,可将不需要冷冻的样品保存在1～5℃环境中（如冰壶）。如需保持冷冻状态,则要保存在泡沫塑料隔热箱内（箱内有干冰可维持在0℃以下）。送检时,必须认真填写申请单,以供检验人员参考。

3. 样品处理

由于食品检样种类繁多,来源复杂,各类预检样品并不是拿来就能直接检验,还要根据食品种类的不同性状,经过预处理后,制备成稀释液才能进行有关的各项检验。

① 固体样品。用无菌刀、剪或镊子将称取的不同部位样品10g剪碎,放入无菌容器,加定量水（不易剪碎者,可加海砂研磨）混匀,制成1∶10的混悬液,进行检验。在处理蛋制品时,加入约30个玻璃球以便振荡均匀。生肉及内脏,先进行表面消毒,再剪去表面样

品，取深层样品。

② 瓶装液体样品

a. 原包装样品。用点燃的酒精棉球消毒瓶口，再用经苯酚（石炭酸）或来苏尔消毒液消毒过的纱布将瓶口盖上，然后用经火焰消毒的开罐器开启。摇匀后，用无菌吸管直接吸取。

b. 含有二氧化碳的液体样品。可按上述方法开启瓶盖后，将样品倒入无菌磨口瓶中，盖上一块消毒纱布。将盖开缝，轻轻摇动，使气体逸出后进行检验。

c. 冷冻食品。将冷冻食品放入无菌容器内，等融化后检验。

③ 罐头

a. 密闭试验。将被检罐头置于85℃以上的水浴中，使罐头沉入水面以下5cm，然后观察5min，发现小泡连续上升者，表明漏气。

b. 膨胀试验。将罐头放在（37±2）℃环境下7天，若是水果和蔬菜罐头，放在20～25℃环境下7天，观察罐头盖和底有无膨胀现象。

c. 微生物检验。先用酒精棉球擦去罐上油污，然后用点燃的酒精棉球消毒开口的一端。用以来苏尔消毒液消过毒的纱布盖上，再用灭菌的开罐器打开罐头，除去表层，用灭菌匙或吸管取出中间部分的样品，进行检验。

【实训器材】

铲子，药匙，尖嘴钳，镊子，剪子，采样器，广口瓶，玻璃吸管，注射器，试管，三角瓶，灭菌手套，无菌棉拭子，灭菌包装袋，面包，牛乳等。

【工作流程】

查询和学习GB 4789.1—2016有关采样的规定，确定本实训所需用品种类及数量的清单，并进行准备和清点→设计方案→讨论、修改方案及确认→实施。

【实训操作】

1. 固体样品的采集

（1）采样用具、容器灭菌准备　玻璃吸管、注射器、长柄匙单个用纸包好或用布袋包好，经高压灭菌。盛装样品的容器要预先贴好标签，编号后单个用纸包好，经高压灭菌，密闭，干燥。铲子、尖嘴钳、镊子、剪子等用具，使用前在酒精灯上用火焰灭菌。灭菌好的用具妥善保管，防止污染。

（2）直接带包装取一袋（不少于250g）（这里以袋装面包为例），送检。

（3）操作人员先用75%酒精棉球消毒手，再用75%酒精棉球将面包包装开口处周围抹擦消毒，然后打开。

（4）用无菌镊子从面包不同部位削取样品将其装入样品容器，称取25g加入225mL无菌水中，用均质器均质，或从中取25g置于装有225mL带有玻璃珠的无菌水中，充分振荡混匀。

2. 液体样品的采集

散装或大型包装乳品，混匀后，用无菌吸管移取；大型包装乳品取整件包装，即1瓶。

（1）采样用具、器皿灭菌准备。

（2）直接带包装取1瓶或1袋，送检。

（3）操作人员先用75%酒精棉球消毒手，再用75%酒精棉球将牛乳包装开口处周围抹擦消毒，然后打开。

（4）将牛乳充分混合，用无菌注射器量取25mL加入225mL带有玻璃珠的无菌水中，充分振荡混匀。

3. 注意事项

(1) 必须符合无菌操作。

(2) 一件器材只能用于一个样品，避免交叉污染。

【实训结果评价及考核】

1. 对采集样品的质量进行自评和实训小组间的互评。

2. 考核每组操作步骤的准确性。

3. 完成下表的填写。

① 实训器材

样品名称	所需采样工具、容器	用途	数量	注意事项

② 采样信息登记

样品登记号		样品名称	
采集地点		采集数量	
采样时间		被采样单位	
生产日期		批号	
采样现场简述			
有效成分及含量			
检验目的		检验项目	
采样人		采样单位	
日期		日期	

【实训思考】

1. 简述样品采集的基本要求。

2. 检样送检过程中，应采取哪些措施尽可能保持检样原有的微生物状态？

3. 液体和固体样品的处理方法有哪些？

实训十四　食品中细菌总数的测定

【技能目标】

1. 能理解 GB 4789.2—2016 中有关食品中细菌总数测定的规定。

2. 能明确食品中细菌总数测定的意义。

3. 能够对食品样品中的细菌总数进行测定并对结果进行正确判断。

【实训原理】

样品处理后，应尽快检验。微生物检验室接到送检申请单，应立即登记，填写实验序号，并按检验要求，立即将样品放在冰箱或冰盒中，积极准备条件进行检验。

食品样品细菌总数的测定采用 GB 4789.2—2016《食品安全国家标准　食品微生物学检验　菌落总数测定》中规定的测定方法。

菌落总数是指食品检样经过处理，在一定条件下（培养基成分、培养温度和时间、pH、需氧性质等）培养后，所得 1mL(g) 检样中所含细菌菌落总数（通常用"个/mL"或"个/g"表示）。食品菌落总数可作为判定食品被污染程度的指标，同时，也可用于观察细菌在食品中繁殖的动态，以便对被检样品进行卫生学评价时提供依据。

细菌菌落总数的测定一般用国际标准规定的平板菌落计数法，所得结果只包含一群能在营养琼脂上生长的嗜中温需氧菌的菌落总数，并不表示样品中实际存在的所有细菌的菌落总数。

平板菌落计数法是一种最常用的活菌计数法。取一定体积的稀释菌液与合适的固体培养基在其凝固前均匀混合，或涂布于已凝固的固体培养基平板上。经保温培养后，从平板上（内）出现的菌落数乘上菌液的稀释度，即可计算出原菌液的含菌数（图 13-1）。

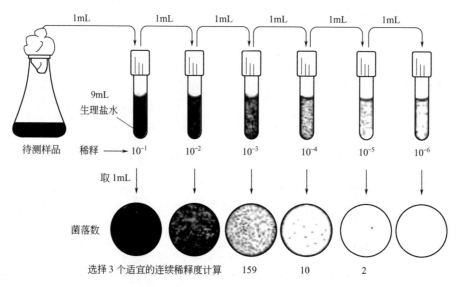

图 13-1　菌落总数测定示意

平板菌落的计算，可用肉眼观察，必要时用放大镜检查，防止遗漏，也可借助于菌落计数器计数。对长得相当接近，但不相接触的菌落，应予以一一计数。对链状菌落，应当作为一个菌落来计算。平板中若有较大片状菌落时则不宜采用，若片状菌落少于平板的一半时，而另一半中菌落分布又均匀，则可将其菌落数的 2 倍作为全皿菌落数。这种方法在操作时有较高的技术要求。其中最重要的是应使样品充分混匀，并让每一支移液管只能接触一个稀释度的菌液。

【实训条件】

1. 设备和材料

冰箱：0～4℃；恒温培养箱：36℃±1℃；恒温水浴锅：46℃±1℃；均质器或灭菌乳

钵；架盘药物天平：0～500g，精确至0.5g；菌落计数器；放大镜4×；灭菌吸管：1mL(具0.01mL刻度)、10mL(具0.1mL刻度)；灭菌锥形瓶：500mL；灭菌玻璃珠：直径约5mm；灭菌培养皿：直径90mm；灭菌试管：16mm×160mm；灭菌刀、剪子、镊子等。

2. 培养基和试剂

营养琼脂培养基，磷酸盐缓冲液，0.85％灭菌生理盐水，75％乙醇等。

【工作流程】

查询和学习 GB 4789.2—2016 中有关细菌菌落总数检验的规定，确定本实训所需用品种类及数量的清单，并进行准备和清点→设计检测方案→讨论、修改方案及确认→实施。

【实训操作】

菌落总数的检验程序为：

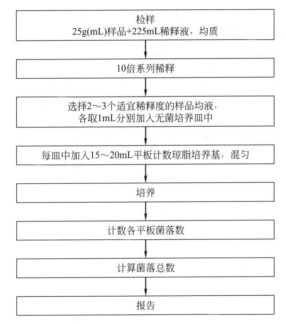

1. 检样稀释及培养

① 以无菌操作将检样 25g 剪碎或将检样 25mL 放于含有 225mL 灭菌生理盐水或其他稀释液的灭菌玻璃瓶内（瓶内预置适当数量的玻璃珠）或灭菌乳钵内，经充分研磨或振摇做成 1∶10 的均匀稀释液。

固体检样在加入稀释液后，最好置均质器中以 8000～10000r/min 的速度处理 1min，做成 1∶10 的均匀稀释液。

② 用 1mL 灭菌吸管吸取 1∶10 稀释液 1mL，沿管壁徐徐注入盛有 9mL 灭菌生理盐水或其他稀释液的试管内（注意吸管尖端不要触及管内稀释液），振摇试管，混合均匀，做成 1∶100 的稀释液。

③ 另取 1mL 灭菌吸管，按上述操作方法，做 10 倍递增稀释，如此每递增稀释一次，即换用 1 支 1mL 灭菌吸管。

④ 根据食品卫生标准要求或对标本污染情况的估计，选择 2～3 个适宜稀释度，分别在

做 10 倍递增稀释的同时，即以吸取该稀释度的吸管移 1mL 稀释液于灭菌培养皿内，每个稀释度做两个培养皿。

⑤ 稀释液移入培养皿后，应及时将温度降至 46℃ 的营养琼脂培养基（可放置于 46℃±1℃ 水浴保温）注入培养皿约 15mL，并转动培养皿使混合均匀。同时将营养琼脂培养基倾入加有 1mL 稀释液（不含样品）的灭菌培养皿内作空白对照。

⑥ 待琼脂凝固后，翻转平板，置 36℃±1℃ 恒温培养箱内培养 48h±2h。

2. 菌落计数

做平板菌落计数时，可用肉眼观察。必要时用放大镜或菌落计数器检查，以防遗漏。在记下各平板的菌落数后，求出同稀释度的各平板平均菌落总数。

（1）平板菌落数的选择 选取菌落数为 30～300 的平板作为菌落总数测定标准。一个稀释度使用两个平板，应采用两个平板平均数，其中一个平板有较大片状菌落生长时，则不宜采用，而应以无片状菌落生长的平板作为该稀释度的菌落数。若片状菌落不到平板的一半，而其余一半中菌落分布又很均匀，即可计算半个平板后乘 2 以代表全皿菌落数。平板内如有链状菌落生长时（菌落之间无明显界线），若仅有一条链，可视为一个菌落；如果有不同来源的几条链，则应将每条链作为一个菌落计数。

（2）稀释度的选择

① 应选择平均菌落数为 30～300 的稀释度，乘以稀释倍数报告之（表 13-2 中例次 1）。

表 13-2　稀释倍数选择及菌落数的报告方式

例次	稀释液及菌落数			两稀释液之比	菌落总数 /（个/mL 或个/g）	报告方式 /（个/mL 或个/g）
	10^{-1}	10^{-2}	10^{-3}			
1	多不可计	164	20	—	16400	16000 或 1.6×10^4
2	多不可计	295	46	1.6	37750	38000 或 3.8×10^4
3	多不可计	271	60	2.2	27100	27000 或 2.7×10^4
4	多不可计	多不可计	313	—	313000	310000 或 3.1×10^5
5	27	11	5	—	270	270 或 2.7×10^2
6	0	0	0	—	<10	<10
7	多不可计	305	12	—	30500	31000 或 3.1×10^4

② 若有两个稀释度，其平均菌落数均为 30～300，则视两者之比如何来决定。若其比值小于或等于 2，应报告其平均数；若大于 2 则报告其中较小的数字（表 13-2 中例次 2 及例次 3）。

③ 若所有稀释度的平均菌落数均大于 300，则应按稀释度最高的平均菌落数乘以稀释倍数报告之（表 13-2 中例次 4）。

④ 若所有稀释度的平均菌落数均小于 30，则应按稀释度最低的平均菌落数乘以稀释倍数报告之（表 13-2 中例次 5）。

⑤ 若所有稀释度均无菌落生长，则以小于 1 乘以最低稀释倍数报告之（表 13-2 中例次 6）。

⑥ 若所有稀释度的平均菌落数均不在 30～300，其中一部分大于 300 或小于 30 时，则以最接近 30 或 300 的平均菌落数乘以稀释倍数报告之（表 13-2 中例次 7）。

3. 菌落数的报告

菌落数在 100 以内时，按其实有数报告；大于等于 100 时，采用两位有效数字，在两位有效数字后面的数值，以"四舍五入"原则修约，也可用 10 的指数来表示（表 13-2）。

检验完毕，检验人员应及时填写报告单，签名后送主管人员核实签字。加盖单位印章，以示生效，立即交食品卫生监督人员处理。

【实训指导】

① 检样中所用的器具都必须洗净、烘干、灭菌，既不能存在活菌，也不能残留抑菌物质。

② 应注意采样的代表性。

③ 为减少误差，在连续进行稀释时，应使吸管内的液体沿管壁流入生理盐水中，勿使吸管尖端深入稀释液内，以免吸管外部附着的检液溶入其内，造成误差。

④ 为减少误差，严格按照无菌操作进行实验。

⑤ 认真检查试验器材有无破损（要特别注意试管底的裂痕和破洞），以防丢失样本和污染环境。

⑥ 注意菌液的均匀分散。

⑦ 稀释或取液时要准确，尽量减少吸管使用中产生的误差。

⑧ 每吸取一个稀释度样液，必须更换一支吸管，以减少误差。

⑨ 样液接种于平皿后应尽快倾注营养琼脂培养基，避免样液干燥于平皿上，影响结果的准确性。

⑩ 倾注时琼脂培养基温度不得超过 46℃，以防损伤细菌。倾注和摇动时，动作应尽量平稳，以利于细菌分散均匀，便于计数菌落。勿使培养基外溢，以免影响结果的准确性和造成环境的污染。

⑪ 结果计算时，必须弄清稀释倍数，以免计算错误。

【实训结果评价及考核】

1. 对细菌总数的测定结果及报告进行自评和实训小组间的互评。
2. 考核每组操作步骤的准确性。
3. 完成菌落总数测定原始记录表的填写。

菌落总数测定原始记录表

平皿　　　　菌落数　　稀释度				空白对照
1				
2				

【实训思考】

1. 测定食品中菌落总数的意义是什么？

2. 该实训中哪些因素影响检测结果的准确性？

3. 食品样品的平板菌落计数的原则如何？

4. 食品中检出的菌落总数是否代表该食品上的所有细菌数？为什么？

实训十五　食品中大肠菌群的测定

【技能目标】

1. 能理解 GB 4789.3—2016 中有关食品中大肠菌群测定的规定。

2. 能明确食品中大肠菌群测定的意义。

3. 能够用 MPN 计数法对食品样品中的大肠菌群进行测定并对结果进行正确判断。

【实训原理】

大肠菌群是指一群在 37℃条件下培养 24h 后，能发酵乳糖、产酸产气的需氧和兼性厌氧的革兰阴性无芽孢杆菌。大肠菌群是食品及生活用水粪便污染指示菌，大肠菌群数常以 1mL（g）检样内大肠菌群的最可能数（MPN）表示。其测定是将一定量的样品接种乳糖发酵管，根据发酵反应结果，确证大肠菌群的阳性管数后，在检索表中查出大肠菌群的 MPN 值。

目前我国的食品安全标准中，允许某些食品中含有少量大肠菌群，例如，100g 乳酸中大肠杆菌菌群不得超过 90 个，100g（mL）酱油中大肠菌群不得超过 30 个，饮用水标准中规定 1L 自来水中大肠菌群数不得超过 3 个。

食品中大肠菌群的计数有 MPN 法和平板计数法。MPN 法是统计学和微生物学结合的一种定量检测法。待测样品经系列稀释并培养后，根据其未生长的最低稀释度与生长的最高稀释度，应用统计学概率论推算出待测样品中大肠菌群的最大可能数，该法适用于大肠菌群含量较低的食品中大肠菌群的计数；大肠菌群在固体培养基中发酵乳糖产酸，在指示剂的作用下形成可计数的红色或紫色、带有或不带有沉淀环的菌落，该法适用于大肠菌群含量较高的食品中大肠菌群的计数。

本实训采用的是 MPN 法。

【实训条件】

1. 培养基与试剂

月桂基硫酸盐胰蛋白胨（LST）肉汤，煌绿乳糖胆盐（BGLB）肉汤，无菌生理盐水，无菌水等。

2. 仪器及用具

冰箱，恒温培养箱，恒温水浴锅，显微镜，灭菌三角瓶，灭菌培养皿，载玻片，超净工作台，灭菌吸管，灭菌试管等。

【工作流程】

查询和学习 GB 4789.3—2016 中有关大肠菌群检验的规定，确定本实训所需用品种类及数量的清单，并进行准备和清点→设计检测方案→讨论、修改方案及确认→实施。

【实训操作】

大肠菌群 MPN 计数的检验程序为：

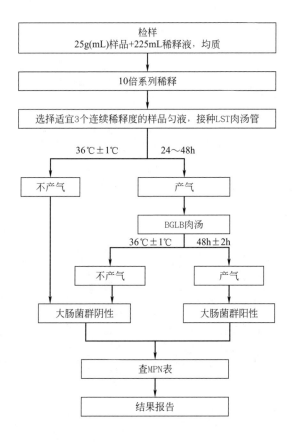

1. 样品的稀释

① 固体和半固体样品。称取 25g 样品，放入盛有 225mL 生理盐水的无菌均质杯内，以 8000～10000r/min 均质 1～2min，或放入盛有 225mL 生理盐水的无菌均质袋中，用拍击式均质器拍打 1～2min，制成 1∶10 的样品匀液。

② 液体样品。以无菌吸管吸取 25mL 样品置盛有 225mL 生理盐水的无菌锥形瓶（内置适当数量的无菌玻璃珠），充分混匀，制成 1∶10 的样品匀液。

③ 用 1mL 无菌吸管吸取 1∶10 的样品匀液 1mL，沿管壁缓缓注入盛有 9mL 生理盐水的无菌试管中，充分振荡试管制成 1∶100 的稀释液。另取一只 1mL 灭菌吸管，按上项操作顺序依次制成 10 倍递增系列稀释样品匀液。

2. 初发酵试验

选择三个适宜的连续稀释度，每个稀释度接种三管月桂基硫酸盐胰蛋白胨肉汤，每管接种 1mL，接种量在 1mL 以上者用双料月桂基硫酸盐胰蛋白胨肉汤。置（36±1）℃恒温箱内培养（24±2）h，观察管内是否有气泡产生，如未产气则继续培养至（48±2）h。如所有发酵管都不产气，则报告大肠菌群阴性，如有产气者按下列步骤进行。

3. 复发酵实验

用接种环从产气的月桂基硫酸盐胰蛋白胨肉汤中分别取培养物一环，接种于煌绿乳糖胆盐肉汤管中，置（36±1）℃恒温箱内培养（48±2）h，观察管内产气情况。产气者为大肠菌群阳性。

4. 大肠菌群最可能数（MPN）报告

记下发酵管中产气的阳性管数，检索 MPN 表（表 13-3），报告 1g（mL）检样内大肠菌群的最可能数（MPN）。

表 13-3　大肠菌群最可能数（MPN）检索表

阳性管数			MPN	95％可信限		阳性管数			MPN	95％可信限	
0.10	0.01	0.001		下限	上限	0.10	0.01	0.001		下限	上限
0	0	0	<3.0	—	9.5	2	2	0	21	4.5	42
0	0	1	3.0	0.15	9.6	2	2	1	28	8.7	94
0	1	0	3.0	0.15	11	2	2	2	35	8.7	94
0	1	1	6.1	1.2	18	2	3	0	29	8.7	94
0	2	0	6.2	1.2	18	2	3	1	36	8.7	94
0	3	0	9.4	3.6	38	3	0	0	23	4.6	94
1	0	0	3.6	0.17	18	3	0	1	38	8.7	110
1	0	1	7.2	1.3	18	3	0	2	64	17	180
1	0	2	11	3.6	38	3	1	0	43	9	180
1	1	0	7.4	1.3	20	3	1	1	75	17	200
1	1	1	11	3.6	38	3	1	2	120	37	420
1	2	0	11	3.6	42	3	1	3	160	40	420
1	2	1	15	4.5	42	3	2	0	93	18	420
1	3	0	16	4.5	42	3	2	1	150	37	420
2	0	0	9.2	1.4	38	3	2	2	210	40	430
2	0	1	14	3.6	42	3	2	3	290	90	1000
2	0	2	20	4.5	42	3	3	0	240	42	1000
2	1	0	15	3.7	42	3	3	1	460	90	2000
2	1	1	20	4.5	42	3	3	2	1100	180	4100
2	1	2	27	8.7	94	3	3	3	>1100	420	—

注：1. 本表采用 3 个稀释度 [0.10g（mL）、0.01g（mL）、0.001g（mL）]，每个稀释度接种 3 管。

2. 表内所列检样量如改用 1g（mL）、0.1g（mL）、0.01g（mL）时，表内数字应相应降低 10 倍；如改用 0.01g（mL）、0.001g（mL）、0.0001g（mL）时，则表内数字应相应增高 10 倍，其余类推。

【实训结果评价及考核】

1. 对大肠菌群的测定结果及报告进行自评和实训小组间的互评。

2. 考核每组操作步骤的准确性。

3. 完成大肠菌群 MPN 计数记录表的填写。

稀释度	10^{-n}			$10^{-(n+1)}$			$10^{-(n+2)}$		
试管编号	1	2	3	1	2	3	1	2	3
LST 肉汤初发酵结果（＋或－）									
复发酵结果（＋或－）									
结论（＋或－）									
查 MPN 表报告结果									

【实训思考】

1. 测定食品中大肠菌群的意义是什么？

2. 大肠菌群的测定除了 MPN 计数法外还有什么方法？

实训十六　食品中金黄色葡萄球菌的检验

【技能目标】

1. 能理解 GB 4789.10—2016 中有关食品中金黄色葡萄球菌检验的规定。

2．能明确食品中金黄色葡萄球菌检验的意义。

3．能够按国标对食品样品中的金黄色葡萄球菌进行检验并对结果进行正确判断。

【实训原理】

葡萄球菌属是一群 G⁺ 菌，在氧气充足、温度适宜、营养丰富的条件下葡萄球菌能产生脂溶性色素，在固体培养基上色素集中在菌落上。绝大多数葡萄球菌是非致病菌，仅少数菌具有致病性，能引起人和动物各种化脓性疾病等，严重时能引起败血症。食品受到葡萄球菌的污染，在适宜的条件下能产生肠毒素，引起人食物中毒。其中以金黄色葡萄球菌毒性最强，其污染食品后，由于处理不当，可引起食物中毒。该菌产生的血浆凝固酶能使含有柠檬酸钠和葡萄糖的兔血浆凝固，它是检验该菌的一项重要指标。

食品中葡萄球菌的检验按 GB 4789.10—2016《食品安全国家标准 食品微生物学检验 金黄色葡萄球菌检验》的有关内容进行。检验内容包括：①增菌与分离培养；②染色镜检；③生化鉴定。

【实训条件】

1. 培养基及试剂

7.5％氯化钠肉汤，血琼脂平板，Baird-Parker 琼脂平板，脑心浸出液肉汤（BHI），营养琼脂小斜面，无菌生理盐水，兔血浆，革兰染色液等。

2. 设备和材料

显微镜，恒温培养箱，冰箱，均质器，振荡器，1mL、5mL、10mL 无菌吸管，无菌试管，无菌锥形瓶，载玻片，酒精灯，pH 计或 pH 试纸等。

【工作流程】

查询和学习 GB 4789.10—2016 中有关食品中金黄色葡萄球菌检验的规定，确定本实训所需用品种类及数量的清单，并进行准备和清点→设计检测方案→讨论、修改方案及确认→实施。

【实训操作】

金黄色葡萄球菌检验流程为：

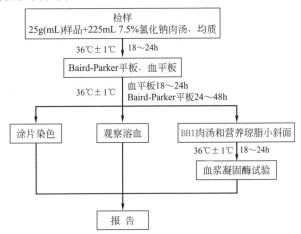

1. 样品的处理

称取 25g 检样至盛有 225mL 7.5％氯化钠肉汤的无菌均质杯内，以 8000～10000r/min 均质 1～2min，或放入盛有 225mL 7.5％氯化钠肉汤的无菌均质袋中，用拍击式均质器拍打

1~2min。如样品为液态，吸取 25mL 样品至盛有 225mL 7.5％氯化钠肉汤的无菌锥形瓶（内置适当数量的无菌玻璃珠）中，振荡混匀。

2. 增菌和分离培养

(1) 将上述样品匀液于（36±1）℃恒温箱内培养 18～24h，金黄色葡萄球菌在 7.5％氯化钠肉汤中呈混浊生长。

(2) 将上述培养物，分别划线接种到 Baird-Parker 平板和血平板，血平板（36±1）℃恒温箱内培养 18～24h，Baird-Parker 平板（36±1）℃恒温箱内培养 18～24h 或 45～48h。

3. 初步鉴定

金黄色葡萄球菌在 Baird-Parker 平板上呈圆形，表面光滑、凸起、湿润，菌落直径为 2～3mm，颜色呈灰黑色至黑色，有光泽，常有浅色（非白色）的边缘，周围绕以不透明圈（沉淀），其外常有一清晰带（图 13-2）。当用接种针触及菌落时具有黄油样黏稠感。有时可见到不分解脂肪的菌株，除没有不透明圈和清晰带外，其他外观基本相同。从长期贮存的冷冻或脱水食品中分离的菌落，其黑色常较典型菌落浅些，且外观可能较粗糙，质地较干燥。在血平板上，形成菌落较大，圆形、光滑凸起、湿润、金黄色（有时为白色），菌落周围可见完全透明溶血圈（图 13-3）。挑取上述可疑菌落进行革兰染色镜检及血浆凝固酶试验。

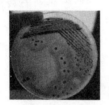 

图 13-2　金黄色葡萄球菌在 Baird-Parker 平板上的菌落特征　　图 13-3　金黄色葡萄球菌在血平板上的菌落特征

4. 确证鉴定

(1) 染色镜检　金黄色葡萄球菌革兰染色为阳性，无芽孢、无荚膜、呈不规则的葡萄状排列，直径 0.5～1.0μm。

(2) 血浆凝固酶试验　挑取 Baird-Parker 平板或血平板上可疑菌落 1 个或以上，分别接种到 5mL BHI 和营养琼脂小斜面，（36±1）℃恒温箱内培养 18～24h。

取新鲜配制的兔血浆 0.5mL，放入小试管中，再加入 BHI 培养物 0.2～0.3mL，振荡摇匀，置（36±1）℃恒温箱或水浴箱内，每 0.5h 观察一次，观察 6h，如呈现凝固（即将试管倾斜或倒置时，呈现凝块）或凝固体积大于原体积的一半，被判定为阳性结果。同时，以血浆凝固酶试验阳性和阴性葡萄球菌菌株的肉汤培养物作为对照。也可以用商品化的试剂，按说明书操作，进行血浆凝固酶试验。

结果如可疑，挑取营养琼脂小斜面的菌落到 5mL BHI，（36±1）℃恒温箱内培养 18～48h，重复试验。

5. 结果与报告

(1) 结果判定　符合以上 3. 和 4.，可判定为金黄色葡萄球菌。

(2) 结果报告　在 25g（mL）样品中检出或未检出金黄色葡萄球菌。

【实训结果评价及考核】

1. 对金黄色葡萄球菌的检验结果及报告进行自评和实训小组间的互评。

2. 考核每组操作步骤的准确性。

3. 金黄色葡萄球菌检验原始记录

样品	1	2	3
在 Baird-Parker 平板上的菌落状态			
在血平板上的菌落状态			
染色镜检结果			
血浆凝固酶试验现象			
结果与报告			

【实训思考】

1. 为什么采用血浆凝固酶试验来判定葡萄球菌致病和不致病？
2. 鉴定金黄色葡萄球菌时为什么要进行染色试验？

实训十七　食品中的沙门菌检验

【技能目标】

1. 能理解 GB 4789.4—2016 中有关沙门菌检验的规定。
2. 能明确沙门菌检验的意义。
3. 能够按国标对食品样品中的沙门菌进行检验并对结果进行正确判断和报告。

【实训原理】

　　沙门菌属是肠杆菌科的一个大属，属肠杆菌科革兰阴性肠道杆菌，已发现的有近一千种（或菌株）。按其抗原成分，可将沙门菌分为甲、乙、丙、丁、戊等基本菌组。其中与人体疾病有关的主要有甲组的副伤寒甲杆菌，乙组的副伤寒乙杆菌和鼠伤寒杆菌，丙组的副伤寒丙杆菌和猪霍乱杆菌，丁组的伤寒杆菌和肠炎杆菌等。沙门菌广泛存在于猪、牛、羊、家禽、鸟类、鼠类等多种动物的肠道和内脏中，能引起人和动物的败血症与胃肠炎，甚至流产，并能引起人类食物中毒，它是人类细菌性食物中毒的最主要病原菌之一。据统计，在世界各国的细菌性食物中毒中，由沙门菌引起的食物中毒常列榜首。

　　食品中沙门菌的检验方法，按 GB 4789.4—2016《食品安全国家标准　食品微生物学检验　沙门氏菌检验》进行。

【实训条件】

1. 培养基及试剂

　　缓冲蛋白胨水（BPW），四硫磺酸钠煌绿（TTB）增菌液，亚硒酸盐胱氨酸（SC）增菌液，亚硫酸铋（BS）琼脂，HE 琼脂，木糖赖氨酸脱氧胆盐（XLD）琼脂，三糖铁（TSI）琼脂，靛基质试剂，尿素琼脂（pH7.2），氰化钾（KCN）培养基，赖氨酸脱羧酶试验培养基，糖发酵管，邻硝基酚-β-D-半乳糖苷（ONPG）培养基，生化鉴定试剂盒等。

2. 设备和材料

　　除微生物实验室常规灭菌及培养设备外，其他设备和材料如下：

　　冰箱（2～5℃），恒温培养箱（36℃±1℃，42℃±1℃），均质器，振荡器，电子天平（感量 0.1g），无菌锥形瓶（500mL，250mL），无菌吸管［1mL（具 0.01mL 刻度）、10mL（具 0.1mL 刻度）］，无菌试管（3mm×50mm、10mm×75mm），无菌培养皿（直径

60mm、90mm），无菌毛细管，pH 计或 pH 比色管或精密 pH 试纸等。

【工作流程】

查询和学习 GB 4789.4—2016 中有关食品中沙门菌检验方法的规定，确定本实训所需用品种类及数量的清单，并进行准备和清点→设计检测方案→讨论、修改方案及确认→实施。

【实训操作】

沙门菌的检验流程为：

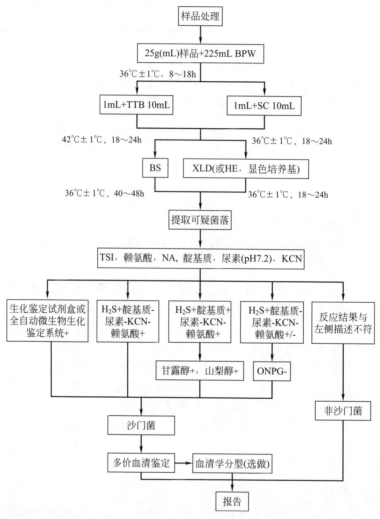

1. 预增菌

无菌操作称取 25g（mL）样品，置于盛有 225mL BPW 的无菌均质杯或合适容器内，以 8000~10000r/min 均质 1~2min，或置于盛有 225mL BPW 的无菌均质袋中，用拍击式均质器拍打 1~2min。若样品为液态，不需要均质，振荡混匀。如需调整 pH，用 1mol/mL 无菌 NaOH 或 HCl 调 pH 至 6.8±0.2。无菌操作将样品转至 500mL 锥形瓶或其他合适容器内（如均质杯本身具有无孔盖，可不转移样品），如使用均质袋，可直接进行培养，于 36℃±1℃培养 8~18h。如为冷冻产品，应在 45℃以下不超过 15min，或 2~5℃不超过 18h 解冻。

2. 增菌

轻轻摇动培养过的样品混合物，移取 1mL，转种于 10mL TTB 内，于 42℃±1℃培养 18～24h。同时另取 1mL，转种于 10mL SC 内，于 36℃±1℃培养 18～24h。

3. 分离

分别用直径 3mm 的接种环取增菌液 1 环，划线接种于一个 BS 琼脂平板和一个 XLD 琼脂平板（或 HE 琼脂平板或沙门菌属显色培养基平板），于 36℃±1℃分别培养 40～48h（BS 琼脂平板）或 18～24h（XLD 琼脂平板、HE 琼脂平板、沙门菌属显色培养基平板），观察各个平板上生长的菌落，各个平板上的菌落特征见表 13-4。

表 13-4 沙门菌属在不同选择性琼脂平板上的菌落特征

选择性琼脂平板	沙门菌
BS 琼脂	菌落为黑色有金属光泽、棕褐色或灰色，菌落周围培养基可呈黑色或棕色；有些菌株形成灰绿色的菌落，周围培养基不变（图 13-4）
HE 琼脂	蓝绿色或蓝色，多数菌落中心黑色或几乎全黑色；有些菌株为黄色，中心黑色或几乎全黑色
XLD 琼脂	菌落呈粉红色，带或不带黑色中心，有些菌株可呈现大的带光泽的黑色中心，或呈现全部黑色的菌落；有些菌株为黄色菌落，带或不带黑色中心（图 13-5）
沙门菌属显色培养基	按照显色培养基的说明进行判定

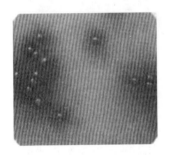

图 13-4 沙门菌在 BS 琼脂平板上的菌落形态

图 13-5 沙门菌在 XLD 琼脂平板上的菌落形态

4. 生化试验

（1）自选择性琼脂平板上分别挑取 2 个以上典型或可疑菌落，接种三糖铁琼脂，先在斜面划线，再于底层穿刺；接种针不要灭菌，直接接种赖氨酸脱羧酶试验培养基和营养琼脂平板，于 36℃±1℃培养 18～24h，必要时可延长至 48h。在三糖铁琼脂和赖氨酸脱羧酶试验培养基内，沙门菌属的反应结果见表 13-5。

表 13-5 沙门菌属在三糖铁琼脂和赖氨酸脱羧酶试验培养基内的反应结果

三糖铁琼脂				赖氨酸脱羧酶试验培养基	初步判断
斜面	底层	产气	硫化氢		
K	A	+（−）	+（−）	+	可疑沙门菌属
K	A	+（−）	+（−）	−	可疑沙门菌属
A	A	+（−）	+（−）	+	可疑沙门菌属
A	A	+/−	+/−	−	非沙门菌
K	K	+/−	+/−	+/−	非沙门菌

注：K 表示产碱；A 表示产酸；+表示阳性；−表示阴性；+（−）表示多数阳性，少数阴性；+/−表示阳性或阴性。

（2）接种三糖铁琼脂和赖氨酸脱羧酶试验培养基的同时，可直接接种蛋白胨水（供做靛基质试验）、尿素琼脂（pH7.2）、氰化钾（KCN）培养基，也可在初步判断结果后从营养琼脂平板上挑取可疑菌落接种。于 $36℃±1℃$ 培养 $18～24h$，必要时可延长至 $48h$，按表 13-6 判定结果。将已挑菌落的平板储存于 $2～5℃$ 或室温至少保留 $24h$，以备必要时复查。

表 13-6　沙门菌属生化反应初步鉴别表

反应序号	硫化氢(H_2S)	靛基质	pH7.2 尿素	氰化钾（KCN）	赖氨酸脱羧酶
A1	＋	－	－	－	＋
A2	＋	＋	－	－	＋
A3	－	－	－	－	＋/－

注：＋表示阳性；－表示阴性；＋/－表示阳性或阴性。

① 反应序号 A1。典型反应判定为沙门菌属。如尿素、KCN 和赖氨酸脱羧酶 3 项中有 1 项异常，按表 13-7 可判定为沙门菌。如有 2 项异常为非沙门菌。

表 13-7　沙门菌属生化反应初步鉴别表

pH7.2 尿素	氰化钾（KCN）	赖氨酸脱羧酶	判定结果
－	－	－	甲型副伤寒沙门菌（要求血清学鉴定结果）
－	＋	＋	沙门菌Ⅳ或Ⅴ（要求符合本群生化特性）
＋	－	＋	沙门菌个别变体（要求血清学鉴定结果）

注：＋表示阳性；－表示阴性。

② 反应序号 A2。补做甘露醇和山梨醇试验，沙门菌靛基质阳性变体两项试验结果均为阳性，但需要结合血清学鉴定结果进行判定。

③ 反应序号 A3。补做 ONPG。ONPG 阴性为沙门菌，同时赖氨酸脱羧酶阳性，甲型副伤寒沙门菌为赖氨酸脱羧酶阴性。

④ 必要时按表 13-8 进行沙门菌生化群的鉴别。

表 13-8　沙门菌属各生化群的鉴别

项　目	Ⅰ	Ⅱ	Ⅲ	Ⅳ	Ⅴ	Ⅵ
卫矛醇	＋	＋	－	－	＋	－
山梨醇	＋	＋	＋	＋	＋	－
水杨苷	－	－	－	－	－	－
ONPG	－	－	＋	－	＋	－
丙二酸盐	－	＋	＋	－	－	－
KCN	－	－	－	＋	＋	－

注：＋表示阳性；－表示阴性。

（3）如选择生化鉴定试剂盒或全自动微生物生化鉴定系统，可根据（1）的初步判断结果，从营养琼脂平板上挑取可疑菌落，用生理盐水制备成浊度适当的菌悬液，使用生化鉴定试剂盒或全自动微生物生化鉴定系统进行鉴定。

5. 血清学鉴定

（1）**检查培养物有无自凝性**　一般采用 $1.2\%～1.5\%$ 琼脂培养物作为玻片凝集试验用的抗原。首先排除自凝集反应，在洁净的玻片上滴加一滴生理盐水，将待试培养物混合于生理盐水滴内，使成为均一性的混浊悬液，将玻片轻轻摇动 $30～60s$，在黑色背景下观察反应（必要时用放大镜观察），若出现可见的菌体凝集，即认为有自凝性，反之无自凝性。对无自凝的培养物参照下面方法进行血清学鉴定。

（2）多价菌体抗原（O）鉴定 在玻片上划出两个约 1cm×2cm 的区域，挑取 1 环待测菌，各放 1/2 环于玻片上的每一区域上部，在其中一个区域下部加 1 滴多价菌体（O）抗血清，在另一区域下部加入 1 滴生理盐水，作为对照。再用无菌的接种环或针分别将两个区域内的菌苔研成乳状液。将玻片倾斜摇动混合 1min，并对着黑暗背景进行观察，任何程度的凝集现象皆为阳性反应。O 血清不凝集时，将菌株接种在琼脂量较高的（如 2%～3%）培养基上再检查；如果是由于 Vi 抗原的存在而阻止了 O 凝集反应时，可挑取菌苔于 1mL 生理盐水中做成浓菌液，于酒精灯火焰上煮沸后再检查。

（3）多价鞭毛抗原（H）鉴定 操作同多价菌体抗原（O）鉴定。

6. 结果与报告

综合以上生化试验和血清学鉴定的结果，报告 25g（mL）样品中检出或未检出沙门菌。

【实训结果评价及考核】

1. 对沙门菌前增菌、增菌和分离培养的结果进行自评和实训小组间的互评。
2. 对沙门菌的检验结果及报告进行自评和实训小组间的互评。
3. 考核每组操作步骤的准确性。
4. 完成沙门菌检验原始记录及报告。

样品名称		规格		样品编号	
检样标准		生产日期		检验日期	

预增菌与增菌
25g(mL)样品处理后放入 225mL BPW,培养温度__℃、时间__ h,取 1mL 接种于 10mL TTB 内,培养温度__℃、时间__ h,另取 1mL 接种于 10mL SC 内,培养温度__℃、时间__ h

选择性平板分离			
接自 TTB 增菌液		接自 SC 增菌液	
BS 上菌落特征	XLD 上菌落特征	BS 上菌落特征	XLD 上菌落特征
现象：	现象：	现象：	现象：
判定：	判定：	判定：	判定：

生化试验与血清学鉴定				
硫化氢(H₂S)	靛基质	pH7.2 尿素	氰化钾(KCN)	赖氨酸脱羧酶
现象：	现象：	现象：	现象：	现象：
判定：	判定：	判定：	判定：	判定：
试验报告				

【实训思考】

1. 沙门菌有哪些主要的生物学特征？
2. 沙门菌在三糖铁琼脂培养基上的反应结果如何？为什么？

第十四章 食品微生物发酵技术及生产技能训练

实训十八 酸乳的制作与乳酸菌单菌株发酵

【技能目标】

1. 能够进行酸乳制品的小制作。
2. 能进行乳酸菌的分离纯化，认识乳酸菌个体形态。
3. 能了解对比试验与感官评定的基本方法。

【实训原理】

酸乳是以新鲜的牛乳为原料，加入一定比例的蔗糖，经过高温杀菌冷却后，再加入纯乳酸菌种培养而成的一种乳制品，其口味酸甜细滑，营养丰富。

发酵时某些菌种使乳中糖、蛋白质有20％左右被水解成为小的分子（如半乳糖和乳酸、短的肽链和氨基酸等），脂肪酸比原料乳增加2倍，这些变化使得酸乳更易消化和吸收。酸乳除保留了鲜牛乳的全部营养成分外，在发酵过程中乳酸菌还产生了多种维生素，如维生素B_1、维生素B_2、维生素B_6、维生素B_{12}等。

【实训条件】

1. 培养基及试剂

（1）**酸乳发酵培养基** 市售牛乳。

（2）**分离乳酸菌培养基**

① 200g马铃薯（去皮）煮出汁，脱脂鲜乳100mL，酵母膏5g，琼脂20g，加水至1000mL，调pH7.0。配制平皿培养基时，牛乳与其他成分分开灭菌，在倒平板前混合。

② 牛肉膏0.5％，酵母膏0.5％，蛋白胨1％，葡萄糖1％，乳糖0.5％，氯化钠0.5％，琼脂2％，调pH6.8。

③ 番茄汁400mL，蛋白胨10g，陈化牛乳10g，蒸馏水1000mL。

2. 试验材料与仪器

（1）**酸乳菌种**（市售酸乳或酸乳饮料中分离）。

（2）**其他** 优质全脂乳粉和蔗糖，无菌血浆瓶（250mL）、无菌移液管、恒温水浴锅、培养箱、冰箱等。

【工作流程】

查询和学习酸乳制品制作和乳酸菌分离纯化等的有关资料，确定本实训所需用品种类及数量的清单，并进行准备和清点→设计检测方案→讨论、修改方案及确认→实施。

【实训操作】

1. 酸乳的制作

(1) 配料的混合调配 取市售牛乳加入5%～6%蔗糖，搅拌均匀。或按1：7的比例加水把上述优质全脂乳粉配成复原牛乳，并加入5%～6%的蔗糖。

(2) 装瓶 在血浆瓶中加入牛乳200mL。

(3) 水浴灭菌 将血浆瓶置于80℃水浴锅，保持15min。

(4) 冷却 取出血浆瓶，用自来水冷却血浆瓶中的消毒牛乳至45℃。

(5) 接种 按5%～10%接种量，将市售酸乳接种到冷却至45℃的牛乳中充分振摇，使接入的酸乳与冷却后的牛乳混合均匀。

(6) 培养 将接种后的血浆瓶置于40～42℃的培养箱中培养3～4h，使乳酸菌大量繁殖，当出现凝固时结束培养。

(7) 冷藏 将培养后的培养物置于4～7℃的冰箱中24h，使乳酸菌发酵产生酸乳风味物质，完成酸乳的后熟过程。

(8) 品评鉴定 进行酸乳的感官质量检验，了解其凝块状态、表层光洁度、酸度以及香味等。

2. 单菌株发酵试验

(1) 酸乳中乳酸菌种的分离纯化 将市售酸乳做适当稀释，稀释后酸乳在牛肉膏蛋白胨乳糖培养基或番茄汁培养基平板上涂布接种或划线接种，并放入恒温培养箱37℃培养。观察稀释后酸乳平板培养情况，筛选出乳酸菌的单菌落，再划线接种于马铃薯汁平板培养基上，37℃恒温培养。经2～3天培养后，观察平板上菌落形态方面的差异，区别不同类型的乳酸菌，一般有以下几种类型。

① 扁平形菌落。菌落直径大小为2～3mm，边缘不整齐，很薄，近似透明状，染色镜检为杆状。

② 半球状隆起菌落。菌落直径大小为1～2mm，隆起成半球状，高约0.5mm，边缘整齐且四周可见酪蛋白水解透明圈，染色镜检为链球状。

③ 礼帽形突起菌落。菌落直径大小为1～2mm，边缘基本整齐，菌落中央呈隆起状，四周较薄，也有酪蛋白透明圈，染色镜检也为链球状。

(2) 单菌株发酵 分别将上述单菌落接入已经消毒的市售牛乳中活化增殖，再以10%的接种量接入已经消毒的牛乳中，分别在37℃和45℃下恒温培养，出现凝固时即发酵完成。置于4～7℃的冰箱中24h完成酸乳的后熟过程。

3. 感官质量评定

单菌株酸乳制品品质可通过凝乳情况、口感、香味、异味、pH、菌种的繁殖速度与保存期限等几个方面综合评价。通过对每个单菌株发酵形成的酸乳制品进行感官质量品评，确定最佳菌种。同时与本实训第1步中制作的酸乳做对比，找出差异。

【实训结果评价及考核】

1. 对生产的酸乳的质量进行自评和实训小组间的互评。

2. 考核每组操作步骤的准确性。

【实训思考】

1. 制作酸乳制品的关键操作是什么？

2. 讨论分析感官评定结果。

3. 用筛选出来的菌种或其他市售益生菌自己设计一个生活中最佳菌种配比的酸乳制品制作方案。

实训十九　甜酒酿的制作

【技能目标】

1. 能够进行甜酒酿的制作。

2. 通过淀粉在糖化菌（根霉、米曲霉和酵母菌）的作用下形成甜酒酿的过程，掌握酿酒的基本原理。

3. 认识根霉或毛霉的形态特征。

【实训原理】

甜酒酿是将糯米（或大米）经过蒸煮糊化，利用酒药中的根霉、米曲霉和酵母菌等微生物将原料中糊化后的淀粉糖化，将蛋白质水解成氨基酸，然后酒药中的酵母菌利用糖化产物丰富的营养进行生长繁殖，通过发酵产生酒精。随着发酵时间延长，甜酒酿中的糖分逐渐转化成酒精，从而糖度下降、酒度提高，故适时结束发酵是保持甜酒酿口味的关键。

【实训条件】

糯米（或大米），酒药，手提高压灭菌锅，不锈钢丝碗，滤布，烧杯，不锈钢锅等。

【工作流程】

查询和学习甜酒酿制作和根霉、米曲霉及酵母菌发酵的有关资料，确定本实训所需用品种类及数量的清单，并进行准备和清点→设计检测方案→讨论、修改方案及确认→实施。

【实训操作】

1. 流程

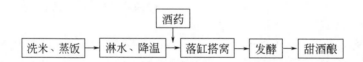

2. 方法与步骤

（1）洗米蒸饭　将糯米淘洗干净，用水浸泡4h，捞起放于置有滤布的钢丝碗中，于高压锅内蒸熟（约0.1MPa，9min），使饭"熟而不烂"。

（2）淋水降温　用清洁冷水淋洗蒸熟的糯米饭，使其降温至35℃左右，同时使饭粒松散。

（3）接种与落缸搭窝　将酒药均匀拌入饭内，并在洗净的烧杯内洒少许酒药，然后将饭松散放入烧杯内，搭成凹形圆窝，面上洒少许酒药粉，盖上盖子。

（4）保温发酵　将烧杯置于30℃左右进行发酵，待发酵2天后，窝内甜液达饭堆2/3高度时，进行搅拌，再发酵1天左右即成甜酒酿。

【实训结果评价及考核】

1. 对生产的甜酒酿的质量进行自评和实训小组间的互评。

2. 考核每组操作的规范性。

【实训思考】

1. 制作甜酒酿的关键操作是什么？

2. 发酵期间为什么要进行搅拌？

3. 对产品进行感官评定，写出品尝体会。

4. 在整个实训过程中你遇到了哪些问题？又是如何解决的？

实训二十　食用菌菌种制备

【技能目标】

1. 能够进行食用菌的菌种培育。

2. 能进行食用菌生产用种的生产。

【实训原理】

食用菌菌种是指经人工培养并可供进一步繁殖或栽培使用的食用菌纯菌丝体。菌种是食用菌生产的基础，菌种的优劣直接关系到食用菌生产的成败。在生产实践中，根据菌种的来源、繁殖代数及生产目的，把菌种分为母种、原种和栽培种。

种菇要选择无病虫害、发育健壮、八分成熟、将要释放孢子的菇体。

【实训条件】

1. 菌种

平菇子实体，平菇原种。

2. 培养基原料

木屑，棉籽壳，稻草，麦秆，甘蔗渣，粉碎过的玉米芯，花生壳等。以上原料任选一种，必须新鲜、无霉变。

3. 其他材料

石膏粉，过磷酸钙，糖，培养瓶，接种铲，镊子，酒精灯，防水纸，绳子，5％石炭酸，75％酒精棉球，2％石灰水等。

【工作流程】

查询和学习食用菌的菌种培育以及生产的有关资料，确定本实训所需用品种类及数量的清单，并进行准备和清点→设计检测方案→讨论、修改方案及确认→实施。

【实训操作】

1. 母种的分离培养

母种可由菇（耳）的孢子萌发而成，也可从子实体组织或菇（耳）中的菌丝分离获得。

（1）采集菌样　用小铲或小刀将子实体周围的土挖松，然后将子实体连带土层一起挖出（切忌用手拔，以免损坏其完整性）。用无菌纸或纱布整体包好，带回实验室。

（2）子实体消毒　在无菌条件下将带泥部分的菌柄切除，如菌褶尚未裸露，可将整个子实体浸入0.1％～0.2％的升汞溶液中消毒2～3min，再用无菌水漂洗3次。如菌褶已裸露，只能用75％酒精棉球擦菌盖和菌柄表面2～4次，以除去尘埃和杀死附着的正常菌群。

（3）收集孢子　如图14-1所示。

① 放置搁架。将消毒后的菌盖与菌柄垂直放在消毒过的三角架上，三角架可用不锈钢丝或铅丝制作。

② 放入无菌罩内。将菇架放到垫有无菌滤纸的培养皿内，然后盖上玻璃罩，玻璃罩下再垫一个直径稍大的培养皿。

③ 培养与收集孢子。将上述装置放在合适温度下，让菌释放孢子。不同菌种释放孢子的温度稍有不同，如双孢蘑菇为 14～18℃、香菇为 12～18℃、侧耳为 13～20℃。在合适温度下，子实体的菌盖逐渐展开，成熟的孢子即可掉落至培养皿内的无菌滤纸上。

④ 获取菌种

a. 制备孢子悬液。用灭菌的接种环蘸取少许无菌水，再用环蘸取少量孢子移至盛有 5mL 无菌水的试管中制成孢子悬液。

b. 接种斜面。挑一环孢子悬液接种到马铃薯斜面培养基上，然后在斜面上做"Z"形划线或拉一条线以制备斜面菌种。

c. 培养与观察。经 20～25℃培养 4～5 天，待斜面上布满白色菌丝体后即可作为菌种进行扩大培养与使用。

d. 单孢子纯菌斜面。如要获得单孢子纯菌落，可取上述孢子悬液 1 滴（约 0.1mL）接种马铃薯葡萄糖平板培养基，然后用涂布棒均匀地涂布于整个平板表面，经培养后，选取单菌落移接至斜面培养基上即可获得单孢子纯菌斜面。

e. 组织分离法。即从消毒子实体的菌褶或菌盖部分切取一部分菌丝体，移至马铃薯葡萄糖斜面培养基上，经培养后在菌块周围就会长出白色菌丝体。待菌丝布满整个斜面后就可以作为菌种使用（整个过程要注意无菌操作，防止杂菌污染）。

2. 原种与栽培种的制作

由试管斜面母种初步扩大繁殖至固体种（原种）。由原种再扩大繁殖应用于生产的菌种，叫生产种或栽培种。其逐级扩大繁殖的步骤如下。

① 原种和生产种的培养基配制

a. 培养基配方。棉籽壳 50kg，石膏粉 1kg，过磷酸钙（或尿素）0.25kg，糖 0.5kg，水约 60kg，pH5.5～6.5。

b. 拌料。含水量约 60%。将棉籽壳、石膏粉、过磷酸钙（或尿素）按定量充分拌匀，将糖溶在 60kg 的水中，然后边拌边加入糖水，糖水加完后，再充分拌匀。静置 4h 后，再测定其含水量，一般掌握在 60% 左右，pH5.5～6.5。

c. 装瓶。将配制好的培养料转入培养瓶中，装料时尽量做到瓶的四周料层较坚实、中间稍松，并在中心用锥形捣木捣一小洞，以利接种（图 14-2）。栽培种装料量常至蘑菇瓶的齐瓶肩处。

d. 灭菌。装瓶后应立即灭菌，于温度 128℃维持 1.5～2h 以达到彻底杀灭固料内杂菌的目的。取出培养瓶待冷却后及时接种。若用土法蒸笼等灭菌，加热至培养基上冒蒸汽后，继续维持 4～6h，然后闷蒸 3～4h，以彻底杀灭固料中的微生物菌体细胞、孢子或芽孢等。

② 原种制备。从菌种斜面挑取一定量的菌丝体移接到 500mL 三角瓶固体培养料中，拍匀培养料与菌丝体后置适宜温度下培养。或将斜面母种划成 6 块，用无菌接种铲铲下一块放入原种培养基上（注意将长有菌丝的一面朝向原种的培养料），使母种与原种培养料直接接触，以利生长。塞上棉塞，25℃左右室温避光培养。

③ 栽培种的接种。可在无菌室或超净工作台上进行接种。将已灭菌而冷却至 50℃左右的培养料以无菌操作接上原种培养物，菌种接入栽培种培养料的中央洞孔内与培养料的表层（图 14-3），使表面铺满原种培养物，然后用接种铲等将表面压实，使原种与培养料紧密结合，以有利于菌种在培养料中快速生长与繁殖。

④ 培养与观察。接种完毕应立即将瓶口用无菌纸包扎好，置 5℃左右培养，原种瓶装的料面上布满菌丝体需 7～10 天，栽培种料面上布满菌丝体需 20～30 天。

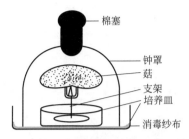

图 14-1　菇成熟孢子收集装置示意　　图 14-2　菌种瓶和锥形捣木　　图 14-3　原种接种示意

【实训结果评价及考核】

1. 对生产的母种、原种和栽培种质量进行自评和实训小组间的互评。

2. 考核每组操作步骤的准确性。

【实训思考】

1. 选种菇的关键是什么？

2. 装料时应注意什么？

3. 在整个生产过程中，你遇到了哪些问题？又是如何解决的？

附　录

一、染色液的配置

1. 简单染色液

① 石炭酸复红（一品红）

A 液：碱性复红 0.3g，乙醇（95％）10mL；B 液：石炭酸 5.0g，蒸馏水 95mL。混合A、B 二液即成。

②吕氏碱性美蓝（甲烯蓝、亚甲蓝）液

A 液：美蓝 0.3g，乙醇（95％）10mL；B 液：氢氧化钾（0.01mol/L）100mL。混合A、B 二液即成。

2. 革兰染色液

① 草酸铵结晶紫液

A 液：结晶紫 2.0g，95％乙醇 20mL；B 液：草酸铵 0.8g，蒸馏水 80mL。混合 A、B 二液即成。

② 卢戈碘液

碘 1g，碘化钾 2.0g，蒸馏水 300mL。先将碘化钾溶于 3～5mL 蒸馏水中，然后加碘片，并摇荡，使碘片完全溶解后，再加蒸馏水至足量。

③ 番红染色液

番红 0.25g，溶解于 10mL 95％乙醇溶液中，加蒸馏水 90mL。

3. 芽孢染色液

孔雀绿 5.0g，蒸馏水 100mL。

4. 荚膜染色液

① 过滤的墨汁。

② 冰醋酸结晶紫液　结晶紫 0.1g，冰醋酸 0.25g，蒸馏水 100mL。

③ 20％$CuSO_4 \cdot 5H_2O$ 液　$CuSO_4 \cdot 5H_2O$ 20.0g，蒸馏水 100mL。

5. 鞭毛染色液

A 液：单宁酸 5.0g，三氯化铁 1.5g，福尔马林（15％）2.0mL，氢氧化钠（1％）1.0mL，蒸馏水 100mL；B 液：硝酸银 2.0g，蒸馏水 100mL。

待硝酸银溶解后，取出 10mL，向其余的 90mL 中逐滴加入浓氨水，至溶液澄清为止。再用取出的 10mL 进行回滴，逐滴加入，不断摇动，至呈现轻微而稳定的薄雾为止。

二、洗涤液的配方

① 浓配方　重铬酸钾（工业用）50g，浓硫酸（工业用）800mL，自来水 150mL。

② 稀配方　重铬酸钾（工业用）50g，自来水 850mL，浓硫酸（工业用）100mL。

配法：将重铬酸钾溶解在自来水中，慢慢加热使溶解，冷却后慢慢加入浓硫酸，边加边搅拌。配好后，贮存于广口玻璃瓶内，盖紧塞子备用，应用此液时，器皿必须干燥，同时切忌把大量还原物质带入。溶液变为绿色时，洗涤液失效。

三、常用消毒剂的配制

1. 冰醋酸（无水醋酸）

① 配方　2000mL 冰醋酸（99%），2500mL 过氧化氢（30%），70～90mL 硫酸（99%）。

② 制备及使用方法　在 5000mL 体积的小口玻璃瓶中注入冰醋酸，然后慢慢加入硫酸，稍加摇匀后，缓慢地加入过氧化氢。小心摇匀，并静置在阴凉处，3～4 天后即可得到浓度为 9.8%～10.1% 的过氧乙酸母液。这一反应开始阶段进行比较快，接近平衡时反应速度较慢。

③ 制备时注意事项

a. 因浓硫酸和过氧化氢都是强氧化剂，而且有强烈腐蚀性，故操作时必须谨慎小心。接触时要戴耐酸手套和防护眼镜，而且要防止硫酸和过氧化氢接触有机物和易燃物，以免引起着火和爆炸。

b. 产品过氧乙酸也是一种强氧化剂，必须妥善保管。

2. 3%～5%次氯酸钠消毒液

配法：取漂白粉 100g，加水 500mL，搅拌均匀，另将工业用碳酸钠 80g 溶于 500mL 温水中，再将两液混合，搅拌，澄清后过滤，此滤液含次氯酸钠 2.5%；若用漂粉精配制，则碳酸钠的重量应加倍，所得溶液浓度约为 5%。如需要 1%次氯酸钠溶液，可将上述溶液按比例进行稀释。

常用于场地、用具、饮水消毒，现配现用，7～15 天消毒一次。

3. 75%乙醇

取 95%乙醇 100mL，加水 29.66mL，配成溶液或浸泡脱脂棉制成酒精棉球，常用于各种用具、器械、皮肤和人手的消毒。

4. 2%来苏尔（煤酚皂液）消毒液

取煤酚皂液原液 40mL，加水 960mL。常用于各种用具、器械、皮肤和人手的消毒。

5. 0.25%新洁尔灭消毒液

5%新洁尔灭 50mL，加水 950mL。常用于各种用具、器械、皮肤和人手的消毒，使用时不能和香皂同用，要现配现用。

6. 福尔马林

即 40%的甲醛溶液。用于工具消毒，也可每立方米用 15～20mL 对空气、用具熏蒸消毒。

7. 高锰酸钾

配成 0.1%溶液。可用于用具、人手和饮水的消毒。

8. 漂白粉溶液

漂白粉 10g，水 140mL。使用前临时配制。

9. 二氧化氯消毒剂

2%的消毒剂，即 20g 二氧化氯加水 1000mL。

注意：将称量准确的水加入活化水中并搅拌均匀 5～10min 后方可使用。

用具浸泡消毒，作用半小时后再用清水洗净；空气喷雾消毒，密闭半小时后开窗通风。

10. 常用化学消毒剂——碘酒

将 8.0g 碘化钾溶于 10mL 蒸馏水，再加入 20.0g 碘和 500mL 酒精，搅拌使之溶解，再加入蒸馏水冲稀至 1000mL 即成碘酒。常用于无破伤皮肤的消毒。

11. 碱性高锰酸钾洗液

将高锰酸钾 4.0g 加少量水溶解后，再加入 10%氢氧化钠 100mL。适合用于洗涤有油污的器皿。

12. 烧碱

配成 2%～3%的溶液，用于场地、用具的消毒，每周一次，杀灭病毒的效果较好。用具消毒后要用清水冲洗干净。

13. 石灰

配成 15%～20%的生石灰乳液，现配现用。

石灰乳液能杀灭多种传染性病菌，常用于墙壁、场地的消毒，每 7～15 天消毒一次。

四、常用的培养基配方

1. 牛肉膏蛋白胨培养基（又称肉汤蛋白胨培养基）——培养细菌

① 成分　蛋白胨 10.0g，牛肉膏 3.0g，食盐 15.0～20.0g，琼脂 15.0～17.0g，蒸馏水 1000mL。pH 7.6～7.8。

② 制法　将以上成分混合，加热溶解，补足失水，调节 pH，在 121℃的温度下灭菌 30min。

2. 马铃薯葡萄糖琼脂培养基（PDA 培养基）

① 成分　马铃薯 200.0g，葡萄糖 20.0g，琼脂 15.0～20.0g，蒸馏水 1000mL，pH 7.6～7.8。

② 制法　取已削皮洗净的马铃薯 200g，切成 0.3cm³ 的小块，放入 1000mL 水中，煮沸 10min，用双层纱布滤去薯块，取其滤液补足水，加入葡萄糖和琼脂溶化，加水补足 1000mL 分装，于 121℃灭菌 20min。

3. 豆芽汁琼脂——分离、培养酵母菌、霉菌

① 成分　大豆芽 100.0g，蒸馏水 1000mL，蔗糖 50.0g，pH 自然，琼脂 15.0～20.0g。

② 制法　将豆芽洗净，放入 1000mL 水中煮沸 0.5h，用双层纱布过滤，得豆芽汁。该汁补足水量，加糖、琼脂搅拌溶解，补足失水，于 121℃灭菌 20min。

4. 察氏培养基——分离、培养霉菌

① 成分　硝酸钠 3.0g，蔗糖 30.0g，硫酸亚铁 0.01g，琼脂 15g，磷酸氢二钾 1.0g，蒸馏水 1000mL，硫酸镁 0.5g，pH 自然，氯化钾 0.5g。

② 制法　将上述成分逐一溶解于 1000mL 蒸馏水中，混匀，将琼脂溶于水中，加热熔化后分装，于 121℃灭菌 20min。

为了适用于高渗透压霉菌（如灰绿曲霉等）的培养，可制成高渗察氏培养基，如将蔗糖

量增为 200.0g、400.0g 或 600.0g，即为高糖察氏培养基；若在标准察氏培养基中另加 30.0g、60.0g 或 120.0g 氯化钠则为高盐察氏培养基。

5. 高氏一号培养基——用于分离、培养放线菌

① 成分　可溶性淀粉 20.0g，$FeSO_4 \cdot 7H_2O$ 0.01g，硝酸钾 1.0g，$MgSO_4 \cdot 7H_2O$ 0.5g，琼脂 15.0～20.0g，氯化钠 0.5g，蒸馏水 1000mL，磷酸氢二钾 0.5g，pH 自然。

② 制法　将淀粉置于少量冷水中调成糊状，再加入少量水搅拌，加热至溶解。然后依次加入药品，等药品完全溶解后，补充所失水分，调节 pH 至 7.4，于 121℃ 灭菌 20min。

6. 麦芽汁琼脂培养基——分离、培养酵母菌、霉菌

① 成分　麦芽汁（$10°Bx$）1000mL，琼脂 15.0～20.0g。

② 制法　取大麦芽 250.0g，粉碎，加水 1000mL，加热至 48～50℃，小心搅拌，再将温度增加到 55℃，在此温度下维持一定时间（一般在水浴锅中 3～4h），直到淀粉完全糖化（即液体麦芽粉加碘不变蓝色）为止。用多层纱布过滤，将滤液煮沸，再用脱脂棉过滤 1 次，即得到澄清的麦芽汁。该汁液用水调到糖度为 $10°Bx$，加入 15～20g 琼脂，溶解分装，于 121℃ 灭菌 20min。

7. 孟加拉红、链霉素琼脂培养基——分离霉菌

① 成分　葡萄糖 10.0g，琼脂 18.0～20.0g，蛋白胨 5g，蒸馏水 1000mL，磷酸二氢钾 1.0g，孟加拉红水 0.033g，硫酸镁 0.5g，链霉素 0.1g。

② 制法　上述各成分加入蒸馏水中，加热溶解，补足蒸馏水至 1000mL，分装后，121℃ 灭菌 15min，避光保存备用。

8. 麦氏培养基——观察酵母子囊孢子用

① 成分　葡萄糖 1.0g，琼脂 1.5g，氯化钾 1.8g，蒸馏水 1000mL，酵母汁 2.5g，pH 自然，醋酸钠 8.2g。

② 制法　将上述成分逐一溶解于 1000mL 蒸馏水中，pH 自然，在 114℃ 灭菌 15min。

9. 硫化氢试验培养基

① 成分　蛋白胨 20.0g，琼脂 15.0～20.0g，氯化钠 5.0g，蒸馏水 1000mL，柠檬酸铁铵 0.5g，pH7.2，硫代硫酸钠 0.5g。

② 制法　将上述成分逐一溶解于 1000mL 水中，调节 pH 7.2，在 121℃ 灭菌 15min。

10. 明胶液化培养基

① 成分　蛋白胨 1.0g，磷酸二氢钾 0.5g，氯化钠 5.0g，磷酸氢二钾 0.5g，牛肉膏 5.0g，蒸馏水 1000mL，葡萄糖 1.0g，pH7.2～7.4，明胶 12.0～18.0g。

② 制法　同硫化氢试验培养基。

11. 硝酸盐还原试验培养基

① 成分　蛋白胨 10.0g，蒸馏水 1000mL，氯化钠 5.0g，pH 7.4，硝酸钾 1.0～2.0g。

② 制法　同硫化氢试验培养基。

12. 产氨试验培养基

采用牛肉膏蛋白胨液体培养基。但配制时一定先检查好蛋白胨的质量，即在试管中加入少量的蛋白胨，然后加入几滴奈氏试剂，如果无黄色沉淀，则可使用，如果出现黄色沉淀，表示游离氨过多，则不能使用。

13. 乳糖胆盐发酵管——测定大肠杆菌群最低数（MPN）

① 成分　蛋白胨 20.0g，1.6％溴甲酚紫酒精液 0.6mL（或用 0.04％溴甲酚紫水溶液 25mL），猪胆盐（或牛、羊胆盐）5.0g，乳糖 10.0g，蒸馏水 1000mL，pH 7.4。

② 制法　除溴甲酚紫外，将上述药品溶于水中，校正 pH，加入溴甲酚紫，分装试管，每管 10mL 或 3mL，并倒放入发酵管，在 114℃灭菌 15min。

14. 乳糖发酵管——检测酱油及酱类大肠菌群用或发酵指示培养基

① 成分　蛋白胨 20.0g，1.6％溴甲酚紫酒精液 0.6mL，乳糖 10.0g，蒸馏水 1000mL，pH 7.4。

② 制法　除溴甲酚紫外，将上述药品溶于水中，校正 pH，加入溴甲酚紫，分装试管，并倒放入发酵管，在 114℃灭菌 15min。

15. 米曲汁碳酸钙乙醇培养基——分离醋酸菌

① 成分　米曲汁（10～12°Bx）100mL，95％乙醇 3～4mL，氯化钙 1.0g，pH 自然，琼脂 2.0g。

② 制法　配制时不加乙醇，灭菌后，再加入乙醇。

16. 米曲汁培养基——培养酵母菌、霉菌

① 制法　蒸米：称取大米 20.0g，洗净，浸泡 24h，淋干，装入三角瓶，加棉塞，高压灭菌。

② 接种培养　大米灭菌后待冷却至 28～32℃时，以无菌操作接入米曲霉的孢子，充分摇匀，置于 30～32℃培养 24h 后，摇动 1 次。再培养 5～6h 后，再摇动 1 次，2 天后，米曲成熟。

将培养好的米曲取出，用纸包好，放入烘箱内于 40～42℃干燥 6～8h。用 1 份米曲加 4 份水，于 55℃糖化 3～4h，然后过滤，测糖度，调节糖度为 10～12°Bx。

17. 石蕊牛乳培养基

① 制法　牛乳脱脂：用新鲜牛乳（注意在牛乳中勿掺有水分，否则会影响实验结果）反复加热，去掉脂肪。每次加热 20～30min，冷却，弃去奶油。在最后一次冷却后，用吸管把底层牛乳吸出，弃去上层奶油。将脱脂牛乳的 pH 调至中性，用 1％～2％的石蕊液将牛乳调至呈淡紫色偏蓝为止。

② 石蕊液的配制　石蕊颗粒 80g，40％乙醇 300mL。配制时，先把石蕊颗粒研碎，然后倒入一半体积的 40％乙醇溶液中，加热 1min，倒出上层清液，再加入一半体积的 40％乙醇，再加热 1min，倒出上清液，将两部分溶液合并，并过滤。如果体积不足 300mL，可添加 40％乙醇，最后加入 0.1mol/L 盐酸水溶液，搅拌，使溶液呈紫红色。

间歇灭菌 3 天，或在 114℃下灭菌 30min。

18. 豆粉琼脂（基础培养基）

① 成分　pH 7.4～7.6 牛心消化汤 1000mL，豌豆粉浸液 50mL，琼脂 20.0g。

② 制法　将琼脂加在牛心汤中，加热溶解过滤，加入豌豆粉浸液，分装每瓶 100mL，121℃下灭菌 15min。

豌豆粉浸液：豌豆粉 5.0g，NaCl 10.0g，置 100℃水浴内隔水加热 1h，放于冰箱中过夜，吸取上层清液即为豌豆粉浸液。

19. 7.5％氯化钠肉汤

① 成分　蛋白胨 10.0g，牛肉膏 5.0g，氯化钠 75g，蒸馏水 1000mL。

② 制法　将上述成分加热溶解，调节 pH 至 7.4±0.2，分装，每瓶 225mL，121℃高压灭菌 15min。

20. 血琼脂平板

① 成分　豆粉琼脂（pH7.5±0.2）100mL，脱纤维羊血（或兔血）5～10mL。

② 制法　加热溶化琼脂，冷却至 50℃，以无菌操作加入脱纤维羊血，摇匀，倾注平板。

21. Baird-Parker 琼脂平板

① 成分　胰蛋白胨 10.0g，牛肉膏 5.0g，酵母膏 1.0g，丙酮酸钠 10.0g，甘氨酸 12.0g，氯化锂（LiCl·6H₂O）5.0g，琼脂 20.0g，蒸馏水 950mL。

② 增菌剂的配法　30％卵黄盐水 50mL 与通过 0.22μm 孔径滤膜进行过滤除菌的 1％亚碲酸钾溶液 10mL 混合，保存于冰箱内。

③ 制法　将各成分加到蒸馏水中，加热煮沸至完全溶解，调节 pH 至 7.0±0.2。分装每瓶 95mL，121℃高压灭菌 15min。临用时加热溶化琼脂，冷至 50℃，每 95mL 加入预热至 50℃的卵黄亚碲酸钾增菌剂 5mL 摇匀后倾注平板。培养基应是致密不透明的。使用前在冰箱储存不得超过 48h。

22. 脑心浸出液肉汤(BHI)

① 成分　胰蛋白胨 10.0g，氯化钠 5.0g，磷酸氢二钠（含 12 个结晶水）2.5g，葡萄糖 2.0g，牛心浸出液 500mL。

② 制法　加热溶解，调节 pH 至 7.4±0.2，分装 16mm×160mm 试管，每管 5mL，置 121℃ 15min 灭菌。

23. 兔血浆

取柠檬酸钠 3.8g，加蒸馏水 100mL，溶解后过滤，装瓶，121℃高压灭菌 15min。兔血浆制备：取 3.8％柠檬酸钠溶液一份，加兔全血 4 份，混好静置（或以 3000r/min 离心 30min），使血液细胞下降，即可得血浆。

24. 缓冲蛋白胨水（BPW）

① 成分　蛋白胨 10.0g，氯化钠 5.0g，磷酸氢二钠（含 12 个结晶水）9.0g，磷酸二氢钾 1.5g，蒸馏水 1000mL，pH 7.2±0.2。

② 制法　将各成分加入蒸馏水中，搅混均匀，静置约 10 min，煮沸溶解，调节 pH，高压灭菌（121 ℃，15min）。

25. 四硫磺酸钠煌绿（TTB）增菌液

① 成分

a. 基础液：蛋白胨 10.0g，牛肉膏 5.0g，氯化钠 3.0g，碳酸钙 45.0g，蒸馏水 1000mL，pH7.0±0.2。

除碳酸钙外，将各成分加入蒸馏水中，煮沸溶解，再加入碳酸钙，调节 pH，高压灭菌（121℃，20min）。

b. 硫代硫酸钠溶液：硫代硫酸钠（含 5 个结晶水）50.0g，蒸馏水 100mL，高压灭菌（121℃，20min）。

c. 碘溶液：碘片 20.0g，碘化钾 25.0g，蒸馏水 100mL。

将碘化钾充分溶解于少量的蒸馏水中，投入碘片，振荡至碘片全部溶解为止，然后加蒸馏水至规定的总量，贮存于棕色瓶内，塞紧瓶盖备用。

d. 0.5％煌绿水溶液：煌绿 0.5g，蒸馏水 100mL。

溶解后存放暗处，不少于 1 天，使其自然灭菌。

e. 牛胆盐溶液：牛胆盐 10.0g，蒸馏水 100mL。

加热煮沸至完全溶解，高压灭菌（121℃，20min）。

② 制法　基础液 900mL，煌绿水溶液 2mL，硫代硫酸钠溶液 100mL，牛胆盐溶液 50mL，碘溶液 20mL。

临用前，按上列顺序，以无菌操作依次加入基础液中，每加入一种成分，均应摇匀后再加入另一种成分。

26. 亚硒酸盐胱氨酸（SC）增菌液

① 成分　蛋白胨 5.0g，乳糖 4.0g，磷酸氢二钠 10.0g，亚硒酸氢钠 4.0g，L-胱氨酸 0.01g，蒸馏水 1000mL，pH 7.0±0.2。

② 制法　除亚硒酸氢钠和 L-胱氨酸外，将各成分加入蒸馏水中，煮沸溶解，冷至 55℃以下，以无菌操作加入亚硒酸氢钠和 1g/L L-胱氨酸溶液 10mL（称取 0.1g L-胱氨酸，加 1mol/L 氢氧化钠溶液 15mL，使溶解，再加无菌蒸馏水至 100mL 即成，如为 DL-胱氨酸，用量应加倍）。摇匀，调节 pH。

27. 亚硫酸铋（BS）琼脂

① 成分　蛋白胨 10.0g，牛肉膏 5.0g，葡萄糖 5.0g，硫酸亚铁 0.3g，磷酸氢二钠 4.0g，煌绿 0.025g 或 5.0g/L 水溶液 5.0mL，柠檬酸铋铵 2.0g，亚硫酸钠 6.0g，琼脂 18.0～20.0g，蒸馏水 1000mL，pH 7.5±0.2。

② 制法　将前三种成分加入 300mL 蒸馏水（制作基础液），硫酸亚铁和磷酸氢二钠分别加入 20mL 和 30mL 蒸馏水中，柠檬酸铋铵和亚硫酸钠分别加入另一 20mL 和 30mL 蒸馏水中，琼脂加入 600mL 蒸馏水中。然后分别搅拌均匀，煮沸溶解。冷至 80℃左右时，先将硫酸亚铁和磷酸氢二钠混匀，倒入基础液中，混匀。将柠檬酸铋铵和亚硫酸钠混匀，倒入基础液中，再混匀。调节 pH，随即倾入琼脂液中，混合均匀，冷至 50～55℃。加入煌绿溶液，充分摇匀后立即倾注平皿。

28. HE 琼脂

① 成分　蛋白胨 12.0g，牛肉膏 3.0g，乳糖 12.0g，蔗糖 12.0g，水杨素 2.0g，胆盐 20.0g，氯化钠 5.0g，琼脂 18.0～20.0g，蒸馏水 1000mL，0.4％溴麝香草酚蓝溶液 16.0mL，Andrade 指示剂 20.0mL，甲液 20.0mL，乙液 20.0mL，pH7.5±0.2。

② 制法　将前面七种成分溶解于 400mL 蒸馏水内作为基础液；将琼脂加于 600mL 蒸馏水内。然后分别搅拌均匀，煮沸溶解。加入甲液和乙液于基础液内，调节 pH。再加入指示剂，并与琼脂液合并，待冷至 50～55℃倾注平皿。

注：a. 本培养基不需要高压灭菌，在制备过程中不宜过分加热，避免降低其选择性。

b. 甲液的配制　硫代硫酸钠 34.0g，柠檬酸铁铵 4.0g，蒸馏水 100mL。

c. 乙液的配制　去氧胆酸钠 10.0g，蒸馏水 100mL。

d. Andrade 指示剂　酸性复红 0.5g，1mol/L 氢氧化钠溶液 16.0mL，蒸馏水 100mL。

将复红溶解于蒸馏水中，加入氢氧化钠溶液。数小时后如复红褪色不全，再加氢氧化钠溶液 1～2mL。

29. 木糖赖氨酸脱氧胆盐（XLD）琼脂

① 成分　酵母膏 3.0g，L-赖氨酸 5.0g，木糖 3.75g，乳糖 7.5g，蔗糖 7.5g，去氧胆酸钠 2.5g，柠檬酸铁铵 0.8g，硫代硫酸钠 6.8g，氯化钠 5.0g，琼脂 15.0g，酚红 0.08g，蒸

馏水 1000mL，pH7.4±0.2。

② 制法　除酚红和琼脂外，将其他成分加入 400mL 蒸馏水中，煮沸溶解，调节 pH。另将琼脂加入 600mL 蒸馏水中，煮沸溶解。

将上述两溶液混合均匀后，再加入指示剂，待冷至 50～55℃倾注平皿。

注：本培养基不需要高压灭菌，在制备过程中不宜过分加热，避免降低其选择性，贮于室温暗处。本培养基宜于当天制备，第二天使用。

30. 三糖铁（TSI）琼脂

① 成分　蛋白胨 20.0g，牛肉膏 5.0g，乳糖 10.0g，蔗糖 10.0g，葡萄糖 1.0g，硫酸亚铁铵（含 6 个结晶水）0.2g，酚红 0.025g 或 5.0g/L 溶液 5.0mL，氯化钠 5.0g，硫代硫酸钠 0.2g，琼脂 12.0g，蒸馏水 1000mL，pH7.4±0.2。

② 制法　除酚红和琼脂外，将其他成分加入 400mL 蒸馏水中，煮沸溶解，调节 pH。另将琼脂加入 600mL 蒸馏水中，煮沸溶解。

将上述两溶液混合均匀后，再加入指示剂，混匀，分装试管，每管 2～4mL，高压灭菌 121℃ 10min 或 115℃ 15min，灭菌后制成高层斜面，呈橘红色。

31. 蛋白胨水、靛基质试剂

① 蛋白胨水　蛋白胨（或胰蛋白胨）20.0g，氯化钠 5.0g，蒸馏水 1000mL，pH7.4±0.2。将上述成分加入蒸馏水中，煮沸溶解，调节 pH，分装小试管，121℃高压灭菌 15min。

② 靛基质试剂

a. 柯凡克试剂　将 5g 对二甲氨基甲醛溶解于 75mL 戊醇中，然后缓慢加入浓盐酸 25mL。

b. 欧-波试剂　将 1g 对二甲氨基苯甲醛溶解于 95mL 95%乙醇内。然后缓慢加入浓盐酸 20mL。

32. 尿素琼脂（pH7.2）

① 成分　蛋白胨 1.0g，氯化钠 5.0g，葡萄糖 1.0g，磷酸二氢钾 2.0g，0.4%酚红 3.0mL，琼脂 20.0g，蒸馏水 1000mL，20%尿素溶液 100mL，pH7.2±0.2。

② 制法　除尿素、琼脂和酚红外，将其他成分加入 400mL 蒸馏水中，煮沸溶解，调节 pH。另将琼脂加入 600mL 蒸馏水中，煮沸溶解。

将上述两溶液混合均匀后，再加入指示剂后分装，121℃高压灭菌 15min。冷至 50～55℃，加入经除菌过滤的尿素溶液。尿素的最终浓度为 2%。分装于无菌试管内，放成斜面备用。

33. 氰化钾（KCN）培养基

① 成分　蛋白胨 10.0g，氯化钠 5.0g，磷酸二氢钾 0.225g，磷酸氢二钠 5.64g，蒸馏水 1000mL，0.5%氰化钾 20.0mL。

② 制法　将除氰化钾以外的成分加入蒸馏水中，煮沸溶解，分装后于 121℃高压灭菌 15min。放在冰箱内使其充分冷却。每 100mL 培养基加入 0.5%氰化钾溶液 2.0mL（最后浓度为 1:10 000），分装于无菌试管内，每管约 4mL，立刻用无菌橡皮塞塞紧，放在 4℃冰箱内，至少可保存两个月。同时，将不加氰化钾的培养基作为对照培养基，分装试管备用。

34. 赖氨酸脱羧酶试验培养基

① 成分　蛋白胨 5.0g，酵母浸膏 3.0g，葡萄糖 1.0g，蒸馏水 1000mL，1.6%溴甲酚

紫-乙醇溶液 1.0mL，L-赖氨酸或 DL-赖氨酸 0.5g/100mL 或 1.0g/100mL，pH6.8±0.2。

② 制法　除赖氨酸以外的成分加热溶解后，分装每瓶 100mL，分别加入赖氨酸。L-赖氨酸按 0.5％加入，DL-赖氨酸按 1％加入。调节 pH。对照培养基不加赖氨酸。分装于无菌的小试管内，每管 0.5mL，上面滴加一层液体石蜡，115℃高压灭菌 10min。

35. 糖发酵管

① 成分　牛肉膏 5.0g，蛋白胨 10.0g，氯化钠 3.0g，磷酸氢二钠（含 12 个结晶水）2.0g，0.2％溴麝香草酚蓝溶液 12.0mL，蒸馏水 1000mL，pH7.4±0.2。

② 制法

a. 葡萄糖发酵管按上述成分配好后，调节 pH。按 0.5％加入葡萄糖，分装于有一个倒置小管的小试管内，121℃高压灭菌 15min。b. 其他各种糖发酵管可按上述成分配好后，分装每瓶 100mL，121℃高压灭菌 15min。另将各种糖类分别配好 10％溶液，同时高压灭菌。将 5mL 糖溶液加于 100mL 培养基内，以无菌操作分装小试管。

注：蔗糖不纯，加热后会自行水解者，应采用过滤法除菌。

36. ONPG 培养基

① 成分　邻硝基酚 β-D-半乳糖苷（ONPG）60.0 mg，0.01mol/L 磷酸钠缓冲液（pH7.5）10.0mL，1％蛋白胨水（pH7.5）30.0mL 。

② 制法　将 ONPG 溶于缓冲液内，加入蛋白胨水，以过滤法除菌，分装于无菌的小试管内，每管 0.5mL，用橡皮塞塞紧。

37. 伊红-美蓝琼脂（又称 EMB 琼脂）——常用于肠道致病菌的分离

① 成分　pH7.6 牛肉膏蛋白胨培养基 100mL，2％伊红 Y 溶液 2mL，乳糖 1g，0.5％美蓝溶液 1mL。

② 制法　在营养琼脂内加入乳糖，加热溶化，冷却至 50℃，加入经过高压灭菌的伊红 Y 溶液及美蓝溶液，摇匀后倾注平板（以上操作均应在无菌条件下进行）。

38. 麦康凯琼脂培养基——用于分离致病菌

① 成分　蛋白胨 17g，蒸馏水 1000mL，氯化钠 5g，猪胆盐（或牛、羊胆盐）5g，乳糖 10g，胨 3g，0.01％结晶紫溶液 10mL，0.5％中性红水溶液 5mL，琼脂 17g。

② 制法　将蛋白胨、胨、胆盐和氯化钠溶解于 400mL 蒸馏水中，校正 pH7.2，加入琼脂加热溶解，过滤，分装每瓶 100mL，121℃灭菌 15min 备用。取上述琼脂培养基 100mL 加入乳糖 1g，加热溶化，冷却至 50℃，加入已灭菌的 0.01％结晶紫水溶液 1mL、0.5％中性红水溶液 0.5mL，摇匀倾注平板。

39. SS 琼脂——常用于沙门菌和志贺菌的培养

① 成分　类蛋白胨 5g，牛肉膏 5g，乳糖 10g，琼脂 17～20g，胆盐 8.5～10g，0.5％中性红水溶液 4.5mL，柠檬酸钠 8.5g，0.1％煌绿溶液 0.33mL，硫代硫酸钠 8.5～10g，柠檬酸铁 1g，蒸馏水 1000mL。

② 制法　除中性红和煌绿溶液外，将其他成分混合于 1000mL 水中，煮沸溶解；校正 pH 为 7.1，然后加入中性红及煌绿溶液，充分摇匀，再在火焰上煮沸 1～2 次；用牛皮纸包好瓶口，冷至 55℃左右，即可倾注无菌平皿，凝固后，存于暗处备用。

40. 肠道菌增菌肉汤（简称 EE 肉汤培养基）——多用

① 成分　胰蛋白 10g，磷酸二氢钾 2g，葡萄糖 5g，1％煌绿水溶液 1.35mL，牛胆盐 20g，蒸馏水 1000mL，磷酸氢二钠 8g，pH 7.0～7.4。

② 制法　除煌绿外，将其他成分混合，加热溶解，调节 pH 为 7.2，加入煌绿，混匀，分装试管或玻璃瓶，经 100℃流动蒸汽灭菌 30min（切勿高压灭菌）备用。

41. 远藤氏琼脂（又称 EA 培养基）——用于沙门菌和志贺菌培养

① 成分　蛋白胨 10g，10％碱性复红 5mL，酵母浸膏 5g，10％亚硫酸钠 25mL，乳糖 10g，蒸馏水 1000mL，磷酸氢二钾 3.5g ，pH7.4～7.6，琼脂 17～20g。

② 制法　除碱性复红、亚硫酸钠外，将上述各成分混合于 1000mL 水中，加热溶解，调 pH 至 7.5±0.1，加入 10％碱性复红溶液 5mL 和 10％亚硫酸钠水溶液约 25mL。亚硫酸钠水溶液要慢慢加入，加入量以复红被还原成淡红色为宜，混合。在 114℃灭菌 20min，待冷却至 55℃，倾注无菌平皿，备用。

五、常用干燥剂

干燥剂的常用范围	常用干燥剂的种类
常用于气体的干燥剂	石灰,无水氯化钙,五氧化二磷,浓硫酸,氢氧化钠
常用于液体的干燥剂	五氧化二磷,浓硫酸,无水氯化钙,无水碳酸钾,氢氧化钠,无水硫酸钾,无水硫酸钙,金属钠
干燥器中常用的吸水剂	五氧化二磷,浓硫酸,无水氯化钙,硅胶
常用的有机溶剂蒸气干燥剂	石蜡片
常用的酸性气体干燥剂	石灰,氢氧化钠,氢氧化钾等
常用的碱性气体干燥剂	浓硫酸,五氧化二磷等

参 考 文 献

[1] 陈红霞，李翠花.食品微生物学及实验技术.北京：化学工业出版社，2012.

[2] 李燕，王晓峨.食品微生物检验实训.北京：北京师范大学出版社，2015.

[3] GB 4789.2—2016《食品安全国家标准 食品微生物学检验 菌落总数测定》

[4] 朱乐敏.食品微生物.北京：化学工业出版社，2006.

[5] 周德庆.微生物学教程.北京：高等教育出版社，2002.

[6] 江汉湖.食品微生物学.第2版.北京：中国农业出版社，2005.

[7] 牛天贵.食品微生物学实验技术.北京：中国轻工业出版社，2004.

[8] 吕嘉枥.食品微生物学.北京：化学工业出版社，2007.

[9] 张文治.新编食品微生物学.北京：中国轻工业出版社，2003.

[10] 万萍.食品微生物基础与实验技术.北京：科学出版社，2004.

[11] 蔡静平.粮食食品微生物学.北京：中国轻工业出版社，2003.

[12] 边传周，王慧杰.微生物学.北京：中国轻工业出版社，2005.

[13] 张青，葛菁萍.微生物学.北京：科学出版社，2004.

[14] 王贺祥.农业微生物学.北京：中国农业大学出版社，2003.

[15] 王秀茹.卫生微生物学.北京：北京医科大学、中国协和医科大学联合出版社，1998.

[16] 郁庆福.卫生微生物学.第2版.北京：人民卫生出版社，2000.

[17] 李决.兽医微生物学.成都：四川科学技术出版社，2005.

[18] 贾英民.食品微生物学.北京：中国轻工业出版社，2004.

[19] 翁连海等.食品微生物基础与应用.北京：高等教育出版社，2005.

[20] 高鼎.食品微生物学.北京：中国商业出版社，2004.

[21] 刘慧.现代食品微生物学.北京：中国轻工业出版社，2004.

[22] Stephen J Forsythe 著.安全食品微生物学.李卫华等译.北京：中国轻工业出版社，2007.

[23] 杨文博.微生物学实验.北京：化学工业出版社，2004.

[24] 孙悦迎.食品微生物学.北京：中国商业出版社，1989.

[25] 李松涛.食品微生物学检验.北京：中国计量出版社，2003.

[26] 苏德模.药品微生物学检验技术.北京：华龄出版社，2007.

[27] 何国庆等.食品微生物学.北京：中国农业大学出版社，2002.

[28] 张惟广.发酵食品工艺学.北京：中国轻工业出版社，2004.

[29] 刘欣.食品酶学.北京：中国轻工业出版社，2006.

[30] 郭勇等.酶在食品工业中的应用.北京：中国轻工业出版社，1996.

[31] 张英.食品理化与微生物检测实验.北京：中国轻工业出版社，2004.

[32] James M Ja 著.现代食品微生物学.第5版.徐岩，张继民，汤丹剑等译.北京：中国轻工业出版社，2001.

[33] 黄高明.食品检验工（中级）.北京：机械工业出版社，2006.

[34] 黄立南，聂湘平.核酸杂交技术在微生物生态学上的应用［J］.生态科学，2001，(1-2)：115-120.

[35] 郑晓东.食品微生物学.杭州：浙江大学出版社，2003.

[36] 陈红霞.真菌多糖的活性研究进展.生物技术通讯，2005，4.

[37] 赵贵明.食品微生物实验室工作指南.北京：中国标准出版社，2005.

[38] 东秀珠等.常见细菌系统鉴定手册.北京：科学出版社，2001.

[39] 李琳，李槿年.细菌分类鉴定方法的研究概况［J］.安徽农业科学，2004，32（3）：549-551.

[40] 杨玉红，唐艳红，魏晓华.食品微生物学.郑州：郑州大学出版社，2018.

[41] 樊明涛，赵春燕，雷晓凌.食品微生物学.第2版.郑州：郑州大学出版社，2018.

[42] 杨玉红，食品微生物学.第2版.北京：中国轻工业出版社，2018.

[43] 罗红霞，王建.食品微生物检验技术.北京：中国轻工业出版社，2018.

［44］ 范建奇．食品微生物学基础与实验技术．北京：中国计量出版社，2012．

［45］ 李宗军．食品微生物学：原理与应用．北京：化学工业出版社，2014．

［46］ 雅梅．食品微生物检验技术．第 2 版．北京：化学工业出版社，2015．

［47］ 柴新义．食品微生物学实验简明教程．北京：化学工业出版社，2016．

［48］ 万洪善．微生物应用技术．第 2 版．北京：化学工业出版社，2018．

［49］ 陈玮，叶素丹．微生物学及实验实训技术．第 2 版．北京：化学工业出版社，2017．